计算机系列教材

郭新顺 主编
郑戟明 柳 青 副主编

数据库前台开发环境

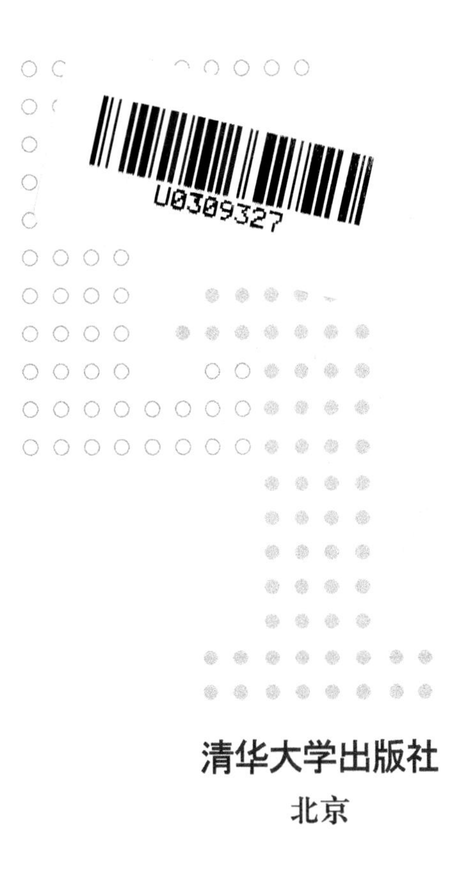

清华大学出版社
北京

内容简介

本书以数据库为核心，以 PowerBuilder 11.5 和 Dreamweaver CS4 为开发环境，以“按照数据库功能模块进行案例教学”为编写新思路，将数据库基本理论、数据库开发技术、网站开发环境以及多个简明完整的实验案例有机地结合在一起。

本书共分为 4 篇，第一篇介绍数据库系统概论、关系数据库基础知识、标准 SQL 以及网络数据库系统的工作模式。第二篇介绍利用 PowerBuilder 11.5 开发（基于 C/S 结构数据库应用系统）、创建数据库、窗口和控件、数据窗口、菜单、PowerScript 语言、函数及结构、数据管道、程序调试以及 PBL 库管理等内容。第三篇介绍利用 Dreamweaver CS4 开发（基于 B/S 结构网站系统）、ASP 动态网页技术的基础、动态站点的建立及 Access 数据库的连接等。第四篇为两种开发环境开发的案例。数据库应用系统的第一个案例和网站开发的两个案例都有详细的设计步骤，特别适合初学者自学。

本书可作为大学本科生学习数据库原理及应用、PowerBuilder、Dreamweaver 以及管理信息系统的教材和教学参考书，也可供快速开发 C/S、B/S 结构数据库应用系统的用户学习和参考。

图书在版编目(CIP)数据

数据库前台开发环境 / 郭新顺主编．—北京：清华大学出版社，2010.9(2016.7 重印)
(计算机系列教材)
ISBN 978-7-302-23637-5

Ⅰ．①数… Ⅱ．①郭… Ⅲ．①数据库系统－系统开发 Ⅳ．①TP311.13

中国版本图书馆 CIP 数据核字(2010)第 159812 号

责任编辑：焦 虹 顾 冰
责任校对：白 蕾
责任印制：宋 林

出版发行：清华大学出版社
网 址：http://www.tup.com.cn，http://www.wqbook.com
地 址：北京清华大学学研大厦 A 座 **邮 编**：100084
社 总 机：010-62770175 **邮 购**：010-62786544
投稿与读者服务：010-62776969，c-service@tup.tsinghua.edu.cn
质量反馈：010-62772015，zhiliang@tup.tsinghua.edu.cn
印 装 者：虎彩印艺股份有限公司
经 销：全国新华书店
开 本：185mm×260mm **印 张**：23 **字 数**：534 千字
版 次：2010 年 9 月第 1 版 **印 次**：2016 年 7 月第 4 次印刷
印 数：5100～5300
定 价：49.50 元

产品编号：038034-03

多年以来，一直希望编写一本通俗易懂，集数据库理论、流行的数据库应用系统开发环境(C/S、B/S结构)以及开发案例于一体的书，读者可以通过详细的案例逐渐学会数据库应用系统的开发环境和开发方法，不断掌握数据库的理论知识。本书就是按照这种思路编写而成的，分为4篇。

第一篇为数据库理论知识。介绍主要的4种数据模型、数据库系统的三级模式结构和数据库系统的主要组成部分。系统讲解关系数据库的基本概念、关系模型和关系代数。重点讲解关系数据库标准语言SQL的数据定义、数据查询、数据操作三部分功能。最后介绍网络数据库系统的两种工作模式以及常用的数据库连接技术。帮助读者掌握数据库系统的基本原理、技术和方法，了解现代数据库系统的特点及发展趋势。

第二篇主要讲解目前最为流行的、功能强大的、面向对象的客户机/服务器(C/S)结构数据库前台开发环境 PowerBuilder 11.5。它是全球领先的企业集成解决方案供应商——美国著名的数据库公司 Sybase 的产品。PowerBuilder 集面向对象数据库技术、分布式应用技术和多媒体技术于一身，是目前最具代表性的、具有可视化图形界面的快速交互式数据库开发工具。通过 ODBC 接口和专业 Native 接口，PowerBuilder 可以支持几乎所有的数据库管理系统，例如大中型数据库 Oracle、Sybase、MS SQL Server、Informix、IBM DB 2 等，小型基于文件方式的数据库 dBase、FoxPro、Paradox、Access 等。PowerBuilder 是跨平台的图形开发环境，支持 Windows 9X/NT/200X/Vista/7、UNIX 和 Macintosh 操作系统。PowerBuilder 11.5 显著地简化了.NET 应用的开发过程，目前 PowerBuilder 可以帮助开发者灵活地部署.NET Windows Forms、Web Forms 和.NET Smart Clients 等应用程序。

本篇比较系统地介绍了 PowerBuilder 11.5 集成开发环境(IDE)的主要功能，如数据库的创建、窗口及其控件、数据窗口、菜单、PowerScript 语言、函数及结构、用户对象、数据管道、程序调试和 PBL 库管理等功能，详细介绍了常用对象、控件的属性、事件和函数的功能和用法。讲解力求简单明了、理论与实际相结合，强调知识的应用性。

第三篇主要讲解目前使用最广泛、最流行、最优秀的浏览器/服务器(B/S)结构动态网站开发环境 Dreamweaver CS4。它是美国 Macromedia 公司开发的集网页制作和网站管理于一身的所见即所得的网页编辑器。

本篇以 Dreamweaver+ASP 常用组合为平台详细讲解了动态网站开发的基本要素和开发技巧。包括 ASP 基础知识、动态网页的概念、IIS 安装与管理、虚拟目录设置、Access 数据库设计、数据库的连接、Dreamweaver 动态网站站点的建立等。

第四篇是案例实验内容。第20～31章是基于 PowerBuilder 开发的数据库及应用程序的案例，第32～37章是基于 Dreamweaver+ASP 开发的动态网站案例。

本书有如下4方面的特色。

特色之一，本书以数据库为核心，把数据库基本理论、优秀的客户机/服务器(C/S)数据库应用系统开发环境 PowerBuilder 11.5、最流行的浏览器/服务器(B/S)网站开发环境 Dreamweaver CS4 以及简明完整的多个实验案例 4 项内容有机地结合在一起。这是一个创新。

特色之二，实验案例的内容由带详细步骤的实验过渡到只带简要说明的实验，最后到只有功能模块说明和样图。知识的传授也是由浅入深地进行安排，例如第 20～26 章是完整的从开发到发布的数据库应用系统案例，每一个实验都有详细的操作步骤，有助于读者自学。第 27 章是一个数据库系统的案例，但只对新的知识点有简明操作步骤。第 28 章也是一个数据库系统的案例，但只给出了数据库应用系统功能模块图和部分操作界面样图，由学生自己开发和完善整个系统。第 29 章是为学习 PowerScript 语言而设置的与数据库无关的应用程序的开发案例。第 30 章是为学习 PowerScript 语句、数据类型、函数、嵌入式 SQL 语句等内容而开发的与数据库相关的应用程序。第 31 章则是利用 PowerBuilder 11.5 的 .NET Web Forms应用功能，把已经开发好的基于 C/S 结构的数据库应用系统转化为基于 Web 的 B/S 结构的系统。第 32 章～34 章是关于 Dreamweaver CS4 开发新闻网站的详细完整案例。第 35～37 章是关于 Dreamweaver CS4 开发在线统计网站的详细案例。每个案例的网站都包括了总体构思、页面设计、数据库连接与后台管理等方面内容。通过这两个功能各异的动态网站架构、开发过程，读者应该具备系统掌握和开发各类 ASP 站点应用程序的能力。

特色之三，本书提供了一种新的、按照数据库功能模块进行案例教学的模式，而不是以知识点进行传统教学的模式。其优点是每堂实验课，学生都会看到自己开发的数据库应用系统或网站系统一点一点“成长”起来，成就感和喜悦感激发了他们学习的兴趣。在不知不觉中学会了数据库应用系统或网站系统的分析、设计、开发、调试、发布的整个过程。多个数据库应用系统和网站系统案例的开发训练使学生逐步掌握了所有的知识点。同时，也使学生对数据库应用系统和网站系统的整体有了一个清晰的概念。这种教学模式主要突出在实践和应用中学习数据库知识和数据库应用系统开发的过程和乐趣。

特色之四，根据课时的多少，可以挑选其中部分案例进行实验，理论知识和开发环境的知识点可以在各实验环节中穿插讲解。

本书由郭新顺、郑戟明、柳青合作编著，郭新顺担任主编，郑戟明和柳青担任副主编。郭新顺编写第 5～11 章、第 26～31 章；郑戟明编写第 1 章、第 12～25 章、第 32～37 章；柳青编写第 2～4 章。本书备有课件，需要者可以向作者索取(pbdwdatabase@163.com)。

本书内容的安排和编写方式是一种新的尝试，编写过程中参阅了许多同行的著作，在此一并表示衷心的感谢。

由于作者水平所限，错漏和不当之处在所难免，敬请广大读者批评指正。

郭新顺

2010 年 6 月

第一篇　数据库基础知识

第二篇 PowerBuilder数据库开发环境

第三篇 Dreamweaver动态网站开发环境

第四篇　实验指导

第一篇　数据库基础知识

本篇导读

本篇重点讲解与数据库相关的基础知识。第 1 章初步讲解数据库的基本概念，介绍主要的 4 种数据模型、数据库系统的三级模式结构和数据库系统的主要组成部分。第 2 章系统讲解关系数据库的基本概念、关系模型和关系代数。第 3 章重点讲解关系数据库标准语言 SQL 的数据定义、数据查询、数据操作三部分功能。第 4 章介绍网络数据库系统的两种工作模式以及常用的数据库连接技术。

本篇主要是帮助读者掌握数据库系统的基本原理、技术和方法，了解现代数据库系统的特点及发展趋势，利用所学知识解决实际问题，培养研究和设计数据库系统的能力，为第二篇和第三篇实际的开发应用打下良好的基础。第二篇用到的数据库 teaching，其中有 Student、Course、Score 三张表，主要的字段与本篇用到的学生-课程数据库基本相同，通过实际的操作更有助于理解主键、外键以及 SQL 的各种语句。学习本篇的数据库连接技术之后，在第二篇和第三篇的学习中可以尝试不同的连接方法，通过实际操作能更深刻地理解 ODBC、ADO、OLE DB 和 JDBC 这几种连接技术。网络数据库系统的两种工作模式：客户机/服务器(C/S)结构、浏览器/服务器(B/S)结构在第二篇和第三篇中均有实际应用的开发案例，这样可以加深理解这两种工作模式以及比较两者的优缺点。

第1章　数据库系统概论

学习目标

本章重点介绍数据库系统的结构、三级模式和两层映像、实体型之间的联系和常见的4种数据模型，了解概念模型的表示方法E-R方法。

1.1　数据和信息

1.1.1　数据与信息

数据(Data)是描述事物的符号记录，也是数据库中存储、用户操作的基本对象。数据按运算的特性可分为数值型数据和非数值型数据。非数值数据如文本(Text)、图形(Graph)、图像(Image)、音频(Audio)、视频(Video)等。数据是信息的符号表示。例如某校一个学生的信息可用一组数据"(郭熙，女，1990年5月(出生)，上海市，商务信息学院，2009(级))"来描述。

信息是对现实世界中存在的客观实体、现象、关系进行描述的有特定语义的数据，是数据的集合、含义与解释，是事物变化、相互作用特征的反映。

数据和信息的关系可以归纳为：数据是信息的载体，信息是数据的内涵。并非任何数据都能表示信息，信息是认识了的数据，是有一定含义的、经过加工处理的、对决策有价值的数据。信息能更本质地反映事物的概念，而数据则是信息的具体表现。尽管两者在概念上不尽相同，但通常使用时并不严格去区分它们。

1.1.2　数据库、数据库管理系统、数据库系统

数据库(DataBase，DB)其实就是存放数据的仓库。严格地讲，数据库是长期储存在计算机内、有组织的、可共享的大量数据的集合。数据库中的数据按一定的数据模型组织、描述和储存，具有较小的冗余度、较高的数据独立性和易扩展性，并可为各种用户共享。永久存储、有组织和可共享是数据库数据的三个基本特点。

数据库管理系统(DataBase Management System，DBMS)指对数据库进行管理的系统软件，位于用户与操作系统之间，主要功能包括数据定义、数据组织、存储和管理、数据操作、数据库的事务管理和运行管理、数据库的建立和维护等。数据库管理系统是数据库系统的一个重要组成部分。

数据库系统(DataBase System，DBS)可简单地称为具有管理数据库功能的计算机系统，即一般计算机系统中引入数据库后就形成数据库系统。数据库系统由数据库、数据库管理系统(及其开发工具)、应用系统、数据库管理员构成。在一般不引起混淆的情况下常常把

数据库系统简称为数据库。

数据库系统可以用图 1-1 表示。

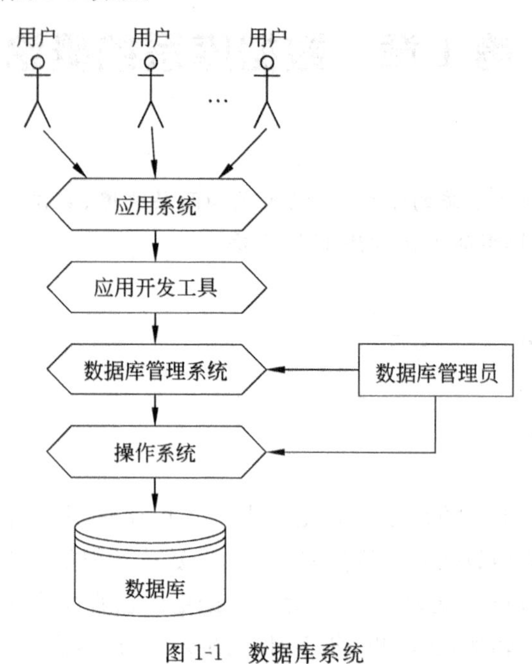

图 1-1 数据库系统

1.1.3 数据管理技术的发展

数据库技术是应数据管理任务的需要而产生的。数据管理技术是随着计算机技术的发展而发展的，在计算机软、硬件发展的基础上，数据管理技术经历了人工管理、文件系统、数据库系统 3 个阶段，现在正在向新一代更高级的数据库系统，如面向对象数据库、基于逻辑的数据库、模糊数据库等发展。数据管理 3 个阶段的比较如表 1-1 所示。

表 1-1 数据管理 3 个阶段的比较

3 个 阶 段		人 工 管 理	文 件 系 统	数据库系统
时间		20 世纪 50 年代中期以前	20 世纪 50 年代后期到 60 年代中期	20 世纪 60 年代后期以来
背景	应用背景	科学计算	科学计算、管理数据	大规模数据的管理、共享与应用
	硬件背景	无直接存取存储设备	磁盘、磁鼓	大容量磁盘、磁盘阵列
	软件背景	无 OS、无管理数据的专门软件	OS 中有专门的数据管理软件即文件系统	数据库管理系统
	处理方式	批处理	联机实时处理、批处理	联机实时处理、批处理、分布处理
特点	数据的管理者	用户	文件系统	数据库管理系统
	数据应用的对象及可扩充性	某一应用程序难以扩充	某一应用系统不易扩充	有需求的各种应用系统，容易扩充

续表

3个阶段		人工管理	文件系统	数据库系统
特点	数据的共享性	无共享,冗余度极大	共享性差,冗余度大	共享性高,冗余度小
	数据的独立性	不具有独立性	独立性差	高度物理独立性和一定的逻辑独立性
	数据的结构化	无结构	记录内有结构,整体无结构	数据模型、整体结构化描述
	数据控制能力	自己控制	由OS提供基本存取控制	由DBMS提供数据的安全性、完整性、并发控制及恢复能力

1.1.4 数据库系统的特点

1. 整体数据的结构化

数据库的主要特征之一就是实现了整体数据的结构化。在数据库系统中不仅要考虑某个应用的数据结构,还要考虑整个组织的数据结构,因此数据不再针对某一应用,而是面向全局,面向系统,具有整体的结构化。

2. 数据的共享性高,冗余度低,易扩充

冗余就是不必要的重复。数据在数据库中一般只存储一次,并为各个不同的用户所共享。数据共享大大减少了数据冗余,提高了数据的价值和利用率,避免了数据之间的不相容性与不一致现象。

数据库系统是从整体的角度来看待和描述数据,数据不仅可被多个应用、多个用户共享使用,而且容易增加新的应用,易于扩充。

3. 数据独立性高

数据的独立性是指数据与程序的独立,包括数据的物理独立性和数据的逻辑独立性。

数据库的系统结构分成局部逻辑结构、全局逻辑结构和物理逻辑结构三级。物理独立性是指用户的应用程序与数据库中的物理存储的数据是相互独立的。也就是说当数据的物理存储改变时,通过DBMS的映射变换,应用程序不用改变。逻辑独立性是指用户的应用程序与数据库的逻辑结构是相互独立的。也就是说数据的逻辑结构改变了,通过DBMS的映射变换,用户程序也可以不变。

数据独立性是由三级结构、二级映射功能来保证的。

4. 数据由DBMS统一管理和控制

数据库管理系统(DBMS)统一管理和控制数据库中的数据,提供数据的安全性(Security)保护、数据的完整性(Integrity)检查、多用户同时使用数据库时进行并发(Concurrency)控制和发生故障后对数据库进行恢复(Recovery)等功能,来确保用户正常、

正确、安全地使用数据库。

1.2 数据库系统的组成

数据库系统一般由数据库、数据库管理系统、数据库应用软件和界面、软件和硬件平台、数据库管理员组成。

1. 硬件平台

在数据库系统中，其硬件平台包括计算机和网络两类。用于建立数据库系统的计算机可以是大型机、小型机、微型机等。数据库系统既可以建立在单机上，也可以建立在网络上，结构形式以分布式方式与B/S方式为主。

在为数据库系统选择硬件环境时，要着重考虑I/O的速度和存储容量。要有足够大的内存存放操作系统、DBMS的核心模块、数据缓冲区和应用程序，要有足够大的磁盘或磁盘阵列等设备存放数据库，有足够的磁带或光盘作数据备份；系统有较高的数据传送率。对分布式数据库系统或网络数据库系统还需要考虑数据在网络上的传输速度。

2. 软件平台

在数据库系统中，其软件平台包括支持DBMS运行的操作系统、数据库系统开发工具、接口软件。

数据库系统开发工具是为应用开发人员和最终用户所提供的工具，包括高级程序设计语言以及可视化开发工具，如Visual Basic.NET、C++、C#、PowerBuilder、Delphi等，还包括与Internet相关的HTML及XML等以及一些专用开发工具。它们为数据库系统的开发和应用提供了良好的环境。

在网络环境下，数据库系统中的数据库与应用、数据库与网络之间需要用接口软件进行连接，否则数据库系统整体就无法运作。这些接口软件及规范包括ODBC、JDBC、CORBA、COM、DCOM等。

3. 数据库系统中的人员

数据库系统中的人员包括数据库管理员(DataBase Administrator，DBA)、系统分析员和数据库设计人员、应用程序员和最终用户。

数据库管理员不一定只是一个人，往往是一个工作小组，主要负责数据库设计、数据库维护、数据库的改进和重组重构。系统分析员是数据库系统设计中的高级人员，主要负责应用系统的需求分析和规范说明，要和用户及DBA相结合，确定系统的软硬件配置，并参与数据库系统的概要设计。数据库设计人员负责数据库中数据的确定、数据库各级模式的设计，很多情况下数据库设计人员就由数据库管理员担任。应用程序员负责设计、编写数据库应用系统的程序模块，并进行调试和安装。最终用户通过应用系统的用户接口使用数据库。

1.3 数据库系统的模式结构

从数据库管理系统角度看，数据库系统通常采用三级模式结构，这是数据库管理系统内部的系统结构。

1.3.1 数据库系统的三级模式结构

数据库系统的三级模式结构是指数据库系统是由外模式、模式和内模式三级构成，如图1-2所示。

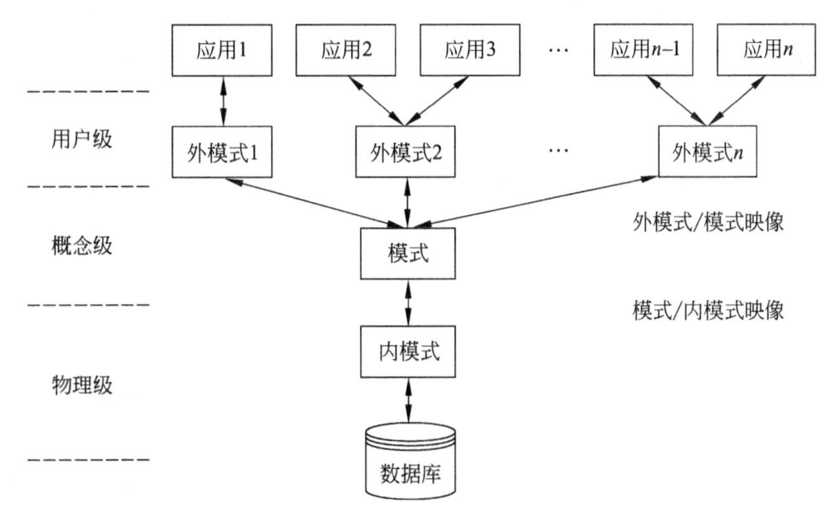

图1-2 数据库系统的三级模式结构

1. 型与值

在数据模型中有“型”(Type)和“值”(Value)的概念。型是指对某一类数据的结构和字段的说明，值是型的一个具体赋值。如学生的记录定义为(学号，姓名，出生日期，性别，民族，籍贯，政治面貌)这样的记录型，则(0901001，孙岩，90-5-2，女，汉，上海，党员)是该记录型的一个记录值。

2. 模式

模式(Schema)也称概念模式或逻辑模式，是数据库中全体数据的逻辑结构和特征的描述，是所有用户的公共数据视图。

模式仅仅涉及型的描述，不涉及具体的值。模式的一个具体值称为模式的一个实例(Instance)，同一个模式可以有很多实例。模式是相对稳定的，而实例是相对变动的，因为数据库中的数据是在不断更新的。模式反映的是数据的结构及其联系，而实例反映的是数据库某一时刻的状态。

一个数据库只有一个模式，模式处于数据库系统模式结构的中间层，与数据的物理存储和硬件环境无关，也与具体应用程序、开发工具及高级程序设计语言无关。

模式实际上是数据库数据在逻辑级上的视图，要具体定义记录型、数据项、访问控制、保密定义、完整性约束条件以及记录型之间的各种联系。模式用模式描述语言描述和定义，DBMS 提供模式描述语言(模式 DLL)来严格定义模式。

3. 外模式

外模式(External Schema)也称子模式(SubSchema)或用户模式，它是数据库用户能够看见和使用的局部数据的逻辑结构和特征的描述，是数据库用户的数据视图，是与某一应用有关的数据的逻辑表示。

一个数据库可以有多个外模式，每个用户至少使用一个外模式，不同的用户在应用需求、看待数据的方式、对数据保密的要求等方面存在差异，则其外模式描述就是不同的。因此每个用户的外模式不一定相同，同一个用户可使用不同的外模式，不同的用户可以使用同一个外模式。

外模式通常是模式的子集，是用户与数据库的接口，是保证数据库安全性的一个有力措施。它主要描述用户视图的各记录的组成、相互联系、数据项的特征、数据的安全性和完整性约束条件等。外模式用外模式描述语言来定义，DBMS 提供子模式描述语言(子模式 DLL)来严格定义子模式。

4. 内模式

内模式(Internal Schema)也称存储模式(Storage Schema)，是数据物理结构和存储方式的描述，是数据在数据库内部的表示方式。

内模式中定义的是存储记录的类型、存储域的表示、存储记录的物理顺序、索引和存取路径等数据的存储组织。一个数据库只有一个内模式，内模式对用户透明。内模式用内模式数据描述语言来定义，DBMS 提供内模式描述语言(内模式 DLL 或存储模式 DLL)来严格定义内模式。

综上所述，一个数据库只有一个模式和一个内模式，可以有多个外模式。外模式是模式的子集，当然也是内模式子集的逻辑描述。

1.3.2 数据库系统的二层映像与数据独立性

数据库系统在三级模式之间提供了两层映像：外模式/模式映像、模式/内模式映像，保证了数据库系统中的数据能够具有较高的逻辑独立性和物理独立性。

1. 外模式/模式映像

外模式/模式映像是指由模式生成外模式的规则，它定义了各个外模式和概念模式之间的对应关系。外模式/模式映像不唯一，对同一个模式可以有任意多个外模式，对每一个外模式，数据库系统都有一个外模式/模式映像。外模式/模式映像一般放在外模式中描述。

2. 模式/内模式映像

模式/内模式映像是说明模式在物理设备中的存储结构。它定义了概念模式和内模式之间的对应关系，即数据全局逻辑结构与存储结构之间的对应关系。模式/内模式映像是唯一的，因为数据库中只有一个模式和一个内模式。模式/内模式映像一般放在内模式中描述。

3. 数据独立性

数据的独立性是指应用程序和数据库的数据结构之间相互独立，不受影响。

当模式改变时，如增加新的数据项、新的数据类型等，对各个外模式/模式映像作相应改变，可以使外模式保持不变，从而应用程序不必修改，保证了数据与程序的逻辑独立性。

当数据库的存储结构发生改变时，只要对模式/内模式映像作相应改变，可以使模式保持不变，从而应用程序也不必改变，保证了数据与程序的物理独立性。

1.4 数据模型

1.4.1 数据模型的概念

数据模型(Data Model)是一种表示数据及其联系的模型，是对现实世界数据特征的抽象。也就是说，数据模型是用来描述数据、组织数据和对数据进行操作的。由于计算机不可能直接处理现实世界中的具体事物，所以人们必须进行数字化，把现实世界中具体的人、物、活动、概念用数据模型这个工具来抽象、表示和处理。通俗地讲，数据模型就是现实世界的模拟。

数据模型是数据库系统的核心和基础。在数据库系统中针对不同的使用对象和应用目的，采用不同的数据模型。常用的数据模型可分为两种类型：第一类是概念模型，也称信息模型，它是按用户的观点来对数据和信息建模，不涉及信息在计算机系统中的具体表示，是现实世界的第一层抽象，主要用于数据库设计。第二类是逻辑模型和物理模型。逻辑模型是按计算机系统的观点对数据建模，主要用于DBMS的实现，逻辑模型主要包括层次模型、网状模型、关系模型、面向对象模型等。物理模型是对数据最低层的抽象，具体实现是DBMS的任务，它描述数据在系统内部的表示方法和存取方法，在磁盘或磁带上的存储方式和存取方法，是面向计算机系统的。

为了把现实世界中的具体事物抽象、组织为某一DBMS支持的数据模型，人们常常首先将现实世界抽象为信息世界，然后将信息世界转换为机器世界，如图1-3所示。从现实世界到概念模型的转换是由数据库设计人员完成的，从概念模型到逻辑模型的转换可以由数据库设计人员完成，也可以用数据库设计工具协助设计人员完成，从逻辑模型到物理模型的转换一般是由DBMS完成的。

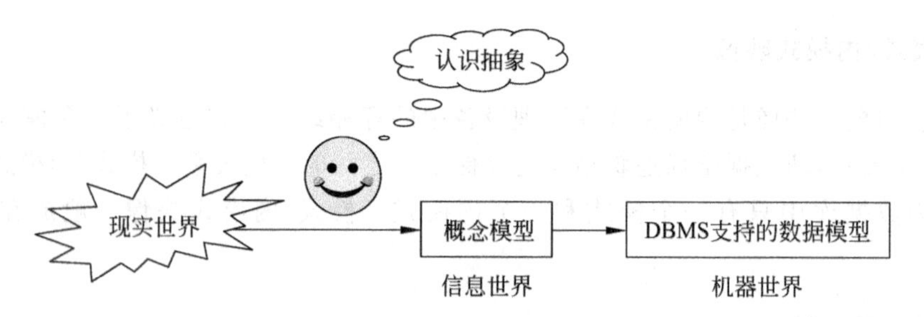

图 1-3 现实世界中客观对象的抽象过程

1.4.2 概念模型

在进行数据库设计时必须首先给出概念模型。概念模型不涉及信息在计算机系统中的具体表示，是现实世界到机器世界的一个中间层次，是用户观点对现实世界的抽象。因此概念模型不仅能完整地表现设计人员的思想，而且应简单清晰，并能实现用户需求。

1. 概念模型中的基本概念

1）实体

客观存在并可相互区别的事物称为实体(Entity)。实体可以是物理存在的事物，也可以是抽象的概念。如一个学生、一个部门等均为具体的实体；一个学生的选课、一个公司的订货等都是抽象的实体，它们反映的是实体之间的联系。

2）属性

实体所具有的某方面的特征称为实体的属性(Attribute)。如学生实体可用学号、姓名、出生日期、性别、民族、籍贯、政治面貌等属性来描述。

属性的具体体现称为属性值。如(0901001，苏妍，90-5-2，女，汉，上海，党员)是具体的学生实体的属性值。“籍贯”是属性名，“上海”是属性值。

3）域

域(Domain)是一组具有相同数据类型的值的集合。属性的取值范围来自某个域。如姓名域是字符串集合，性别域是(男、女)等。

4）实体集

同一类型实体的集合称为实体集(Entity Set)。如全体学生就是一个实体集。

5）实体型

实体集的名及其所有属性名的集合，称为实体型(Entity Type)。如学生(学号、姓名、出生日期、性别、民族、籍贯、政治面貌)即是一个实体型。

6）键

唯一标识实体的属性集称为键(Key)或关键字。如学号是学生实体的键。

7）联系

事物内部以及事物之间是有联系的，这些联系在信息世界中反映为实体(型)之间和实体(型)内部的联系(Relationship)。实体之间的联系通常是指不同实体集之间的联系。实体内部的联系通常是指组成实体的各属性之间的联系。

2. 两个实体集之间的联系

两个实体集之间的联系分为3类：一对一联系（1∶1）、一对多联系（1∶n）、多对多联系（m∶n）。

1）一对一联系（1∶1）

两个实体集A和B，如果任一个实体集中的每个实体最多与另一个实体集中的一个实体有联系，则称实体集A和实体集B具有一对一联系，记为1∶1，如图1-4(a)所示。

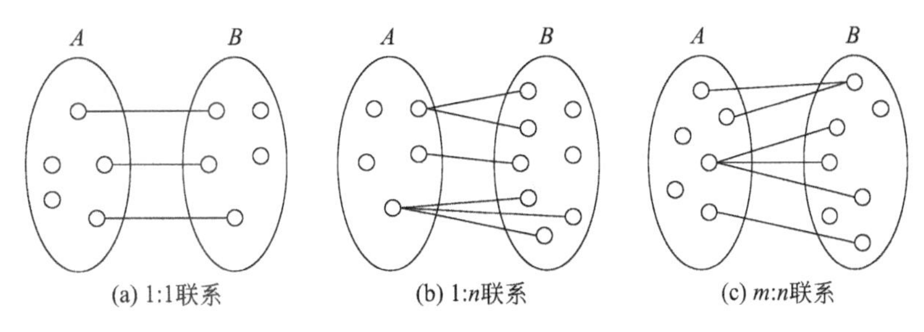

图1-4　实体间的联系

例如，一个学校下属的学院有一个正系主任，一个正系主任领导一个学院，学院与正系主任具有一对一联系。

2）一对多联系（1∶n）

两个实体集A和B，如果实体集A中的每个实体可与实体集B中的多个（可为0个）实体有联系；反之，实体集B中的每个实体最多只可与实体集A中的一个实体有联系，则称实体集A和实体集B具有一对多联系，记为1∶n，如图1-4(b)所示。

例如，一个学院有多个专业，一个专业固定在一个学院中，学院与专业具有一对多联系；一个专业有多个学生，一个学生属于一个专业，专业与学生具有一对多联系；一个书库中存放多种参考书，参考书是分类存放的，每种参考书只放于确定的书库内，书库与参考书具有一对多联系。

3）多对多联系（m∶n）

两个实体集A和B，如果任一个实体集中的每个实体可与另一个实体集中的多个（可为0个）实体有联系，则称实体集A和实体集B具有多对多联系，记为m∶n，如图1-4(c)所示。

例如，一个学生选修多门课程，一门课程有多个学生选修，学生和课程具有多对多联系；一个供应商供应多种产品，一种产品可以由多个供应商提供，供应商与产品具有多对多联系；一门课程有多种参考书，一种参考书可以作为多种课程的参考，课程与参考书具有多对多联系。

实际上，一对一联系是一对多联系的特例，而一对多联系又是多对多联系的特例。也可以用图形来表示两个实体集之间的3类联系，如图1-5所示。

3. 多个实体集之间的联系

两个以上的实体集之间也会存在一对一、一对多、多对多联系。

例如，对于供应商、项目、零件3个实体集，一个供应商可以供给多个项目多种零件，而

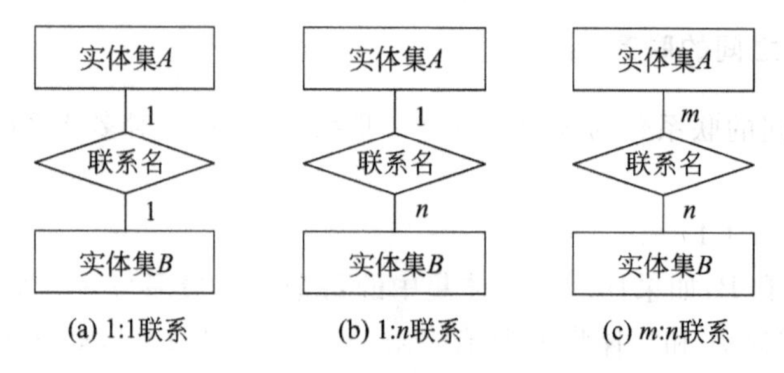

图 1-5　两个实体集之间的 3 类联系

每个项目可以使用多个供应商供应的零件，每种零件可由不同的供应商供给，由此看出，供应商、项目、零件三者之间是多对多的联系，如图 1-6 所示。要注意的是 3 个实体集之间的多对多联系和 3 个实体集两两之间的多对多联系的语义是不同的。供应商、项目、零件 3 个实体集两两之间的多对多联系如图 1-7 所示。

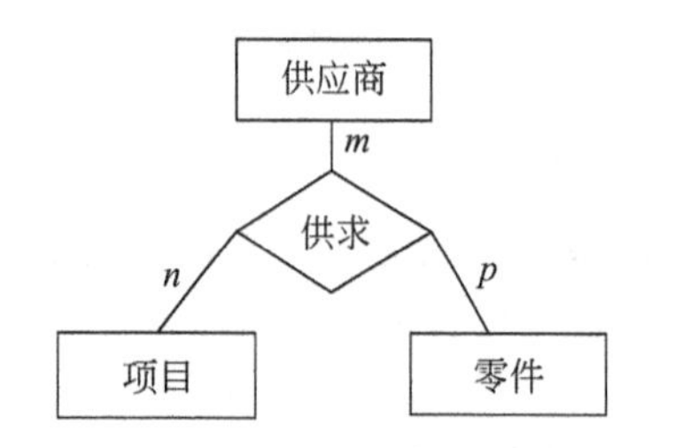

图 1-6　3 个实体集之间的多对多联系示例

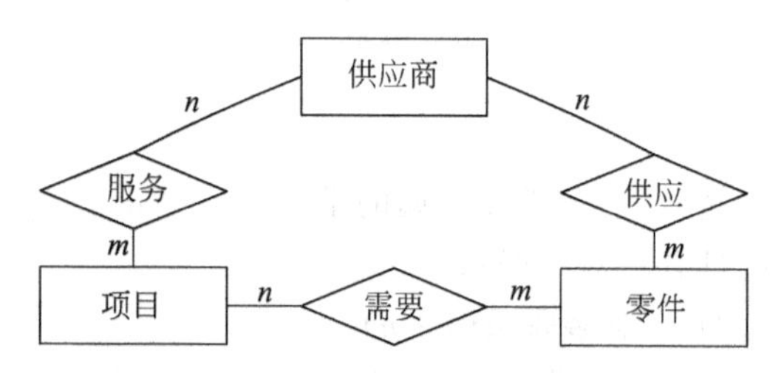

图 1-7　3 个实体集两两间多对多的联系示例

4. 实体集内部的联系

同一个实体集内的各实体之间也存在一对一、一对多、多对多的联系。如一个零件可以有多个子零件，同一个零件又可以是其他零件的子零件，零件实体集内部的装配关系存在多对多的联系，如图 1-8 所示。

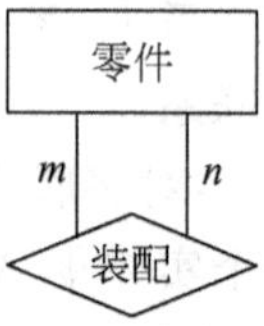

图 1-8　同一实体集内部的联系示例

1.4.3　E-R 模型

概念模型是对信息世界建模，表示方法很多。其中最重要的一种是实体-联系方法（Entity-Relationship Approach，E-R 方法），是 1976 年由 P. P. S Chen 提出的。该方法用 E-R 图（E-R Diagram）来描述现实世界的概念模型，E-R 方法也称为 E-R 模型。

1. E-R 图的基本图素

E-R 图的基本图素如下：

- 矩形框：表示实体集，框中写实体名。
- 菱形框：表示实体之间的联系，框中写联系名。
- 椭圆形框：表示实体或联系的属性，框中写属性名。
- 直线：连接与此联系相关的实体，连接实体与属性，连接联系与属性。

2. 实体与属性的表示

实体用矩形表示，属性用椭圆形表示，并用无向边将属性与相应的实体连接起来。

例如，书库实体具有书库号、书库位置、联系电话等属性，用 E-R 图表示如图 1-9 所示。

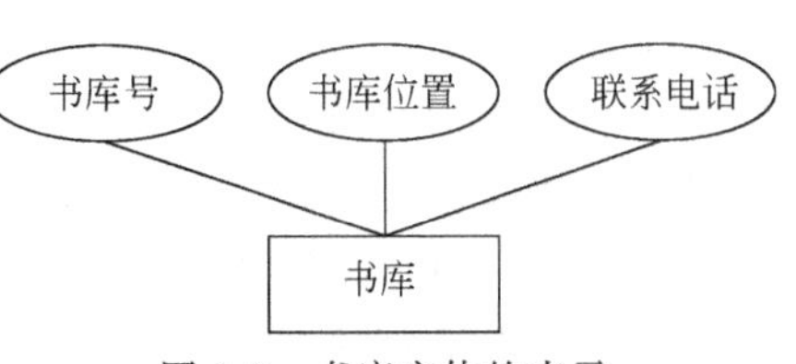

图 1-9　书库实体的表示

3. 实体间联系的表示

联系用菱形表示，并用无向边分别与有关实体连接起来，同时在无向边旁标上联系的类型($1:1$、$1:n$ 或 $m:n$)。注意，如果一个联系具有属性，则这些属性也要用无向边与该联系连接起来。

例如学院与正主任、书库与参考书、学生与课程、课程与参考书之间的联系表示分别如图 1-10(a)至(d)所示。其中学生与课程、课程与参考书之间的多对多联系也可以表示为图 1-10(e)的形式。

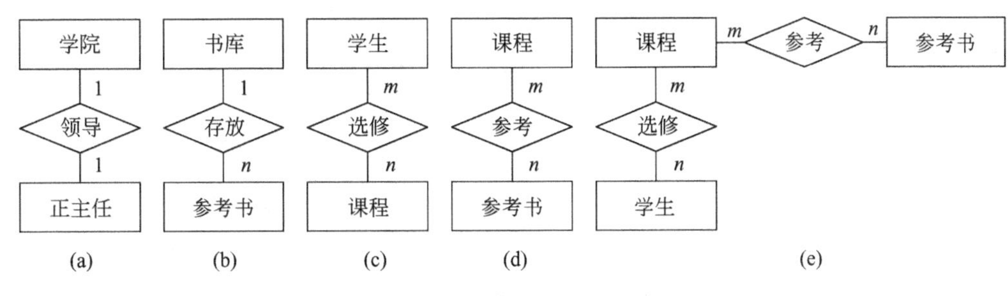

图 1-10　实体间联系的表示

4. 一个实例：学生选课系统的概念模型

画 E-R 图的步骤如下：确定实体；确定各实体的属性；确定实体间的联系；确定各联系的属性。

下面用 E-R 图来表示学生选课系统的概念模型。

1）确定实体

学生选课系统主要涉及 4 个实体集：学生、课程、教师、学院。

2）确定各实体的属性

学生实体具有学号、姓名、出生日期、性别、民族、籍贯、照片等属性；课程实体具有课程号、课程名、学分、学时、内容简介等属性；教师实体具有工作证号、姓名、出生日期、性别、职称等属性；学院实体具有学院编号、学院名、院长、电话等属性。

3）确定实体间的联系

一个学生可以选修多门课程，一门课程可供多个学生选修，即学生与课程之间存在多对多的联系；

一位教师可以教授多门课程，一门课程可以由多位教师讲授，即教师与课程之间存在多对多的联系；

一个学生可以上多位教师的课，一位教师可以给多名学生上课，即学生与教师之间存在多对多的联系；

一个学生属于一个学院，一个学院有多位学生，即学院与学生之间存在一对多的联系；

一位教师属于一个学院，一个学院有多位教师，即学院与教师之间存在一对多的联系。

4）确定各联系的属性

学生与课程联系（选修）有成绩属性，教师与课程联系（讲授）有教室号、时间属性，学生与教师联系（上课）有课程号属性。

学生选课系统的 E-R 模型如图 1-11 所示。

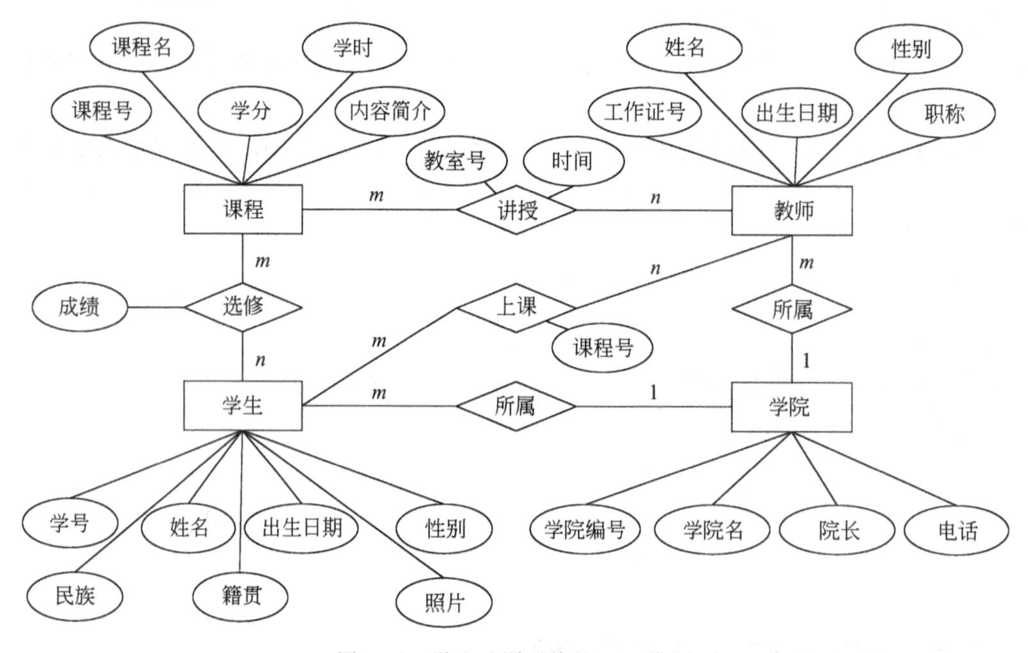

图 1-11　学生选课系统的 E-R 模型

E-R 模型只能说明实体间语义的联系，不能进一步说明详细的数据结构。因此在数据库设计时，遇到实际问题总是先设计一个 E-R 模型，然后再把 E-R 模型转换成计算机能实现的数据模型。

1.4.4　常用的数据模型

目前，数据库领域中常用的逻辑数据模型有层次、网状、关系、面向对象等模型。

1. 层次模型

层次模型（Hierarchical Model）是数据库系统中最早出现的数据模型，用树状结构来表示各类实体以及实体间的联系，如图 1-12 所示。IBM 公司 1968 年推出的 IMS（Information Management System）数据库管理系统是层次数据库系统的典型代表，曾经得到广泛的使用。

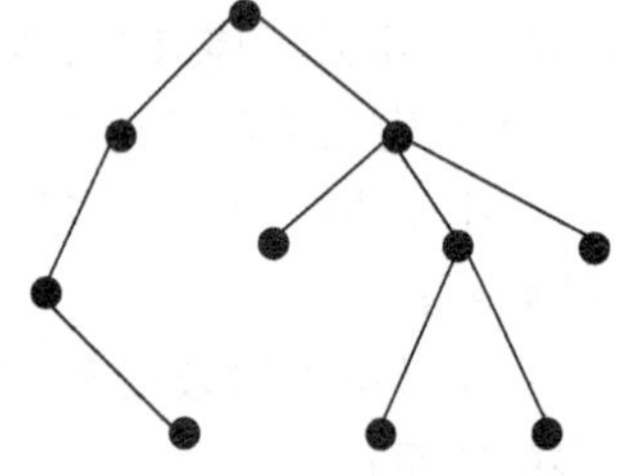

图 1-12　树状结构示意图

在数据库中,满足以下两个条件的数据模型称为层次模型:

(1) 有且只有一个结点无双亲结点,这个结点即是根结点;

(2) 其他结点有且只有一个双亲结点。

在层次模型中,每个结点表示一个记录类型,记录(类型)之间的联系用结点之间的连线(有向边)表示,这种联系是父子之间的一对多的联系。这就使得层次模型对具有一对多联系且层次分明的事物对象的描述非常自然、直观、容易理解,易于在计算机中实现。这是层次数据库的突出优点。记录之间的联系用有向边表示,这种联系也就是记录之间的存取路径,在 DBMS 中常常用指针来实现,这样 DBMS 就能沿着存取路径很快找到某个结点的记录值,查询效率高。图 1-13 是层次模型的一个示例。

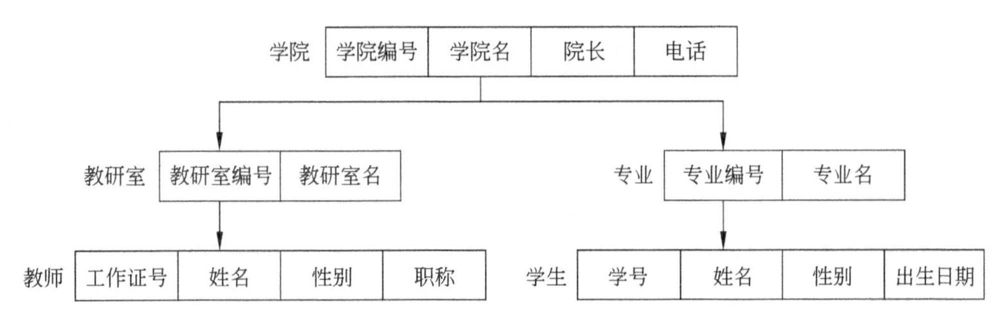

图 1-13　层次模型示例

现实世界中事物的联系错综复杂,很多联系是非层次性的,都用层次数据模型来描述的话比较困难。虽然可以用一些转换方法把复杂事物简化,但这样做的结果是系统效率下降,在具体处理中又变得十分复杂了。因此随着数据库技术的发展,层次模型数据库系统逐渐被其他一些模型的数据库系统所取代。

2. 网状模型

在现实世界中事物之间的联系很多是非层次联系,用层次模型的树状结构描述比较困难,网状模型(Network Model)则可以克服这一弊病。网状数据模型的典型代表是 DBTG 系统,它是 20 世纪 70 年代美国数据系统语言研究会(Conference On Data System Language,CODASYL)下属的数据库任务组(DataBase Task Group,DBTG)提出的一个系统方案。该方案代表着网状模型的诞生。后来不少实现的系统都采用 DBTG 模型或者简化的 DBTG 模型,比较著名的有 Cullinet Software 公司的 IDMS、HP 公司的 IMAGE 等。

在数据库中,满足以下两个条件的数据模型称为网状模型:

(1) 允许一个以上的结点无双亲;

(2) 一个结点可以有多于一个的双亲。

网状模型用网状结构来表示各类实体集以及实体集间的联系,如图 1-14 所示,它去掉了树状结构的限制,能较容易地实现多对多的联系,可以更直接地去描述现实世界。事实上,层次模型可以看做网状模型的一个特例。图 1-15 是网状模型的一

图 1-14　一组网状结构示意图

个示例。

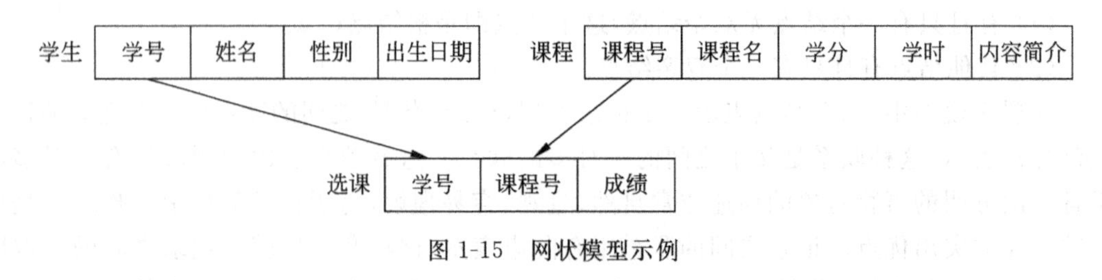

图 1-15　网状模型示例

3. 关系模型

关系模型(Relational Model)是目前最主要的一种数据模型。1970 年美国 IBM 公司的研究员 E. F. Codd 首次提出了数据库系统的关系模型。由于 E. F. Codd 的杰出工作,他于 1981 年获得 ACM 图灵奖。20 世纪 80 年代以来,计算机厂商新推出的数据库管理系统几乎都支持关系模型,非关系系统的产品也都加上了关系接口。

关系模型中,通常把二维表称为关系。关系模型是由若干个关系(表格)组成的集合,对现实世界实体集的描述以及实体集间联系的描述均用表格来表示。关系模型要求关系必须是规范化的,即要求关系必须满足一定的规范条件,关系的每一个分量是一个不可分的数据项。表 1-2 是关系模型的一个示例,表 1-3 是该关系模型的一个实例。

表 1-2　关系模型示例

关系模式	学生(学号,姓名,性别,出生日期)	关系模式	选课(学号,课程号,成绩)
关系模式	课程(课程号,课程名,学分,学时)		

表 1-3　关系模型实例

学生关系

学号	姓名	性别	出生日期	学号	姓名	性别	出生日期
0801001	张琳	女	90-5-2	0902010	吴强	男	89-7-16
0801002	冯郁	男	90-8-14	0912011	马依琳	女	89-9-20

课程关系

课程号	课 程 名	学分	学时
11	计算机基础	2	36
21	Excel 高级商务应用	2	36
22	英语精读	4	72
32	VB. NET 程序设计	2	36

选课关系

学号	课程号	成绩	学号	课程号	成绩
0801001	11	89	0902010	21	84
0801001	22	95	0912011	11	78

关系模型是建立在严格的数学概念的基础上的,具有坚实的逻辑和数学基础,因此基于关系数据模型的数据库管理系统得到了最广泛的应用,占据了数据库市场的主导地位。

Oracle、SQL Server、Sybase、Informix、Access 等均是关系模型的代表产品。

在关系模型中，无论实体还是实体之间的联系都用关系来表示，简单、清晰、直观，用户易懂易用；存取路径对用户透明，从而具有更高的数据独立性、更好的安全保密性，但是查询效率往往不如层次和网状模型。

4. 面向对象数据模型

随着计算机应用的日益发展，数据库新的应用领域的出现，暴露了关系模型的局限性。如多媒体数据、计算机辅助设计(CAD)数据、递归嵌套的数据等，关系模型对这些数据结构复杂的信息的描述就显得力不从心了。

面向对象数据模型(Object-Oriented Data Model)提出于20世纪70年代末80年代初。它吸收了概念数据模型和知识表示模型的一些基本概念，同时又借鉴了面向对象程序设计语言和抽象数据类型的一些思想。现实世界中的事物可以抽象为对象和对象联系的集合，面向对象的方法是一种更接近现实世界、更自然的方法。面向对象数据模型是用面向对象方法构建起来的数据模型，是一种可扩充的数据模型。

面向对象数据模型采用类层次结构。基本的概念是对象和类，类的子集称为该类的子类，该类称为子类的父类或超类，子类可继承父类的所有属性和方法，子类还可以有子类。

面向对象数据模型的基本特征如下。

(1) 类：将一组对象的共同特征和行为抽象形成“类”的概念。

(2) 封装：将一组属性数据和这组数据有关的方法(操作函数表示)组装在一起，形成一个能动的实体——对象。封装使得一个对象可以像部件一样用在各种程序中。

(3) 继承：指一个对象类可以获得另一个对象类的特征和能力。

(4) 多态性：不同对象调用相同名称的方法时，可导致完全不同行为的现象称为多态性。利用多态性，可大大提高人们解决复杂问题的能力。

小结

数据库系统的结构逻辑可分为用户级、概念级和物理级。数据库系统三级模式和两层映像的系统结构保证了数据库系统中能够具有较高的逻辑独立性和物理独立性。

在信息世界中，现实世界的事物转化为实体，事物的特征转化为实体的属性，事物间的关系转化为实体间的联系，并用概念模型来描述。E-R 模型就是一种典型的概念模型。

数据模型是数据库系统的核心和基础。常见的数据模型有层次模型、网状模型、关系模型和面向对象的模型。各类实体以及实体间的联系在层次模型中用树状结构来表示，在网状模型中用网状结构来表示，在关系模型中用二维表来表示，在面向对象数据模型中用类层次结构来表示。

思考题与习题

1. 试述数据库系统的特点和组成。

2. 试述数据库系统三级模式结构。

3. 什么叫数据与程序的物理独立性？什么叫数据与程序的逻辑独立性？为什么数据库系统具有数据与程序的独立性？

4. 定义并解释概念模型中以下术语：

实体　实体型　实体集　属性　键　E-R图

5. 举例说明实体型两两之间的一对一、一对多、多对多的联系。

6. 一个运动员可以参加多个项目的比赛，一个项目可以有多个运动员参赛，运动员参加比赛获得比赛成绩。试画出表示它们之间联系的E-R图。

第2章　关系数据库基础知识

学习目标

本章介绍关系模型的数据结构、关系的3类完整性以及关系操作，重点掌握关系代数运算。

2.1　关系模型的基本概念

关系数据库是应用数学方法来处理数据库中的数据。系统地、严格地提出关系模型的是美国IBM公司的E. F. Codd。1970年E. F. Codd在美国计算机学会会刊 *Communications of the ACM* 上发表题为 *A Relational Model of Data for Shared Data Banks* 的论文，开创了数据库系统的新纪元，以后他连续发表了多篇论文，奠定了关系数据库的理论基础。三十多年来，关系数据库系统的研究和开发取得了辉煌的成就，成为目前国内外最流行、应用最广泛的数据库系统。

2.1.1　关系数据结构的形式化定义

关系模型是建立在集合代数的基础上的，下面从集合论的角度给出关系数据结构的形式化定义。

1. 域

域是一组具有相同数据类型的值的集合。

例如，自然数、字符串、小于100的正整数等都可以是域。性别＝{男、女}也是域，性别是域名。

2. 笛卡儿积

笛卡儿积(Cartesian Product)是域上面的一种集合运算。

给定一组域 $D_1, D_2, \cdots, D_n$，则 $D_1 \times D_2 \times \cdots \times D_n = \{(d_1, d_2, \cdots, d_n) \mid d_i \in D_i, i=1, 2, \cdots, n\}$ 称为 $D_1, D_2, \cdots, D_n$ 的笛卡儿积。

其中每一个元素 $(d_1, d_2, \cdots, d_n)$ 称为一个 n 元组(N-tuple)，简称元组(Tuple)。元素中的每个 d_i 称为分量，$d_i \in D_i$。

这些域中可以存在相同的域。例如 D_2 和 D_4 就可以是相同的域。

若 $D_i(i=1,2,\cdots,n)$ 为有限集，其基数(Cardinal Number)为 $m_i(i=1,2,\cdots,n)$，则 $D_1 \times D_2 \times \cdots \times D_n$ 的基数 M 为

$$M = \prod_{i=1}^{n} m_i$$

笛卡儿积可表示为一个二维表,是元组的集合。

例如,有学生、专业两个集合:

D_1={张倩,王艳}

D_2={法语,会计,电子商务}

则其笛卡儿积为

$D_1 \times D_2$={(张倩,法语),(张倩,会计),(张倩,电子商务),
(王艳,法语),(王艳,会计),(王艳,电子商务)}

该笛卡儿积的基数为 2×3=6,即有 6 个元组。这 6 个元组可以构成一张二维表,如表 2-1 所示。

表 2-1 D_1、D_2 的笛卡儿积

学生	专业	学生	专业	学生	专业
张倩	法语	张倩	电子商务	王艳	会计
张倩	会计	王艳	法语	王艳	电子商务

3. 关系

笛卡儿积 $D_1 \times D_2 \times \cdots \times D_n$ 的子集叫做在域 $D_1, D_2, \cdots, D_n$ 上的关系,表示为 $R(D_1, D_2, \cdots, D_n)$,其中 R 为关系的名字,n 为关系的目或度(Degree)。

一般来说,$D_1, D_2, \cdots, D_n$ 的笛卡儿积是没有实际语义的,只有它的某个子集才有实际含义。可以发现表 2-1 中的笛卡儿积中许多元组是没有意义的。因为一个学生不可能有两个及以上的专业,因此表 2-1 中的一个子集才是有意义的,取其有意义的表示学生和专业的关系 SP,如表 2-2 所示。

表 2-2 学生与专业的关系 SP

学生	专业	学生	专业
张倩	法语	王艳	电子商务

关系是属性值域的笛卡儿积中有意义的元组的集合,基本数据结构是二维表。二维表的行称为关系的元组,二维表中的每一列称为关系的属性,列中的元素为该属性的值,称为分量。每个属性所对应的值变化的范围叫属性的值域或简称域,它是一个值的集合,关系中所有属性的实际值均来自它所对应的域。例如有一个学生关系,其关系、元组、属性和域及其联系如图 2-1 所示。

关系可分为以下 3 种类型。

- 基本表:实际存在的表,它是实际存储数据的逻辑表示。
- 查询表:查询结果对应的表。
- 视图表:由基本表或其他视图表导出的表,是虚表,不对应实际存储的数据。

基本关系具有如下 6 条性质。

① 列的同质性,即每列中的属性值必须来自同一个域,为同一类型的数据。

② 列名唯一性,即每列都有唯一的属性名,不同的列可以出自同一个域。

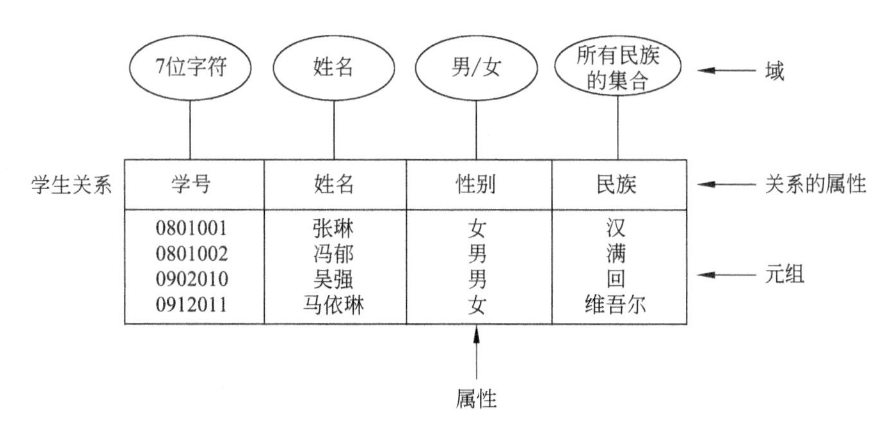

图 2-1 关系、元组、属性和域

③ 行的次序无关性。

④ 列的次序无关性。

⑤ 元组不能全同。

⑥ 每一个分量都必须是不可分的数据项，即要求关系必须是规范化的，不允许表中出现表达式，不允许表中还有表。

表 2-3 就不是一个规范的关系，必须把工资拆成基本工资、职务工资、奖金 3 个属性，才能满足最基本的规范化要求。

表 2-3 职工工资单

工作证号	姓名	性别	工资		
			基本工资	职务工资	奖金
0010	王狄	男	3200	1600	600
0011	朱凯	男	2200	1100	500
0020	郑玫	女	2000	1000	300

说明：在实际的许多关系数据库产品中，基本表并不完全具有这 6 条性质。例如，有的数据库产品仍然区分了属性顺序和元组的顺序；有的产品中允许关系表中存在两个完全相同的元组，除非用户定义了相应的约束条件。

4. 键

1）候选键（候选关键字）

若关系中的某一个属性组的值能唯一地标识一个元组，则称该属性组为候选键（Candidate Key）。

例如，图 2-2 所示的学生关系中，学号能唯一标识一个学生元组，故学号为候选键。因为身份证号和图书证号也可唯一标识一个学生元组，故身份证号、图书证号也都是候选键。所以候选键可能有多个。

2）主键（主关键字）

若一个关系有多个候选键，则选定其中一个为主键（Primary Key）。如图 2-2 所示的学

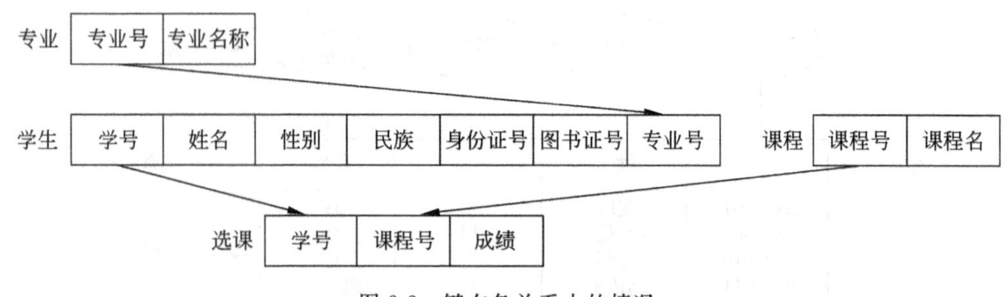

图 2-2 键在各关系中的情况

生关系中,学号、身份证号、图书证号为候选键,一般取学号为主键;在选修关系中,学号和课程号的组合为候选键,由于候选键只有一个,所以主键也是学号和课程号的组合。

候选键的诸属性称为主属性(Prime Attribute)。不包含在任何候选键中的属性称为非主属性(Non-prime Attribute)或非键属性(Non-key Attribute)。例如图 2-2 所示的学生关系中,学号、身份证号、图书证号均为候选键,那么这 3 个属性均为主属性;而学生关系中的性别、民族,选课关系中的成绩都是非主属性。

3) 外键(外来关键字)

如果关系 R_1 的属性集合 A_1 不是 R_1 的候选键,而是另一关系 R_2 的候选键,则称 A_1 为 R_1 的外键。外键提供了一种表示两个关系联系的方法。例如选修关系中的学号,在选修关系中不是候选键,但是学生关系中的候选键,因此学号是选修关系的外键;同样课程号也是其外键。选课关系表示了学生与课程之间的多对多的联系。学生关系中的专业号,在学生关系中不是候选键,但是专业关系中的候选键,因此专业号是学生关系的外键,专业与学生之间存在一对多的联系。

4) 全键

关系模式的整个属性集合是这个关系模式的候选键,称为全键(All-key)。

2.1.2 关系模式和关系数据库

关系模式(Relation Schema)是对关系的描述或定义,一个关系模式是一个五元组,形式化地表示为

$$R(U, D, \mathrm{Dom}, F)$$

其中 R 为关系名,U 为组成该关系的属性名集合,D 为属性组 U 中属性所来自的域,Dom 为属性同域的映像集合,F 为属性间数据的依赖关系集合。

关系模式具体通过 DBMS 的专门语言来定义,关系模式通常可以简记为 $R(U)$ 或 $R(A_1, A_2, \cdots, A_n)$,其中 R 为关系名,$A_1, A_2, \cdots, A_n$ 为属性名。而域名及属性同域的映像常常直接说明为属性的类型、长度。例如学生关系的关系模式可简记为:学生(学号,姓名,性别,出生日期,民族,籍贯,政治面貌)。

一个关系只能对应一个关系模式,一个关系模式可对应多个关系。关系模式是型,关系是值。关系模式是静态的、稳定的,关系是动态的、随时间不断变化的,因为关系操作在不断地更新着数据库中的数据。关系是关系模式在某一时刻的状态或内容。但在很多情况下,

人们常把关系模式和关系统称为关系，这可以从上下文中加以区别。

关系数据库是对应于一个关系模型的某应用领域全部关系的集合。它是基于关系模型的数据库。关系数据库的型是关系模式的集合，即数据库结构等的描述，其值是某一时刻关系的集合。一个具体的关系数据库是若干相关关系的集合，而关系数据库模型的结构是若干相关关系模式的集合。

2.2 关系的完整性

关系模型的完整性规则是对关系的某种约束条件。关系模型中有3类完整性约束：实体完整性(Entity Integrity)、参照完整性(Referential Integrity)和用户定义的完整性(User-defined Integrity)。其中实体完整性和参照完整性应该由关系系统自动支持，是关系模型必须满足的完整性约束条件；用户定义的完整性是由用户定义的、应用领域需要遵循的约束条件，体现了具体领域中的语义约束。

2.2.1 实体完整性

实体完整性规则：若属性(指一个或一组属性)A是基本关系R主键上的属性，则属性A不能取空值。

说明：

① 实体完整性规则是对基本关系的约束和限定。

② 现实世界中实体是可区分的，即它们具有某种唯一性标识。相应地关系模型中以主键作为唯一性标识。

③ 组成主键的各属性不能取空值(有多个候选键时，主键以外的候选键可取空值)。

例如学生选课关系，选课(学号，课程号，成绩)中，(学号，课程号)为主键，则这两个属性都不能取空值。专业(专业号，专业名称)中，专业号不能取空值。

2.2.2 参照完整性

1. 参照与被参照关系

设基本关系R、S(可为同一关系)，若F是R的一个(组)属性，但不是R的键，如果F与S的主键相对应，则称F是R的外键，并称R为参照关系，S为被参照关系或目标关系。

说明：S的主键K和R的外键F必须定义在同一个(或一组)域上。

2. 参照完整性规则

若属性(组)F是R的外键，它与S的主键K相对应，则对于R中每个元组在F上的值必须为：或者取空值(F的每个属性值均为空值)，或者等于S中某个元组的主键值。

参照完整性又称为引用完整性，它定义了外键与主键之间的引用规则。

例如，设关系模式：学生(学号，姓名，性别，民族)，课程(课程号，课程名，学分)，选课(学号，课程号，成绩)。带下划线的属性为对应关系的主键。学号是选课关系的外键，学号必须是学生关系中存在的学号;同样,课程号也是选课关系的外键,课程号必须是课程关系中存在的课程号。即选课关系中学号和课程号的值需要参照学生关系及课程关系对应的属性来取值。称选课关系为参照关系,学生关系和课程关系为被参照关系(或目标关系)。根据参照完整性规则,在选课关系中,学号和课程号可以取空值或者目标关系中已经存在的值。但是由于学号与课程号是选课关系的主键,按照实体完整性规则,它们均不能为空,所以选课关系中的学号与课程号只能取对应目标关系中的存在值,而不能取空值。

2.2.3 用户定义的完整性

任何关系数据库系统都应该支持实体完整性和参照完整性,这是关系模型所要求的。此外,不同的关系数据库系统根据其应用环境的不同,往往还需要一些特殊的约束条件,它反映某一具体应用所涉及的数据必须满足的语义要求、约束条件。例如,选课关系中,成绩必须在 0～100 之间。

关系模型应提供定义和检验这类关系完整性的机制,以便用统一的系统的方法处理它们,而不要由应用程序承担这一功能。

2.3 关系代数

关系数据库系统使用的语言称为关系数据语言(也称数据库操作语言),是数据库管理系统提供的用户接口,是用户用来操作数据库的工具。关系数据语言大体分成 3 类:关系代数语言、关系演算语言、具有关系代数和关系演算双重特点的语言。

关系代数是一种抽象的查询语言,它用对关系的运算来表达查询。关系代数的运算对象和运算结果都是关系。关系代数用到的运算符包括 4 类:集合运算符、专门的关系运算符、比较运算符和逻辑运算符,如表 2-4 所示。

表 2-4 关系代数用到的运算符及含义

运算符		含义	运算符		含义
集合运算符			比较运算符	$>$	大于
	$\cup$	并		$\geqslant$	大于等于
	$-$	差		$<$	小于
	$\cap$	交		$\leqslant$	小于等于
	$\times$	笛卡儿积		$=$	等于
专门的关系运算符	σ	选择		<>	不等于
	Π	投影	逻辑运算符	$\neg$	非
	∞	连接		$\wedge$	与
	$\div$	除		$\vee$	或

2.3.1 传统的集合运算

传统的集合运算是二目运算，包括并、交、差、积 4 种运算。设 t 为元组变量；R、S 为同类的 n 元关系。

1. 并(Union)

关系 R 与关系 S 的并的结果仍为 n 元关系，由属于 R 或属于 S 的元组组成。记作

$$R \cup S = \{t \mid t \in R \vee t \in S\}$$

图 2-3(c)是 $R \cup S$ 的一个示例。

R

A	B	C
1	4	7
2	5	8
3	6	9

(a)

S

A	B	C
1	4	7
3	6	9
10	11	12

(b)

$R \cup S$

A	B	C
1	4	7
2	5	8
3	6	9
10	11	12

(c)

$R-S$

A	B	C
2	5	8

(d)

$R \cap S$

A	B	C
1	4	7
3	6	9

(e)

$R \times S$

R.A	R.B	R.C	S.A	S.B	S.C
1	4	7	1	4	7
1	4	7	3	6	9
1	4	7	10	11	12
2	5	8	1	4	7
2	5	8	3	6	9
2	5	8	10	11	12
3	6	9	1	4	7
3	6	9	3	6	9
3	6	9	10	11	12

(f)

图 2-3 传统的集合运算

2. 差(Difference)

关系 R 与关系 S 的差的结果仍为 n 元关系,由属于 R 而不属于 S 的所有元组组成。记作

$$R-S=\{t \mid t \in R \wedge t \notin S\}$$

图 2-3(d)是 $R-S$ 的一个示例。

3. 交(Intersection)

关系 R 与关系 S 的交的结果仍为 n 元关系,由既属于 R 又属于 S 的元组组成。记作

$$R \cap S=\{t \mid t \in R \wedge t \in S\} \quad \text{或} \quad R \cap S=R-(R-S)$$

图 2-3(e)是 $R \cap S$ 的一个示例。这种可用其他关系代数式表示的运算称为非基本运算。

4. 积(Cartesian Product)

积即广义笛卡儿积。

设:R 为 n 元关系,有 k_1 个元组,S 为 m 元关系,有 k_2 个元组。广义笛卡儿积的结果是一个$(n+m)$元的新关系,有 $k_1 \times k_2$ 个元组。元组的前 n 列是 R 的一个元组,后 m 列是 S 的一个元组。记作

$$R \times S=\{\widehat{t_r t_s} \mid t_r \in R \wedge t_s \in S\}$$

说明: R、S 可为不同类关系,结果为不同类关系。当表示 R 和其自身的广义笛卡儿积时必须引入 R 的别名,如 R',表达式写为 $R \times R'$或 $R' \times R$。

图 2-3(f)是 $R \times S$ 的一个示例。

并、交、积运算均满足结合律,但求差运算不满足结合律。

2.3.2 专门的关系运算

专门的关系运算有选择、投影、连接、除运算等。先引入几个记号。

设 t 为 R 的元组变量,$R(A_1, A_2, \cdots, A_n)=R(U)$,则

$t[A]$:表示关系 R 在 A 属性(或属性集)上的所有值。

如 t[学号,姓名]:表示 R 在学号、姓名两列上的所有属性值。

1. 选择(Selection)

选择是在关系 R 中选择满足给定条件的所有元组所构成的关系,又称为限制(Restriction)。记作

$$\sigma_F(R)=\{t \mid t \in R \wedge F(t)=\text{True}\}$$

其中 F 表示选择条件,由属性名(值)、比较符、逻辑运算符组成。

例如已有关系 M,如图 2-4(a)所示,则图 2-4(b)表示选择运算 $\sigma_{A_3 \neq 'g'}(M)$的结果。

2. 投影(Projection)

投影运算是在关系列上进行的选择,关系 R 上的投影是从 R 中选择出若干属性列,消除重复元组组成新的关系。记作

$$\prod_{A}(R)=\{t[A] \mid t \in R\}$$

例如已有关系 M,如图 2-4(a)所示,则图 2-4(c)表示投影运算 $\Pi_{A_3,A_2}(M)$ 的结果。

关系M

A_1	A_2	A_3
a	3	f
b	3	g
c	3	f
d	3	g
e	7	h

(a)

$\sigma_{A_2>6 \vee A_3 \neq 'g'}(M)$

A_1	A_2	A_3
a	3	f
c	3	f
e	7	h

(b)

$\Pi_{A_3,A_2}(M)$

A_3	A_2
f	3
g	3
h	7

(c)

图 2-4 选择、投影运算示例

3. 连接(Join)

连接运算也称为 θ 连接。它是从两个关系的笛卡儿积中选取属性间满足一定条件的元组。记作

$$R \underset{A\theta B}{\infty} S=\{\widehat{t_r t_s} \mid t_r \in R \wedge t_s \in S \wedge t_r[A] \theta t_s[B]\}$$

其中 A 和 B 分别为 R 和 S 上度数相等且可比的属性组。θ 是比较运算符。连接运算从 $R \times S$ 中选取 R 关系在 A 属性组上的值与 S 关系在 B 属性组上的值满足 θ 关系的元组构成一个新关系。

例如已有关系 R 和关系 S,如图 2-5(a)和(b)所示,则图 2-5(c)表示一般连接 $R \underset{A_3<A_4}{\infty} S$ 的结果。

连接运算中有两种最为重要也最为常用的连接,一种是等值连接(Equi Join),另一种是自然连接(Natural Join)。

1) 等值连接

θ 为"="的连接运算称为等值连接。它是从两个关系的笛卡儿积中选取 A、B 属性值相等的那些元组,即等值连接为

$$R \underset{A=B}{\infty} S=\{\widehat{t_r t_s} \mid t_r \in R \wedge t_s \in S \wedge t_r[A]=t_s[B]\}$$

例如已有关系 R 和关系 S,如图 2-5(a)和(b)所示,则图 2-5(d)表示等值连接 $R \underset{R.A_2=S.A_2}{\infty} S$ 的结果。

2) 自然连接

自然连接是一种特殊的等值连接,它要求在两个关系中进行比较的分量必须是相同的

关系R

A_1	A_2	A_3
a	d	6
b	e	7
b	d	9
c	e	13
c	g	15

(a)

关系S

A_2	A_4
e	4
d	8
e	11
f	3

(b)

$\underset{A_3<A_4}{R\infty S}$

A_1	$R.A_2$	A_3	$S.A_2$	A_4
a	d	6	d	8
a	d	6	e	11
b	e	7	d	8
b	e	7	e	11
b	d	9	e	11

(c)

$\underset{R.A_2=S.A_2}{R\infty S}$

A_1	$R.A_2$	A_3	$S.A_2$	A_4
a	d	6	d	8
b	e	7	e	4
b	e	7	e	11
b	d	9	d	8
c	e	13	e	4
c	e	13	e	11

(d)

$R\infty S$

A_1	A_2	A_3	A_4
a	d	6	8
b	e	7	4
b	e	7	11
b	d	9	8
c	e	13	4
c	e	13	11

(e)

R Outerjoin *S*

A_1	A_2	A_3	A_4
a	d	6	8
b	e	7	4
b	e	7	11
b	d	9	8
c	e	13	4
c	e	13	11
c	g	15	NULL
NULL	f	NULL	3

(f)

R LEFT JOIN *S*

A_1	A_2	A_3	A_4
a	d	6	8
b	e	7	4
b	e	7	11
b	d	9	8
c	e	13	4
c	e	13	11
c	g	15	NULL

(g)

R RIGHT JOIN *S*

A_1	A_2	A_3	A_4
a	d	6	8
b	e	7	4
b	e	7	11
b	d	9	8
c	e	13	4
c	e	13	11
NULL	f	NULL	3

(h)

图 2-5　连接运算示例

属性组，并且要在结果中把重复的属性列去掉。即若 R 和 S 具有相同的属性组 B，则自然连接可记作

$$R\infty S=\{\widehat{t_r t_s}\mid t_r\in R\wedge t_s\in S\wedge t_r[B]=t_s[B]\}$$

例如已有关系 R 和关系 S，如图 2-5(a)和(b)所示，则图 2-5(e)表示自然连接 $R\infty S$ 的结果。

等值连接与自然连接的区别如下：

- 等值连接的连接条件属性不要求是同名属性；

- 等值连接后不要求去掉同名属性。

3）外连接

两个关系 R 和 S 在做自然连接时是选择在公共属性上值相等的元组构成新的关系。这时就有可能 R 中某些元组在 S 中不存在公共属性上值相等的元组，从而造成 R 中这些元组在操作时被舍弃了，同样，S 中某些元组也可能被舍弃。例如图 2-5(e)的自然连接中，R 中的第五个元组和 S 中的第四个元组都被舍弃掉了。

如果把舍弃的元组也保存在结果关系中，而在其他属性上填空值(NULL)，那么这种连接就叫做外连接(Outerjoin)。如果只把左边关系 R 中要舍弃的元组保留就叫做左外连接(LEFT OUTER JOIN 或 LEFT JOIN)，如果只把右边关系 S 中要舍弃的元组保留就叫做右外连接(RIGHT OUTER JOIN 或 RIGHT JOIN)。例如已有关系 R 和关系 S，如图 2-5(a)和(b)所示，则图 2-5(f)表示 R 和 S 的外连接，图 2-5(g)表示左外连接，图 2-5(h)表示右外连接。

4. 除运算(Division)

先给出象集的定义。

给定关系 $R(X,Z)$，X、Z 为属性组。当 $t[X]=x$ 时，x 在 R 中的象集定义为

$$Z_x = \{t[Z] \mid t \in R, t[X] = x\}$$

它表示 R 中属性组 X 上值为 x 的诸元组在 Z 上分量的集合。

给定关系 $R(X,Y)$ 和 $S(Y,Z)$，其中 X、Y、Z 为属性组。R 中的 Y 与 S 中的 Y 可以有不同的属性名，但必须出自相同的域集。R 与 S 的除运算得到一个新的关系 $P(X)$，P 是 R 中满足下列条件的元组在 X 属性列上的投影：元组在 X 上分量值 x 的象集 Y_x 包含 S 在 Y 上投影的集合。记作

$$R \div S = \{t_r[X] \mid t_r \in R \land \prod_Y(S) \subseteq Y_x\}$$

其中 Y_x 为 x 在 R 中的象集，$x=t_r[X]$。

例如已有关系 R 和关系 S，在关系 R 中，A 可以取 4 个值$\{a_1, a_2, a_3, a_4\}$，关系 R 及 $a_i(i=1,2,3,4)$在 R 中的象集如图 2-6(a)所示，关系 S 及 S 在(B,C)上的投影如图 2-6(b)所示。显然只有 a_1 的象集$(B,C)_{a_1}$包含了 S 在(B,C)属性组上的投影，所以 $R \div S=\{a_1\}$，如图 2-6(c)所示。

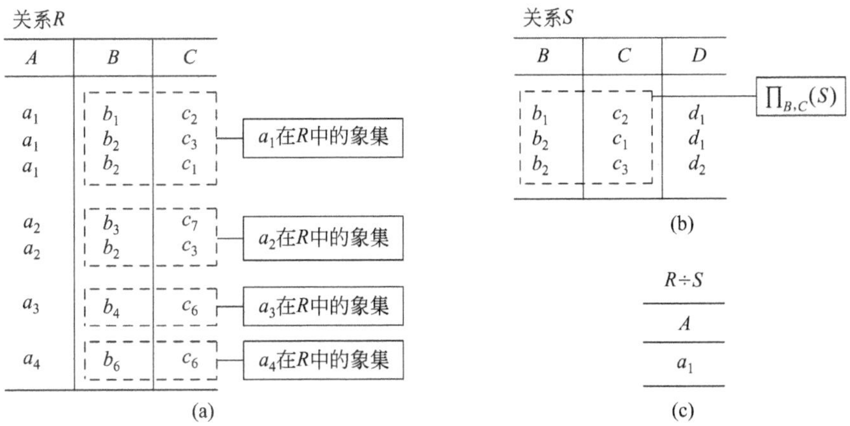

关系R

A	B	C
a_1	b_1	c_2
a_1	b_2	c_3
a_1	b_2	c_1
a_2	b_3	c_7
a_2	b_2	c_3
a_3	b_4	c_6
a_4	b_6	c_6

a_1在R中的象集
a_2在R中的象集
a_3在R中的象集
a_4在R中的象集

(a)

关系S

B	C	D
b_1	c_2	d_1
b_2	c_1	d_1
b_2	c_3	d_2

$\prod_{B,C}(S)$

(b)

$R \div S$

A
a_1

(c)

图 2-6 除运算示例

2.3.3 关系运算在数据库中的几个实例

设有一个学生-课程数据库，包括学生关系 Student、课程关系 Course 和选课关系 Score，见表 2-5～表 2-7（注意：m 表示男，f 表示女）。

表 2-5 学生关系 Student

学号	姓名	性别	生源
0801001	张琳	f	上海
0801002	冯郁	m	北京
0902010	吴强	m	天津
0912011	马依琳	f	上海

表 2-6 课程关系 Course

课程号	课 程 名	先修课程号	学分
11	计算机基础		2
21	Excel 高级商务应用	11	2
22	英语精读		4
32	VB. NET 程序设计	11	2
41	数据库原理与应用	11	3
42	数据仓库与数据挖掘	41	4
43	英美文学欣赏	22	3

表 2-7 选课关系 Score

学号	课程号	成绩
0801001	11	89
0801001	22	95
0902010	21	84
0912011	21	88
0912011	11	78
0912011	22	85
0912011	41	79

【例 2-1】 查询女学生。

$$\sigma_{性别='f'}(\text{Student}) \quad 或 \quad \sigma_{3='f'}(\text{Student})$$

其中下角标 3 为性别的属性序号。结果如图 2-7(a)所示。

学号	姓名	性别	生源
0801001	张琳	f	上海
0912011	马依琳	f	上海

(a)

生源
上海
北京
天津

(b)

学号	姓名
0801001	张琳
0912011	马依琳

(c)

图 2-7 查询结果

【例 2-2】 查询学生来自何省市，即查询学生关系在生源属性上的投影。

$$\prod_{生源}(\text{Student})$$

结果如图 2-7(b)所示。Student 关系原来有 4 个元组，投影操作取消了重复的元组“上海”，因此只有 3 个元组。

【例 2-3】 查询成绩超过 85 分的学生的学号和姓名。

$$\prod_{学号,姓名}(\sigma_{成绩>85}(\text{Student}\infty\text{Score}))$$

结果如图 2-7(c)所示。

【例 2-4】 查询至少选修 11 号课程和 22 号课程的学生学号。

首先建立一个临时关系 K：

K

课程号
11
22

然后求 $\Pi_{学号,课程号}(\text{Score}) \div K$，可得结果为{0801001,0912011}。

小结

关系数据库系统是目前使用最广泛的数据库系统。关系数据模型是以集合论中的关系概念为基础发展起来的数据模型，包括数据结构、数据操作和数据完整性三方面的内容。

关系模式是对关系结构等的描述。关系数据模型中数据操作包含两种方式：关系代数和关系演算。5 种基本的关系代数运算是并、差、广义笛卡儿积、选择和投影。4 种组合关系运算是交、除、连接和自然连接。通过关系代数运算可以方便地实现关系数据库的查询和更新。

思考题与习题

1. 试述主键、外键、候选键的联系和区别。

2. 关系模型的完整性规则有哪些？举例说明。

3. 试述等值连接与自然连接、外连接与自然连接的区别和联系。

4. 关系代数的基本运算有哪些？

5. 设有 4 个关系 R、S、U、V，如图 2-8(a)至(d)所示，写出下列各种运算的结果。

R

X	Y	Z
a	b	c
a	c	f
d	e	k

(a)

S

X	Y	Z
a	c	f
b	d	e
d	e	k

(b)

U

Y	Z	P
b	c	c
c	f	d

(c)

V

Z	Q
c	b
k	c

(d)

图 2-8 关系 R、S、U、V

(1) $R \cup S$ (2) $R \cap S$ (3) $R - S$ (4) $R \times S$ (5) $R \div U$ (6) $R \infty V$

6. 设学生-课程数据库同表 2-5 至表 2-7，试用关系代数运算完成下列操作：

(1) 查询男学生的学号和姓名。

(2) 查询上海生源的女学生。

(3) 查询不及格的学生的学号和姓名。

(4) 查询选修了“计算机基础”课程的学生的姓名和成绩。

(5) 查询至少选修了一门其直接先修课为 41 号课程的学生姓名。

(6) 查询没选 11 号课程的学生姓名。

第3章　关系数据库标准语言SQL

学习目标

本章介绍关系数据库标准语言SQL的一些主要特征,重点了解并掌握数据定义、数据查询、数据更新以及视图的相关语句。

3.1　SQL概述

结构化查询语言(Structured Query Language,SQL)是一种介于关系代数和关系演算之间的语言,其功能包括数据定义、查询、操作和控制4个方面,已被众多数据库产品所广泛使用,是关系数据库系统的标准查询语言。

3.1.1　SQL的产生与发展

SQL是1974年由Boyce和Chamberlin提出的,并在IBM公司研制的关系数据库管理系统原型System R上实现。1986年10月,美国国家标准局(American National Standard Institute,ANSI)的数据库委员会X3H2批准了SQL作为关系数据库语言的美国标准,公布了SQL标准文本(简称SQL86)。国际标准化组织(International Organization for Standardization,ISO)在1987年也通过了这一标准。表3-1是SQL标准从1986年公布以来的进展过程。

表3-1　SQL标准的进展过程

标　准	大致页数	发布年份	标　准	大致页数	发布年份
SQL/86		1986	SQL/99	1700	1999
SQL/89(FIPS 12721)	120	1989	SQL/2003	3600	2003
SQL/92	622	1992			

3.1.2　SQL的特点

SQL集数据查询(Data Query)、数据操作(Data Manipulation)、数据定义(Data Definition)和数据控制(Data Control)功能于一体,下面介绍其主要特点。

1. 综合统一

数据库系统的主要功能是通过数据库支持的数据语言来实现的。SQL集数据定义语言(DDL)、数据操作语言(DML)、数据控制语言(DCL)的功能于一体,语言风格统一,可以独立完成数据库生命周期中的全部活动,包括定义关系模式,建立数据库,插入数据,查询,更新,维护,数据库重构,数据库安全性、完整性控制等一系列操作,为数据库应用系统的开发提供了良好的环境。

2. 高度非过程化

SQL 属于第四代语言。用户只要提出“做什么”而无须指名“怎么做”。如不必了解存取路径,不必描述具体的操作过程等,这些均由系统自动完成。有利于提高数据独立性,减轻用户负担。

3. 面向集合的操作方式

SQL 采用集合操作方式,操作对象,查找结果,一次插入、删除、更新操作的对象都可以是记录的集合。

4. 以同一种语法结构提供多种使用方式

SQL 有两种使用方式:自含式和嵌入式。自含式可独立地进行联机交互操作,可以直接输入 SQL 命令对数据库进行操作;嵌入式能将 SQL 嵌入到某种高级语言中,供程序员设计程序时使用,以实现对数据库的操作。在这两种不同的使用方式下,SQL 的语法结构基本上是一致的。

5. 语言简洁,易学易用

SQL 设计巧妙,十分简洁,接近英语口语,易学易用,且功能又极强,只用了 9 个动词就完成了核心功能,如表 3-2 所示。

表 3-2 SQL 的动词

SQL 功能	动　　词	SQL 功能	动　　词
数据查询	SELECT	数据操作	INSERT、UPDATE、DELETE
数据定义	CREATE、DROP、ALTER	数据控制	GRANT、REVOKE

3.1.3 数据库的体系结构

支持 SQL 的 RDBMS 同样支持关系数据库三级模式结构,如图 3-1 所示。其中外模式对应于视图(View)和部分基本表(Base Table),模式对应于基本表,内模式对应于存储文件(Stored File)。

基本表是本身独立存在的表,在 SQL 中一个关系就对应一个基本表。一个(或多个)基本表对应一个存储文件,一个表可以带若干索引,索引也存放在存储文件中。

视图是一个虚表,是从一个或几个基本表导出的表,数据库中只存放视图的定义而不存放视图对应的数据,这些数据仍存放在导出视图的基本表中。

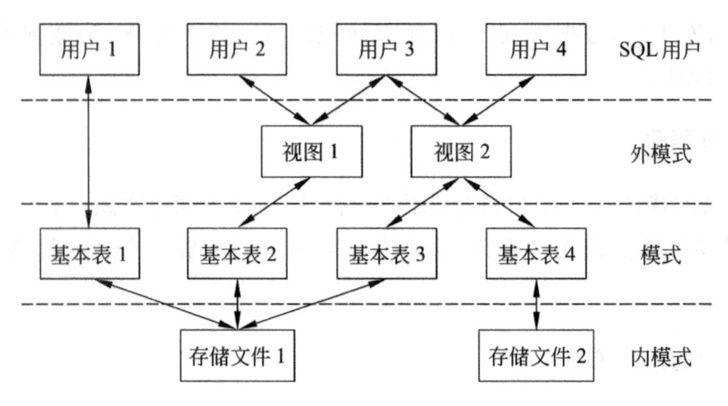

图 3-1　SQL 数据库的体系结构

3.2　数据定义

SQL 数据定义语言的主要功能包括对数据库、基本表、视图及索引等的定义、修改和删除，见表 3-3。

表 3-3　SQL 的数据定义语句

操作对象	操作方式		
	创　建	删　除	修　改
数据库	CREATE DATABASE	DROP DATABASE	ALTER DATABASE
基本表	CREATE TABLE	DROP TABLE	ALTER TABLE
索引	CREATE INDEX	DROP INDEX	
视图	CREATE VIEW	DROP VIEW	

从表 3-3 可以看出，SQL 不提供对索引和视图的修改操作。如果想修改，只能将它们删掉，然后再重建。

本节介绍基本表和索引的某些操作，视图的操作在 3.5 节介绍，其他内容请参看有关技术手册。

3.2.1　数据类型

在定义基本表时必须明确说明每个字段的数据类型。表 3-4 给出了 SQL 提供的主要数据类型。

表 3-4　SQL 提供的主要数据类型

数据类型	含　义	数据类型	含　义
CHAR(n)	n 位定长字符串	INT/INTEGER	长整数
VARCHAR(n)	最大长度为 n 的变长字符串	SMALLINT	短整数
DATE	日期，包括年、月、日	NUMBERIC(p,q)	定点数，定宽、定小数位
TIME	时间，包括一日的时、分、秒	REAL	浮点数
Double Precision	双精度浮点数	FLOAT(n)	n 位浮点数

3.2.2 基本表的定义和删除

1. 创建基本表

格式：

```
CREATE TABLE <表名>(<字段名><数据类型>[字段级完整性约束条件]
                  [,<字段名><数据类型>[字段级完整性约束条件]]
                  ⋮
                  [,<表级完整性约束条件>]
                  );
```

完整性约束条件主要有 3 种形式：PRIMARY KEY 子句、FOREIGN KEY 子句和 CHECK 子句，分别对应实体完整性、参照完整性和用户定义的完整性。需要注意的是，如果完整性约束条件涉及该表的多个字段，则必须定义在表级上，否则既可以定义在字段级也可以定义在表级。

【例 3-1】 对于表 2-5 至表 2-7 所示的学生-课程数据库中的如下 3 个表结构，用 SQL 语言来定义。其中，性别用 m 表示男，f 表示女。

```
学生表 Student(学号,姓名,性别,生源)
课程表 Course(课程号,课程名,先修课程号,学分)
选课表 Score(学号,课程号,成绩)
CREATE TABLE Student (学号 CHAR(7) PRIMARY KEY,姓名 CHAR(20) NOT NULL,
                      性别 CHAR(1),生源 CHAR(20));
CREATE TABLE Course (课程号 CHAR(2),课程名 CHAR(40) NOT NULL,
                     先修课程号 CHAR(2),学分 SMALLINT,
                     PRIMARY KEY(课程号));
CREATE TABLE Score (学号 CHAR(7) FOREIGN KEY REFERENCES Student(学号),
         课程号 CHAR(2) FOREIGN KEY REFERENCES Course(课程号),
         成绩 SMALLINT CHECK (成绩 IS NULL OR 成绩 Between 0 AND 100),
         PRIMARY KEY(学号, 课程号));
```

Student 和 Course 中主键由一个字段组成，所以主键既可以定义在字段级，也可以定义在表级，而 Score 中主键由两个字段组成，所以只能定义在表级上。Score 中定义了两个外键，外键学号与 Student 中的学号相对应，外键课程号与 Course 中的课程号相对应。在实际执行中，必须先定义 Student 和 Course，否则 Score 中在定义外键时会由于基本表不存在而出错。

2. 删除基本表

格式：

```
DROP TABLE <表名>[RESTRICT|CASCADE];
```

任选项 RESTRICT 表示只有在先清除了表中的全部记录行数据，以及在该表上所建的索引和视图后，才能删除一个空表，否则拒绝删除表；任选项 CASCADE 表示在删除表时，该表中的数据、表本身以及在该表上所建的索引和视图将全部随之消失。

3.2.3 索引的建立与删除

建立索引是加快查询速度的有效手段。一般来说，索引的建立和删除通常是由数据库管理员或表的建立者负责完成。系统在存取数据时会自动选择合适的索引作为存取路径，用户不必也不能显式地选择索引。

1. 建立索引

格式：

```
CREATE [UNIQUE][CLUSTER] INDEX <索引名>
  ON <表名>(<字段名 1>[ASC|DESC],<字段名 2>[ASC|DESC], …);
```

其中，<表名>是要建立索引的基本表的名字。索引可建立在一列或多列上，中间用逗号分隔。可选 ASC(升序)或 DESC(降序)，默认值为 ASC。

UNIQUE 选项表示该索引的每一个值只对应唯一的数据记录。

CLUSTER 选项表示要建立的索引是聚簇索引。聚簇索引是指索引项的顺序与表中记录的物理顺序一致的索引组织。

【例 3-2】 为学生-课程数据库中的 Score 表按学号降序和课程号升序建立唯一索引。

```
CREATE UNIQUE INDEX SC_id ON Score(学号 DESC, 课程号 ASC);
```

2. 删除索引

索引一旦建立就由系统使用和维护，无须用户干预。但是如果数据增、删、改频繁，系统会花费大量的时间来维护索引，从而降低了查询效率。所以要根据实际需要有选择地建立索引，对于过时的不必要的索引要及时删除。

格式：

```
DROP INDEX <索引名> ;
```

【例 3-3】 删除例 3-2 中建立的 SC_id 索引。

```
DROP INDEX SC_id;
```

3.3 数据查询

数据查询是数据库的核心操作。SQL 提供了 SELECT 语句进行数据库的查询，它功能丰富、使用灵活。其基本结构是如下的查询块：

```
SELECT<字段名表 A>
    FROM<表或视图名集合 R>
```

```
    WHERE<记录满足的条件 F> ;
```

该查询块的基本功能等价于关系代数表达式：$\pi_A(\sigma_F(R))$，但 SQL 查询语句的表达能力大大超过该关系代数表达式。

查询语句的一般格式为

```
SELECT [ALL|DISTINCT]<目标字段表达式>[,<目标字段表达式>]…
    FROM<表名或视图名>[,<表名或视图名>]…
    [WHERE<条件表达式>]
    [GROUP BY<字段名 1>[HAVING<条件表达式>]]
    [ORDER BY<字段名 2>[ASC|DESC]];
```

整个 SELECT 语句的含义是：根据 WHERE 子句的条件表达式，从 FROM 子句指定的基本表或视图中找出满足条件的记录，再按 SELECT 子句中的目标字段表达式，选出记录中的字段值形成结果表。如果有 GROUP BY 子句，则将结果按＜字段名 1＞的值进行分组，字段值相等的记录为一个组，每个组产生结果表中的一条记录。如果有 ORDER BY 子句，则结果表还要按＜字段名 2＞的值的升序或降序排序。

SELECT 语句既可以完成简单的单表查询，也可以完成复杂的连接查询和嵌套查询。下面以学生-课程数据库为例说明 SELECT 语句的各种用法。学生-课程数据库具体数据见表 2-5 至表 2-7，例 3-1 中有对 3 个表结构的定义。

3.3.1 单表查询

单表查询是指仅涉及一个表的查询。

1. 查询指定的若干字段

在很多情况下，用户只对表中的一部分字段感兴趣，这可通过在 SELECT 子句的＜目标字段表达式＞中指定要查询的字段来实现。它对应关系代数中的投影运算。

【例 3-4】 查询学生的姓名和学号。

```
SELECT 姓名,学号
    FROM Student;
```

【例 3-5】 查询学生的全部信息。

```
SELECT *
    FROM Student;
```

等价于

```
SELECT 学号,姓名,性别,生源
    FROM Student;
```

“*”代表查询指定表的所有字段，字段的显示顺序与其在基表中的顺序相同。

2. 查询若干行

SQL 对查询的结果不会自动去除重复行，若要求删除重复行，可以使用限定词

DISTINCT。若没指定该限定词，则默认为 ALL，即保留查询结果的全部值。

【例 3-6】 查询所有已被学生选修的课程的课程号。

```
SELECT DISTINCT 课程号
    FROM Score;
```

带有 WHERE 子句的 SELECT 语句，执行结果只给出满足指定条件的记录。常用的查询条件如表 3-5 所示。

表 3-5 常用的查询条件

查询条件	谓 词
比较	=、>、<、>=、<=、!=(<>)、!>、!<；NOT+上述比较运算符
确定范围	BETWEEN AND、NOT BETWEEN AND
确定集合	IN、NOT IN
字符匹配	LIKE、NOT LIKE
空值	IS NULL、IS NOT NULL
逻辑	NOT、AND、OR

在进行字符串匹配时，可以使用通配符“%”和“_”。其中：%(百分号)代表任意长度(可为 0)的字符串；_(下划线)代表任意单个字符。

注意：在具体的数据库产品中使用的通配符略有不同。如 Access 中，“*”代表任意长度的字符串，“?”代表任意单个字符。

【例 3-7】 查询先修课程号为 11 或大于 3 个学分的课程号和课程名。

```
SELECT 课程号,课程名
    FROM Course WHERE 学分>3 OR 先修课程号='11';
```

【例 3-8】 查询选修了 11 号课程且成绩在 79～89 分的学生的学号。

```
SELECT 学号
    FROM Score WHERE 课程号='11' AND 成绩 BETWEEN 79 AND 89;
```

【例 3-9】 查询上海或北京生源的学生的学号、姓名和性别。

```
SELECT 学号,姓名,性别
    FROM Student WHERE 生源 IN('上海','北京');
```

以上查询也可以表示为

```
SELECT 学号,姓名,性别
    FROM Student WHERE 生源='上海' OR 生源='北京';
```

【例 3-10】 查询姓张或姓马的学生。

```
SELECT *
    FROM Student WHERE 姓名 LIKE '张%' OR 姓名 LIKE '马%'
```

【例 3-11】 查询学号中第二个字符为 2 的学生的所有信息。

```
SELECT *
```

```
    FROM Student WHERE 学号 LIKE '_2%';
```

【例 3-12】 查询姓名中第二个字为"依"的学生的学号和姓名。

```
SELECT 学号,姓名
    FROM Student WHERE 姓名 LIKE '_ _依%';
```

注意：一个汉字要占两个字符的位置，所以匹配字符串"依"前面需要跟两个"_ _"。

【例 3-13】 查询所有有成绩的学生的学号和课程号。

```
SELECT 学号,课程号
    FROM Score WHERE 成绩 IS NOT NULL;
```

注意：这里的 IS 不能用"="代替。

3. 字段更名

SQL 提供了为字段重新命名的机制，这对从多个关系中查出的同名字段以及计算表达式的显示非常有用。通过<原名> AS <新名>实现字段更名。

【例 3-14】 查询各课程的学时数(一个学分占用 18 课时)，显示课程名及学时数。

```
SELECT 课程名 AS '课程名',学分 * 18 AS '学时数'
    FROM Course;
```

4. ORDER BY 子句

可以用 ORDER BY 子句将查询结果按照一个或多个字段的升序(ASC)或降序(DESC)排列，默认值为升序。第一个字段为主序，下面依次类推。

【例 3-15】 查询选课表的所有信息，查询结果按学号升序排列，每位学生的成绩按降序排列。

```
SELECT *
    FROM Score ORDER BY 学号,成绩 DESC;
```

5. 聚集函数

为了进一步方便用户，增强检索功能，SQL 提供了许多聚集函数，主要有：

COUNT ([DISTINCT|ALL] *)	统计记录个数
COUNT ([DISTINCT|ALL]<字段名>)	统计一个字段中值的个数
SUM ([DISTINCT|ALL]<字段名>)	计算一数值型字段值的总和
AVG ([DISTINCT|ALL]<字段名>)	计算一数值型字段值的平均值
MAX ([DISTINCT|ALL]<字段名>)	求一字段值中的最大值
MIN ([DISTINCT|ALL]<字段名>)	求一字段值中的最小值

如果指定 DISTINCT 短语，则表示在计算时要取消指定字段中的重复值，默认值为 ALL，表示不取消重复值。聚集函数计算时，除 COUNT(*)外，一般均忽略空值，即不统计空值。WHERE 子句中是不能用聚集函数作为条件表达式的。

【例 3-16】 查询选修了 11 号课程并及格的学生的总人数及最高分、最低分。

```
SELECT COUNT(*), MAX(成绩), MIN(成绩)
    FROM Score WHERE 课程号='11' AND 成绩>=60;
```

【例 3-17】 查询女生总人数(Student 表中用 f 表示女)。

```
SELECT COUNT(*)
    FROM Student WHERE 性别='f';
```

【例 3-18】 查询选修了课程的学生人数。

```
SELECT COUNT (DISTINCT 学号)
    FROM Score;
```

学生每选修一门课,在 Score 中都有一条相应的记录。一个学生可以选修多门课程,为避免重复计算学生人数,必须在 COUNT 函数中用 DISTINCT 短语。

6. GROUP BY 子句

GROUP BY 子句将查询结果按某一字段或多字段的值分组,值相等的为一组,再对每组数据进行统计或计算等操作。对查询结果分组的目的是细化聚集函数的作用对象。如果未对查询结果分组,聚集函数将作用于整个查询结果。分组后聚集函数将作用于每一个组,即每一组都有一个函数值。

【例 3-19】 按学号查询每个学生所选课程的平均成绩。

```
SELECT 学号, AVG(成绩) AS 平均成绩
    FROM Score GROUP BY 学号;
```

分组情况及查询结果如图 3-2 所示。

	学号	课程号	成绩
1组	0801001	11	89
	0801001	22	95
2组	0902010	21	84
3组	0912011	21	88
	0912011	11	78
	0912011	22	85
	0912011	41	79

查询结果

学号	平均成绩
0801001	92
0902010	84
0912011	82.5

图 3-2 分组情况及查询结果示意图

【例 3-20】 查询各个课程的课程号及选课人数。

```
SELECT 课程号, COUNT(*) AS 选课人数
    FROM Score GROUP BY 课程号;
```

该语句对查询结果按课程号的值分组,所有具有相同课程号值的记录为一组,然后对每一组用聚集函数 COUNT 计算,以求得该组的学生人数。

如果分组后还要求按一定的条件对这些组进行筛选,最终只输出满足指定条件的组,则可以使用 HAVING 短语指定筛选条件。

【例 3-21】 根据例 3-19，只将平均成绩超过 85 分且没有一门课程不及格的学生筛选出来。

```
SELECT 学号, AVG(成绩) AS 平均成绩
    FROM Score GROUP BY 学号 HAVING 平均成绩>85 AND MIN(成绩)>=60;
```

只需在 GROUP BY 子句后加上 HAVING 短语即可。

【例 3-22】 根据例 3-20，只将选课人数大于 30 的筛选出来。

```
SELECT 课程号,COUNT(*) AS 选课人数
    FROM Score GROUP BY 课程号 HAVING 选课人数>30;
```

【例 3-23】 查询选修了 2 门以上课程的学生的学号。

```
SELECT 学号
    FROM Score GROUP BY 学号 HAVING COUNT(*)>2;
```

注意：WHERE 子句是在表中选择满足条件的记录，HAVING 短语是在各组中选择满足条件的小组。

3.3.2 连接查询

前面的查询都是针对一个表进行的。若一个查询同时涉及两个以上的表，则称为连接查询。连接查询包括等值连接查询、非等值连接查询、自然连接查询、自身连接查询、外连接查询和复合条件连接查询等。

1. 等值与非等值连接查询、自然连接查询

查询中用来连接两个表的条件称为连接条件，其一般格式为：

```
[<表名 1>.] <字段名 1><比较运算符>[<表名 2>.]<字段名 2>
```

连接条件中的字段名称为连接字段，各连接字段类型必须是可比的，但不必是相同的。连接运算符可以用=、<>(!=)、>、>=、<、<=以及 BETWEEN、LIKE、IN 等。当连接运算符为=时，称为等值连接，使用其他运算符称为非等值连接。

【例 3-24】 查询每个学生的基本情况以及该学生选修课程的情况。

```
SELECT Student.*,Score.*
    FROM Student,Score WHERE Student.学号=Score.学号;
```

学生的基本情况存放在 Student 表中，选修课程情况存放在 Score 表中，所以本查询涉及 Student 和 Score 两张表，它们之间通过公共字段“学号”来联系。

当连接条件中比较的两个字段名相同时，必须在其字段名前加上所属表的名字和一个圆点“.”以示区别。本查询中 WHERE 子句中的字段名前都加上了表名前缀。该查询输出了两表全部的字段，但不会去掉重复的字段。查询结果如表 3-6 所示。

若在等值连接中把目标字段中重复的字段去掉，则为自然连接。

对例 3-24 用自然连接完成，对重复的字段学号则输出学生表中的学号。

表 3-6 例 3-24 的查询结果

Student. 学号	姓名	性别	生源	Score. 学号	课程号	成绩
0801001	张琳	f	上海	0801001	11	89
0801001	张琳	f	上海	0801001	22	95
0902010	吴强	m	天津	0902010	21	84
0912011	马依琳	f	上海	0912011	21	88
0912011	马依琳	f	上海	0912011	11	78
0912011	马依琳	f	上海	0912011	22	85
0912011	马依琳	f	上海	0912011	41	79

```
SELECT Student.学号,姓名,性别,生源,课程号,成绩
    FROM Student,Score WHERE Student.学号=Score.学号;
```

SELECT 语句中的字段名在两个表中都出现了，引用时必须加上表名前缀，如学号字段。如果字段名在参加连接的各表中是唯一的，则可以省略表名前缀，如姓名、性别、生源、课程号、成绩字段。

2. 自身连接查询

连接操作不仅可以在两个表之间进行，也可以是一个表与其自己进行连接，称为表的自身连接。

【例 3-25】 查询每门课程的间接先修课。

在 Course 表中，要选修 42 号课程，必须先选修 41 号课程，而选修 41 号课程，必须先选修 11 号课程，则 11 号课程就是 42 号课程的间接先修课。要找出间接先修课，就要将 Course 表与其自身连接。因此要将 Course 表取两个别名：C1 和 C2。

```
SELECT C1.课程号, C2.先修课程号
    FROM Course AS C1, Course AS C2 WHERE C1.先修课程号=C2.课程号;
```

【例 3-26】 查询与“张琳”生源相同的学生的姓名和性别。

```
SELECT S1.姓名, S1.性别
    FROM Student AS S1,Student AS S2 WHERE S1.生源=S2.生源 AND S2.姓名='张琳';
```

3. 外连接查询

在例 3-24 的结果表中没有学号为 0801002 的学生信息，原因是该学生没有选课，在 Score 表中没有相应的记录，而只有满足连接条件的记录才能作为结果输出，所以在连接时 Student 中这个记录就被舍弃了。如果想以 Student 表为主体列出每个学生的基本情况及选课情况，就需要使用外连接。

【例 3-27】 查询学生情况及选修课程情况，包括没有选修课程的学生。

```
SELECT Student.学号,姓名,性别,生源,课程号,成绩
    FROM Student LEFT OUT JOIN Score ON (Student.学号=Score.学号);
```

查询结果如表 3-7 所示。

表 3-7 例 3-27 的查询结果

Student. 学号	姓名	性别	生源	课程号	成绩
0801001	张琳	f	上海	11	89
0801001	张琳	f	上海	22	95
0801002	冯郁	m	北京	NULL	NULL
0902010	吴强	m	天津	21	84
0912011	马依琳	f	上海	21	88
0912011	马依琳	f	上海	11	78
0912011	马依琳	f	上海	22	85
0912011	马依琳	f	上海	41	79

从结果中可以看出，虽然某些学生没有选课，仍把该学生信息保存在结果关系中，在 Score 表的字段上填空值(NULL)。

左外连接列出左边关系(如本例 Student)中所有的记录，右外连接列出右边关系中所有的记录。

4. 复合条件连接查询

WHERE 子句中有多个连接条件，称为复合条件连接。

连接操作除了两表连接、一个表与其本身连接外，还可以进行多表连接，即两个以上的表的连接。

【例 3-28】 查询选修课程成绩大于 85 分的学生学号、姓名、课程名及成绩。

```
SELECT Student.学号,姓名,课程名,成绩
    FROM Student,Course,Score
    WHERE Student.学号=Score.学号 AND Score.课程号=Course.课程号 AND 成绩>85
```

3.3.3 嵌套查询

在 SQL 中，一个 SELECT_FROM_WHERE 语句称为一个查询块。将一个查询块嵌套在另一个查询块的 WHERE 子句或 HAVING 短语的条件中的查询称为嵌套查询(Nested Query)。

【例 3-29】 查询选修了 11 号课程的学生的学号、姓名、性别。

```
SELECT 学号,姓名,性别                              /* 外层查询或父查询 */
    FROM Student
    WHERE 学号 IN
            (SELECT 学号                          /* 内层查询或子查询 */
                FROM Score
                WHERE 课程号='11');
```

本例中下层查询块“SELECT 学号 FROM Score WHERE 课程号='11'”是嵌套在上层查询块 WHERE 条件中的。上层的查询块称为外层查询或父查询，下层查询块称为内层查询或子查询。子查询总是括在圆括号中，作为表达式的可选部分出现在条件比较运算符的

右边，并且可有选择地跟在IN、SOME(ANY)、ALL或EXIST等谓词后面。限于篇幅，这里主要讨论IN，其他谓词请参阅相关书籍。

SQL允许多层嵌套查询，即一个子查询中还可以嵌套其他子查询。嵌套查询使得人们可以用多个简单查询构成复杂的查询，从而增强SQL的查询能力。需要特别指出的是，子查询的SELECT语句中不能使用ORDER BY子句，ORDER BY子句只能对最终查询结果排序。

嵌套查询一般的求解方式是由里向外处理，即每个子查询在上一级查询处理之前求解，子查询的结果用于建立其父查询的查找条件。

【例3-30】 对例3-26用嵌套查询的方法实现。

```
SELECT 姓名,性别                          //然后在 Student 关系中找出生源
    FROM Student                          //为"上海"的学生姓名和性别
    WHERE 生源 IN
           (SELECT 生源                   //首先在 Student 关系中找出"张琳"
                FROM Student              //的生源,结果为"上海"
                WHERE 姓名='张琳');
```

对于例3-29的嵌套查询也可以用连接查询实现，请读者自己思考。

【例3-31】 查询选修了"Excel高级商务应用"课程的学生的学号、姓名。

```
SELECT 学号, 姓名                         //最后在 Student 关系中取出学号和姓名
    FROM Student
    WHERE 学号 IN
           (SELECT 学号                   //然后在 Score 关系中找出选修了 21
              FROM Score                  //号课程的学生学号
              WHERE 课程号 IN
                  (SELECT 课程号          //首先在 Course 关系中找出"Excel 高级
                      FROM Course         //商务应用"的课程号,结果为 21
                      WHERE 课程名='Excel 高级商务应用'))
```

该查询也可以用连接查询实现：

```
SELECT Student.学号,姓名
    FROM Student,Course,Score
    WHERE Student.学号=Score.学号 AND Score.课程号=Course.课程号
    AND 课程名='Excel 高级商务应用';
```

可见实现一个查询可以有多种方法。如实现例3-26、例3-31的查询，既可以采用连接查询，也可以采用嵌套查询。当然不同方法的执行效率会有差别，甚至会差别很大。有兴趣的读者可以参考相关资料掌握数据库性能调优技术。

当查询涉及多个关系时，用嵌套查询逐步求解，层次清楚，易于构造，具有结构化程序设计的优点。以层层嵌套的方式来构造程序正是SQL"结构化"的含义所在。

并不是所有的连接查询一定能用嵌套查询来实现，例3-24及例3-28就是这样。也不是所有的嵌套查询都可以用连接查询实现。如查询没有选修11号课程的学生的学号、姓名、性别。

```
SELECT 学号,姓名,性别
    FROM Student
    WHERE 学号 NOT IN
            (SELECT 学号
                FROM Score
                WHERE 课程号='11');
```

请读者自己与例 3-29 比较。

3.4 数据更新

SQL 中数据更新包括插入数据、修改数据和删除数据。

3.4.1 插入数据

SQL 中插入数据使用 INSERT 语句。它有两种形式，一种是一次插入一个记录；另一种是通过插入子查询结果，可以一次插入多个记录。

1. 插入记录

插入记录的 INSERT 语句格式为：

```
INSERT INTO <表名>[(<字段 1>[,<字段 2>]…)]
        VALUES (<常量 1>[,<常量 2>]…);
```

其功能是将新记录插入到指定表中。其中新记录字段 1 的值为常量 1，字段 2 的值为常量 2……如果某些字段在 INTO 子句中没有出现，则新记录在这些字段上取空值。但必须注意的是，在表定义时说明了 NOT NULL 的字段不能取空值，否则会出错。

【例 3-32】 将新同学郭明霞的记录(0912022，郭明霞，女，北京)插入到学生表中。

```
INSERT INTO Student
    VALUES('0912022','郭明霞','f','北京');
```

INTO 语句中没有指明任何字段名，则新插入的记录必须在每个字段上均有值，字段的次序与 CREATE TABLE 中的次序要相同。

本例也可写为

```
INSERT INTO Student (学号,姓名,生源,性别)
    VALUES('0912022','郭明霞','北京','f');
```

INTO 子句中明确指出了新增加的记录在哪些字段上需要赋值，字段的次序可以与 CREATE TABLE 中的次序不一样。

【例 3-33】 学号为 0902010 的学生新选了课程号为 22 的课程，将这条选课信息插入到选课关系 Score 中。

```
INSERT INTO Score(学号,课程号)
```

```
    VALUES('0902010','22');
```

新插入记录的成绩字段上自动地赋空值。

2. 插入子查询结果

插入子查询结果的 INSERT 语句格式为：

```
INSERT INTO <表名>[(<字段 1>[,<字段 2>]…)]
    子查询;
```

其功能是以批量插入方式一次将查询的结果全部插入到指定表中。

【例 3-34】 将平均成绩大于 85 分的学生插入到 GT1 中。设已建优秀学生候选表 GT1,共有 3 个字段：学号 Gno,姓名 Gname,平均成绩 Gavg。

```
INSERT INTO GT1 (Gno,Gname,Gavg)
    SELECT Student.学号,姓名,AVG(成绩) AS 优秀成绩
        FROM Student,Score WHERE Student.学号=Score.学号
        GROUP BY 学号 HAVING 优秀成绩>85;
```

3.4.2 修改数据

修改数据 UPDATE 语句的一般格式为：

```
UPDATE <表名>
    SET <字段名>=<表达式>[,<字段名>=<表达式>]…
    [WHERE <条件>];
```

其功能是修改指定表中满足 WHERE 子句条件的记录。其中 SET 子句用于指定修改值,即用表达式的值取代相应的字段值。如果省略 WHERE 子句,则表示要修改表中的所有记录。

1. 修改一个记录的值

【例 3-35】 将学号为 0801001 的学生 22 号课程的成绩改为 85 分。

```
UPDATE Score
    SET 成绩=85 WHERE 学号='0801001' AND 课程号='22';
```

2. 修改多个记录的值

【例 3-36】 将选修了 11 号课程的学生的成绩均加上 5 分。

```
UPDATE Score
    SET 成绩=成绩+ 5 WHERE 课程号='11';
```

3. 带子查询的修改语句

子查询也可以嵌套在 UPDATE 语句中,用以构造修改的条件。

【例 3-37】 将"Excel 高级商务应用"课程的所有成绩都置为零。

```
UPDATE Score
    SET 成绩=0
    WHERE 课程号 IN
          (SELECT 课程号
              FROM Course
              WHERE 课程名='Excel 高级商务应用');
```

3.4.3 删除数据

使用 DELETE 语句删除数据。其一般格式为:

```
DELETE
    FROM <表名>
    [WHERE <条件>];
```

其功能是删除指定表中满足 WHERE 子句条件的所有记录。如果省略 WHERE 子句,表示删除表中全部记录。DELETE 语句删除的是表中的数据而不是关于表的定义。

1. 删除一个记录的值

【例 3-38】 将学号为 0801002 的学生记录删除。

```
DELETE
    FROM Student WHERE 学号='0801002';
```

2. 删除多个记录的值

【例 3-39】 将成绩低于 60 分的所有选课记录删除。

```
DELETE
    FROM Score WHERE 成绩<60;
```

3. 带子查询的删除语句

子查询同样也可以嵌套在 DELETE 语句中,用以构造执行删除操作的条件。

【例 3-40】 删除 11 号课程的成绩低于该门课程的平均成绩的选课记录。

```
DELETE
    FROM Score
    WHERE 课程号='11' AND 成绩<
        (SELECT Avg(成绩)
            FROM Score
            WHERE 课程号='11');
```

这里虽然内外层子句都出现了关系名 Score,但这两次引用是不相关的。即这个删除语句执行时,先执行内层 SELECT 语句,然后再对查找到的记录执行删除操作,而不是边找记录边删除。这样的删除在语义上是不会出现问题的。在插入语句 INSERT 和修改语句 UPDATE 遇到类似情况时，也是如此处理。

对某个基本表中数据的增、删、改操作有可能会破坏完整性约束条件。对于违反实体完整性的操作，系统一般都采用拒绝执行该操作的策略。而对于违反参照完整性的操作，各种数据库产品提供了不同的实现策略，读者可参阅具体产品的相关资料。

3.5 视图

视图是从一个或几个基本表(或视图)导出的表，数据库中只存放视图的定义，而不存放视图对应的数据，这些数据仍存放在对应的基本表中，因此视图与基本表不同，是一个虚表。基本表中的数据发生变化，从视图中查询出的数据也就随之改变了。

视图与表一样可以被查询、被删除，既可以像一般的表那样操作，也可以在一个视图之上再定义视图，但对视图的更新(增、删、改)操作则有一定限制。

3.5.1 定义视图

定义视图 CREATE VIEW 命令的一般格式为：

```
CREATE VIEW <视图名>[(<字段名>[,<字段名>]…)]
    AS <子查询>
    [WITH CHECK OPTION];
```

其中，子查询可以是任意复杂的 SELECT 语句，但通常不允许含有 ORDER BY 子句和 DISTINCT 短语。

【例 3-41】 建立只包括男学生的学号、姓名、性别的视图，并要求进行修改和插入操作时仍保证该视图只有男学生。

```
CREATE VIEW M_Student
    AS
    SELECT 学号,姓名,性别
        FROM Student WHERE 性别='m' WITH CHECK OPTION;
```

组成视图的字段名或者全部省略或者全部指定。如果省略了视图的各个字段名，则表示该视图由子查询中 SELECT 子句目标字段中的诸字段组成。本例中省略了视图 M_Student 的字段名，表示该视图由子查询中 SELECT 子句中的 3 个字段名组成。但在下列 3 种情况下必须明确指定组成视图的所有字段名：

(1) 某个目标字段不是单纯的字段名，而是聚集函数或字段表达式；

(2) 多表连接时选出了几个同名字段作为视图的字段；

(3) 需要在视图中为某个字段启用新的更合适的名字。

由于在定义视图 M_Student 时加上了 WITH CHECK OPTION 子句，以后对该视图进行插入、修改和删除操作时，RDBMS 会自动加上性别='m'，保证了以后的修改和插入操作该视图上只有男学生。

【例 3-42】 建立选修了“数据库原理与应用”课程的所有学生的视图。

```
CREATE VIEW DB_Course(学号,姓名,成绩)
    AS
    SELECT Student.学号,姓名,成绩
        FROM Student,Score,Course
        WHERE Student.学号=Score.学号 AND Score.课程号=Course.课程号
            AND 课程名='数据库原理与应用';
```

本例中视图 DB_Course 的字段中包含了 Student 表和 Score 表的同名字段学号,所以必须在视图名后面明确说明视图的各个字段名。视图不仅可以建立在一个或多个基本表上,也可以建立在一个或多个已定义好的视图上,或建立在基本表与视图上。

【例 3-43】 建立选修了“数据库原理与应用”课程且成绩在 85 分以上的学生的视图。

```
CREATE VIEW DB85_Course
    AS
    SELECT 学号,姓名,成绩
        FROM DB_Course WHERE 成绩>85;
```

本例中的视图 DB85_Course 是建立在视图 DB_Course 之上的。

【例 3-44】 建立一个包含学生的学号及其所有已考课程的平均成绩的视图。

```
CREATE VIEW S_G_Score(学号,平均成绩)
    AS
    SELECT 学号,AVG(成绩)
        FROM Score WHERE 成绩 IS NOT NULL GROUP BY 学号;
```

由于 AS 子句中 SELECT 语句的目标字段平均成绩是通过作用聚集函数得到的,所以 CREATE VIEW 中必须明确定义组成 S_G_Score 视图的各个字段名。

RDBMS 执行 CREATE VIEW 语句的结果只是把视图的定义存入数据字典,并不执行其中的 SELECT 语句。只是在对视图查询时,才按视图的定义从基本表中将数据查出。

由于视图中的数据并不实际存储,所以定义视图时也可以根据应用的需要,设置一些派生字段。这些派生字段由于在基本表中并不实际存在,所以也称它们为虚拟字段。带虚拟字段的视图也称为带表达式的视图。还可以用带有聚集函数和 GROUP BY 子句的查询来定义视图,这种视图称为分组视图。S_G_Score 就是一个分组视图。

3.5.2 删除视图

使用 DROP VIEW 语句删除视图。其一般格式为:

```
DROP VIEW <视图名> [CASCADE]
```

视图建好后,若导出此视图的基本表被删除了,该视图也无法使用了,但视图定义一般不会被自动删除(除非指定了基本表的级联删除),所以需要显式地使用 DROP VIEW 语句来删除视图。若该视图上还导出了其他视图,则使用 CASCADE 级联删除语句,把该视图和由它导出的所有视图一起删除。

【例 3-45】 删除视图 DB_Course 和由它导出的所有视图。

```
DROP VIEW DB_Course CASCADE;
```

如果使用 DROP VIEW DB_Course，则被拒绝执行，因为 DB_Course 视图上还导出了 DB85_Course 视图。

3.5.3 查询视图

视图定义后，就可以像对基本表一样对视图进行查询了。也就是说前面介绍的对表的各种查询操作都可以作用于视图。

【例 3-46】 查询未通过 11 号课程的男学生的学号和姓名。

```
SELECT M_Student.学号, 姓名
    FROM M_Student,Score
    WHERE M_Student.学号=Score.学号 AND Score.课程号='11' AND Score.成绩<60;
```

本查询涉及视图 M_Student（虚表）和基本表 Score，通过这两个表的连接来完成用户请求。

RDBMS 执行对视图的查询时，首先进行有效性检查。检查查询中涉及的表、视图等是否存在。如果存在，则从数据字典中取出视图的定义，把定义中的子查询和用户的查询结合起来，转换成等价的对基本表的查询，然后再执行修正了的查询。这一转换过程称为视图消解（View Resolution）。

目前多数关系数据库系统对行列子集视图查询均能进行正确转换，但对非行列子集视图的查询就不一定能做转换了，这时查询时就会出现问题，因此这类查询应该直接对基本表进行。

3.5.4 更新视图

更新视图是指通过视图来插入、删除、修改数据。由于视图是不实际存储数据的虚表，因此对视图的更新最终要转换为对基本表的更新操作。

为防止用户通过视图对数据进行增、删、改时有意无意地对不属于视图范围内的基本表数据进行操作，可在定义视图时加上 WITH CHECK OPTION 子句。这样在视图上增、删、改数据时，RDBMS 会检查视图定义中的条件，若不满足条件，则拒绝执行该操作。

【例 3-47】 将男学生视图 M_Student 中学号为 0801002 的学生姓名改为“冯新郁”。

```
UPDATE M_Student
    SET 姓名='冯新郁' WHERE 学号='0801002';
```

在关系数据库中，一般地，行列子集视图是可更新的，但并不是所有的视图都是可更新的，因为有些视图的更新不能唯一地有意义地转换成对相应基本表的更新。如视图 S_G_Score（见例 3-44）是由学号和平均成绩两个字段组成的，要修改它的平均成绩字段是无法转换成对基本表 Score 的修改的。

3.5.5 视图的作用

视图是定义在基本表之上的，对视图的一切操作最终也要转换为对基本表的操作，而且对于非行列子集视图进行查询或更新时还有可能出现问题。那么为什么还要定义视图呢？这是因为视图具有以下作用。

(1) 简化用户操作。视图机制使用户可以将注意力集中在所关心的数据上。使用户眼中的数据库看起来结构简单、清晰，并且可以简化用户的数据查询操作。

(2) 多角度看待同一数据。视图机制能使不同的用户从多种角度以不同的方式看待同一数据。当许多不同种类的用户共享同一个数据库时，这种灵活性是非常重要的。

(3) 对重构数据库提供了一定程度的逻辑独立性。视图机制使得当数据库重构时，有些表结构的变化，如增加新的关系、结构的分解或对原有关系增加新的字段等，用户的外模式保持不变，用户和用户程序不会受影响。当然，视图只能在一定程度上提供数据的逻辑独立性，比如由于对视图的更新是有条件的，因此应用程序中修改数据的语句可能仍会因基本表结构的改变而改变。

(4) 提供安全保护。视图机制可以对不同的用户定义不同的视图，使机密数据不出现在不应看到这些数据的用户视图上，这样就由视图机制自动提供了对机密数据的安全保护功能。

小结

SQL是介于关系代数和关系演算之间的一种结构化非过程查询语言。所有的关系代数操作都可以被SQL表达。SQL分为数据定义、数据查询、数据操作、数据控制四大部分。本章主要讲解前3部分的内容。

SQL数据定义语言通过CREATE、DROP等语句定义和删除基本表、视图和索引。数据操作语言通过SELECT、UPDATE、DELETE、INSERT等语句进行查询和更新。其中SELECT操作是最常用、最基本、最丰富，也是最复杂的操作，可以进行单表、连接、嵌套等查询，并能对查询结果进行统计、计算、聚集和排序等。

SQL提供视图功能，通过视图得到一个结果集来满足来自不同用户的特殊需求。

思考题与习题

1. 试述SQL的功能和特点。

2. 完整性约束条件主要有哪3种形式？

3. 试述视图与表的区别和联系。

4. 哪类视图可以更新？哪类视图不可以更新？举例说明。

5. 将例2-1至例2-4用SQL语句表示。

6. 设学生-课程数据库同表2-5至表2-7，试用SQL语句完成下列操作。

(1) 创建教师表Teacher，由以下字段所组成：教师工作证号(字符型，长度为4，主键)，教师姓名(字符型,长度为10,非空),性别(字符型,只能在男、女中取值),职称(字符型,长度为10,或者为空或者在助教、讲师、副教授、教授中取值)。

(2) 向教师表Teacher中插入下列数据:

4120,张静诚,男,副教授
4121,黎兵,男,讲师
4122,周子玉,女,讲师
4123,刘鑫,女,教授
4124,胡碟,女,助教

(3) 在教师表Teacher上建立关于姓名的索引。

(4) 为简单起见,假设一门课只由一位教师授课,一位教师可以讲授多门课程。在课程表Course中增加一个字段:授课教师号(字符型,长度为4,外键)。

(5) 按表3-8修改课程表。

表3-8 课程表Course

课程号	课 程 名	先修课程号	学分	授课教师号
11	计算机基础		2	4120
21	Excel高级商务应用	11	2	4121
22	英语精读		4	4122
32	VB.NET程序设计	11	2	4123
41	数据库原理与应用	11	3	4124
42	数据仓库与数据挖掘	41	4	4124
43	英美文学欣赏	22	3	4122

(6) 建立高级职称的教师视图(高级职称包括副教授和教授)。

(7) 查询成绩在81~89分之间的所有学生的选课记录,查询结果按成绩降序排列。

(8) 查询所有课程成绩均及格的学生的学号、姓名及成绩。

(9) 查询2个学分的课程号和课程名。

(10) 查询既不姓李也不姓王的学生的姓名、学号、性别。

(11) 查询选修了"计算机基础"课程的学生的学号和姓名。

(12) 查询选修课总学分小于8的学生的学号、姓名。

(13) 查询至少选修了一门胡碟老师所开设的课程的学生的姓名。

(14) 查询各门课程的最低成绩的学生的学号及成绩。

(15) 删除所有2008级的学生记录(2008级学生的学号是以08开头的)。

(16) 所有操作结束后删除选课表Score。

第4章　网络数据库系统的工作模式

学习目标

本章介绍网络数据库系统的两种工作模式以及数据库的连接技术，重点了解两种工作模式的优缺点以及ODBC、ADO、OLE DB和JDBC技术。

网络数据库系统是指在计算机网络环境下运行的数据库系统，它的数据库分散配置在网络结点上，能够对网络用户提供远程数据访问服务。网络数据库系统可以按照客户机/服务器(Client/Server,C/S)结构或浏览器/服务器(Brower/Server,B/S)结构建立。无论采用哪种计算模式，数据库都驻留在后台服务器上，通过网络通信，为前端用户提供数据服务。

4.1　客户机/服务器结构

4.1.1　C/S系统体系结构

C/S是以网络环境为基础，将集中式数据库系统的应用有机地分布在多台计算机中的结构。具有C/S体系结构的系统是基于局域网/广域网的系统，在C/S系统中存在着客户端和服务器，这种系统往往需要数据库服务器。服务器承担数据的集中管理、通信和客户管理的任务，数据在服务器端，对数据的处理和计算都在服务器端执行。人机界面和一些需要实时响应的事件或人机交互的处理等在客户端进行。服务器通常采用高性能的PC、工作站或小型机，并采用大型数据库系统，如Oracle、Sybase或SQL Server等。客户端要安装专用的客户端软件。

C/S系统体系结构具有以下特征：

(1) 计算和处理分布在服务器和客户机之间；

(2) 数据管理集中在服务器端；

(3) 软件驻留在服务器和客户机。

4.1.2　两层C/S应用架构

两层C/S系统基本由3部分组成：客户机、服务器、客户机与服务器之间的连接，如图4-1所示。

客户机通过向服务器请求数据服务后做必要的处理，然后将结果显示给用户。服务器建立进程和网络服务地址，监听用户的调用，处理客户的请求，将结果返回给客户，释放与客户的连接。客户机与服务器之间的连接是通过网络连接实现的，对应用系统来说这种连接更多的是一种软件通信工程(如网络协议等)。

这种传统的两层C/S结构是单一服务器且以局域网为中心的，虽然具有强大的数据库

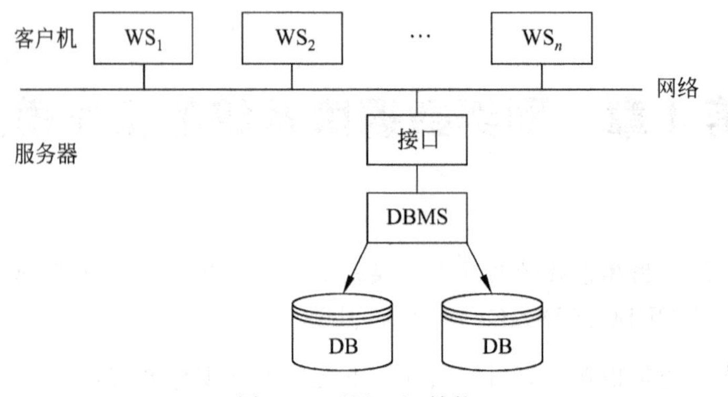

图 4-1　两层 C/S 结构

和事务处理能力，但是随着企业规模的扩大和软件复杂程度的提高，这种结构难以扩展至大型企业广域网或 Internet。主要原因是客户机的负荷太重，导致产生“肥胖”客户机，而且数据安全性也不好，因为客户端程序可以直接访问数据库服务器。正因为两层 C/S 有这么多缺陷，因此三层 C/S 结构应运而生。

4.1.3　三层 C/S 应用架构

三层 C/S 结构将应用功能分成表示层、功能层和数据层 3 个部分，如图 4-2 所示。

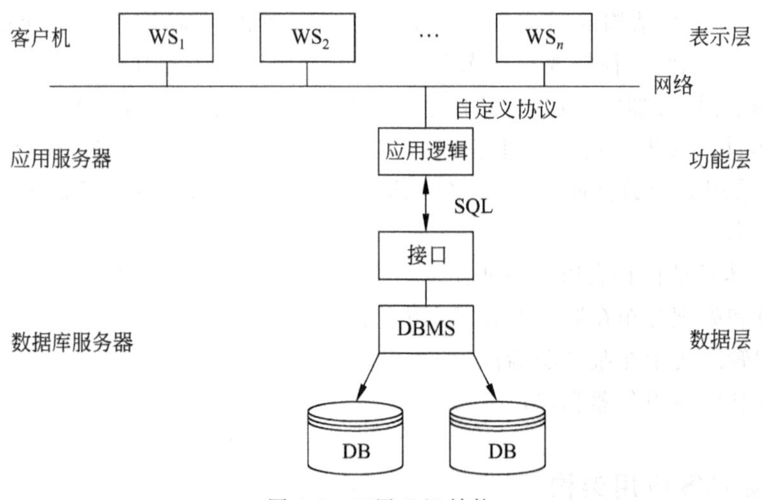

图 4-2　三层 C/S 结构

表示层是应用的用户接口部分，由客户机实现，用于接收用户输入的数据和显示应用输出的数据，大部分的应用逻辑处理被移植到应用服务器上。这样能够使“肥胖”的客户机变“瘦”。功能层由应用服务器实现，相当于应用的本体，是应用逻辑处理的核心，是具体业务的实现。数据层就是 DBMS，驻留在数据库服务器上，负责管理对数据库数据的存取操作。一般从功能层传送到数据层的数据大都要求使用 SQL。

如果将功能层和数据层分别放在不同的服务器中，则服务器和服务器之间也要进行数据传送。但是，由于在这种形态中三层是分别放在各自不同的硬件系统上的，所以灵活性很高，能够适应客户机数目的增加和处理负荷的变动。系统规模越大，这种形态的优点就越显著。

C/S 系统将应用程序从服务器中解放出来，由客户机处理一部分功能，充分发挥客户端 PC 的处理能力，客户端响应速度快。但是客户端需要安装专用的客户端软件，维护和升级很麻烦，而且对客户端的操作系统有一定限制，可移植性差。

4.2 浏览器/服务器结构

分布在 Internet 或 Intranet 上的 B/S 结构是一种基于超链接、HTML 和 Java 的三层或多层结构，是随着 Internet 技术的兴起对 C/S 结构的一种改进。在这种结构下，软件应用的业务逻辑完全在应用服务器端实现，用户表现完全在 Web 服务器上实现，客户端仅需要安装单一的浏览器就可以访问几个应用平台，形成一种一点对多点、多点对多点的结构。

B/S Web 数据库的结构也采用三层结构方式，如图 4-3 所示。

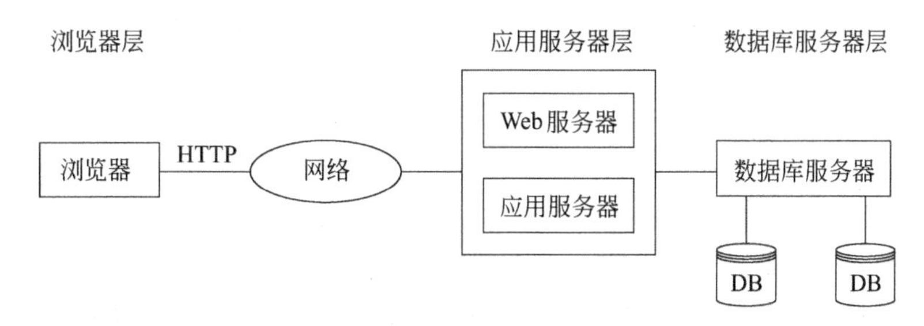

图 4-3　B/S 系统结构的三层结构

浏览器(Browser)层是一种用户逻辑层，由客户机上的浏览器组成，通过互联网向 Web 服务器提出访问 Web 页面的请求，并接收从 Web 服务器返回的结果。

应用服务器层由 Web 服务器与应用服务器两部分组成。这两类服务器一般在同一层中，该层有时也称应用服务器或 Web 服务器。Web 服务器负责接收从浏览器端发来的 HTTP 请求，根据不同情况作不同处理。应用服务器是一种应用逻辑层，由中间件与应用程序组成，接收 Web 服务器的调用请求，然后访问分布于互联网上的相应数据库服务器，并将访问结果以 HTML 网页返回给 Web 服务器。

数据库服务器层也可以称为分布式数据库服务器层，负责接收从应用服务器发来的 SQL 请求，通过相应处理后将结果返回给应用服务器。数据层存在于数据库服务器上，安装有 DBMS，提供 SQL 处理、数据库管理等服务。

B/S 是一种真正的"瘦"客户机结构，客户端软件仅需安装浏览器，相对 C/S 而言，少了开发、安装、维护专用的客户端软件的过程；B/S 与客户端操作平台无关，而 C/S 对客户端的操作系统一般会有限制。当然 B/S 结构也存在安全性等一些问题，但是 B/S 结构是软件结构发展的一种趋势。

4.3 数据库连接技术

Web 与数据库之间一般有以下两种接口方式。

(1) 通过脚本语言访问数据库。目前常用的脚本语言有 VBScript、JavaScript 等。在

HTML 中嵌入脚本(Script)语言程序和 SQL 程序,利用这种机制可以通过 HTML 网页直接访问数据库。支持这种机制的典型产品是微软公司的动态服务器网页(Active Server Pages,ASP)。

(2) 通过 JDBC 访问数据库。在 HTML 中嵌入 Java Applet,数据库所在服务器将 Java Applet 下载后即可通过其 JDBC 访问数据库,并以 HTML 形式返回。

近年来出现了一些新的接口形式。

(1) 利用中间件访问数据库。通过中间件以建立 HTML、XML 与数据库间的接口,在中间件中可以直接使用 SQL 语句,中间件又可以以函数的形式被 HTML 或 XML 所调用,这样就建立了 HTML、XML 与数据库的连接。

(2) 在 XML 中可直接嵌入类 SQL 语句与数据库直接连接,如 XML-QL 等语言。

(3) 可以将 XML 的文档直接存入数据库中,利用 XML 的数据组织能力特点,可以对存入数据库中的文档做有效的访问。

目前连接数据库的主流技术包括 ODBC、ADO、OLEDB 和 JDBC。

4.3.1 ODBC

开放数据库互连(Open Database Connectivity,ODBC)是微软公司开放服务结构中有关数据库的一个组成部分,它建立了一组规范,并提供了一组对数据库访问的标准 API(应用程序编程接口)。ODBC 最大的优点是能以统一的方式处理所有的数据库。应用程序调用标准的 ODBC 函数和 SQL 语句,通过驱动程序将逻辑结构映射到具体的 DBMS。使用 ODBC API 几乎可以将所有平台上的关系数据库连接起来。

ODBC 的体系结构可以分为 4 层:ODBC 数据库应用程序、驱动程序管理器、DB 驱动程序和数据源,如图 4-4 所示。

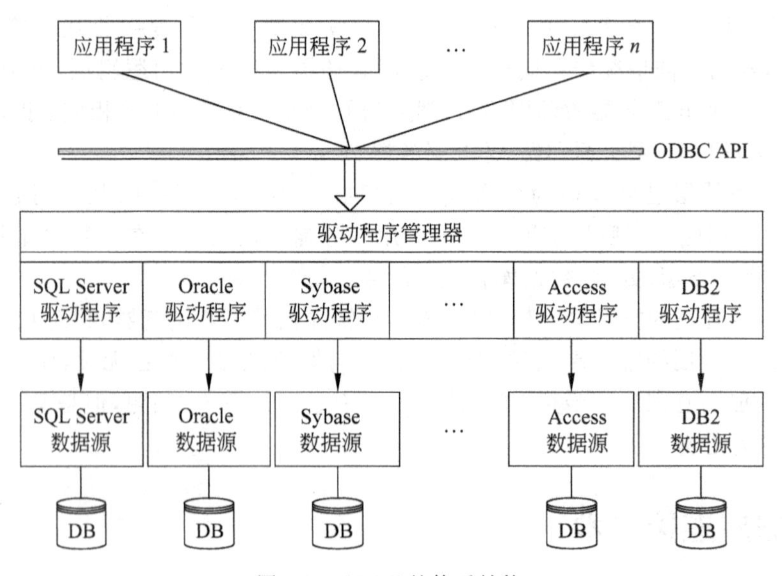

图 4-4 ODBC 的体系结构

数据库应用程序主要处理业务逻辑,是 ODBC 的使用者。

驱动程序管理器是一个名为 ODBC.DLL 的动态链接库,对用户是透明的,其任务是管理 ODBC 驱动程序,实现各种驱动程序的正确调度。

DB 驱动程序也是一个动态链接库,由各个数据库厂商提供。它提供对具体数据库操作的接口,是应用程序对各种数据源发出操作的实际执行者。

数据源名(Data Source Name,DSN)是驱动程序与数据库系统连接的桥梁,包含了数据库位置和数据库类型等信息,实际上是一种数据连接的抽象。

应用程序要访问数据库,首先必须用 ODBC 管理器注册一个数据源,管理器根据数据源提供的数据库位置、数据库类型及 ODBC 驱动程序等信息,建立起 ODBC 与具体数据库的联系。这样,只要应用程序将数据源名提供给 ODBC,ODBC 就能建立起与相应数据库的连接。

4.3.2 ADO 与 OLE DB

Microsoft 推出的一致数据库访问技术(Universal Data Access,UDA)为关系型或非关系型数据访问提供了一致的访问接口。一致数据访问包括两层软件接口,分别为 ADO (Active Data Object)和 OLE DB,对应于不同层次的应用开发。ADO 提供了高层软件接口,可在各种脚本语言或一些宏语言中直接使用;OLE DB 提供了底层软件接口,可在 C/C++ 语言中直接使用。ADO 以 OLE DB 为基础,它对 OLE DB 进行了封装。一致数据访问技术建立在 Microsoft 的 COM(组件对象模型)基础上,它包括一组 COM 组件程序,组件与组件之间或者组件与客户程序之间通过标准的 COM 接口进行通信。一致数据访问的层次结构如图 4-5 所示。

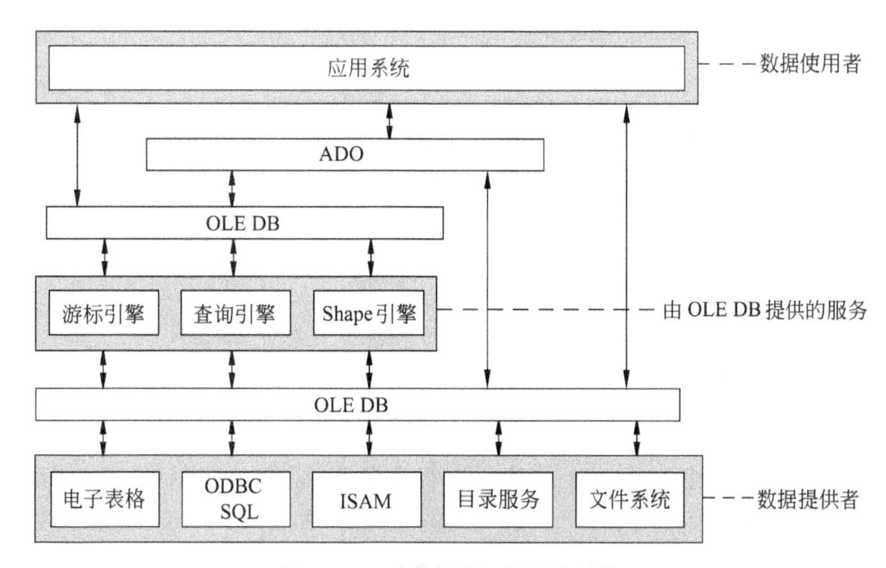

图 4-5 一致数据访问的层次结构

OLE DB 是系统级的编程接口,它定义了一组 COM 接口,这组接口封装了各种数据系统的访问操作,为数据使用方和数据提供方建立了标准。

ADO 是一套用自动化技术建立起来的对象层次结构，是应用层的编程接口，它通过 OLE DB 提供的 COM 接口访问数据，适合于各种客户机/服务器应用系统和基于 Web 的应用，尤其在一些脚本语言中访问数据库操作是 ADO 的主要优势。

应用程序既可以通过 ADO 访问数据，也可以直接通过 OLE DB 访问数据，而 ADO 则通过 OLE DB 访问底层数据。OLE DB 分成两部分，一部分由数据提供者实现，包括一些基本功能，如获取数据、修改数据、添加数据项等；另一部分由系统提供，包括一些高级服务，如游标功能、分布式查询等。这样的层次结构既为数据使用者即应用程序提供了多种选择方案，又为数据提供方简化了服务功能的实现手段，它只需按 OLE DB 规范编写一个 COM 组件程序即可，使得第三方发布数据更为灵活简便，而在应用程序方可以得到全面的功能服务，这充分体现了 OLE DB 两层结构的优势。

4.3.3 JDBC

Java 数据库连接(Java Database Connectivity，JDBC)是用 Java 语言编写的类和接口所组成的。它提供标准的数据库访问类和接口，能够方便地把 SQL 语句传送到任何关系数据库中。换言之，不需要为每个关系数据库单独编写程序。Java 与 JDBC 相结合，使得程序员只写一次数据库应用软件后，就能在各种数据库系统上运行。JDBC 的体系结构如图 4-6 所示。

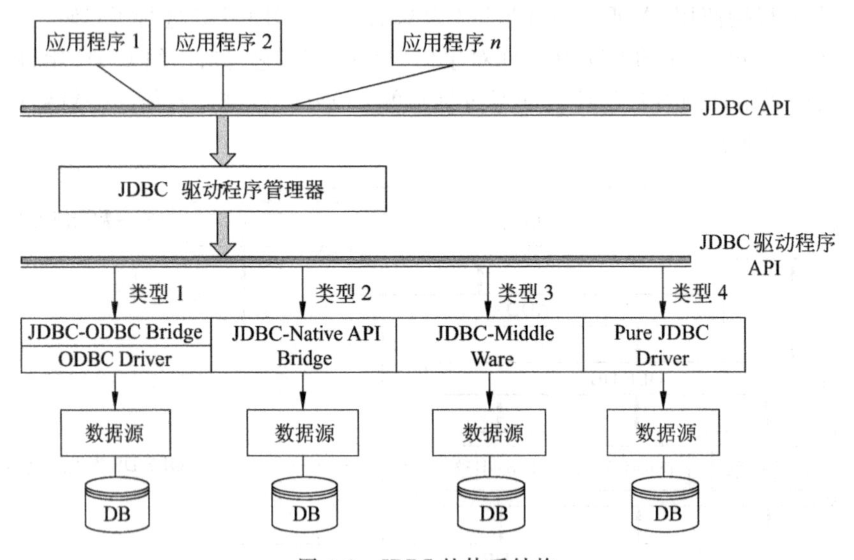

图 4-6 JDBC 的体系结构

JDBC 接口分为两个层次。分别是面向程序开发人员的 JDBC API 和面向底层的 JDBC 驱动程序 API。前者用于 JDBC 管理器的连接，后者支持 JDBC 管理器到数据库驱动程序的连接。

JDBC 驱动程序管理器能够动态地管理和维护数据库查询所需要的所有驱动程序对象，实现 Java 程序与特定驱动程序的连接，从而体现了 JDBC 的“与平台无关”这一特点。它完成的主要任务有：为特定数据库选择驱动程序；处理 JDBC 初始化调用；为每个驱动程序提供 JDBC 功能的入口；为 JDBC 调用执行参数等。JDBC 完成的主要工作是：建立与数据库的连接；发送 SQL 语句；返回数据结果给用户。

JDBC 保持了 ODBC 的基本特性，因为 JDBC 使用的是 Java 语言，使之更具有对硬件平台、操作系统异构性的支持，JDBC 应用程序可以自然地实现跨平台特性，更适合于 Internet 上异构环境的数据库应用。

关于 Java 和 JDBC 更为详尽的信息请参阅网站 www.sun.com。

小结

网络数据库系统有两种工作模式：客户机/服务器(C/S)结构和浏览器/服务器(B/S)结构。C/S 结构将程序应用一分为二，后台服务器负责数据管理，前台客户机完成与用户的交互。在 B/S 结构下，用户界面完全通过 WWW 浏览器实现，一部分事务逻辑在前端实现，但主要事务逻辑在服务器端实现。

数据库连接的主流技术包括 ODBC、ADO、OLE DB 和 JDBC。ODBC 最大的优点是能以统一的方式处理所有的数据库，使用 ODBC API 几乎可以将所有平台上的关系数据库连接起来。ADO 和 OLE DB 是一致数据访问技术的两层软件接口，对应于不同层次的应用开发；JDBC 提供标准的数据库访问类和接口，能够方便地向任何关系数据库发送 SQL 语句。

思考题与习题

1. 什么是 C/S 结构？什么是 B/S 结构？它们有哪些优缺点？

2. 三层 C/S 结构和两层 C/S 结构相比有哪些优点？

3. 数据库连接的主流技术有哪些？

4. 试述 ODBC 的特点。

5. 什么是一致数据访问技术？

6. 试述 JDBC 接口的两个层次。

第二篇　PowerBuilder 数据库开发环境

本 篇 导 读

本篇介绍 PowerBuilder 的概念、特点以及 PowerBuilder 11.5 新增功能。然后系统地讲解 PowerBuilder 11.5 数据库开发环境中主要画板的功能、使用方法和技巧。重点讲解数据库管理、窗口及窗口控件、数据窗口、PowerScript 高级语言、函数及结构等内容。

第 7 章主要讲解利用数据库面板创建数据库、数据表；为数据表建立索引、主键、外键，以及对数据表进行数据操作的方法和技巧。

第 8 章主要讲解窗口、窗口控件的概念和创建方法，了解、设置和使用它们的属性、事件和函数。

第 9 章主要讲解数据源的概念以及 12 种不同风格数据窗口对象的特点、创建方法和应用技巧。要掌握字段标签和字段属性的意义以及设置方法，学会在数据窗口对象上放置各种控件以及对数据窗口对象进行数据操作的方法和技巧。

第 11 章主要介绍 PowerBuilder 的编程语言，应掌握编程语言的基础知识、数据类型、变量、运算符、表达式、数组、字符串、PowerScript 语句、嵌入 SQL 语句等。

第 12 章主要介绍常用系统函数的功能和使用方法、自定义函数的建立和使用、外部函数的使用方法以及结构的定义方法和使用技巧。

除此之外，还介绍了创建和使用用户对象的方法；在相同或不同数据库之间进行数据传输的数据管道；PBL 库管理的方法和技巧；应用程序创建可执行文件和动态链接库的方法；通过实验案例把开发的数据库应用系统制作成安装盘进行发布。

第 5 章　PowerBuilder 概述

学习目标

通过本章的学习，对 Sybase 公司的 PowerBuilder 软件产品的发展、特点以及最新版本 11.5 的新功能有一个初步的认识，学会 PowerBuilder 以及 SQL Anywhere 的安装，对 PowerBuilder 的集成开发环境(IDE)有一个初步的了解。

5.1　PowerBuilder 的基本特点

5.1.1　PowerBuilder 简介

PowerBuilder 是美国著名的数据库应用开发工具生产厂商 PowerSoft 推出的成功产品，其第一个版本于 1991 年 6 月正式投入市场，以其独特的体系结构、优异的性能受到广大开发人员的欢迎，在国际市场享有盛誉，也为中国用户所熟知。

PowerSoft 公司在 1994 年底被 Sybase 公司收购，合并后的 PowerSoft 公司作为 Sybase 公司的一个独立分支机构，不断扩展和增强 PowerBuilder 的功能。即将发布的 PowerBuilder 12.0 版本已经将其基础架构变成无缝支持 Windows. NET 环境和 Visual Studio 环境，这一取向表明此款产品具备两项同等重要的性能，其一是升级现有系统，其二是为传统的 Windows 32 环境和. NET 开发新产品。全新的 Sybase PowerBuilder 12.0 与微软的 Visual Studio 基础架构完美配合，从而帮助 PowerBuilder 开发者将. NET 架构的开发效率提升至全新高度。

通常人们把 PowerBuilder 看成一种开发工具，实际上它是比开发工具要强大得多的开发环境。

1. 便捷的 C/S 开发工具

使用 PowerBuilder 可以快速开发出 Client/Server 结构及分布式数据库应用程序，PowerBuilder 从 1.0 版本一直发展到即将发布的 12.0 版本，几乎一直是数据库前端开发工具事实上的标准。在数据库前台开发的效率和独有的数据窗口技术上，独一无二，现在在 Web 方面也提供了强大的支持。

2. 可视化集成开发环境

PowerBuilder 提供了一个可视化集成开发环境(IDE)，包括应用、窗口、数据窗口、菜单、数据库、结构、函数、用户对象、查询、调试、数据管道和用户对象等画板，利用这些画板可以高效、快速地完成数据库应用系统的开发。

3. 支持多种平台的开发环境

PowerBuilder本身可以在多种操作系统上运行。用它在一个操作系统上开发的应用系统可以在另一个操作系统环境中使用，也可以把开发的应用程序发布到其他的操作系统上运行，具有良好的跨平台性。

4. 面向对象的程序设计方法

PowerBuilder提供对面向对象编程的全面支持，并内置多种对象类，其中以DataWindow对象最为著名，可以方便地访问数据库。

PowerBuilder具备了类、继承性、多态性和封装性4个面向对象程序设计语言的基本特性。

1）类

类可以被看成用来创建其他对象的模板。实际上，类是共享相似特性和行为的对象集合。它包含了对象的属性、事件、函数、结构和代码。由某个类创建的所有实例都具有相同的形式和行为，但它们的变量和属性是不同的。PowerBuilder中的任何对象都是基于类的(例如，所有的用户对象都是基于类UserObject)。

2）继承性

PowerBuilder中，窗口、菜单和用户对象是可以继承的。当继承了一个对象，所得到的子类将具有父类的属性、实例变量、共享变量、控件、用户自定义事件、对象级函数、事件和代码。也就是说当继承了一个类，几乎得到了这个类的全部，不过不能在子类中删除任何继承到的特性。

3）多态性

在PowerBuilder中有大量的多态函数，如Print()、TriggerEvent()等，在运行过程中，只需要指出对象和函数名即可。在有些函数中，即使不知道对象类，也可以用ClassName()函数得到对象类，或得到实例名，将对象名作为函数参数调用该函数。

4）封装性

封装的目的是实现数据隐藏和数据保护，封装的目标是为对象提供一个对外操作的接口，使其他对象通过函数来访问，而不允许直接操作对象的属性。在PowerBuilder中有3种访问类型Public、Protect和Private，这3种访问控制类型可以用在对象的变量和函数上，默认的实例变量和对象函数都是Public类型的。为了保护数据，应尽可能多地使用Private和Protect类型，前者只允许对象内部的元素来访问，后者可以接受对象内部和继承类的元素访问。

5. 支持多种DBMS

PowerBuilder支持应用系统同时访问多种数据库，其中既包括Oracle、Sybase、DB2、MS SQL Server之类的大中型数据库，也包括FoxPro之类支持ODBC接口的小型数据库。PowerBuilder提供了两种访问后台数据库的方式，一种是通过ODBC标准接口的方式，另一种是通过专用的接口方式。由于专用接口是针对特定的后台数据库管理系统而设计的，这种方式存取数据的速度要比采用ODBC方式快一些。

6. 拥有核心的专利技术——数据窗口

PowerBuilder 提供了功能强大的数据窗口对象(Data Window Object)。数据窗口对象可以用于连接数据库、获取记录,以各种风格显示数据和更新数据库。目前数据窗口对象拥有 Composite、Crosstab、Freeform、Graph、Grid、Group、Label、N-Up、OLE 2.0、RichText、Tabular、TreeView 12 种风格各异的数据展示功能。新的 PowerBuilder 版本对数据窗口对象的属性、事件和函数以及字段的编辑风格都有新的增强。

7. 具有强大的、易于使用的第四代编程语言 PowerScript

PowerBuilder 使用的编程语言叫 PowerScript,它也是一种高级的、灵活的、结构化的编程语言。它提供了一套完整的嵌入式 SQL 语句,开发人员可以像使用其他语句一样自由地使用 SQL,这样就大大增强了程序操作和访问数据库的能力。

8. 灵活的数据转移功能

利用 PowerBuilder 提供的数据管道(Data Pipeline)功能,开发人员可以把当前数据库中的数据从一个表复制到另一个表中(也可以复制和更改表结构和表的名称);可以在相同类型或不同类型的数据系统之间复制表的数据和结构。

9. 分布式应用

PowerBuilder 可以方便地组建分布式系统,灵活而方便地创建多级分割。当应用在分布配置后,客户端应用可以访问应用服务器中定义的方法、共享应用服务器中的对象、实现异步处理、同步客户端与服务器数据窗口缓冲区的状态以及服务器向客户应用回送消息(服务器推技术)等。

10. 支持 Internet/Intranet 下的 Web 应用开发

PowerBuilder 显著地简化了.NET 应用的开发过程,是 Sybase 全面支持.NET 架构计划中的一部分。目前 PowerBuilder 不仅可以帮助开发者灵活地部署应用程序(包括.NET Windows Forms、Web Forms 和.NET Smart Clients 等),还可以帮助开发传统客户机/服务器应用程序和 Web Services。

通过与 Sybase EAServer 的紧密结合,PowerBuilder 已经能够支持 J2EE 的开发与配置。PowerBuilder 帮助用户创建的应用程序既能够访问任何一台 J2EE 兼容应用程序服务器(包括 IBM WebSphere Application Server、BEA WebLogic Server 以及其他 J2EE 应用程序服务器)Enterprise JavaBeans,也可以同时使用 PowerBuilder Web 服务。能够使用 PowerBuilder 创建 RAD 类型的 JavaServer Pages(JSP)应用程序。并且,为了整合 PowerBuilder 应用程序与 J2EE 或.NET 框架,可以使用 PowerBuilder 的 Web Services 功能。

11. 与 PowerBuilder 相关的一些工具

1) Appeon for PowerBuilder

Appeon for PowerBuilder 可以将 PowerBuilder 应用程序转换为用于 Web 的基于浏览

器的应用程序，同时保留原有应用程序的所有功能和用户界面。

2）DataWindow.NET

DataWindow.NET 是一个用于增强.NET 应用程序开发环境性能的组件。

3）EAServer

EAServer 是 Sybase 公司企业门户、无线服务器、金融服务器等解决方案的内核产品。EAServer 提供了一组服务用于 Web 和分布式应用的部署。

4）PocketBuilder

PocketBuilder 是一个新的快速应用开发工具，可以加速建立移动和无线企业 Pocket PC 应用。使用过 PowerBuilder 的开发人员可以利用已有的经验用 PocketBuilder IDE 建立新的或扩展现存应用系统的应用。

5）PowerDesigner

PowerDesigner 是一个独具特色的建模工具集，它融合了以下几种标准建模技术：使用 UML 的应用程序建模、业务流程建模和传统数据库建模。

6）SQL Anywhere

SQL Anywhere 是一个标准的小型关系数据库管理系统，提供 Powerbuilder 作为单机系统开发的数据库使用。

12. PowerBuilder 的未来

2010 年 5 月 12 日，SAP 宣布收购商业软件开发商 Sybase。SAP 收购 Sybase 的主要意图的是它的移动技术平台和数据库技术，但也将同时获得开发工具 PowerBuilder。通过 Sybase 的努力，PowerBuilder 现在可以直接开发.NET 程序，但现在问题最多的也是 PowerBuilder，很多人担心 PowerBuilder 会走向没落。

SAP 联席首席执行官兼 SAP 执行委员会成员孟鼎铭先生表示："通过这次收购，SAP 将向数亿移动用户提供市场领先的解决方案，把全球最好的商业软件和最强大的移动基础架构平台结合在一起，这将极大地扩大 SAP 可触及的市场。对 SAP 和 Sybase 的客户来说，这是一个意义重大的合并，意味着他们的员工在世界上任何地方都能更好、更便捷地获得信息和利用系统所提供的功能，以帮助企业在信息充足的情况下更快地做出实时决策。凭借 SAP 始终以客户为中心的业务方式，我们将信守自己的承诺，支持 Sybase 的客户成为最佳运营企业。"

Sybase 首席执行官 John Chen 先生说："这次合并是软件行业的一次变革性事件。SAP 的内存(In-memory)技术加上 Sybase 的数据库技术将给交易和分析应用软件的构造带来革命性的变化，这将使所有企业受益。更深一层来讲，通过企业应用软件的市场领导者和企业移动性的市场领导者的结合，全球各地的企业都可以在很多终端上进行业务运营。这将掀起一场企业生产力提升的新高潮。合并后的 SAP/Sybase 可以提供一种软件，使企业在一个越来越以数据、客户和移动为中心的环境中实现业务转型。"

SAP 首席技术官维舍尔·斯卡在全球电话会议上说："有了 Sybase，我们将有机会大幅加速移动业务的发展。可以将 SAP 核心产品中的每个部分都分解开来，并面向移动领域推出。当然，也包括 SAP 和 SAP Business Objects 的分析产品。"

来自 Forrester 的另一位分析师 Jeffrey Hammond 说："PowerBuilder 曾经是一棵摇钱

树，我认为 SAP 不会改变 Sybase 一直以来对 PowerBuilder 的策略，至少不会立即改变。但问题是在.NET 开发工具离散的市场中，它对 SAP 是否还有保留的意义。”

位于休斯敦的 Intertech 顾问公司是 Sybase 的重度用户，Intertech 的总裁 Don Clayton 说：“如果 SAP 不剥离 PowerBuilder 等产品，可能会更好。有很多公司的关键业务系统都是用 PowerBuilder 开发的，我认为它是一个优秀的技术，我对本次收购持谨慎的乐观态度。”

美国联合保险集团的 Gregory Heiner 说：“长久以来，Sybase 公司一直是软件开发工具市场上的领跑者，始终引领着开放、灵活、易用、支持快速应用程序开发工具的市场需求。PowerBuilder 是一款经过多次实际考验的工具，它具有开发关键业务应用程序所需的高速度和灵活性，能够在优化、提升现有开发人员技术优势的同时，确保我们始终处于最新开发技术领域的前沿。”

通过近期 SAP、Sybase 等高级官员以及一些用户的谈话来看，SAP 一定会借用 Sybase 在移动技术平台和数据库技术上的优势，扩大其产品的竞争力和影响力。PowerBuilder 产品也必将在 SAP/Sybase 下得到更大的发展空间，创造新的辉煌。

5.1.2 PowerBuilder 11.5 的新特点

PowerBuilder 11.5 于 2008 年 9 月 12 日正式发布，它是在前几个版本的基础上，继承了原有的强大功能和相对于其他开发工具易于上手的优点，并且增加了许多新的功能。

1. 数据窗口的新特征

DataWindow 已经成为 PowerBuilder 集成开发环境值得信赖的高速工具，经过改造后可以对应用程序进行自定义，并开发更具创新性的应用程序。借助 PowerBuilder 11.5，DataWindow 全新改进的数据可视化功能使业务数据的表现过程更加丰富，并通过高度图形化的交互式用户体验为终端用户提供清晰、可利用的信息。新增功能如下。

(1) 数据窗口字段支持 RichText 编辑风格。

(2) 数据窗口支持 3D 图形风格。

(3) 数据窗口字段和控件支持工具提示(Tooltip)。

(4) 支持 PNG 图形格式(Portable Network Graphic Format)。

(5) 支持图像设计时(Design-time)透明度。

(6) 新增了数据窗口对象的属性(数据窗口背景属性，如 Brushmode、Gradient、Transparency 等；新字段或控件属性，如 Render3D、Tooltip、Transparency 等)。

(7) 新增了数据窗口事件和函数(新的事件，如 RichTextLimitError、RichTextLoseFocus 等；新的函数，如 GetDatalabelling()、GetDataTransparency()等)。

2. 三维图形格式

PowerBuilder 11.5 增加了 3D 技术渲染饼状图、柱状图、条状图、线形图和范围图表。

3. 支持PNG图形格式

支持菜单、工具栏、树状控件和数据窗口、图片和图片按钮使用流式网络图形格式(PNG)。

4. 增强数据库接口

PowerBuilder 11.5增加了以下数据库接口：
(1) Oracle 11g本地机驱动程序；
(2) MS SQL Server 2008本地机驱动程序。

5. 增强.NET支持

对.NET的功能性、支持度和互操作性随着Windows的普及而强化。借助PowerBuilder 11.5平台，能够轻松地将现有的和最新的应用程序部署到丰富的.NET环境内，同时可以快速、轻松地以.NET Windows Forms或ASP.NET Web Forms方式部署应用程序。另一个名为"智能更新程序"(Intelligent Updater)的组件能够使.NET Windows Forms应用程序在这种标准、简单的PowerBuilder方式下快速地自行更新。Smart Client应用程序结合了这两者的优点：将终端用户熟知的C/S架构应用与易于部署的Web应用相结合。

PowerBuilder 11.5是PowerBuilder产品多阶段支持.NET计划中的一个关键步骤。PowerBuilder 11.5支持强命名程序集、访问.NET静态类、原语和枚举类，支持Vista和IIS 7，支持.NET目标共享对象，增强语言的互操作性和增强安全机制，因此它为开发人员提供了现成的工具来开发最前沿、快速和易用的.NET应用程序。

6. 事务对象的增强

PowerBuilder 11.5为事务对象(Transaction Object)增加了两个新的事件，即EBError和SQLPreview，它们与数据窗口控件和数据存储中的这两个事件稍有不同，但功能是相似的。

7. FDCC适应性

FDCC(the Federal Desktop Core Configuration)是一种安全标准，由美国管理和预算办事处(OMB)授权。为了满足FDCC的安全要求，PowerBuilder 11.5可以只由系统管理员安装，但是，PowerBuilder以及利用PowerBuilder开发的应用程序可以在不提升管理权限的情况下，在标准用户环境中运行。

8. 静默安装和卸载

当接受Sybase许可协议后，在安装和卸载PowerBuilder 11.5时，系统不再显示任何信息和窗口。

9. 不再支持的功能

下列项目在 PowerBuilder 11.5 版本中被移除，不再适用。

(1) 在 Web Forms 工程中的 IE Web Control(PBWebControlSource)。

(2) Oracle 8/8i (O84)数据接口。

(3) JSP 目标(由 Sybase 工作区所替代)。

(4) 自动服务项目。

(5) 数据窗口插件和窗口插件。

(6) 窗口 ActiveX 插件。

(7) Web 服务代理项目中的 UDDI 浏览器。

拥有各项领先技术和优势的 PowerBuilder 11.5 的出现，进一步印证了 Sybase 公司的一贯承诺，即通过其专利技术 DataWindow 简化复杂的数据访问、处理和演示过程，这对于希望在.NET 架构上部署 PowerBuilder 应用程序的开发人员具有划时代的意义。

PowerBuilder 11.5(仅限 Enterprise Edition)现在附带应用程序服务器插件，它支持直接从 PowerBuilder IDE 配置到第三方应用程序服务器的功能。现在可将 PowerBuilder 对象配置到 J2EE 应用程序服务器，让它们在这些服务器上表现得如同 EJB 一般。对于接受了移动开发任务的人，PowerBuilder 11.5 还提供了 PocketBuilder 用于进行灵活的 Windows Mobile 开发。

5.2 PowerBuilder 11.5 的开发环境

PowerBuilder 11.5 开发环境的安装包括前台开发工具(PowerBuilder 11.5)以及自带的后台数据库管理系统(SQL Anywhere 11.0)的安装。如果计算机或服务器中已经安装了 MS SQL Server、Oracle 或 DB2 等数据库管理系统，则只需安装 PowerBuilder 11.5，然后使用已经安装的一种后台数据库即可。PowerBuilder 11.5 也可以使用 SQL Anywhere 11.0 以前的版本，如 SQL Anywhere 9.0 或 SQL Anywhere 10.0。

使用 PowerBuilder+SQL Anywhere 开发的数据库系统可以通过 PowerBuilder 提供的数据管道功能很容易地将数据库升迁至 MS SQL Server 或 Oracle 上去。

5.2.1 PowerBuilder 11.5 及 SQL Anywhere 11.0 数据库管理系统的安装

双击安装盘中的 autorun.exe 文件，启动 PowerBuilder 开发环境安装界面，如图 5-1 所示，一般先安装 SQL Anywhere 11.0，再安装 PowerBuilder 11.5。

1. SQL Anywhere 11.0 的安装

单击图 5-1 中的 Install SQL Anywhere 11.0 按钮，打开图 5-2 所示的界面。单击“安装 SQL Anywhere 11”按钮，然后根据提示向导进行安装，安装完成后返回到图 5-1 所示的界面。

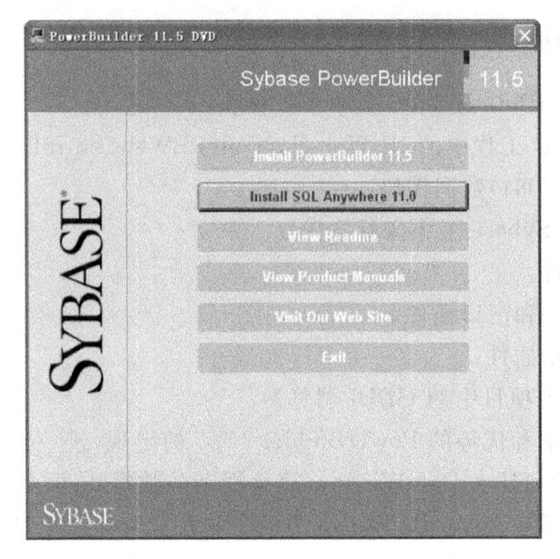

图 5-1　PowerBuilder 11.5 安装主界面

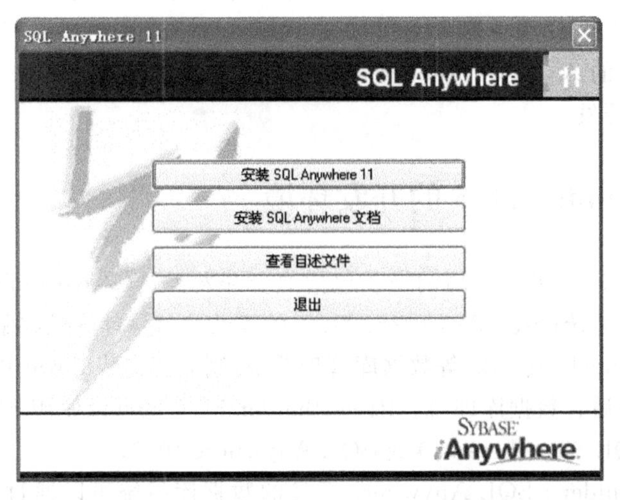

图 5-2　SQL Anywhere 11.0 安装主界面

2. PowerBuilder 11.5 的安装

单击图 5-1 中的 Install PowerBuilder 11.5 按钮，打开图 5-3 所示的界面，有 3 种选择。

- Evaluation：评估版，只能使用 30 天(不需要注册码就能安装)。
- Standalone Seat-Local License：单机版，需要在本地机注册。
- Standalone Seat-Served：单机版，需要通过服务器注册。

选择一种安装类型，根据安装向导完成安装。

3. PowerBuilder 11.5 的启动

在 Windows 桌面上，选择"开始"→"所有程序"→Sybase→PowerBuilder 11.5→PowerBuilder 11.5 选项，打开 PowerBuilder 界面，如图 5-4 所示。它是一个多文档的集成

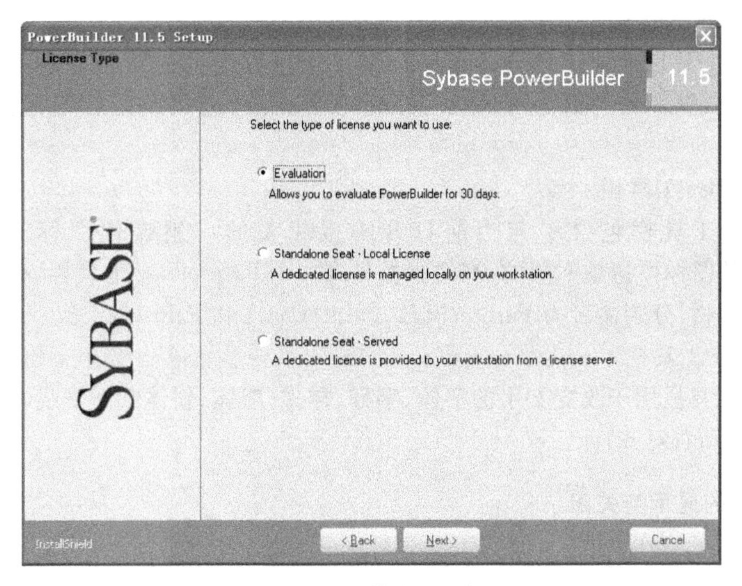

图 5-3　安装类型选择

开发环境，有标题栏、菜单栏、工具栏、系统树窗口、输出窗口和剪辑窗口。当打开不同的画板，对应的菜单栏、工具栏都会显示在界面上。

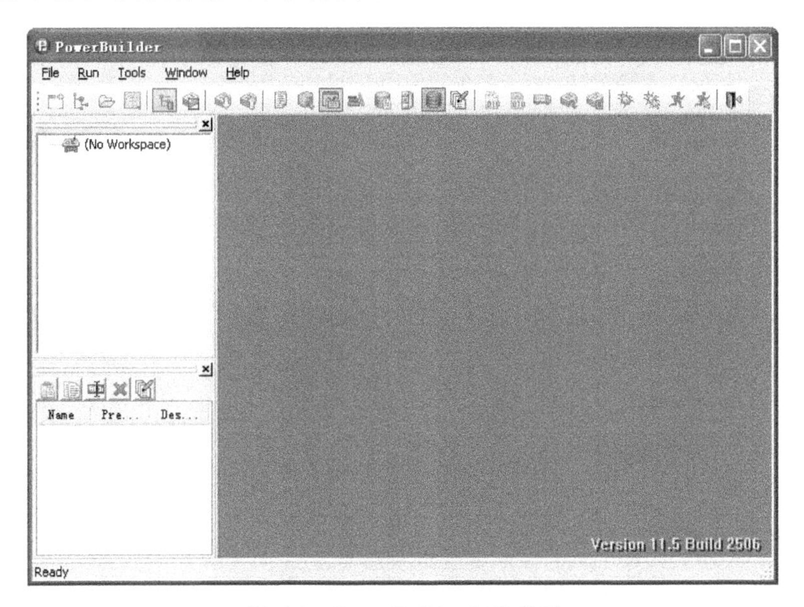

图 5-4　PowerBuilder 初始界面

5.2.2　PowerBuilder 11.5 的工具栏

1. 工具栏的类型

PowerBuilder 11.5 的工具栏分为 3 种类型。

1) PowerBar 工具栏

PowerBar 工具栏包含了创建 PowerBuilder 应用程序的主要控制功能，通过这个工具栏，可以新建、继承或打开一个对象、打开一个画板、调试或运行当前的应用程序等操作。

2) PainterBar 工具栏

PainterBar 工具栏包含了与当前打开画板相关的一组操作图标。不同的画板，PainterBar 上的图标按钮是不同的；有的画板只有一个 PainterBar 工具栏，有的画板有 3 个 PainterBar 工具栏，分别命名为 PainterBar1、PainterBar2 和 PainterBar3。

3) StyleBar 工具栏

StyleBar 工具栏用于改变文字的字体、字号、样式（粗体、斜体和下划线）和对齐方式（左对齐、中心对齐和右对齐）。

2. 工具栏的显示与关闭

在工具栏上右击，在打开的快捷菜单中可以选中菜单项（显示工具栏）或不选中菜单项（关闭工具栏），如图 5-5 所示。也可以通过选择 Tools→Toolbars 命令，打开 Toolbars 对话框，如图 5-6 所示；在左侧列表框中选择一个工具栏，单击 Hide 按钮，则此工具栏在界面上消失，此时按钮上的文字变为 Show，再单击此按钮，则该工具栏又显示出来了。

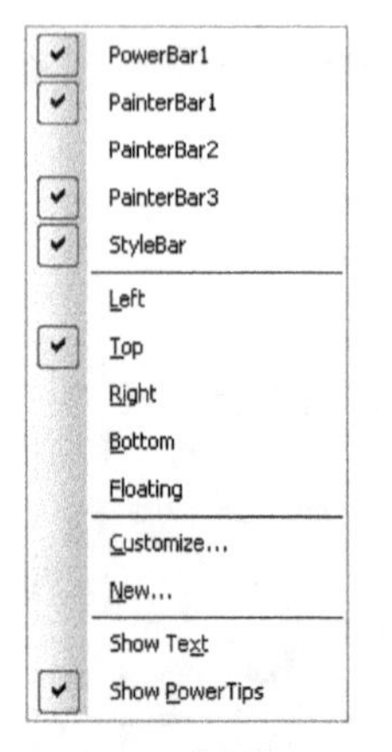

图 5-5 工具栏快捷菜单

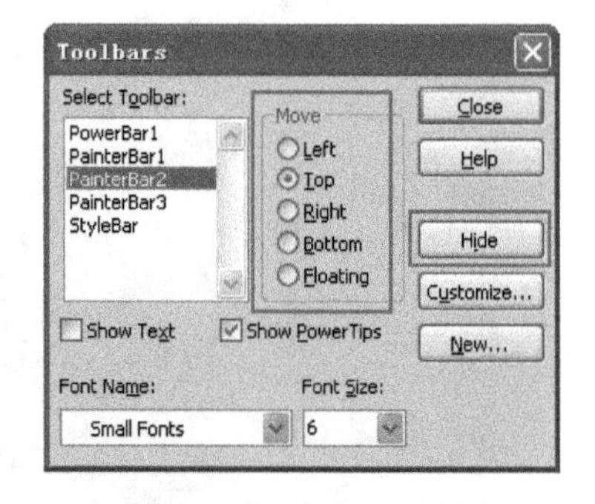

图 5-6 Toolbars 对话框

3. 工具栏位置移动

在工具栏上右击，在打开的快捷菜单上选择一个位置（如 Left、Top、Right、Bottom 和 Floating），也可以打开图 5-6，可以从中选中一个位置。

5.2.3 PowerBuilder 11.5 的画板

画板（Painter）就是 PowerBuilder 用于对象的创建、修改、编辑、调试以及属性设置的编辑器。表 5-1 是 PowerBuilder 常用画板功能说明。

表 5-1 PowerBuilder 常用画板功能说明

英文名称	中文名称	画板功能
Application painter	应用画板	编写应用级代码,修改应用的属性
Window painter	窗口画板	创建窗口,建立窗口与菜单关联,在窗口中创建控件,修改窗口及控件属性
Menu painter	菜单画板	创建菜单,继承菜单,创建下拉菜单、级联菜单,创建工具栏
DataWindow painter	数据窗口画板	设计数据窗口对象,检索、显示和操作数据,为数据窗口对象定义字段显示格式、有效规则、排序和筛选准则、图形
Database painter	数据库画板	创建、显示、修改数据库、数据表,维护和管理数据库
Structure painter	结构画板	为应用创建全局结构
Function painter	函数画板	为应用创建全局函数
User Object painter (Visual)	用户对象画板(可视)	创建可视用户对象
User Object painter (Non-Visual)	用户对象画板(不可视)	创建非可视用户对象
Library painter	库画板	以树状或列表视图显示驱动器中的文件夹、文件、PBL 库以及库中的内容
Project painter	工程画板	创建和维护 PowerBuilder 工程对象,生成可执行文件、动态库
SQL Select painter	SQL 语句画板	在数据窗口对象或数据管道中选择一个或多个数据表,从数据库中选择检索字段,连接表,定义参数,定义排序、筛选、分组准则等
Query painter	查询画板	定义并保存 SQL SELECT 语句,为数据窗口对象和数据管道重用;可以定义检索参数、联合、筛选和分类标准
Data Pipeline painter	数据管道画板	创建数据源、源数据库、目标数据库、检索参数、排序、筛选和分组准则

5.2.4 PowerBuilder 11.5 菜单的组成

1. File 菜单

File 菜单中主要是关于对象的操作命令,其中的命令及其功能如表 5-2 所示。

表 5-2 File 菜单中的命令及其功能

命令	功能
New	打开 New 对话框,创建工作区、目标、应用、PBL 库、PB 对象、数据窗口、数据库、工程等
Inherit	通过继承创建窗口、菜单、用户对象等
Open	打开工作区、应用、窗口、数据窗口、菜单、函数、结构、用户对象等
Run/Preview	运行/预览窗口或数据窗口
Open Workspace	打开工作区

续表

命　　令	功　　能
Set Current Target	当有多个目标时，选择其中之一为当前目标
Printer Setup	设置打印机
Recent Objects	最近打开过的对象
Recent Workspaces	最近打开过的工作区
Recent Connections	最近连接过的数据库
Exit	退出 PowerBuilder 环境

2. Run 菜单

Run 主要是关于程序运行、调试和发布操作的命令，其中的命令及其功能如表 5-3 所示。

表 5-3　Run 菜单中的命令及其功能

命　　令	功　　能
Incremental Build Workspace	增量方式编译工作区
Full Build Workspace	完全编译工作区
Deploy Workspace	发布工作区
Incremental Build	增量方式编译当前目标
Full Build	完全编译当前目标
Deploy	发布当前目标
Debug	调试当前目标
Select and Debug	选择和调试目标
Run	运行当前目标
Select and Run	选择和运行目标
Attach to .NET Process	附加到.NET 进程
Detach	分离
Skip Operation	跳过 build 或 deploy 操作到下一项
Stop Operation	停止 build 或 deploy 操作
Next Error/Message	下一个错误/信息
Previous Error/Message	上一个错误/信息

3. Tools 菜单

Tools 菜单中主要是关于系统工具栏、菜单快捷键、插件、许可证、查看对象、数据库管理等操作的命令，其中的命令及其功能如表 5-4 所示。

4. Window 菜单

Window 菜单中主要是关于对象窗口的排列、显示、关闭操作的命令，其中的命令及其功能如表 5-5 所示。

表 5-4 Tools 菜单中的命令及其功能

命令	功能
Toolbars	设置工具栏隐藏、显示及显示位置和字体、大小，自定义工具栏
Keyboard Shortcuts	系统菜单快捷键设置
System Options	系统选项设置，如工作区、系统字体、防火墙、Java 语言设置
Plug-in Manager	插件管理器
Update License	更新许可证管理
To Do List	设置开发过程链接列表，通过 go to link 快速定位到某个步骤
Browser	查看并打开系统对象以及当前应用中的所有对象，可生成对象报告
Library Painter	打开 PBL 库面板
Database Profile	打开数据库参数配置文件画板
Application Server Profile	数据库服务器参数配置文件管理
Database Painter	打开数据库面板
File Editor	文件编辑器

表 5-5 Window 菜单中的命令及其功能

命令	功能
Tile Vertical	垂直平铺显示对象窗口
Tile Horizontal	水平平铺显示对象窗口
Layer	平铺对象窗口
Cascade	层叠对象窗口
Arrange Icons	排列图标
Close All	关闭所有对象窗口(系统树、剪贴和输出窗口不关闭)
System Tree	系统树窗口的打开与关闭
Output	输出窗口的打开与关闭
Clip	剪贴窗口的打开与关闭

小结

通过本章的学习，对 PowerBuilder 软件产品的发展、特点以及最新版本 11.5 的新功能有了初步的了解；对 PowerBuilder 数据库前台开发环境有了基本的认识；学会了 PowerBuilder 以及 SQL Anywhere 的安装；对 PowerBuilder 的画板、工具栏和菜单的功能和作用有了初步的认识。

思考题与习题

1. PowerBuilder 是 Sybase 公司的产品，Sybase 最近被哪家公司收购？Sybase 公司被收购后，可能对 PowerBuilder 产品产生什么影响？

2. PowerBuilder 11.5 版本有哪些新的特点？

3. PowerBuilder 是可视化面向对象的开发环境，它具备哪些面向对象的特点？

4. PowerBuilder 开发环境有哪 3 种类型的工具栏？各有何特点？如何显示和隐藏各工具栏？

5. 什么是 PowerBuilder 的画板？有哪些常用的画板？其主要用途是什么？

第 6 章　开发数据库管理系统的基本步骤和基本要素

学习目标

通过本章的学习，对 PowerBuilder 开发数据库管理系统的基本概念、组成要素以及基本步骤和过程有一个初步认识。

6.1　创建工作区

工作区(Workspace)是一个集合区域，在这个区域内开发者可以维护和操作多个目标(Target)，例如，PB 应用程序、Web 站点或者被认为是目标的一个 EAServer 组件的集合。如果它们都属于一个系统，就可以组合在单个工作区内，这样开发者能对自己开发的系统有更一致、更完整的认识。

创建方法：选择 File→New 命令，打开 New 对话框。选择 Workspace 选项卡，单击 OK 按钮。在打开的 New Workspace 对话框中选择工作区保存的位置，录入工作区的名字 addressbook，单击"保存"按钮，生成一个工作区文件，扩展名为.pbw。

工作区文件本身只是一个简单的文本文件，其内容与开发完全不相关。但是，它存放的位置会对开发环境有一定的影响。工作区内所有的路径——工作区内目标路径、PBL 路径或其他文件的路径——都是相对于工作区位置存储的，因此，建议将工作区放在系统开发环境的根目标下。

6.2　创建目标、库和应用

目标是为一组特定数据规划的部署类型。如果开发了一个系统，打算部署为 PowerBuilder 可执行文件，就可以将其考虑为一个 PowerBuilder 目标。同样，构建某个 Web 站点所需的一组 Web 集合，也可以作为一个 Web 目标。这只是一种将整个应用程序的不同部署特征划分开来的方法。一个工作区内可以支持多个目标，只要将几个 PowerBuilder 可执行文件、EAServer 组件以及 Web 组件都放在一个工作区内，就可以构成一个完整的系统，可以提高开发和维护的工作效率。

库(Library)就是存储在相同位置上的编译对象(编译的二进制表示)和源对象(包含脚本)的集合，其扩展名为.pbl。在库中存储如下对象：应用、窗口、数据窗口、表单、函数、结构、菜单、管道、工程、代理、查询、报表、用户对象等。

应用(Application)是指一个应用程序的入口。它是一个独立的对象，就像窗口、菜单、函数或数据窗口对象一样保存在 PowerBuilder 库中。应用对象定义了应用程序级的行为，例如设定默认的文本显示字体、应用程序开始和结束时做哪些操作等。

创建方法：选择 File→New 命令，打开 New 对话框，选择 Target 选项卡，单击 Application 图标，单击 OK 按钮，打开 Specify New Application and Library 对话框。在 Application Name 文本框中输入应用的名字 addressbook，单击 Library 文本框，则 Library 和 Target 的名字自动出现在各自的文本框中。单击 Finish 按钮，此时会生成扩展名分别为 .pbt 和 .pbl 的文件，如图 6-1 所示。

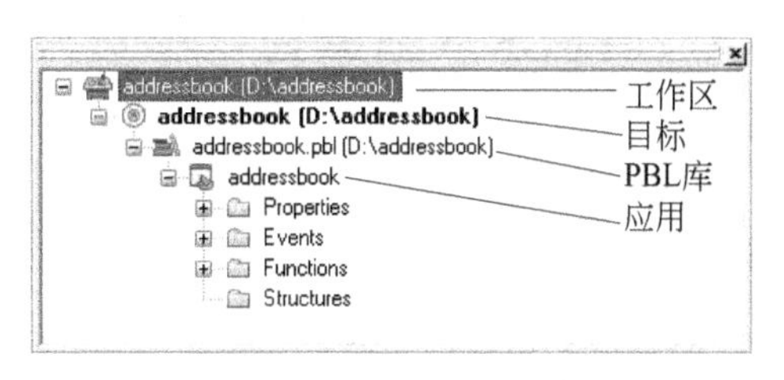

图 6-1　系统树中的工作区、目标、PBL 库和应用

6.3　创建数据库

数据库(Database)是数据存储的一个位置，它是数据表、索引、视图、数据等的集合。

创建方法：选择 File→New 命令，打开 New 对话框。选择 Database 选项卡，选择 Database Painter 选项，单击 OK 按钮，打开数据库面板。双击 ODB ODBC，双击 Utilities，双击 Create ASA Database，单击 Database Name 右侧的浏览按钮[...]。在新的对话框文件名后输入 addressbook，单击“保存”按钮，单击 OK 按钮。系统在 D:\addressbook 中生成了两个文件，一个是数据库文件 addressbook.db，另一个是数据库日志文件 addressbook.log，同时在数据库面板上自动生成了一个数据库参数描述文件 addressbook。

6.4　创建数据表并为其建立索引和主键

数据表(Table)是一个二维关系表，它定义了数据表结构，包含了字段名、字段类型、长度、Null 值以及字段显示格式、初始值等属性，如图 6-2 所示。

创建方法：单击数据库参数配置文件 addressbook 前面的“+”，在 table 上右击，选择 New Table 命令，在右下方输入表的字段、类型、长度等，并将其保存为 addressbook。在表的名字上右击，选择 New→Index，在属性 General 选项卡中的 Index 文本框中录入索引的名字 i_bh，选中 Columns 下面“编号”的复选框，单击“保存”按钮。再在表的名字上右击，选择 New→Primary Key，在属性 General 选项卡上选中 Columns 下面“编号”的复选框，单击“保存”按钮，如图 6-3 所示。

Columns (addressbook) - addressbook

Column Name	Data Type	Width	Dec	Null	Default
编号	char	4		No	(None)
姓名	varchar	12		Yes	(None)
性别	varchar	2		Yes	(None)
生日	date			Yes	(None)
工作单位	varchar	50		Yes	(None)
邮编	varchar	6		Yes	(None)
籍贯	varchar	12		Yes	(None)
联系电话	varchar	50		Yes	(None)
照片	varchar	20		Yes	(None)
备注	long varchar			Yes	(None)

Columns / ISQL Session / Results / Activity Log

图 6-2　定义数据表结构

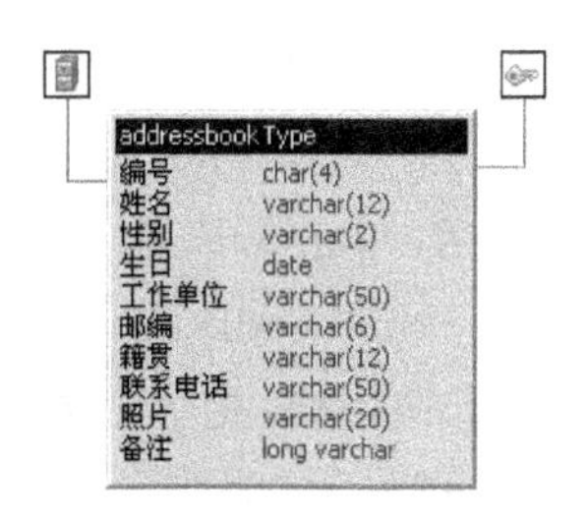

图 6-3　定义索引及主键

6.5 信息录入数据窗口和对应窗口的设计

6.5.1 建立信息录入的数据窗口(d_input)

数据窗口(DataWindow)是 PowerBuilder 中最具特色的数据控件,它是提供给开发者快速创建应用程序的强有力工具,也是 PowerBuilder 与其他面向对象数据库前端开发环境的最主要区别。

创建方法:选择 File→New 命令,在打开的对话框中选择 DataWindow 选项卡,单击 Freeform 图标,单击 OK 按钮。选择 Quick Select→Next 命令,单击 Tables 下面的 addressbook,选择 Add All→OK→Next→Finish 命令。调整字段以及标签的位置和显示风格(字段的属性值)。选中"照片"字段,在 General 选项卡中选中 Display As Picture 复选框,将数据窗口保存为 d_input,如图 6-4 所示。

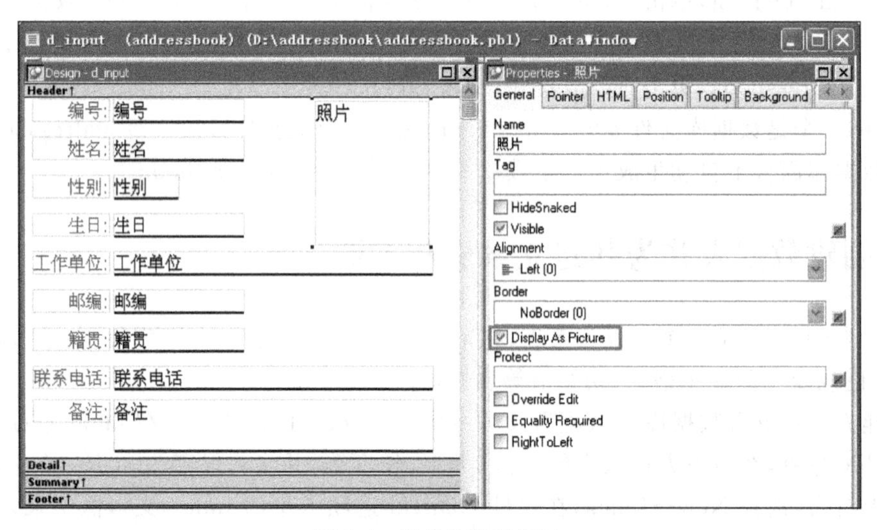

图 6-4 新建的数据窗口

6.5.2 建立信息录入的窗口(w_input)

窗口(Window)是用户与数据库管理系统交互的界面,有多种类型。窗口上各种控件的布局、排列、色彩搭配等直接影响着系统的美观。

创建方法:选择 File→New 命令。在打开的对话框中选择 PB Object 选项卡,单击 Window 图标,单击 OK 按钮,出现一个空白窗口。单击 PainterBar1 上的控件箱图标 ,选中 CommandButton 按钮控件 ,在空白窗口上单击,创建一个命令按钮,然后按 4 次 Ctrl+T 快捷键,复制 4 个命令按钮。分别选中每个按钮,通过 StyleBar 工具栏,把按钮上的文字修改为"添加"、"删除"、"保存"、"刷新"、"返回"。再单击控件箱图标,选中 DataWindow 控件,在窗口空白外单击,创建一个数据窗口控件,其默认的文件名为 dw_1。

在属性面板 General 选项卡中，单击 DataObject 下面文本框右侧的浏览按钮[...]，选中 d_input，单击 OK 按钮。调整按钮和数据窗口控件的位置及大小。单击窗口，把 General 选项卡中的 Title 下面的 Untitled 改为“信息录入窗口”。

6.5.3 为窗口及窗口上的按钮编写代码

在对象或控件上右击，选择 Script 命令，选择相应的事件，将相应的代码输入空白区即可，然后单击窗口下面的 Layout 标签返回窗口。

窗口 open 事件中的代码为：

```
dw_1.setTransObject(sqlca)          //数据窗口的函数:设置窗口控件的数据传输对象
dw_1.retrieve()                     //数据窗口的函数:把数据从数据库取到数据窗口中
```

“添加”按钮 clicked 事件中的代码为：

```
dw_1.reset()                        //数据窗口的函数:清除数据窗口控件中所有数据
dw_1.insetRow(0)                    //数据窗口的函数: 在当前行插入一个新的记录
```

“删除”按钮 clicked 事件中的代码为：

```
dw_1.deleteRow(0)                   //数据窗口的函数: 删除当前的记录
```

“保存”按钮 clicked 事件中的代码为：

```
if dw_1.update= 1 then              //当数据窗口中的数据发生改变后更新数据库
   commit;
else
   rollback;
end if
```

“刷新”按钮 clicked 事件中的代码为：

```
dw_1.retrieve()                     //数据窗口的函数:把数据从数据库取到数据窗口中
```

“返回”按钮 clicked 事件中的代码为：

```
close(parent)                       //窗口的函数:关闭窗口
```

单击工具栏中的 Save 按钮，将窗口保存为 w_input。

6.6 为应用编写代码

双击系统树窗口的应用，在 open 事件中输入下面的代码：

```
SQLCA.DBMS="ODBC"
SQLCA.DBParm="ConnectString='DSN=addressbook;UID=dba;PWD=sql'"
connect;
open(w_input)
```

6.7 运行系统

单击工具栏中的"运行"图标，系统运行。单击"添加"按钮，录入新的信息，单击"保存"按钮。重复此步骤，可新增加多条记录，如图 6-5 所示。

图 6-5 信息录入窗口

小结

PowerBuilder 是一种高效的客户机/服务器模式以及分布式数据库应用程序的前端开发工具，是高度集成的可视化、面向对象的开发环境。

本章通过一个单表的数据库录入窗口的开发讲解了基于 PowerBuilder 开发数据库系统的基本步骤和方法。对工作区、目标、PBL 库和应用等基本概念有了一定的认识；初步学会了创建 ASA 数据库和数据表的方法；体验了根据向导很方便地快速创建数据窗口对象和窗口对象；掌握了在窗口上创建按钮和数据窗口控件的方法；学会了在不同对象的不同事件中输入代码的方法；了解了对象的属性、事件和函数等概念。

思考题与习题

1. 什么是 PowerBuilder 的工作区？如何创建？

2. 什么是 PowerBuilder 的目标、PBL 库和应用？如何创建？

3. PowerBuilder 11.5 使用的本地数据库是什么？版本是多少？

4. 简述窗口、窗口控件和数据窗口对象的概念以及创建的方法。

5. 简述对象的属性、事件和函数的概念。

6. 简述 PowerBuilder 开发数据库应用系统的步骤。

第7章 数据库管理

学习目标

通过本章的学习，了解数据库的概念；学会在 PowerBuilder 开发环境下，创建 Adaptive Server Anywhere 数据库、数据表；学会创建表的索引、主键；学会对数据表进行添加、删除和修改记录。

PowerBuilder 不仅是一个优秀的数据库前台开发环境，它本身还自带了一个后台关系数据库管理系统(DBMS)——Adaptive Server Anywhere(SQL Anywhere 11.0 版本)。它是一个既能适应手持设备又适合企业级别安装的数据库管理系统，拥有出色的高性能，简单易用，几乎不需要管理。它提供了一系列用来存储和管理数据的工具，可以使用这些工具创建数据库；创建、修改、删除数据表；定义表之间的关系，插入、删除、修改和检索表中的数据；定义表的访问权限，创建、修改和删除用户，创建和删除组等。

7.1 创建数据库和数据表

7.1.1 创建本地的 Adaptive Server Anywhere 数据库

由 PowerBuilder 创建的 Adaptive Server Anywhere(ASA)数据库是由用户数据表及记录、系统数据表及记录、索引、主键、外键、表之间关系、用户、视图等构成的集合，其扩展名为.db。

创建步骤与 6.3 节相同，此时所创建的数据库，系统默认的用户名为 dba，默认的密码为 sql。PowerBuilder 创建好数据库后，会自动连接到该数据库上。

7.1.2 创建数据表

创建数据表就是定义数据表的结构，即字段(列)的名字、数据类型、长度、小数位数、Null 值、默认值。

1. 字段的名字

字段的名字一般可以用字段名字的拼音或拼音缩写、英文字母或中文的方式。例如字段“学号”，可以使用 xuehao、xh、student_id 或直接使用中文“学号”来代表。这主要依开发者的习惯而定。前 3 种方法优点很多，但也有一个缺点，即当利用该表创建数据窗口时，字段的标签(Label)或列标题(Heading)要手工改为中文。

2. 字段的类型

定义字段的类型相当重要,可能发现定义数据表结构时,字段数据类型与 PowerBuilder 语言中变量的数据类型不同,但它们之间有对等的关系,如表 7-1 所示。

表 7-1 ASA 和 PowerBuilder 语言中的对等数据类型

ASA 数据类型	描　述	PowerBuilder 数据类型
Char	固定长度的字符串,最多 255 个字符	string
Varchar	可变长度的字符串,最多 255 个字符	string
Decimal、Numeric	精确十进制数,可以用 2～17 字节存储－10^38～10^(38－1)之间的值	Decimal(最多 18 位数字)
Real	精确到约 6 位有效数字的浮点数	real
(Int)Integer	－2 147 483 648～2 147 483 647 之间的整数	long
smallint	－32 768～32 767 之间的整数	integer
Float	浮点数。允许用户指定默认的精度。数据库在内部将其存为 Real(精度小于 16)或一个 double precision(精度大于 16)	Double,但仅精确到 15 位有效数字
Binary	固定长度的二进制有效数据	blob
Varbinary	可变长度的二进制有效数据	blob
bit	整数 0 或 1	integer
Money	固定精度为 4 位的浮点数。Money 可以保存－9.22e＋15～9.22e＋15 之间的数值	decimal
Smallmoney	固定精度为 4 位的浮点数。Smallmoney 可以保存－214 000～214 000 之间的数值	decimal
Datetime	日期和时间值。Datetime 可以保存 1/1/1753～12/31/9999 之间的值,且准确到 1%秒	DateTime。对于 1/1/1000 和 12/31/3000 之间的值有效
Smalldatetime	日期和时间值。SmallDatetime 可以保存 1/1/1900～6/6/2079 之间的值,且准确到分	DateTime
Timestamp	一个 timestamp 列实际上是一个 varbinary(8),其中存储的是行更新的时候自动增加的全局变量的值	Blob 或 char 数组
double	精确到约 17 位有效数字的浮点数	Real,但仅精确到 6 位有效数字
Nchar	至多一页大小的固定长度双倍宽度字符数	Blob 或 char 数组
Nvarchar	至多一页大小的可变长度双倍宽度字符数	Blob 或 char 数组
Tinyint	0～255 之间的整数	integer

3. 创建数据表

方法 1：按照 6.4 节的方法进行创建,这种方法较为直观。

方法 2：采用代码的方法,例如要创建一个“临时表”,它的 4 个字段分别为“编号”——

char(6)、"姓名"——varchar(16)、"生日"——date、"基本工资"——numeric(7,2)，要求"编号"字段为索引(名字为 i_bh)和主键，则在图 7-1 中的 ISQL Session 选项卡的代码框中输入下面的代码，然后单击 PainterBar2 上的执行图标 (或在代码输入框内单击，选择 Execute 命令)。此时，把数据库断开(在数据库参数配置文件上右击，选择 Disconnect 命令)，然后再连一次(在数据库参数配置文件上右击，选择 Connect 命令)，就会看到刚才建立的表了。

```
//-----------------------------------------------------------------
CREATE TABLE "dba"."临时表"
("编号" char(6) NOT NULL DEFAULT NULL,
"姓名" varchar(16) NOT NULL DEFAULT NULL,
"生日" date NOT NULL DEFAULT NULL,
"基本工资" numeric(7,2) DEFAULT NULL,
PRIMARY KEY ("编号"));
CREATE UNIQUE INDEX "i_bh" ON "dba"."临时表" ("编号");
//-----------------------------------------------------------------
```

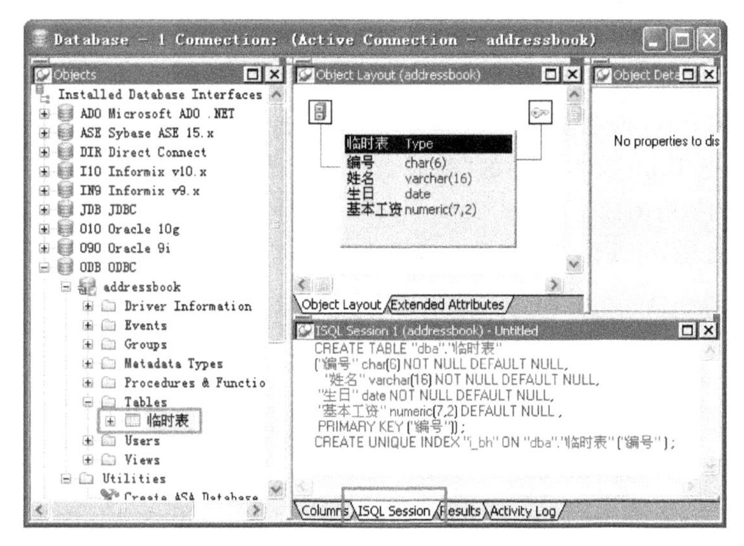

图 7-1 手工输入代码创建数据表

7.2 数据表维护及数据录入

7.2.1 在布局视图中显示、关闭数据表

1. 在布局视图中显示数据表

如果重新启动 PowerBuilder 后，数据库面板不在界面上，则单击 PowerBar1 中的 Database 图标 ，一般情况下，数据库会自动连接上的，此时双击 Tables(或单击 Tables 前面的加号"+")，可以看到所有的数据表。可以用鼠标直接把某个数据表拖放到布局

Layout 中,也可以在某数据表上右击,选择 Add to Layout 命令,使数据表显示在布局中。

2. 关闭数据表

在布局中某个数据表的名字上右击,选择 Close 命令,则数据表从布局中消失。

7.2.2 删除数据表

当确信数据库中不需要某个数据表时,在数据表的名字上(无论是选中 Tables 下面的某表或是选中布局中的某表)右击,选择 Drop Table 命令(或从菜单中选择 Object→Delete 命令),系统会打开一个提示信息框。单击“是”按钮,则删除该表。需要注意的是,删除的数据表是无法恢复的。

7.2.3 数据表更名

PowerBuilder 没有提供直接修改数据表名字的方法,但可以通过数据管道复制功能间接地修改数据表的名字。

例如把“临时表”改为“职工表”,选中要改名字的数据表(即“临时表”),单击 PainterBar1 上的 Pipeline 图标(或在数据表上右击,选择 Data Pipeline 命令),打开 Data Pipeline 界面。把 Table 文本框中的“临时表_copy”改为“职工表”,如图 7-2 所示。单击 PainterBar1 上的执行图标,关闭 Data Pipeline 界面。当打开是否要保存数据管道对话框时,单击“否”按钮,可以看到在布局中多了一个“职工表”,把“临时表”删除即可。

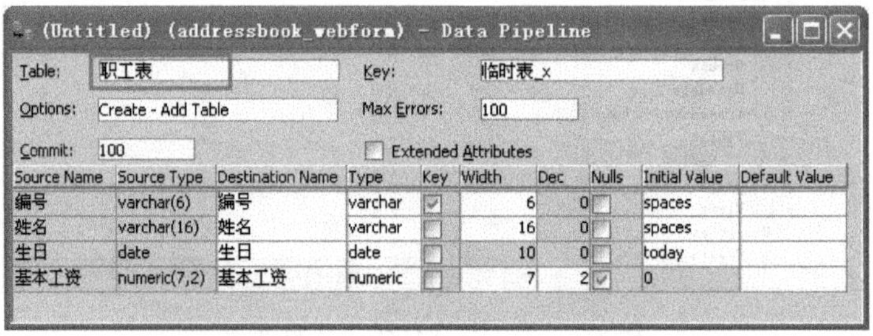

(Untitled) (addressbook_webform) - Data Pipeline

Table: 职工表　Key: 临时表_x
Options: Create - Add Table　Max Errors: 100
Commit: 100　Extended Attributes

Source Name	Source Type	Destination Name	Type	Key	Width	Dec	Nulls	Initial Value	Default Value
编号	varchar(6)	编号	varchar	☑	6	0	☐	spaces	
姓名	varchar(16)	姓名	varchar	☐	16	0	☐	spaces	
生日	date	生日	date	☐	10	0	☐	today	
基本工资	numeric(7,2)	基本工资	numeric	☐	7	2	☑	0	

图 7-2 利用 Data Pipeline 修改数据表的名字

7.2.4 修改数据表的定义

数据表创建后,经常会遇到要增加或删除字段(列),修改字段名、类型、长度或 Null 值的情况。

方法 1:在数据表名字上右击,选择 Alter Table 命令。这种方法,可以很容易地修改列的名字;只能加大字段的长度;不能修改字段的数据类型;不能修改字段的 Null 值;可以删除任意字段;可以在最后一个字段之后增加新的字段,新增加的字段其 Null 值只能是 Yes。

方法 2:利用数据管道复制功能,除了不能增加字段外,字段的所有属性几乎都能修改。

7.2.5 索引、主键和外键

1. 创建、修改和删除索引

创建索引可以大大提高系统的性能。例如,通过创建唯一性索引,可以保证数据库表中每一行数据的唯一性;创建索引可以大大加快数据的检索速度,这也是创建索引最主要的原因;创建索引还可以加速表和表之间的连接,特别是在实现数据的参照完整性方面特别有意义。但是增加索引也有许多不利的方面。例如,创建索引和维护索引要耗费时间,这种时间随着数据量的增加而增加;索引需要占物理空间,除了数据表占数据空间之外,每一个索引还要占一定的物理空间;当对表中的数据进行增加、删除和修改的时候,索引也要动态地维护,这样就降低了数据的维护速度。

在数据表名字上右击,选择 New→Index 命令,在属性面板上输入索引的名字,选中要建立索引列的复选框,单击"保存"按钮。如果建立索引时只选中了一个列,则该索引称为单值索引;如果建立索引时选中了多个字段,则该索引称为多值索引。建立索引时,系统默认选中 Unique 复选框(索引字段的值不重复)以及 Ascending 复选框(按索引字段的值升序)。

在要修改的索引上右击,选择 Properties 命令,在属性面板中的 General 选项卡中进行修改。

在要删除的索引上右击,选择 Drop Index 命令,在打开的对话框中单击"是"按钮即可。

2. 创建、修改、删除主键和外键

能够唯一标识数据表中每个记录的字段或者字段的组合称为主键,其主要的作用是作为一个可以被外键有效引用的对象。主键不能为空值。外键是定义一个数据表中某字段的值,要参照另一个表的主键的值,它被用来连接多个表,起到了对外键字段取值的约束作用,确保多表之间数据的一致性。

在要创建外键的表的名字上右击,选择 New→Foreign Key 命令,在属性面板中的 General 选项卡的 Foreign Key 文本框中输入外键的名字 f_stu,选中 Columns 列表框中的外键字段"学号"复选框,如图 7-3 所示;选择 Primary Key 选项卡,在 Table 下拉列表框中找到 student 数据表,Columns 列表框中的"学号"复选框已自动被选中,如图 7-4 所示;选择 Rules 选项卡,看到 3 个选项,如图 7-5 所示,它表示当删除主键表中某行时,外键表中可以有 3 个处理规则与之相对应。

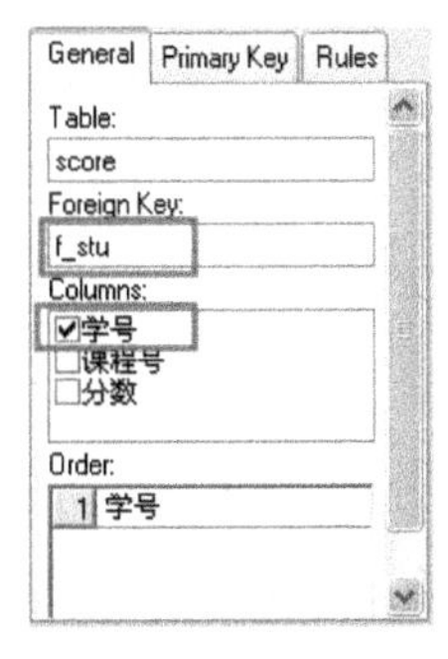

图 7-3 定义外键

图 7-4 定义关联

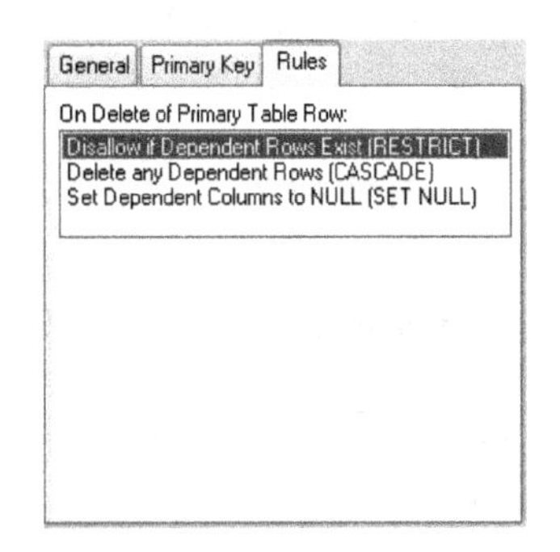

图 7-5 关联规则

(1) Disallow if Dependent Rows Exist：如果外键表中存在参照行，则不允许删除主键表中的行。

(2) Delete any Dependent Rows：允许删除外键表中的参照行。

(3) Set Dependent Columns to NULL：把外键表中相应参照列的值设置为NULL。

在创建外键时，要遵循一些原则，如主键和外键字段数据类型要相同，长度要相同，名字可以不同；先创建主键，再创建外键；如果在创建外键之前在两个表中都输入了数据，则要求外键字段中的数据必须在主键字段中都存在。

在要修改的主键或外键上右击，选择 Properties 命令，在属性面板中的 General 选项卡中进行修改。

在要删除的主键上右击，选择 Drop Promary Key 命令，在打开的对话框中单击“是”按钮即可。

在要删除的外键上右击，选择 Drop Foreign Key 命令，在打开的对话框中单击“是”按钮即可。

7.2.6 数据表初始值设置方法及数据录入方法

1. 字段的值自动增加设置方法

当为某数据表添加新的记录时，某个字段的值按照自然数增加，不需要人工输入，则在创建表时，把其 Default 值设置为 autoincrement，无论这个字段的值是数值型或字符型均可，如图 7-6 所示。

2. 字段初始值设置

在某个字段上右击，选择 Properties 命令，在属性面板中的 Validation 选项卡的 Initial Value 下拉列表框中输入初始值即可，如图 7-7 所示。

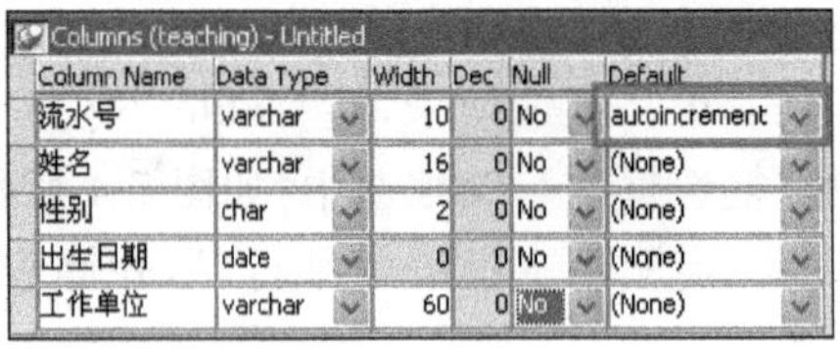

Columns (teaching) - Untitled
Column Name
Data Type
Width
Dec
Null
Default
流水号 varchar 10 0 No autoincrement
姓名 varchar 16 0 No (None)
性别 char 2 0 No (None)
出生日期 date 0 0 No (None)
工作单位 varchar 60 0 No (None)

图 7-6 设置字段的 Default 值为 autoincrement

Column (teaching) - aa:基本工资
General
Headers
Display
Validation
Edit Style
Validation Rule:
(None)
Initial Value:
0

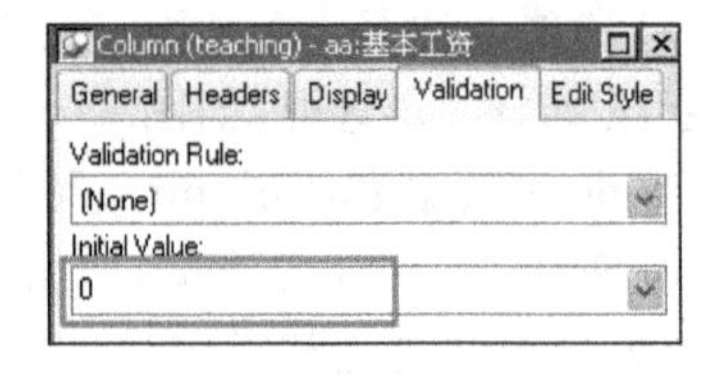

图 7-7 设置字段的初始值

7.2.7 向数据表中录入数据

1. 为数据表直接录入数据

在需要录入数据的表的名字上右击，选择 Edit Data→Grid 命令，单击 PainterBar3 上的 Insert Row 图标，并在 Results 选项卡中输入记录，重复插入和输入过程就可以输入多行记录，最后单击 PainterBar3 上的 Save Changes 图标，把输入的记录保存到数据表中。

2. 通过导入的方法大量录入数据

如果有大量的数据在 Excel 表中，可以先将其保存为.CSV 格式、.TXT 格式或.DBF 格式，然后通过导入功能将其导入到相应的数据表中。

在需要导入数据的表的名字上右击，选择 Edit Data→Grid→Rows→Import 命令，打开 Select Import File 对话框。选中要导入的文件，单击“打开”按钮，则大量数据就导入到该数据表中。

7.3 创建表视图

7.3.1 创建视图和删除视图

视图(View)是由一个或几个数据表(或视图)中部分字段构成的虚拟表，可以像数据表一样访问和使用，在数据库中并不存在视图的物理结构，它的数据来自一个或多个表(视图)，是由 Select 语句动态生成的。

使用视图的好处在于它隐藏了数据表的真实结构，只向用户提供需要的并且有访问权限的字段，确保数据表的安全性。

1. 创建视图

方法 1：在数据库面板中，数据库参数配置文件下面 Views 上右击，选择 New View 命令，如图 7-8 所示，打开 Select Tables 对话框，如图 7-9 所示。单击需要的数据表，单击 Open 按钮，打开视图设计界面，如图 7-10 所示。

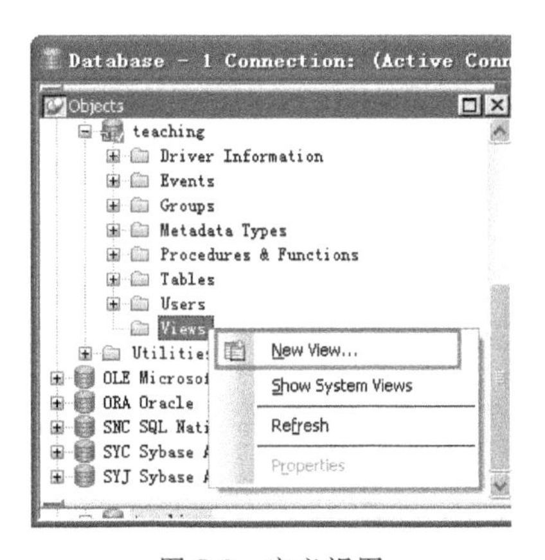

图 7-8 定义视图

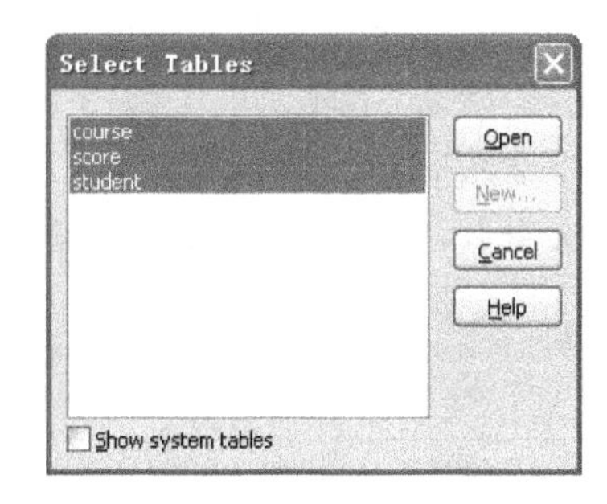

图 7-9 选择数据表

在此选择视图中需要的字段，也可以定义 Where 检索条件。单击 PainterBar1 上的 Return 图标，打开 Save View Definition 对话框。在 Name 文本框中输入视图的名字(以“V_”为前缀)，单击 Create 按钮。

方法 2：打开数据库面板，在菜单栏中选择 Object→Insert→View 命令。

方法 3：打开数据库面板，单击 PainterBar1 工具栏中的 Create table 工具箱中的 Create New View 图标。

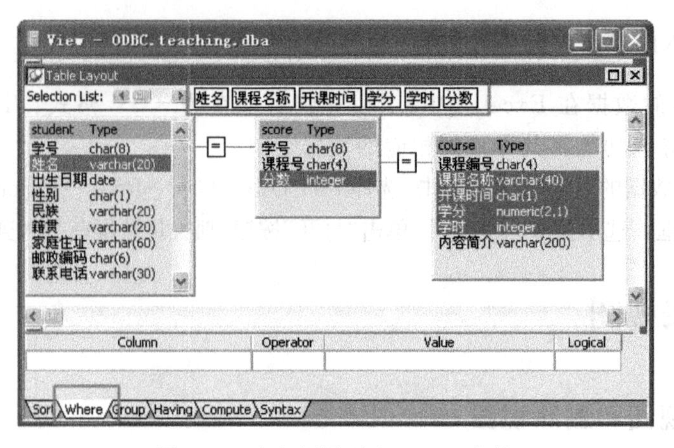

图 7-10 定义视图列和 Where 条件

不能为视图创建主键、索引和外键，也不能修改视图。

2. 删除视图

选中要删除的视图，右击，选择 Drop View 命令，在打开的确认对话框中单击“是”按钮。

3. 把视图转为数据表

可以通过 Data Pipeline 把视图转为数据表。在视图上右击，选择 Data Pipeline 命令，在 Table 文本框中输入数据表的名字，单击执行图标。

7.3.2 在视图中包含计算字段

例如创建一个查看所有学生平均成绩的视图，在创建视图时，选择 student 表和 score 表，只选择“姓名”字段。单击视图下面的 Compute 选项卡，在 Computed Columns 下面的文本框中输入 avg(分数)，在 Alias 下面的文本框中输入“平均分数”，如图 7-11 所示。选择 Group 选项卡，把“姓名”字段从左侧列表中拖放到右侧列表中，如图 7-12 所示，单击 Return

图 7-11 定义视图计算字段

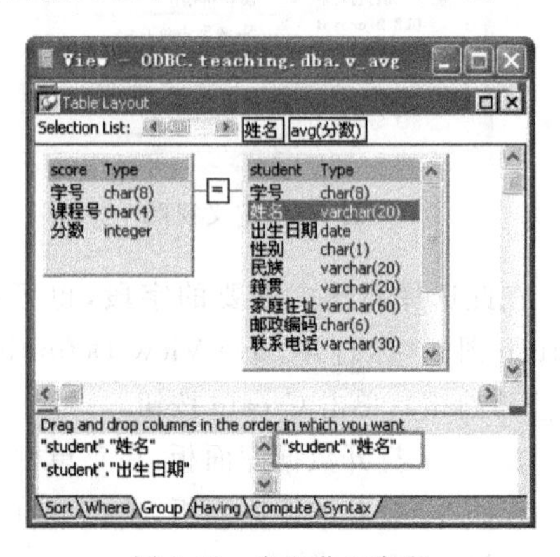

图 7-12 定义分组字段

图标 ，输入视图的名字，单击 Create 按钮。

在新建的视图上右击，选择 Edit Data→Grid 命令，如图 7-13 所示。

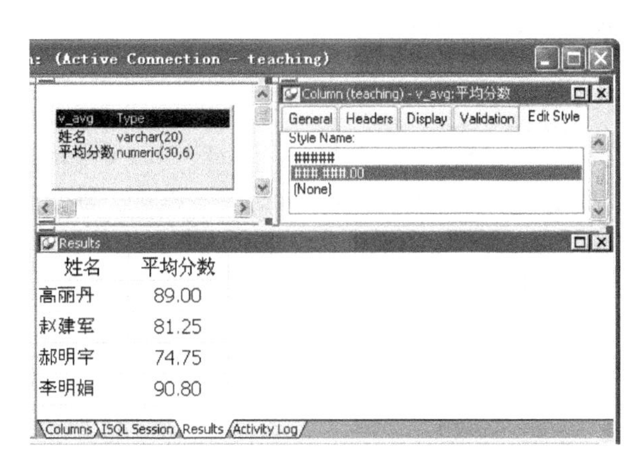

图 7-13 显示视图计算字段

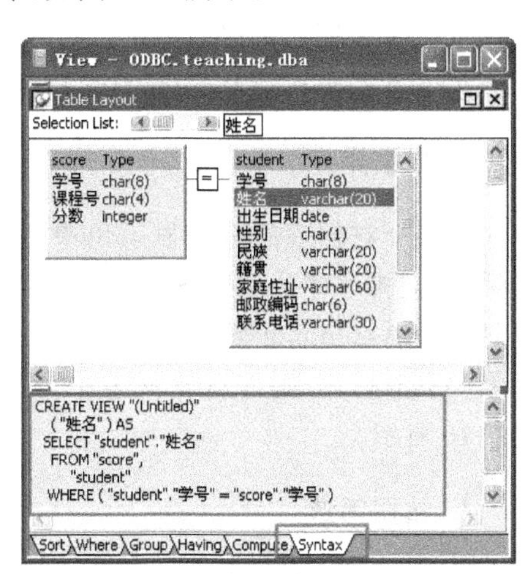

图 7-14 查看视图的 SQL 语法

7.3.3 查看视图的 SQL 语法

1. 查看正在创建的视图的 SQL 语法

单击图 7-10 中的 Syntax 选项卡，如图 7-14 所示。

2. 查看已有视图的 SQL 语法

双击某视图，在属性面板中的 General 选项卡的 Definition 文本框中就是视图的语法。

7.4 数据表的操作

7.4.1 数据表中数据显示、修改、排序、筛选和保存

1. 数据显示

有 3 种显示风格，即 Grid、Tabular 和 Freeform。在数据表的名字上右击，选择 Edit Data→Grid 命令，也可选择 Tabular 或 Edit→Data→Freeform 命令，则数据表中的数据按照选择的显示风格全部显示出来。

当选中数据表后，也可以直接单击 PainterBar1 工具栏中的相应按钮 显示数据。

2. 数据修改

对显示的数据可以直接进行修改，也可以在显示数据的地方右击，在打开的快捷菜单

中，分别选择 Insert Row、Delete Row、Delete All Rows 命令，插入新的数据或删除数据，然后单击 PainterBar3 中的 Save Changes 图标。切记，如果对数据进行过修改，不单击 Save Changes 图标则修改无效。

也可以直接利用 PainterBar3 中的数据操作图标完成数据显示和修改。

3. 数据排序

当某个数据表的数据显示出来后，选择 Rows→Sort 命令，打开 Specify Sort Columns 对话框，把排序列从左侧 Source Data 列表框中拖放到右侧的 Columns 列表框中。默认情况是选中 Ascending 复选框，表示升序；如果要降序排列，则取消 Ascending 复选框的选中；如果要取消排序，则将右侧列表中的字段拖回到左侧列表中，单击 OK 按钮完成操作，如图 7-15 所示。

4. 数据筛选

当某个数据表的数据显示出来后，选择 Rows→Filter 命令，打开 Specify Filter 对话框。输入一个筛选条件，如对于"成绩表"，输入"分数＞90"，单击 OK 按钮，如图 7-16 所示。

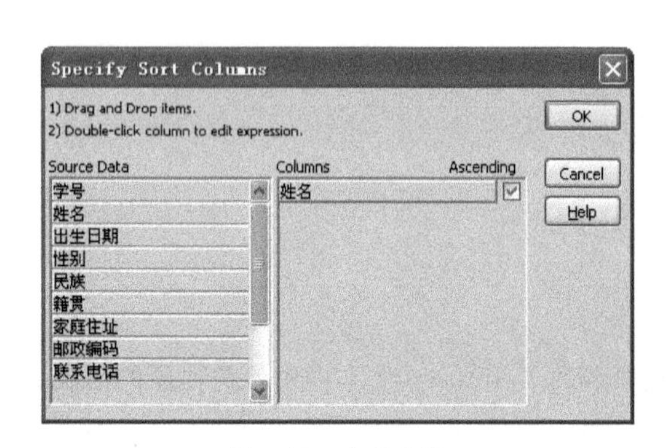

图 7-15　定义排序

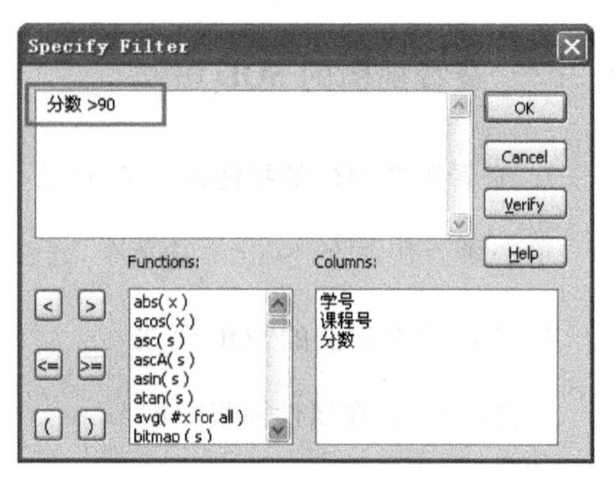

图 7-16　定义筛选条件

5. 数据保存

将显示或筛选的数据保存为文件。选择 File→Save Rows As 命令，打开"另存为"对话框。选择保存的文件类型，输入文件名，单击"保存"按钮。

7.4.2　ISQL 会话

1. 手工输入 SQL 语句

在数据库面板上，选择 ISQL Session 选项卡，在上面的文本框中输入 SQL 语句(或选择 View→Interactive SQL 命令)，如图 7-17 所示，然后单击 PainterBar2 工具栏中的执行图标(或选择 Design→Execute ISQL 命令)，结果如图 7-18 所示。

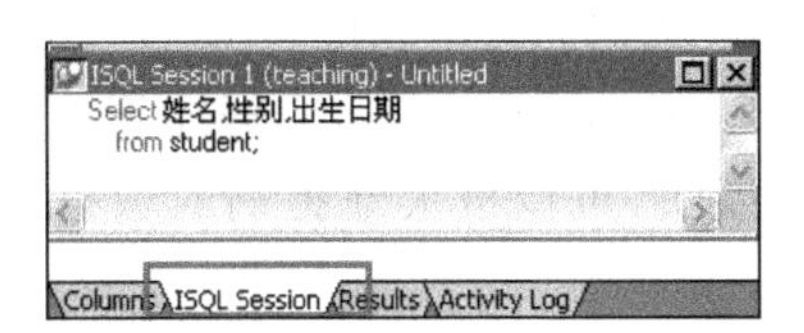

图 7-17　输入 SQL 语句

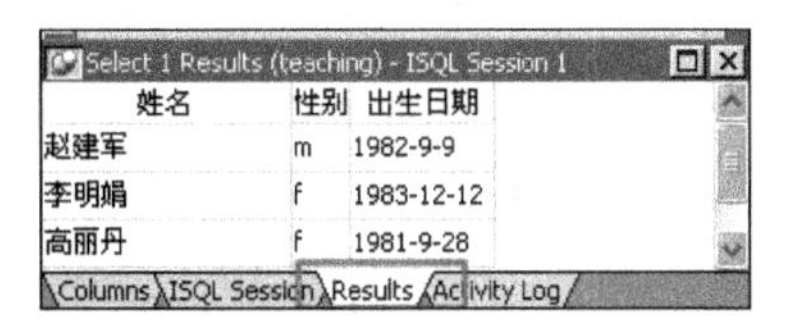

图 7-18　执行 SQL 语句结果

2. 由向导生成 SQL 语句

在 ISQL Session 选项卡中的代码区右击，选择 Paste Special→SQL→Select 命令（或在菜单栏中选择 Edit→Paste Special→SQL→Select 命令），打开 Select Tables 对话框。单击需要的数据表，单击 Open 按钮，单击要显示的字段，选择 Where 选项卡，定义条件，如图 7-19 所示，单击 PainterBar1 中的 Return 图标，所生成的 SQL 语句自动进入 ISQL 代码区，如图 7-20 所示，然后执行该语句。

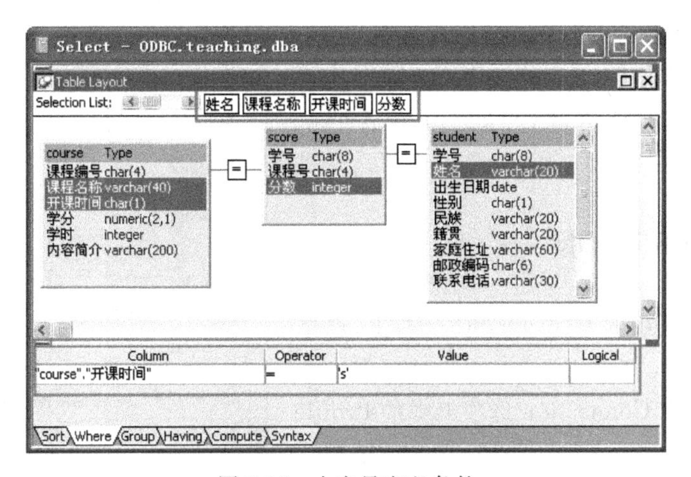

图 7-19　由向导定义条件

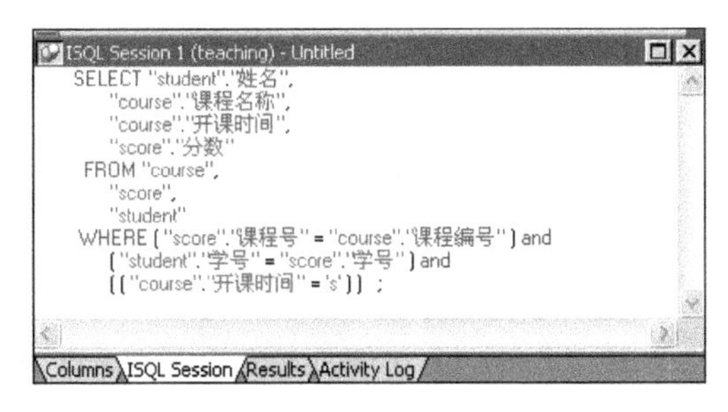

图 7-20　由向导定义的 SQL 语句

7.5　连接一个已存在的 ASA 数据库

PowerBuilder 支持 ODBC 接口，使得它几乎可以访问所有的数据库，也可以连接到诸如 Access、dBase、FoxPro、Excel 等文件类型的数据源上。ODBC 接口以 SQL 作为标准的查询语言来存取连接的数据源，相对于专用接口，它访问数据的效率较低。

PowerBuilder 为 Oracle、MS SQL Server、Sybase、Informix 等大型数据库管理系统提供了专用接口，利用专用接口访问数据较为直接、速度快，可以极大地提高对数据的访问效率。

例如，把以前曾经由 PowerBuilder 创建的数据库 wage.db(在 C:\wage 文件夹中)连接到当前 PowerBuilder 环境中。

7.5.1 创建 ODBC 数据源

打开数据库面板，选择 ODB ODBC→Utilities 命令，双击 ODBC Administrator，打开“ODBC 数据源管理器”对话框。单击“添加”按钮，打开“创建新数据源”对话框。选择 SQL Anywhere 11，单击“完成”按钮，打开“SQL Anywhere 11 的 ODBC 配置”对话框。在数据源名后面的文本框中输入名字 wage。选择“登录”选项卡，在“用户 ID”文本框中输入 dba，“口令”文本框中输入 sql。选择“数据库”选项卡，在“数据库名”文本框中输入 wage.db，在“数据库文件”文本框中输入 C:\wage\wage.db，单击两次“确定”按钮。

7.5.2 配置 DB Profile

在数据库面板中的 ODB ODBC 上右击，选择 New Profile 命令，打开 Database Profile Setup-ODBC 对话框。在 Connection 选项卡中的 Profile Name 文本框中输入 wage，在 Data Source 下拉列表框中选择 wage，在 User ID 文本框中输入 dba，在 Password 文本框中输入 sql，如图 7-21 所示，单击 OK 按钮。此时，在 ODB ODBC 下面多了一个数据库参数配置文件 wage。

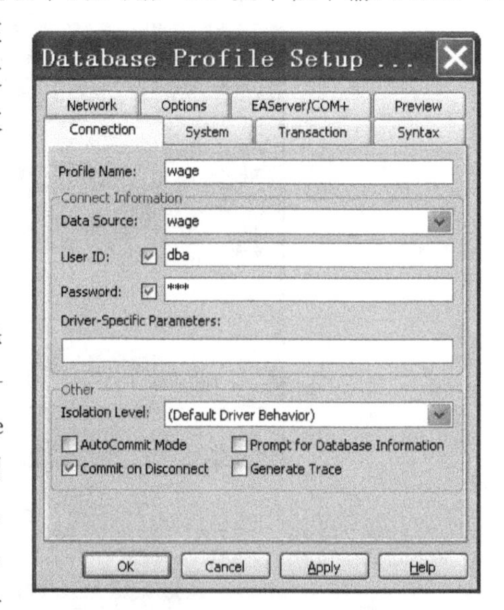

图 7-21 数据库参数配置

7.5.3 连接数据库

在新建的数据库参数配置文件 wage 上右击，选择 Connect 命令。如果连接成功，则 wage 前面的图标上将会出现一个对钩符号“√”，表明数据库 wage.db 已经连接到当前 PowerBuilder 开发环境中了。

7.6 连接一个已存在的 Access 数据库

例如，把 Access 创建的数据库 customer.mdb(在 C:\access 文件夹中)连接到当前 PowerBuilder 环境中。

7.6.1 创建 ODBC 数据源

打开数据库面板，选择 ODB ODBC→Utilities 命令，双击 ODBC Administrator，打开“ODBC 数据源管理器”对话框。单击“添加”按钮，打开“创建新数据源”对话框。选择 Microsoft Access Driver(*.mdb)，单击“完成”按钮，打开“ODBC Microsoft Access 安装”对话框。在“数据源名”文本框中输入文件名：customer。单击“选择”按钮，打开“选择数据库”对话框。在“目录”下面选中 c:\access 文件夹，单击“数据库名”文本框中的 customer.mdb，如图 7-22 所示，单击三次“确定”按钮。

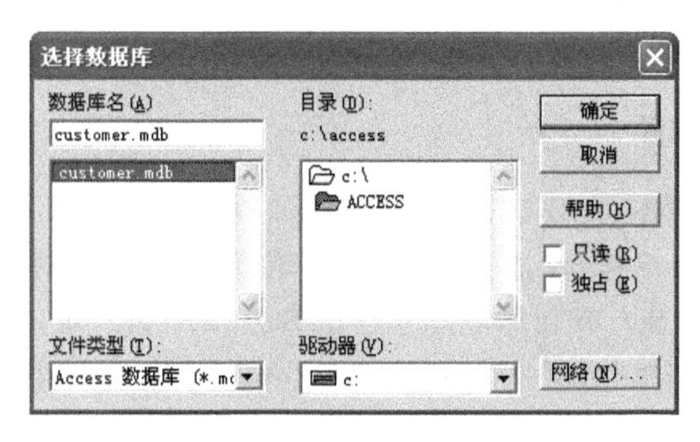

图 7-22 选择 Access 数据库

7.6.2 配置 DB Profile

在数据库面板中的 ODB ODBC 上右击，选择 New Profile 命令，打开 Database Profile Setup-ODBC 对话框。在 Connection 选项卡中的 Profile Name 文本框中输入 customer，在 Data Source 下拉列表框中选择 customer，在 User ID 文本框中输入 dba，在 Password 文本框中输入 sql，单击 OK 按钮。此时，在 ODB ODBC 下面多了一个数据库参数配置文件 customer。

7.6.3 连接数据库

在新建的数据库参数配置文件 customer 上右击，选择 Connect 命令。如果连接成功，则 wage 前面的图标上将会出现一个对钩符号“√”，表明数据库 customer.mdb 已经连接到当前 PowerBuilder 开发环境中了。

7.6.4 “应用”中的代码

```
//Profile customer
SQLCA.DBMS="ODBC"
SQLCA.AutoCommit=False
SQLCA.DBParm="ConnectString='DSN=customer;UID=dba;PWD=sql'"
```

```
Connect;
Open(w_main)
```

7.7 连接一个已存在的 MS SQL Server 数据库

例如,把由 MS SQL Server 2005 企业管理器创建的数据库 driver(在 C:\Program Files\Microsoft SQL Server\MSSQL\Data 文件夹中有两个文件,一个是 driver_Data.MDF,另一个是driver_Log.LDF)连接到当前 PowerBuilder 11.5 环境中。

7.7.1 基于 ODBC 连接 MS SQL Server 数据库

1. 创建 ODBC 数据源

打开数据库面板,选择 ODB ODBC→Utilities,双击 ODBC Administrator,打开"ODBC 数据源管理器"对话框。单击"添加"按钮,打开"创建新数据源"对话框。选择 SQL Native Client(早期的 MS SQL Server 版本驱动程序是 SQL Server),单击"完成"按钮,打开"创建到 SQL Server 的新数据源"对话框。在"名称"文本框中输入文件名 driver,在"服务器"下拉列表框中选择(local),如图 7-23 所示。

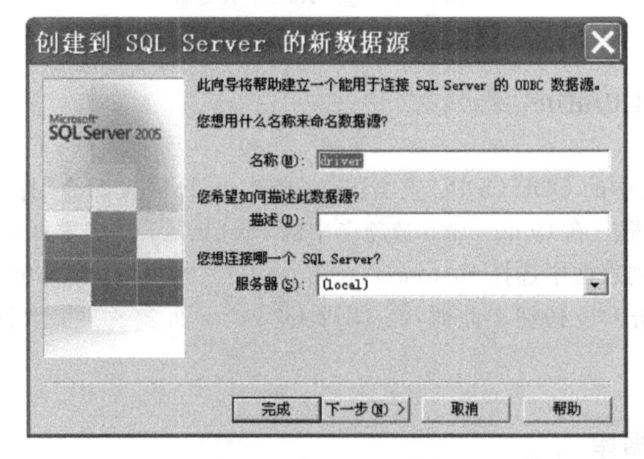

图 7-23 基于 SQL Native Client 创建 ODBC 数据源

单击"下一步"按钮,默认所有的选项,单击"下一步"按钮,选中"更改默认的数据库为"复选框,并在其下面的下拉列表框中选择 driver 数据库,如图 7-24 所示。

单击"下一步"→"完成"→"确定"→"确定"按钮。

2. 配置 DB Profile

在数据库面板中的 ODB ODBC 上右击,选择 New Profile 命令,打开 Database Profile Setup-ODBC 对话框。在 Connection 选项卡中的 Profile Name 文本框中输入 driver,在 Data Source 下拉列表框中选择 driver,在 User ID 文本框中输入 dba,在 Password 文本框中输入 sql,单击 OK 按钮。此时,在 ODB ODBC 下面多了一个数据库

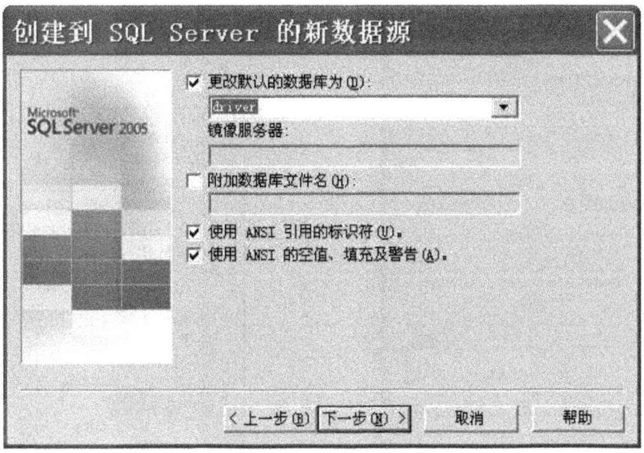

图 7-24 选择数据库

参数配置文件 driver。

3. 连接数据库

在新建的数据库参数配置文件 driver 上右击，选择 Connect 命令。如果连接成功，则 driver 前面的图标上将会出现一个对钩符号“√”，表明数据库 driver 已经连接到当前 PowerBuilder 开发环境中。

4. “应用”中的代码

```
//Profile driver
SQLCA.DBMS="ODBC"
SQLCA.AutoCommit=False
SQLCA.DBParm="ConnectString='DSN=driver;UID=dba;PWD=sql'"
Connect;
Open(w_main)
```

7.7.2 基于 MS SQL Server 专用接口连接数据库

在 PowerBuilder 11.5 环境中，使用 SNC SQL Native Client 接口连接 MS SQL Server 数据库。打开数据库面板，在 SNC SQL Native Client 上右击，选择 New Profile 命令，打开 Database Profile Setup-SQL Native Client 对话框。在 Profile Name 文本框中输入 driver；在 Server 文本框中输入 ibmserver（注释：这是计算机的名字）；在 User ID 文本框中输入 sa；在 Database 文本框中输入 driver；在 Provider 下拉列表框中选择 SQLNCLI（SNC 9.0 for SQL Server 2005），如图 7-25 所示，单击 OK 按钮。

在数据库面板上，新生成了一个数据库参数配置文件 driver，在 driver 上右击，选择 Connect 命令。如图 7-26 所示，PowerBuilder 11.5 表明已经连接到 MS SQL Server 数据库上了。

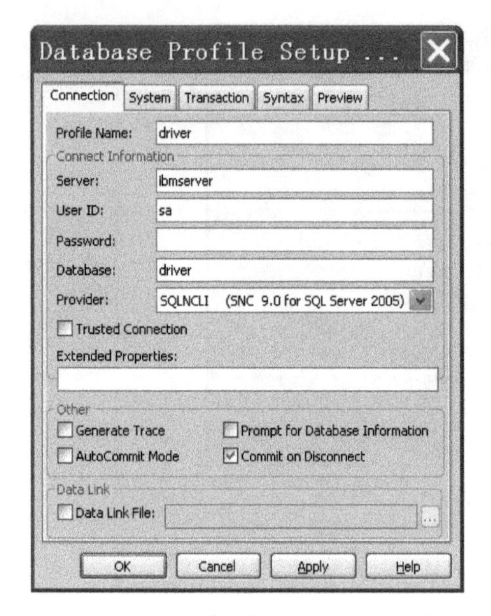

图 7-25 基于 SNC SQL Native Client 接口参数配置文件设置

Installed Database Interfaces
ADO Microsoft ADO .NET
ASE Sybase ASE 15.x
DIR Direct Connect
I10 Informix v10.x
IN9 Informix v9.x
JDB JDBC
O10 Oracle 10g
O90 Oracle 9i
ODB ODBC
OLE Microsoft OLE DB
ORA Oracle
SNC SQL Native Client
driver
Metadata Types
Procedures & Functions
Tables
Views
Utilities
SYC Sybase ASE
SYJ Sybase ASE for EAServer

图 7-26 SNC SQL Native Client 接口连接上数据库

“应用”中的代码如下：

```
//Profile driver
SQLCA.DBMS="SNC SQL Native Client(OLE DB)"
SQLCA.ServerName="ibmserver"
SQLCA.LogId="sa"
SQLCA.AutoCommit=False
SQLCA.DBParm="Database= 'driver'"
Connect;
Open(w_main)
```

7.7.3 基于 Microsoft OLE DB 连接 MS SQL Server 数据库

在 PowerBuilder 11.5 环境中，使用 Microsoft OLE DB 接口连接 MS SQL Server 数据库。打开数据库面板，在 OLE Microsoft OLE DB 上单击，选择 New Profile 命令，打开 Database Profile Setup-OLE DB 对话框。在 Profile Name 文本框中输入 driver；在 Provider 下拉列表框中选择 SQLOLEDB；在 Data Source 下拉列表框中选择 ibmserver（注：这是计算机的名字）；在 User ID 文本框中输入 sa；在 Extended Properties 文本框中输入 database＝driver，如图 7-27 所示，单击 OK 按钮。

在数据库面板上，新生成了一个数据库参数配置文件 driver，在 driver 上右击，选择 Connect 命令。如图 7-28 所示，PowerBuilder 11.5 表明已经连接到 MS SQL Server 数据库上了。

“应用”中的代码如下：

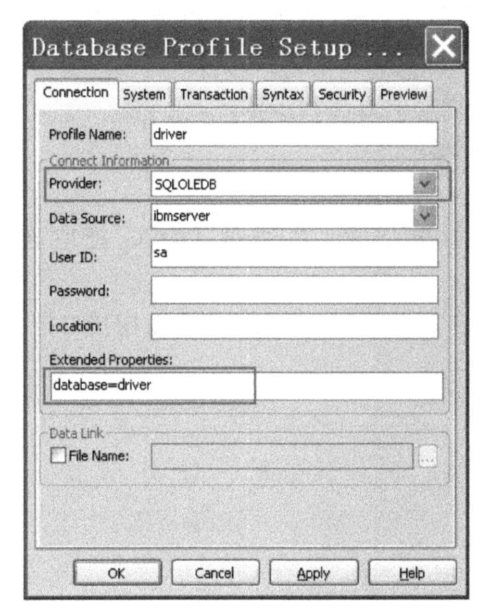

图 7-27　基于 OLE DB 建立数据库参数配置文件

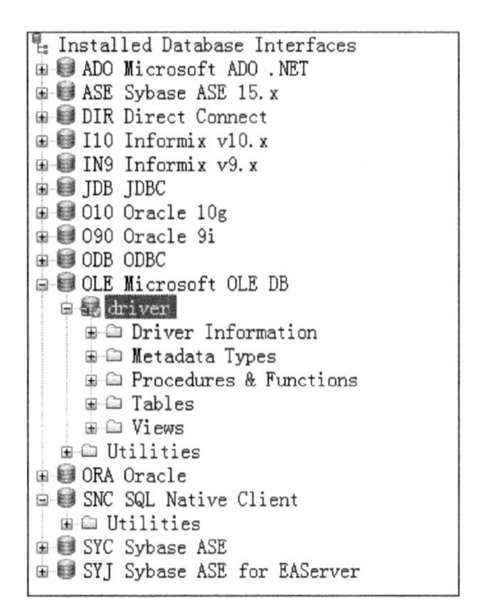

图 7-28　OLE DB 接口连接上数据库

```
//Profile driver
SQLCA.DBMS="OLE DB"
SQLCA.LogId="sa"
SQLCA.AutoCommit=False
SQLCA.DBParm=
"PROVIDER='SQLOLEDB',DATASOURCE= 'ibmserver',PROVIDERSTRING=+&
'database=driver'"
Connect;
Open(w_main)
```

小结

PowerBuilder 本身是一个功能强大的数据库系统开发环境，在此环境下可以创建基于 ODBC 的 ASA 数据库、数据表。为数据表创建索引、主键和外键，并对数据表进行添加、删除、修改记录。可以为数据表的字段设置初始值以及把字段的值设置为自动增加。通过 Save Rows As 功能可以把数据表中的数据保存为文件；也可以通过 Import 功能把 Excel、Text 或 DBF 中的大量数据导入到数据表中。可以为数据表创建视图，对数据表中的数据进行显示、检索、排序、筛选等操作。最后介绍了如何把 Access、MS SQL Server 创建的数据库通过多种接口连接到 PowerBuilder 环境中。

思考题与习题

1. 简述数据库、数据表的创建、修改和删除的方法。

2. 简述主键、索引、外键的概念和创建方法。

3. 创建外键时，对外键字段与关联的主键字段在名称、数据类型以及字段大小上有何要求？

4. 简述通过 ODBC 接口连接一个已知的数据库的方法和步骤。

5. 简述向数据表中导入大量数据的方法和步骤。

6. 简述数据表视图的概念和创建方法。

7. 在 Microsoft Access 中创建数据库和数据表，并通过 ODBC 把它连接到 PowerBuilder 环境中。

8. 基于 Microsoft SQL Server 创建数据库和数据表，通过 ODBC 或专用接口把它连接到 PowerBuilder 环境中。

第8章　窗口及窗口控件

学习目标

本章主要介绍窗口、窗口控件的概念和创建方法，要了解它们的属性、事件和函数，以及在实际中的应用。

窗口就是一个空白的界面，它是应用程序的基本元素。窗口通常与菜单、窗口控件结合发挥其作用，它是用户与应用程序交互的主要对象。

窗口包括属性、事件和函数。属性决定了窗口的外观；事件是窗口的动作，可以由用户或其他代码触发，当事件被触发时，相应的代码就被执行；函数可以触发窗口事件，操作和改变窗口或提供窗口信息。

窗口上显示的按钮、文本、图片、列表、分组框、动画、日历、数据窗口等都是窗口控件，与其他 PowerBuilder 对象一样，窗口控件也有自己的属性、事件和方法。通过设置窗口控件的属性改变其外观，可以对窗口控件事件编写代码来响应不同控件事件的操作；通过窗口控件函数可得到其更多相关信息。

窗口控件的灵活使用以及各窗口控件在窗口上的布局设计对应用程序的外观以及功能都产生了较大的影响。

8.1　窗口

8.1.1　创建窗口

方法1：选择 File→New 命令(或单击工具栏中的 New 图标)，选择 PB Object 选项卡，单击 Window 图标，单击 OK 按钮，一个新的窗口就被创建出来了，如图 8-1 所示。

方法2：通过窗口继承创建新的窗口。

例如，w_input 是已经创建好的信息录入窗口，上面已经有数据操作按钮、记录导向按钮以及数据窗口控件，并为窗口和各按钮编写了脚本。通过继承的方法创建一个新的窗口 w_input_student 的步骤如下。

选择 File→Inherit 命令(或单击工具栏中的 Inherit 图标)，打开 Inherit from Object 对话框，如图 8-2 所示。

选择 w_input，单击 OK 按钮，继承的窗口就创建出来了，如图 8-3 所示。

继承性是面向对象编程的基本特点之一，利用继承的方法创建窗口的前提是新创建的窗口(后代)与被继承的窗口(祖先)有共同的特性。这些特性(包括窗口属性、窗口控件、函数、事件以及结构)在新创建的窗口中都被继承下来。在后代窗口中，可以引用祖先窗口的函数、事件以及结构，改变后代窗口及窗口控件的属性，也可以在后代窗口上添加新的控件，编写新的脚本，声明新的变量、函数、结构和事件。利用继承方法创建新的窗口时还要注意，

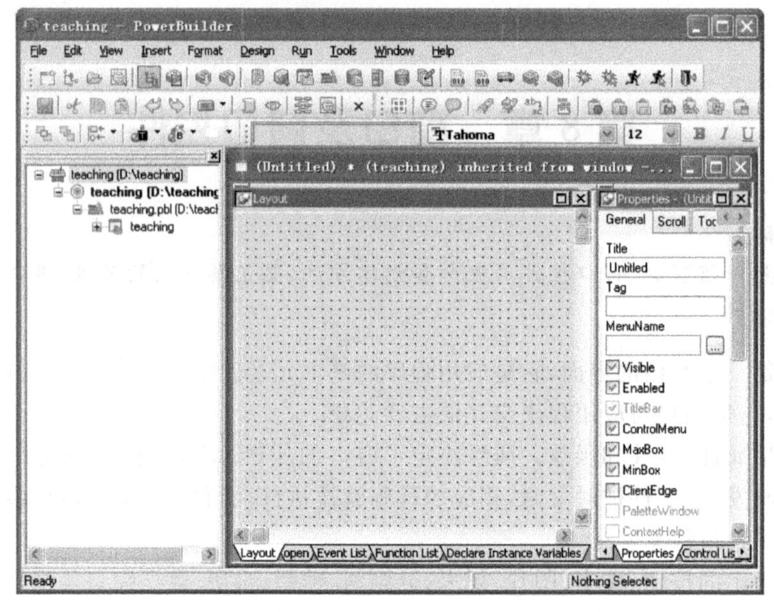

图 8-1　新建的窗口

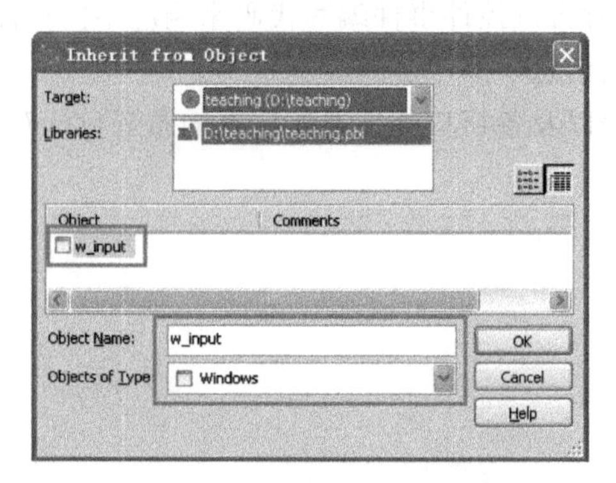

图 8-2　窗口继承对话框

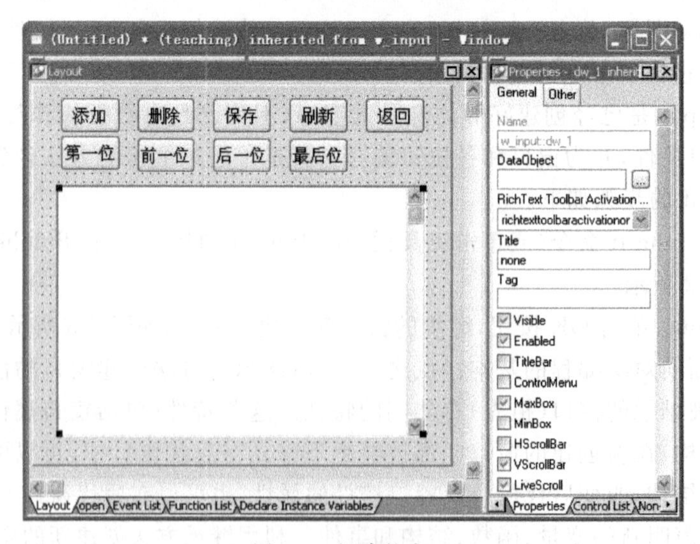

图 8-3　新建的窗口

不要删除后代窗口中继承来的控件,不需要时可以将其设置为不可见(取消选中 Visible 复选框)。

8.1.2 窗口的类型

窗口有 6 种类型,可以通过改变窗口的 Window Type 属性,将其改变成其他类型。不同类型的窗口有不同的特点,根据应用程序的实际需要加以使用可以达到较好的效果。

1. 主窗口(Main!)

新建的窗口(非继承的)默认的都是主窗口,是一个完全独立的窗口。它有标题,也可以有菜单,能够极大化、极小化、改变大小、任何位置移动。

2. 子窗口(Child!)

子窗口不能单独出现,它必须从属于父窗口而存在。父窗口可以是主窗口、弹出式窗口或多文档窗口。子窗口没有标题、不能设置菜单;子窗口可以改变大小;子窗口只有在父窗口中是可见的,移出去的部分将被遮挡;子窗口极大化时充满整个父窗口,极小化时缩成图标位于父窗口底部。父窗口关闭时,子窗口随之关闭。

3. 弹出式窗口(Popup!)

弹出式窗口可以有父窗口,也可以没有父窗口。有标题栏,如果它是由父窗口打开的,则显示在父窗口之上,无法被父窗口遮挡,但可以对父窗口进行操作。它可以移出父窗口,可以极大化充满整个屏幕,也可以极小化缩至屏幕底部。当父窗口极小化时,它也随之极小化;当父窗口极大化时,它恢复原来大小。

4. 响应窗口(Response!)

响应窗口可以有父窗口,也可以没有父窗口。有标题栏,如果它是由父窗口打开的,则显示在父窗口之上,无法被父窗口遮挡,也无法对父窗口进行操作。响应窗口可以移出父窗口,不可以极大化、极小化和改变大小,一般用于提示和消息窗口。

5. 多文档窗口(MDI!)

多文档窗口是一个完全独立的窗口。它有标题,而且必须要有菜单;能够极大化、极小化、改变大小、任何位置移动。

6. 带微帮助的多文档窗口(MDIHelp!)

带微帮助的多文档窗口与多文档窗口特点基本一致,只是前者在窗口的底部多了一个显示帮助的状态栏。

8.1.3 窗口的属性

窗口的属性是指窗口的外观和它的功能，可以通过窗口的属性面板进行设置，也可以在程序运行时动态地改变。各种类型的窗口其属性面板都有 4 个选项卡。

1. General 选项卡

如图 8-4 所示，在此选项卡中设置窗口的一般属性，如表 8-1 所示。

表 8-1 General 选项卡中的属性项及功能

属 性 项	功 能
Title	窗口标题
Tag	窗口的标签值
MenuName	与窗口结合的菜单名称
Visible	设置窗口的可见性
Enabled	设置窗口的可用性
ControlMenu	设置窗口是否有控件按钮，常与 MaxBox 和 MinBox 属性联合使用
MaxBox	设置窗口是否有极大化按钮
MinBox	设置窗口是否有极小化按钮
ClientEdge	设置客户边界显示与否
PaletteWindow	针对弹出式窗口，设置窗口是否为调色板窗口
ContextHelp	针对响应窗口，设置标题栏中是否显示问号按钮
RightToLeft	设置窗口标题从右向左或从左向右对齐的方式
Center	设置窗口相对于屏幕居中与否
Resizable	设置窗口能否改变大小
Border	针对子窗口和弹出式窗口，设置窗口是否有边界
WindowType	设置窗口的类型，有 6 种
WindowState	设置窗口打开时的状态，有 3 种状态：Normal!、Maximized!、Minimized!
BackColor	设置窗口背景的色彩
MDIClient Color	针对 MDI 和 MDIHelp 窗口，设置工作区背景色
Icon	设置窗口图标
Transparency(%)	设置窗口透明度，取值范围为 1(不透明)～100(透明)
OpenAnimation	窗口打开的动画方式(11 种)
CloseAnimation	窗口关闭的动画方式(11 种)
Animation Time(ms)	窗口打开或关闭动画持续的时间(单位:ms)

2. Scroll 选项卡

如图 8-5 所示，在此选项卡中设置窗口的滚动属性，如表 8-2 所示。

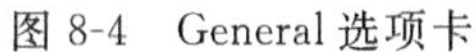
图 8-4　General 选项卡

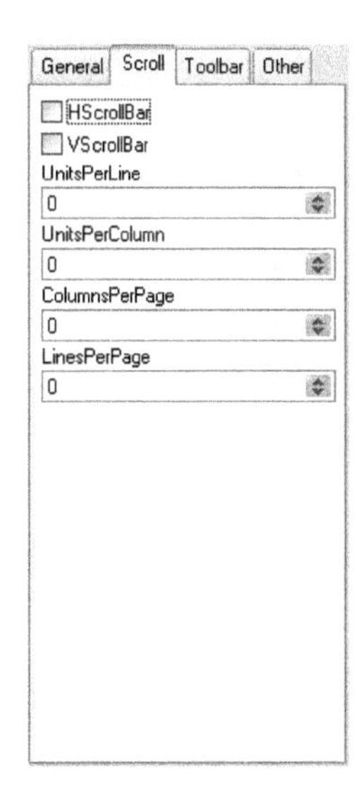

图 8-5　Scroll 选项卡

表 8-2　Scroll 选项卡中的属性项及功能

属 性 项	功　　能
HScrollBar	设置窗口是否有水平滚动条
VScrollBar	设置窗口是否有垂直滚动条
UnitsPerLine	设置当单击窗口垂直滚动条向上或向下箭头时滚动的 PBU 像素
UnitsPerColumn	设置当单击窗口水平滚动条向左或向右箭头时滚动的 PBU 像素
ColumnsPerPage	设置当单击窗口水平滚动条内部时滚动的 PBU 像素
LinesPerPage	设置当单击窗口垂直滚动条内部时滚动的 PBU 像素

3. Toolbar 选项卡

如图 8-6 所示，在此选项卡中设置窗口的工具栏属性，如表 8-3 所示。

表 8-3　Toolbar 选项卡中的属性项及功能

属 性 项	功　　能
ToolbarVisible	设置窗口工具栏是否显示
ToolbarAlignment	设置窗口工具栏显示的位置，有 5 种
ToolbarX	当工具栏为 Floating! 时其距窗口左边界的距离(PBU)
ToolbarY	当工具栏为 Floating! 时其距窗口上边界的距离(PBU)
ToolbarWidth	当工具栏为 Floating! 时其宽度(PBU)
ToolbarHeight	当工具栏为 Floating! 时其高度(PBU)

4. Other 选项卡

如图 8-7 所示，在此选项卡中设置窗口的其他属性，如表 8-4 所示。

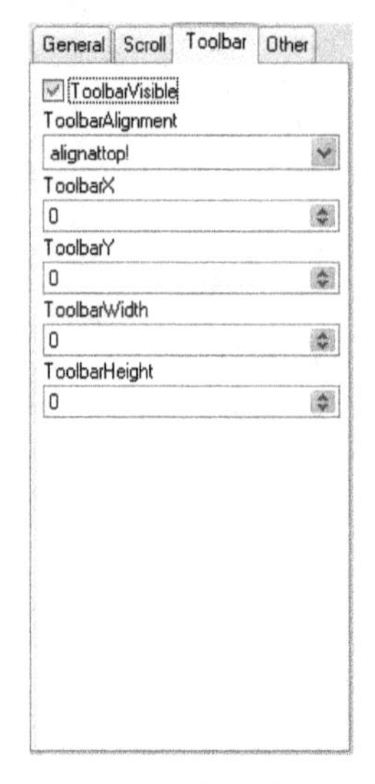

图 8-6　Toolbar 选项卡

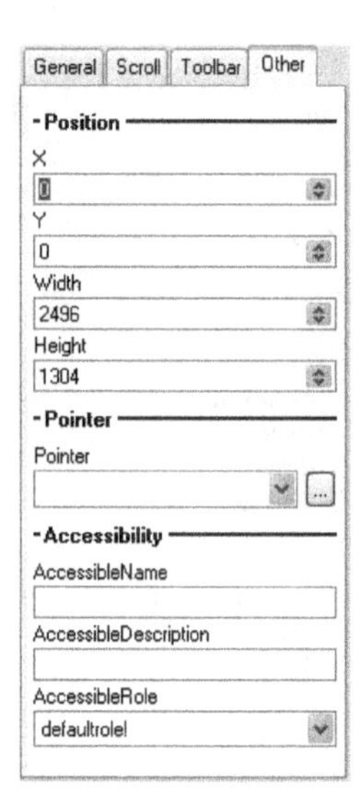

图 8-7　Other 选项卡

表 8-4　Other 选项卡中的属性项及功能

属 性 项	功　　能
X、Y	窗口相对于屏幕的横、纵坐标，General 选项卡中不选中 Center 复选框时起作用
Width、Height	窗口的宽度和高度
Pointer	鼠标指针进入窗口范围时的图标形状，共有 15 个选项
AccessibleName	设置控件辅助功能名称
AccessibleDescription	设置控件辅助功能描述
AccessibleRole	设置控件辅助功能角色

8.1.4　窗口的函数

窗口函数有 40 多个，其使用语法以及函数举例都可以在帮助中找到。按 F1 键，选择“索引”选项卡，在“查找”文本框中输入 Window；单击 Window Control，单击“显示”按钮，如图 8-8 所示。单击 Functions 按钮，显示关于窗口的所有函数列表，如图 8-9 所示。例如要想了解 ChangeMenu 函数的功能和方法，单击 ChangeMenu 链接，则打开关于这个函数详细使用的语法和各变量含义。如果要想查看关于 ChangeMenu 函数的使用方法，单击上面的 Example 按钮，则显示出关于 ChangeMenu 这个函数使用的实例。

8.1.5　窗口的事件

事件就是对象或控件的动作，它能触发一段代码的执行。事件可以由用户触发(如单击或双击某对象或控件，或在某个控件中输入数据等)，也可以由某段代码的执行来触发。窗口有 30 个事件，单击图 8-8 中的 Events 按钮，可以列出所有窗口事件，如果要详细了解窗口事件的含义和使用方法，单击事件链接即可。

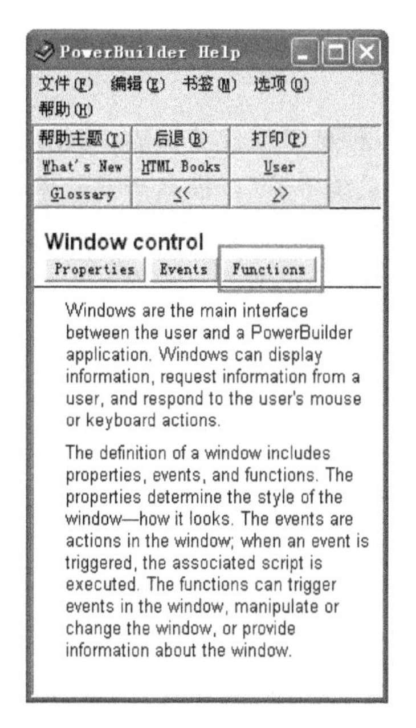

图 8-8　帮助中的窗口

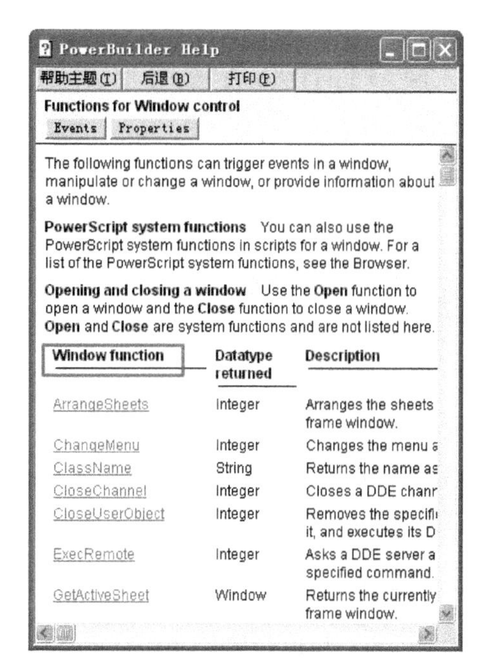

图 8-9　帮助中的窗口函数

8.1.6 查看定义好的窗口

1. 预览窗口

在窗口设计过程中，特别是当窗口中放置了各种控件时，为了快速了解窗口控件布局和窗口外观设计情况可以对窗口进行预览。在窗口打开的情况下，选择 Design→Preview 命令(或单击 PainterBar1 中的 Preview 图标)对窗口进行预览。窗口预览时，窗口事件不会被触发，窗口以及窗口控件中的代码也不会执行。单击窗口控制菜单中的 Close 图标或再次选择 Design→Preview 命令即关闭预览。

2. 运行窗口

把打开窗口的代码直接写在应用对象的 Open 事件中，单击工具栏中的运行图标，可以对设计的窗口以及窗口控件的功能进行测试。

8.1.7 窗口保存

选择 File→Save As 命令(或单击 PainterBar1 上的 Save 保存图标)，在打开的 Save Window 对话框中，输入窗口的名字，单击 OK 按钮。如果对窗口进行了修改，直接单击 Save 保存图标。

8.2 窗口控件及其应用

任何一个应用程序都离不开窗口控件，熟悉并掌握各种窗口控件的功能、用途以及熟悉它们的属性、事件和函数，并把它们灵活应用于所开发的系统中，可以提高开发效率。

8.2.1 窗口控件概述

1. 窗口控件的概念

窗口控件是一种预定义好的且可以放在窗口上的对象，PowerBuilder 11.5 有 39 个窗口控件，如图 8-10 所示。随着软件版本的升级，窗口控件数目也会增加。窗口控件和窗口对象一样，也有自己的属性、事件和函数。

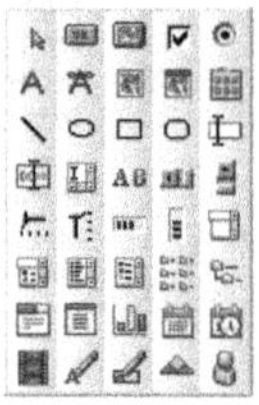

图 8-10 窗口控件

2. 窗口控件中英文名称及名字的默认前缀

不同的窗口控件有其不同的功能和用途，它们的中英文名称、默认名字的前缀如表 8-5 所示。

表 8-5 窗口控件

中文名称	英文名称	前缀	中文名称	英文名称	前缀
命令按钮	CommandButton	cb_	重直跟踪条	VtrackBar	vtb_
图片按钮	PictureButton	pb_	水平进度条	HprogressBar	hpb_
复选框	CheckBox	cbx_	重直进度条	VprogressBar	vpb_
单选按钮	RadioButton	rb_	下拉列表框	DropDownListBox	ddlb_
静态文本框	StaticText	st_	下拉图片列表框	DropDownPictureListBox	ddplb_
静态文本超链接	StaticHyperLink	shl_	列表框	ListBox	lb_
图片	GroupBox	p_	图片列表框	PictureListBox	plb_
图片超链接	PictureHyperLink	phl_	列表视图	ListView	lv_
分组框	GroupBox	gb_	树状视图	TreeView	tv_
直线	Line	ln_	标签	Tab	tab_
椭圆	Oval	oval_	数据窗口	DataWindow	dw_
矩形	Rectangle	r_	统计图	Graph	gr_
圆角矩形	RoundRectangle	rr_	月历控件	MonthCalendar	mc_
单行编辑框	SingleLineEdit	sle_	日期控件	DatePicker	dp_
编辑掩码框	EditMask	em_	动画控件	Animation	am_
多行编辑框	MultiLineEdit	mle_	黑水编辑控件	InkEdit	ie_
超文本编辑框	RichTextEdit	rte_	黑水图形控件	InkPicture	ip_
水平滚动条	HScrollBar	hsb_	OLE 控件	OLE	ole_
垂直滚动条	VScrollBar	vsb_	用户对象	User Object	uo_
水平跟踪条	HtrackBar	htb_			

3. 在窗口上放置窗口控件

方法1：选择Insert→Control命令，单击需要的控件，在窗口上单击，选择的控件出现在窗口上。

方法2：单击PainterBar1工具栏中的控件箱小三角图标展开控件箱，单击需要的控件，在窗口上单击，选择的控件出现在窗口上。

4. 窗口控件的复制

方法1：在窗口控件上右击，选择Copy命令，将鼠标指针移到窗口空白区右击，选择Paste命令，复制的控件出现在新的地方。

方法2：选中窗口控件，单击PainterBar1中的Copy图标，然后再单击Paste图标，复制的新窗口控件与原窗口控件重叠在一起。

方法3：选中窗口控件，按快捷键Ctrl+T，就会在原窗口控件下方复制一个新的窗口控件。

3种方法的区别是，前两种方法既复制窗口控件，也复制窗口控件各事件中的代码，而第三种方法只复制窗口控件的形状，不复制代码。

5. 窗口控件大小的调整与对齐

1）窗口控件大小调整

方法1：选中窗口控件，将鼠标指针移到控件边缘或四角，当指针变为双向箭头时，按下左键拖动鼠标，可以改变控件大小。

方法2：选中窗口控件，按住Shift键，按4个方向键，可以改变控件大小。

方法3：选中一个控件作为标准大小，按住Ctrl键，依次单击其他控件，再单击图8-11中宽度高度相等图标，则所有控件都与第一个控件等高等宽（也可以只与第一个控件等宽或等高）。

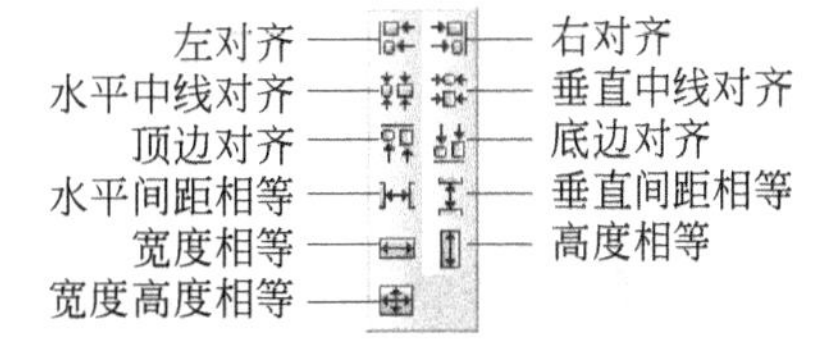

图8-11　窗口控件

2）窗口控件对齐

选中一个标准窗口控件，按住Ctrl键，单击其他控件，再单击图8-11中相应的对齐图标即可使窗口控件对齐。

6. 窗口控件的Tab键顺序调整

当窗口上有多个控件时，按Tab键，控件的焦点会在这几个控件中转移。当这个Tab顺序合理时，可以提高软件操作效率。

选择Format→Tab Order命令，则所有窗口控件右上角都会有一个红色数字，如图8-12所示。数字由小到大的顺序就是按Tab键时焦点转移的顺序，可以直接选中数字并加以修改来调整焦点转移的顺序。如果把数字改为0，则通过Tab键不能使焦点转移到这个按钮上。修改完成后，再次选择Format→Tab Order命令，退出Tab Oder修改状态。

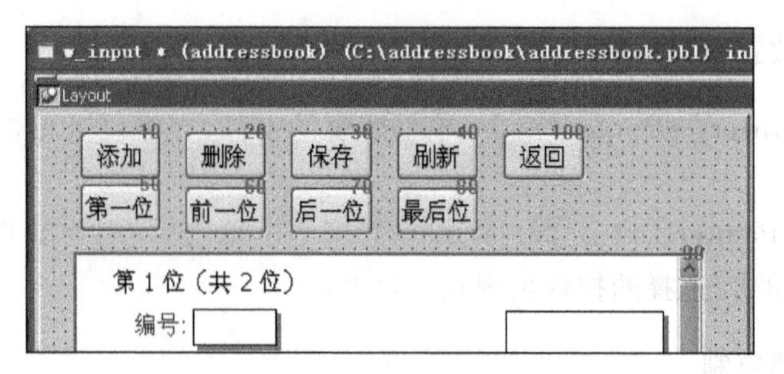

图 8-12　窗口控件焦点顺序调整

7. 窗口控件代码的输入

首先选中控件，在控件上右击，选择 Script 命令（或单击 PainterBar1 中的 Script 图标 ），然后选择控件的事件，在空白区编写代码，如图 8-13 所示。

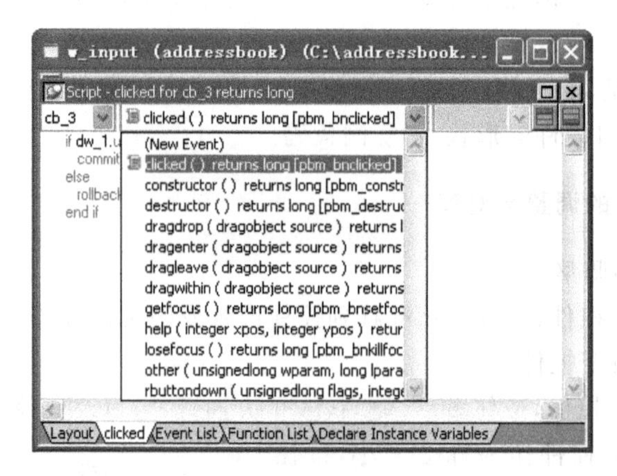

图 8-13　为窗口控件编写代码

8.2.2　命令按钮和图像按钮控件

按钮是应用程序中广泛使用的窗口控件，命令按钮通过按钮上的文字指明它的功能，图像按钮既可以用文本，也可以用图像指明其功能。两种按钮除了外观外，用法完全相同。

1. 常用属性

命令按钮和图像按钮控件的常用属性见表 8-6。

对于图像按钮，还可以通过 PictureName 属性设置按钮上显示的图像。可以使用 PowerBuilder 内部预定义的图像，也可以选择自定义的图像。图像的格式可以是 BMP、JPG、GIF、RLE 和 WMF。如果要让图像以原始大小显示，则选中 OriginalSize 复选框；如果要使按钮图像在不可用时显示不一样的图像，设置其 DisabledName 属性值。

表 8-6 常用属性

属性项	功能
Visible	按钮的可见性,在程序中可以动态改变它。如 cb_1. visible=true(可见,默认值)或 pb_1. visible=false(不可见)
Enabled	按钮的可用性,在程序中可以动态改变它。如 cb_1. enabled=true(可用,默认值)或 pb_1. enabled=false(不可用)
Default	当某个按钮选中此复选框属性时,打开窗口,直接按 Enter 键,这个按钮 clicked 事件中的代码被执行,此时不管焦点在哪个按钮上
Cancel	当某个按钮选中此复选框属性时,在窗口操作过程中,如果按 Esc 键,这个按钮 clicked 事件中的代码被执行,此时不管焦点在哪个按钮上
FlatStyle	当选中此属性复选框时,按钮正常显示为平面按钮,有黑色边框,当鼠标指针经过按钮上方时,它变为立体显示

2. 按钮的事件

按钮有十多个事件,最常用的是 Clicked 事件,当单击按钮时,触发此事件中的代码。图 8-14 是按钮的实例。

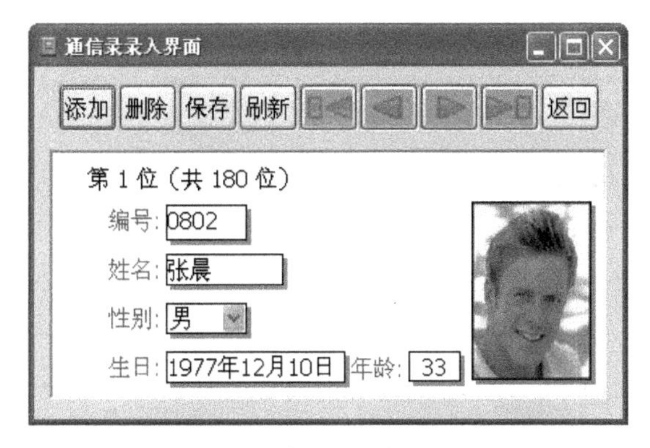

图 8-14 窗口上的按钮应用

8.2.3 单选按钮、复选框和分组框

单选按钮用于多个选项中只能选择一个选项时,复选框用于多个选项中可以选择多个选项时。分组框有两个作用,第一个是对操作界面起美化作用,第二个是对单选按钮进行分组,即每一个组中可以有一个单选按钮被选中,如图 8-15 和图 8-16 所示。

1. 单选按钮、复选框的特殊属性

单选按钮的 Automatic 属性默认是选中的,当单击该按钮时,系统选中该项并在按钮中加一个小圆点。如果不选择该属性项,当单击该按钮时,系统不会在按钮中加小圆点,但是会触发该按钮的 clicked 事件。

在程序设计时,是通过判断单选按钮的 Checked 属性值得知它是否被选中的。例如:

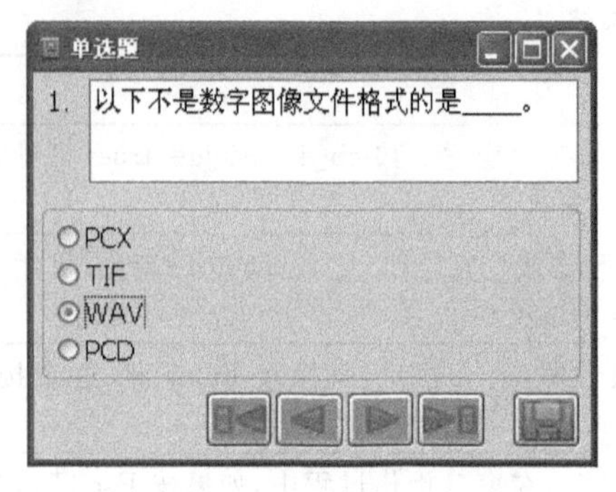

图 8-15 单选按钮及分组框

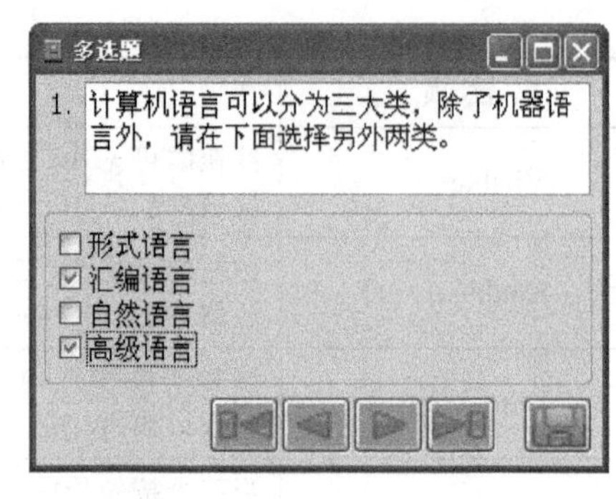

图 8-16 复选框及分组框

```
If rb_1.checked then … end if
```

单选按钮的 Checked 属性表明单选按钮的初始状态是否被选中，如图 8-17 所示。

复选框有 4 个特殊属性：Automatic、Checked、ThreeState、ThirdState。其中 Automatic 与 Checked 属性功能与单选按钮相同。ThreeState 与 ThirdState 是组合使用的，当选中 ThreeState 复选框时，表明该复选框可以有 3 个状态(即选中、不选中、不明)，选中 ThirdState 复选框，表明该复选框的初始选项是第三态，如图 8-18 所示。

图 8-17 单选按钮属性

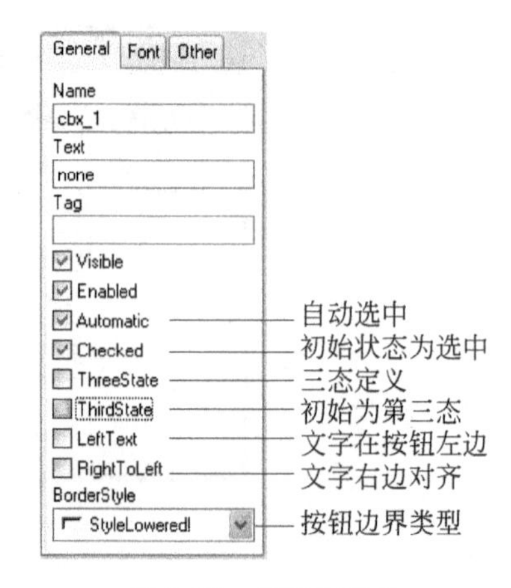

图 8-18 复选框属性

2. 单选按钮、复选框的事件

单选按钮、复选框最常用的事件是 clicked，当单击时被触发。

8.2.4 文本显示和编辑控件

文本显示和编辑控件主要用于显示或输入信息，常用的有静态文本框、单行编辑框、多行编辑框、编辑掩码框等。

1. 静态文本框控件

应用程序界面上经常有一些说明文字，用于说明其他控件的用途，或在操作过程中向用户反馈一些提示信息，这个任务通常由静态文本框控件承担。

静态文本框控件的 General 属性如图 8-19 所示。一般不对静态文本框控件的事件编程。

2. 单行编辑框控件

在与应用程序交互时，向程序输入单行信息的任务一般由单行编辑框控件承担，它也可以显示系统的提示信息。

单行编辑框控件的 General 属性如图 8-20 所示。

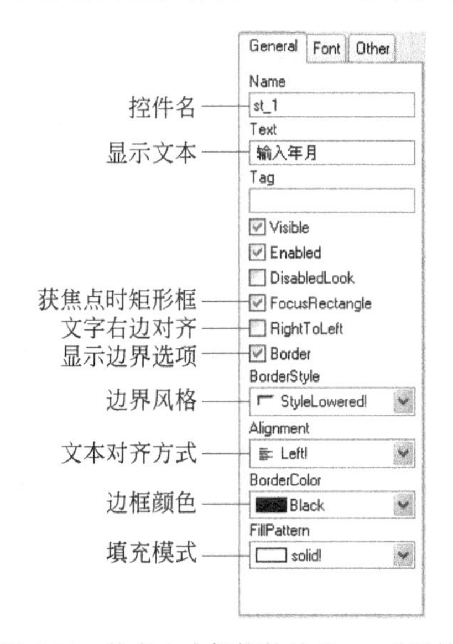

图 8-19 静态文本框控件的 General 属性

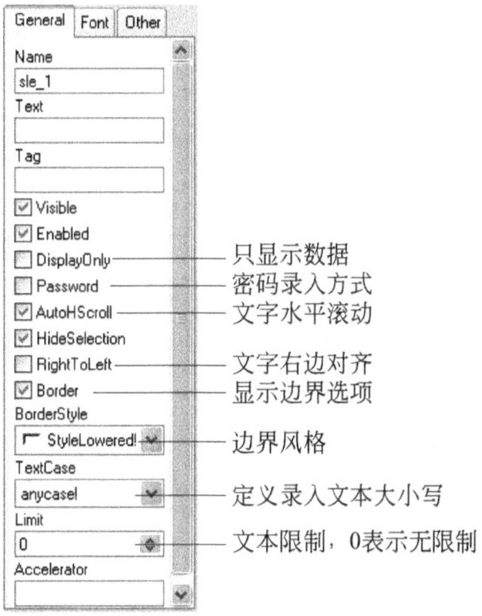

图 8-20 单行编辑框控件的 General 属性

单行编辑框控件常用事件有两个。

(1) Modified：当修改了单行编辑控件中的内容，且移走焦点时触发。

(2) Getfocus：当单行编辑框控件获得焦点时触发。

单行编辑框控件常用函数为 SelectText(int start, int length)，将单行编辑框控件中从 start 位置起选中 length 个字符，当 length 为 0 时，光标指针移到 start 处。

静态文本框和单行编辑框控件的实例如图 8-21 所示。

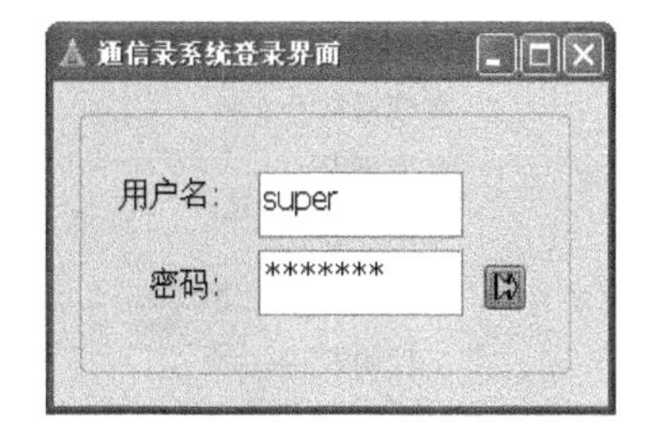

图 8-21 静态文本框、单行编辑框控件实例

3. 多行编辑框控件

多行编辑框控件用于输入或显示多行文本信息，其属性与单行编辑框控件相似。还可以对它设置水平、垂直滚动条（即 HScrollBar、VScrollBar）以及数据水平、垂直滚动属性（即 AutoHScroll、AutoVScroll）。

多行编辑框控件的常用事件与单行编辑框控件类似。多行编辑框控件的常用函数有如下 6 种。

(1) LineCount()：返回多行编辑框控件中文本的行数。

(2) Position():返回插入点的位置。

(3) ReplaceText(str):用指定的字符串替换选定的文本。

(4) SelectText(int start,int length):将多行编辑框控件中从 start 位置起选中 length 个字符,当 length 为 0 时,光标指针移到 start 处。

(5) SelectedText():返回当前选定的文本。

(6) TextLine():返回插入点所在行的文本。

4. 编辑掩码框控件

编辑掩码框用于输入设定格式的数据,输入数据时有格式提示。

图 8-22 是编辑掩码框 Mask 选项卡属性。首先在 MaskDataType 下拉列表框中选择数据类型(共 6 类,即 datemask!、datetimemask!、decimalmask!、numericmask!、stringmask!、timemask!),然后在 Mask 文本框中选择一个设定的数据格式或自定义一个数据格式。

当选中 Mask 选项卡中的 Spin 复选框时,编辑掩码框右侧会出现向上、向下两个箭头,单击向上或向下箭头,编辑掩码框中的数据会增加或减小(当不选中 UseCodeTable 复选框时)或在固定值序列中循环(当选中 UseCodeTable 复选框并在下面 DisplayData 中输入 Display Value 和 DataValue 时)。

当在 MaskDataType 下拉列表框中选择 datemask! 并同时选中 Dropdown Calendar 复选框时,录入日期只须单击编辑掩码框右侧的箭头,会打开一个日历,单击需要的日期即可。

图 8-22 编辑掩码框控件的 Mask 选项卡属性

图 8-23 图片控件的 General 选项卡属性

8.2.5 图片控件

图片控件主要是用来美化界面的,图片控件的属性如图 8-23 所示。可以直接在 General 选项卡中的 PictureName 下拉列表框中输入图片的名称,图片的格式可以是 BMP、GIF、JPG、REL 和 WMF。

图片控件的常用属性为 PictureName 和 OriginalSize。

图片控件的常用事件是 clicked,但一般不为它的 clicked 事件编写代码。

8.2.6 列表(列表框、下拉列表框)控件

1. 列表框控件

列表框控件用于直接显示列表项目,可以在 General 属性面板中设置垂直滚动条、水平滚动条以及列表中内容排序等属性。列表内容在 Items 选项卡中设置,如图 8-24 所示。

列表框控件的常用事件为 SelectionChanged,表明在列表框当前选项改变时触发。

列表框控件的常用函数如下。

- Reset():清除列表框控件中所有项目。
- AddIem(item{,pictureindex}):向列表框控件中添加项目。
- SelectedItem():返回选中的列表框控件中的项目。
- Text(index):返回由 Index 指定的列表框控件中的项目。
- TotalItems():返回列表框控件中项目个数。

图 8-24 列表框控件 Items 选项卡属性

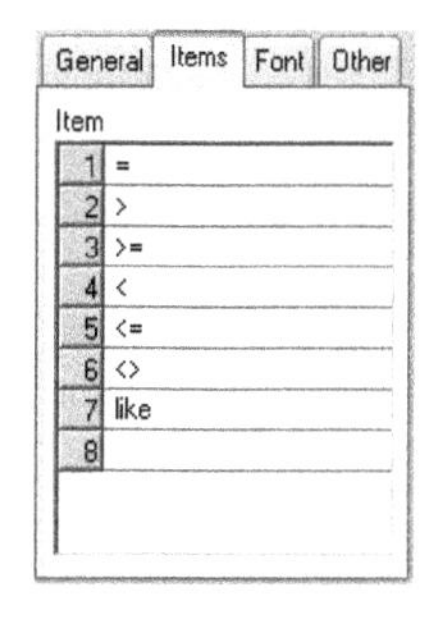

图 8-25 下拉列表框控件 Items 选项卡属性

2. 下拉列表框控件

下拉列表框控件结合了单行编辑框控件和列表框控件的特点。在其 General 选项卡中有两个特殊的属性。

- AllowEdit:选中此复选框,除了在列表中选择项目外,还允许在此控件中输入信息,也可以在 Text 文本框中输入信息;不选中此复选框,则只能在列表中选择项目。
- ShowList:选中此复选框,列表一直处于打开状态,不会隐藏。

默认情况下,以上两个属性的复选框是不选的。在控件右侧有一个下拉箭头,单击此箭头会把列表打开,单选某选项后,列表隐藏。其 Items 选项卡属性如图 8-25 所示。

下拉列表框控件的事件和函数与列表框控件基本相同。

图 8-26 是两种控件的实际应用。

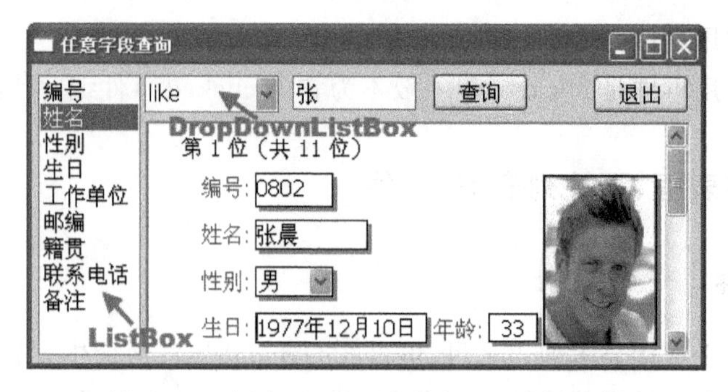

图 8-26 列表框、下拉列表框控件的实际应用

8.2.7 标签控件

标签控件通常用来把多项功能集成于一个标签的多个选项卡上,标签控件应用十分广泛。

在窗口上创建一个标签控件,它有两个焦点区:一个是标签区(A 区),如图 8-27 所示;另一个是选项卡区(B 区),如图 8-28 所示。

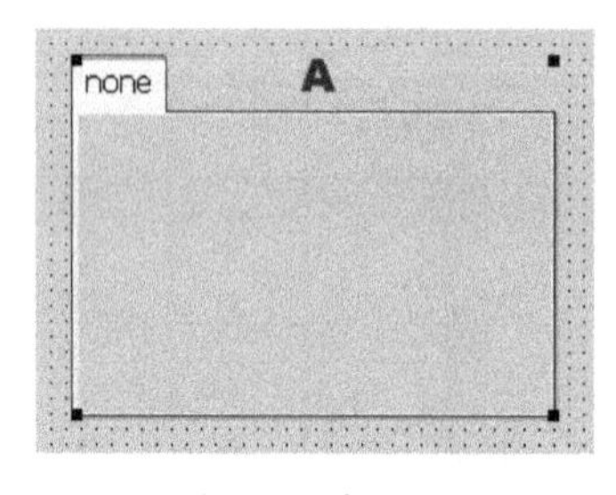

图 8-27 标签区

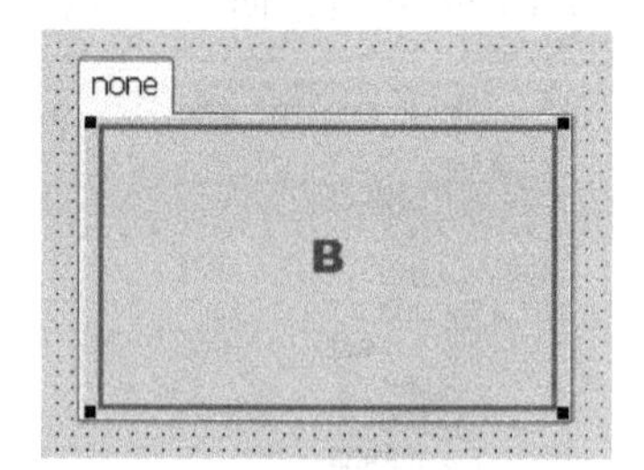

图 8-28 选项卡区

在标签区(A 区)右击,选择 Insert TabPage 命令,可以添加新的选项卡。单击选项卡区(B 区),在属性面板 TabPage 选项卡上 TabText 下面输入标签的文本。

标签的 General 属性如图 8-29 所示,选项卡的 TabPage 属性如图 8-30 所示。

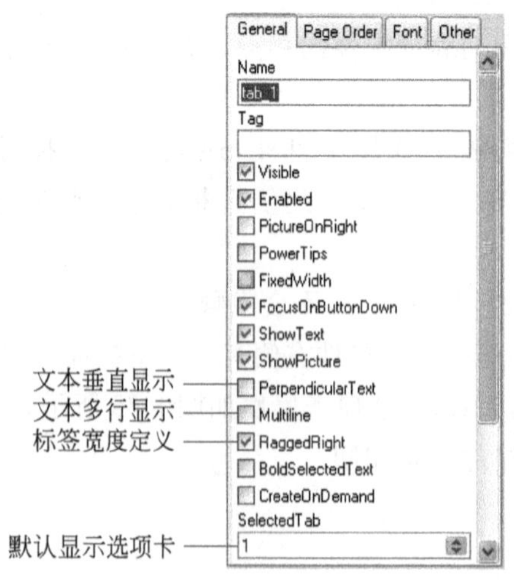

图 8-29 标签的 General 属性

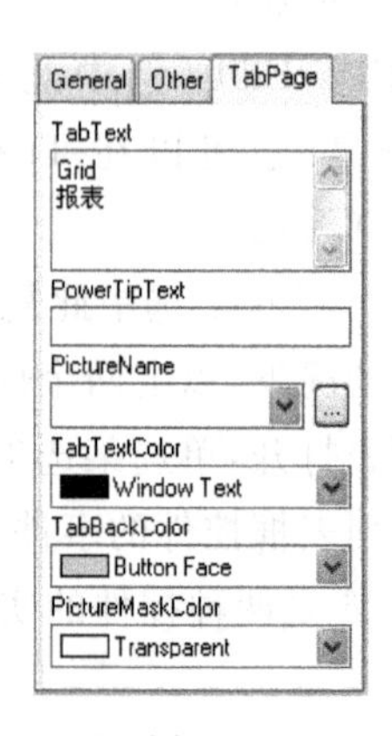

图 8-30 选项卡的 TabPage 属性

标签控件有两个常用属性。

- SelectedTab：设定某个选项卡为当前选项卡，例如 tab_1.SelectedTab=3。
- TabPosition：设定标签文本出现的位置及分布情况，有 8 个选项。

标签控件的常用函数为 SelectTab(int index)。例如要指定第三个选项卡为当前选项卡，可以用 tab_1.SelectTab(3)，它与 tab_1.SelectedTab=3 功能相同。

标签控件的常用事件是 SelectionChanged，当选项卡改变时触发。

标签控件的实际应用如图 8-31 所示。

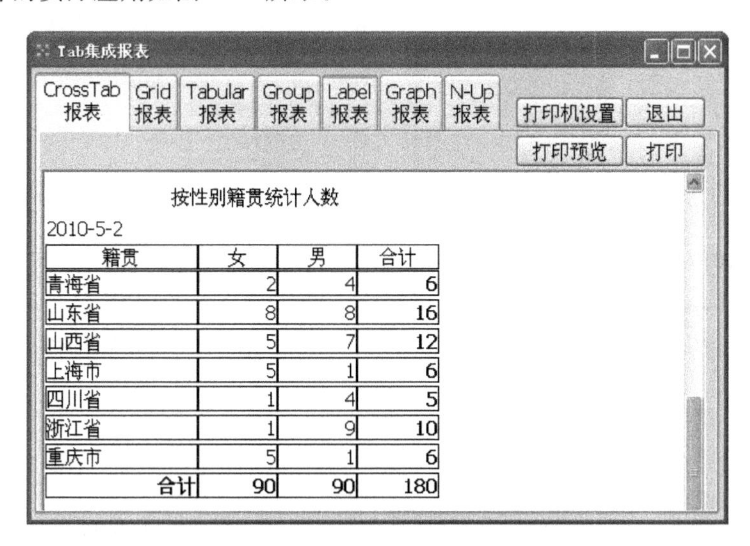

籍贯	女	男	合计
青海省	2	4	6
山东省	8	8	16
山西省	5	7	12
上海市	5	1	6
四川省	1	4	5
浙江省	1	9	10
重庆市	5	1	6
合计	90	90	180

图 8-31　标签控件的实际应用

8.2.8　月历控件和日期控件

1. 月历控件

在窗口上放置一个月历控件，不需要编程就可以月为单位显示日期和星期等信息，可以在该控件的 datechanged 事件中编写如下代码获得选择的日期：

```
Date Is_date
mc_1.GetSelectedDate(Is_date)
st_1.text=string(Is_dae,"yyyy-mm-dd")
```

运行结果如图 8-32 所示。

2. 日期控件

日期控件可以很方便地通过单击右侧的下拉箭头打开月历并选择一个日期。选中日期后，月历自动隐藏，所选择的日期出现在日期控件中。当选中属性面板 General 选项卡中的 ShowUpDown 复选框时，该控件右侧是一个可以上下滚动的箭头。选中控件中的年、月或日时，可以通过单击向上或向下箭头来增加或减小年、月或日。

利用控件的 GetText()函数为日期控件的 valuechanged 事件编写下面的代码可以获取

控件中显示的日期(得到的是文本格式的日期)：

```
String s_date
s_date=dp_1.GetText()
```

图 8-33 是日期控件的实际应用。

图 8-32 月历日期选定

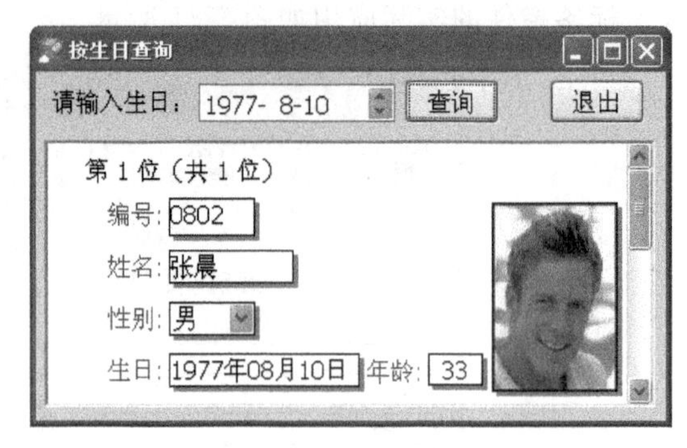

图 8-33 日期控件的实际应用

小结

窗口和窗口控件是应用程序与用户交互的界面。窗口有多种类型,可以应用于不同的情况。窗口控件十分丰富,熟练掌握每一个控件的功能、属性、事件和函数,可以让应用程序的界面更加美观、功能更加灵活、操作更加简便。

思考题与习题

1. 窗口有哪几种类型？各有什么特点？不同类型的窗口主要应用于哪些情况？

2. 如何利用继承的方法创建窗口？这样创建的窗口有何特点？

3. 简述窗口的常用属性、事件、函数的功能和用途。

4. 设置选中和取消选中窗口的 Enabled 和 Visible 属性,观察它们在程序运行时的特点。

5. 如何删除和复制窗口对象？

6. 如何设置窗口显示或关闭时的动画模式以及动画持续时间？

7. 窗口控件有哪些种类？主要特点是什么？

8. 窗口控件的复制方法有哪几种？各有何特点？

9. 如何对窗口中控件进行快速布局调整(控件大小、位置、间距、对齐等)？

10. 简述各种常用窗口控件的属性、事件和函数以及它们的用途。

第9章 数据窗口

学习目标

本章主要介绍数据窗口对象、数据源的概念以及12种不同风格数据窗口对象的创建方法、特点和应用技巧。了解数据窗口对象、字段标签和字段的属性的意义以及设置方法；学会在数据窗口对象上放置各种控件以及对数据窗口对象进行数据操作的方法和技巧。

数据窗口是PowerBuilder最具特色的对象，它的功能十分强大。通过它几乎不用编程就可以对数据库进行各种操作，例如对数据库进行添加、删除、更新、检索、查询等，除此之外，它还可以指定数据的输入、输出格式以及数据的显示风格。

数据窗口是Sybase的专利技术，也是PowerBuilder成功的关键所在，灵活应用数据窗口的强大功能，可为应用开发提供极大的方便。

数据窗口包括数据窗口控件和数据窗口对象。数据窗口控件由窗口画板创建。数据窗口对象是利用不同风格展示数据库中数据的对象，由数据窗口画板创建。数据窗口控件与数据窗口对象结合才能发挥作用，对数据库进行各种有效的操作。

9.1 使用数据窗口对象的步骤

使用数据窗口对象的步骤如下。

(1) 创建数据窗口对象：选择数据源、数据显示风格，如图9-1所示。

(2) 设置和修改数据窗口对象：定义有效性检验、排序或过滤；创建计算字段等，如图9-2所示。

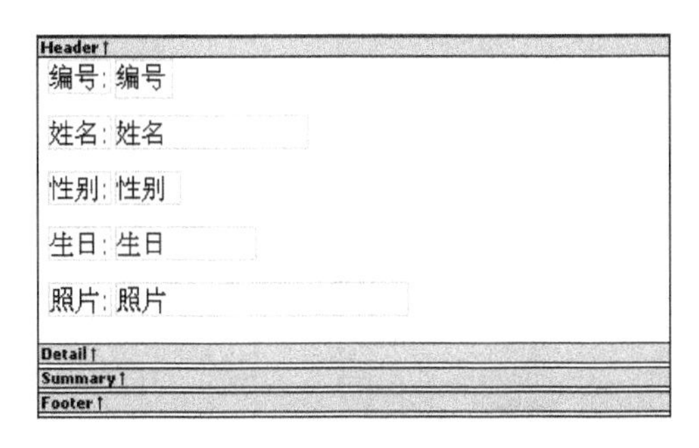

图9-1 创建数据窗口对象

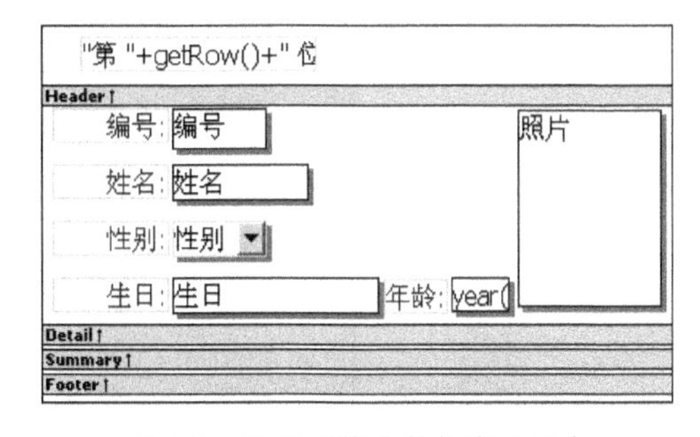

图9-2 设置和修改数据窗口对象

(3) 创建窗口并在窗口上放置数据窗口控件：利用窗口画板创建，如图9-3所示。

(4) 数据窗口控件与数据窗口对象结合：设置数据窗口控件的DataObject属性，如图9-4所示。

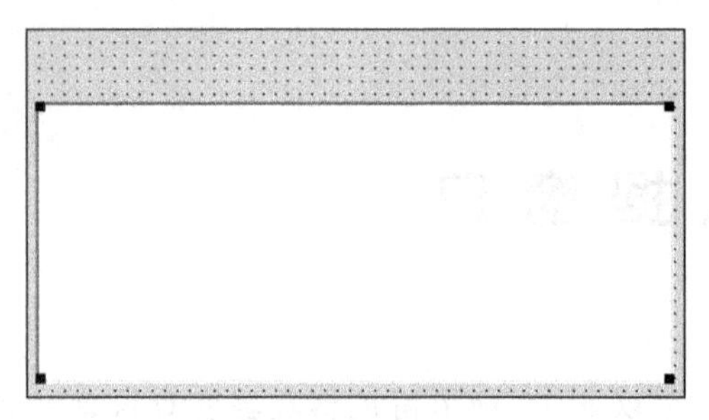

图 9-3 创建窗口和数据窗口控件

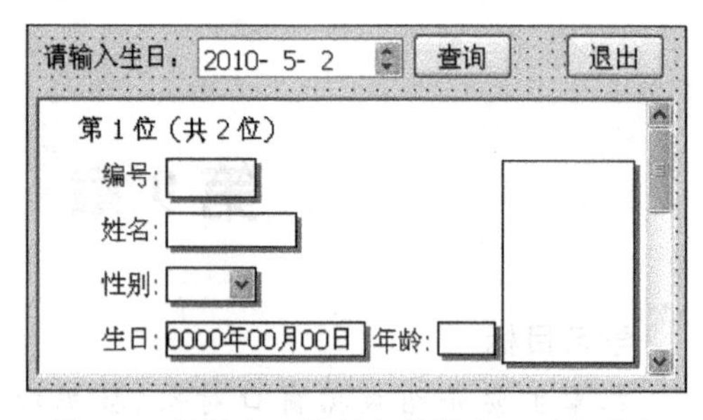

图 9-4 数据窗口控件与数据窗口对象结合

(5) 为窗口、窗口上的控件编写代码。

窗口中的代码：

```
dw_1.setTransObject(sqlca)
```

“查询”按钮中的代码：

```
dw_1.retrieve(date(dp_1.getText()))
```

“退出”按钮中的代码：

```
close(parent)
```

(6) 把设计好的窗口连接到相应的菜单项上并运行，如图 8-33 所示。

9.2 创建数据窗口对象

通过向导很容易创建一个数据窗口对象。

(1) 选择 File→New 命令，选择 DataWindow 选项卡，如图 9-5 所示，共有 12 种 DataWindow 数据显示风格。

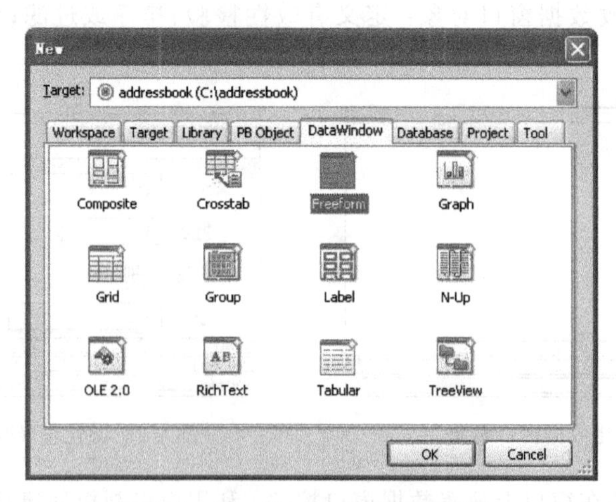

图 9-5 DataWindow 数据显示风格

(2) 选择其中一种，如 Freeform，单击 OK 按钮，打开数据源类型选择对话框，如图 9-6 所示，列出了 6 种数据源。

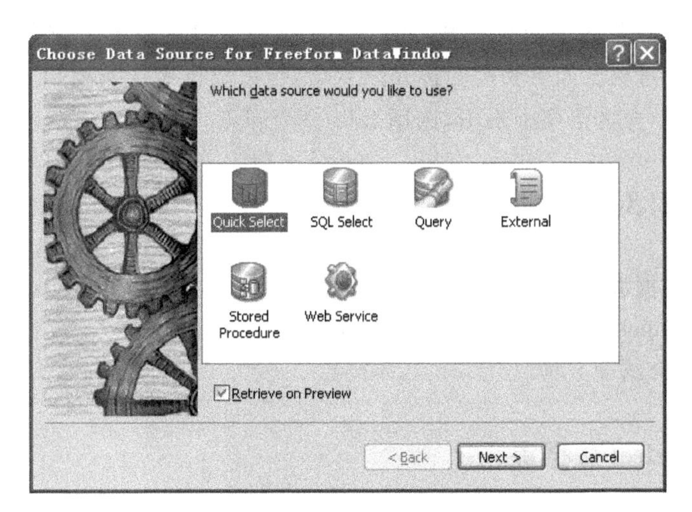

图 9-6 DataWindow 数据源

(3) 根据需要选择一种，如 Quick Select，单击 Next 按钮，打开数据表和字段选择对话框。单击 Tables 列表框中的数据表，如 addressbook，该表的字段都显示在右侧的 Columns 列表框中。单击 Columns 列表框中需要的字段，它们均出现在对话框下面表格 Column 行中，在此处也可以定义数据窗口的排序规则以及检索准则，如图 9-7 所示。

(4) 单击 OK 按钮，打开数据窗口，显示属性设置对话框。选择数据窗口背景颜色，设置文本和字段颜色、边界样式，单击 Next 按钮，再单击 Finish 按钮，创建的数据窗口出现在界面上，如图 9-8 所示。

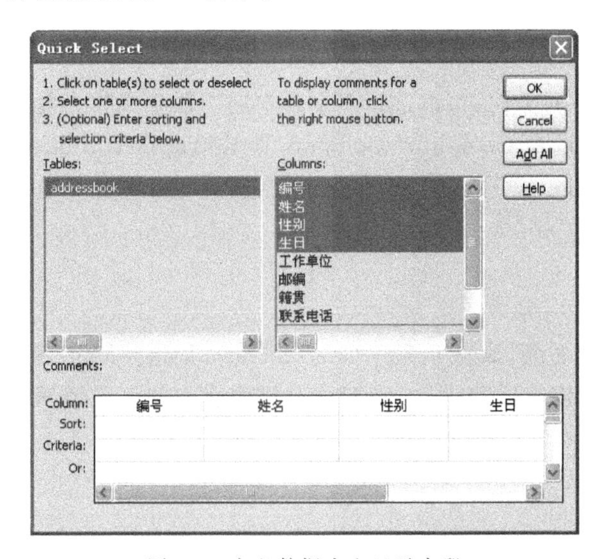

图 9-7 定义数据表和显示字段

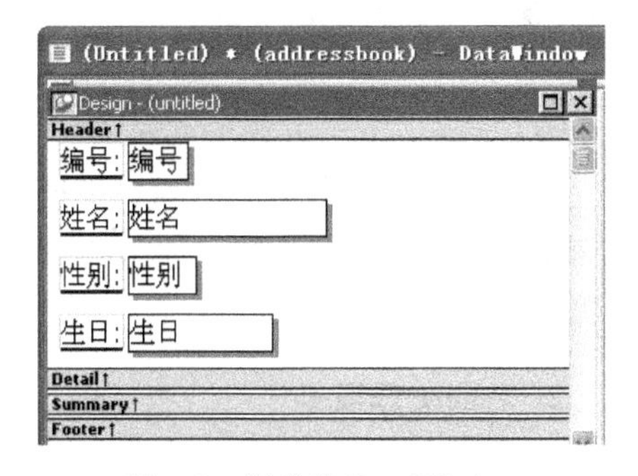

图 9-8 新建的 DataWindow

(5) 可以对数据窗口对象中的文本及字段位置、显示格式及边框进行修改和调整。

(6) 单击工具栏中的 Save 按钮，在打开的 Save DataWindow 对话框中的 DataWindow 文本框中输入数据窗口的名字，如 d_input。如果需要，可以在 Comments 文本框中输入该数据窗口的注释信息，单击 OK 按钮，新建的数据窗口对象出现在系统树窗口中。

至此数据窗口对象的创建已完成，可以单击数据窗口画板上控制菜单中的关闭按钮 ☒，关闭数据窗口对象。如果要再次打开该对象，可以双击系统树窗口数据窗口对象的名字，或在数据窗口对象的名字上右击，选择 Edit 命令即可。

9.3 数据窗口对象的数据源

数据窗口的数据源定义了数据窗口对象获取数据的方式，PowerBuilder 11.5 版本有 6 种数据源，即 Quick Select、SQL Select、Query、External、Stored Procedure 和 Web Service，下面主要介绍前 3 种。

9.3.1 Quick Select 数据源

选择 Quick Select 数据源创建数据窗口对象是最简单、最常用的。它选择一个或多个表中的字段创建简单的 SQL Select 语句，可以包含 Where 子句和 Order By 子句（可以在图 9-7 下面的表格中定义），不支持 Group 子句、Having 子句，也不支持 Computed Columns 和 Retrieve Arguments 等功能，创建完成后可以直接保存为数据窗口对象。

当数据窗口创建好后，可以对该数据窗口进行修改并添加 Group 子句、Having 子句以及 Computed Columns 和 Retrieve Arguments 等功能。操作方法：选择 Design→Data Source 命令，在打开的数据源界面上定义各种子句即可。

9.3.2 SQL Select 数据源

选择 SQL Select 数据源创建数据窗口对象时，可以选择多个表中的字段生成较为复杂的 SQL Select 语句，它可以包含各种子句以及 Computed Columns 和 Retrieve Arguments 等功能。可以把设置好的数据源保存为 Query 对象（作为 Query 数据源），可以单击 Return 按钮，保存为数据窗口对象。

1. Sort 选项卡

把要排序的字段从左侧列表中拖放到右侧，默认是升序（Ascending），如果要降序则取消选中 Ascending 复选框。如果要取消对该字段的排序，则把该右侧列表中的字段拖回到左侧列表中，如图 9-9 所示。

2. Where 选项卡

1）固定值检索

检索的值是固定的，被编写到程序中。例如检索性别为“男”，或生日大于 1983-1-31 等，直接在 Where 选项卡中设置即可，如图 9-10 所示。

2）哑元检索

检索的值也可以是变化的，即在程序运行时输入，此时要定义一个哑元变量，它的类型与要检索字段的数据类型相同。

图 9-9 定义 Sort

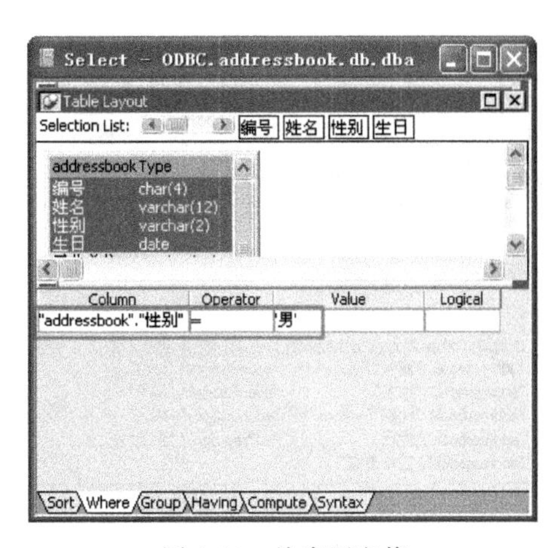

图 9-10 检索固定值

定义哑元变量：选择 Design→Retrieval Arguments 命令，打开如图 9-11 所示的对话框，输入哑元名，选择数据类型，单击 OK 按钮。

定义 Where 条件：在 Where 选项卡中定义检索条件，如图 9-12 所示。

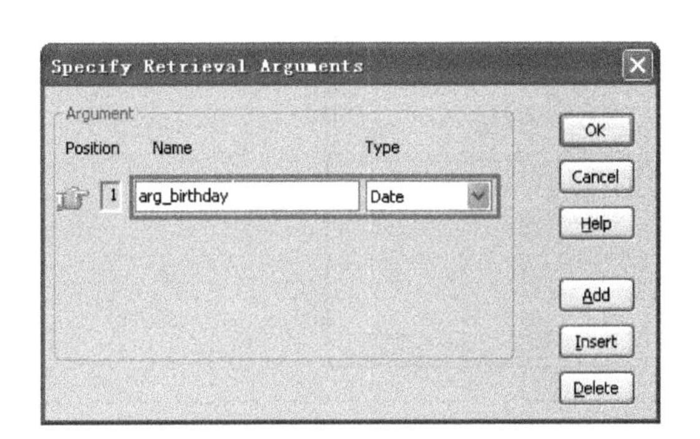

图 9-11 定义哑元变量

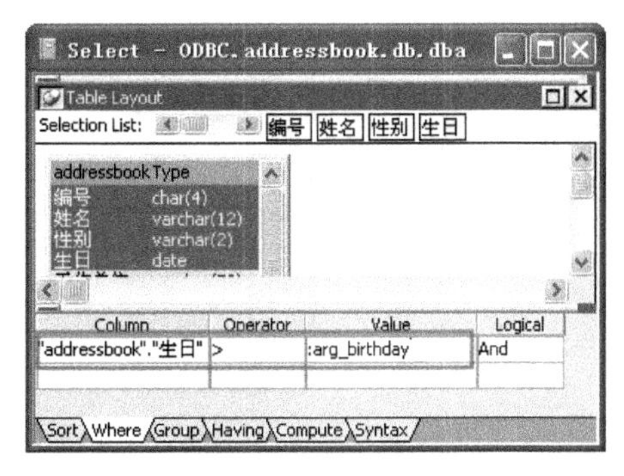

图 9-12 哑元检索

由于定义了检索条件，当单击工具栏中的 Return 按钮后，会打开一个检索条件对话框，此时可以单击 Cancel 按钮或 Cancel All 按钮，然后保存数据窗口对象。

3. Group 选项卡

在 SQL Select 语句中添加了 Group by 子句。例如按“性别”分组，则在 Group 选项卡中，先把“性别”字段从左侧列表中拖放到右侧列表，然后把其他选择的字段也拖放到右侧列表中。注意，还必须对分组字段“性别”进行排序，如图 9-13 所示。

4. Having 选项卡

在 SQL Select 语句中添加了 Having 子句。定义 Having 条件后，只有满足条件的记录被显示出来，如图 9-14 所示。

5. Compute 选项卡

添加一个计算字段。选择 Compute 选项卡，输入计算字段表达式即可。如计算“年龄”字段，如图 9-15 所示，显示的结果如图 9-16 所示。

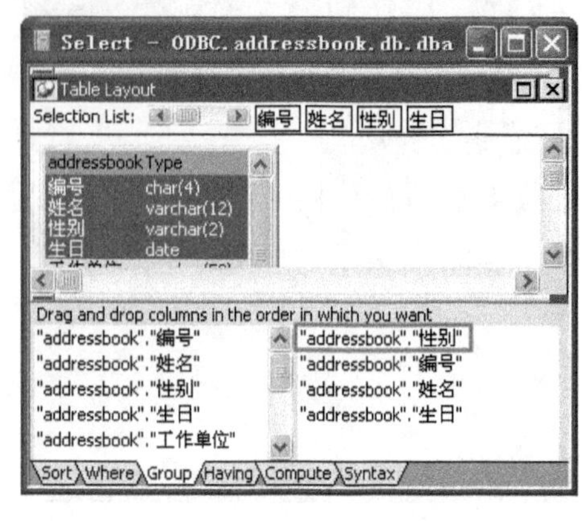

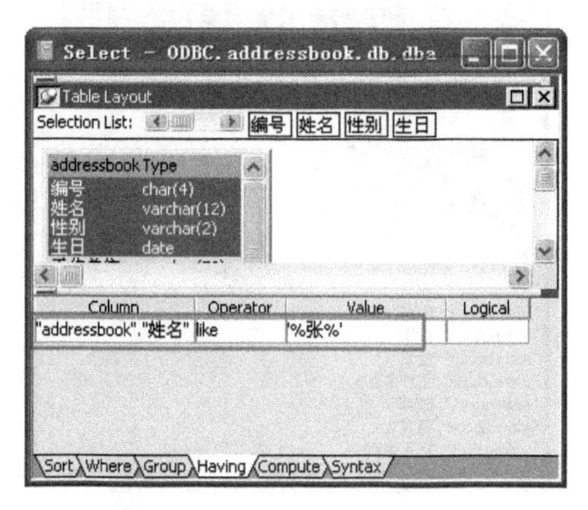

图 9-13　在 Group 中定义分组　　　　图 9-14　在 Having 中定义分组

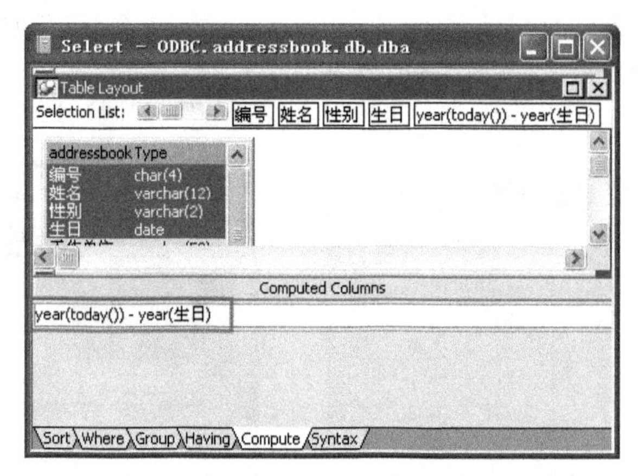

图 9-15　定义计算字段

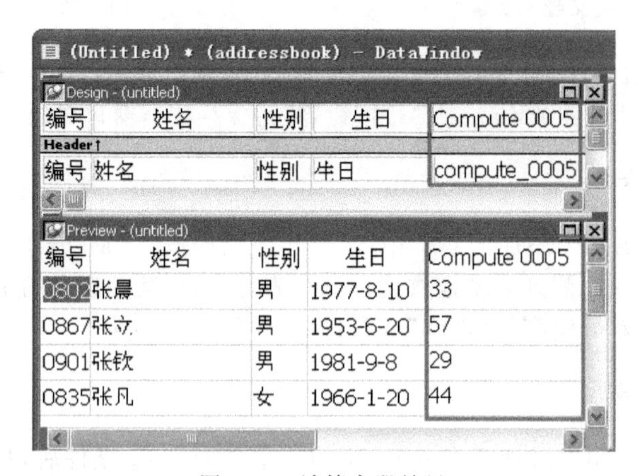

图 9-16　计算字段结果

6. Syntax 选项卡

在 Syntax 选项卡中可以显示出定义好的 SQL Select 语句，如图 9-17 所示。

```
SELECT "addressbook"."编号",
       "addressbook"."姓名",
       "addressbook"."性别",
       "addressbook"."生日",
       year(today()) - year(生日)
  FROM "addressbook"
GROUP BY "addressbook"."性别",
       "addressbook"."编号",
       "addressbook"."姓名",
       "addressbook"."生日"
 HAVING ( "addressbook"."姓名" like '%张%' )

ORDER BY "addressbook"."性别" ASC
Sort Where Group Having Compute Syntax
```

图 9-17　定义的 SQL Select 语句

9.3.3　Query 数据源

利用前两种数据源创建数据窗口对象时都是利用数据表作为数据源的，而利用 Query 数据源创建数据窗口对象则是以 Query 对象作为数据源。Query 对象是利用数据表创建并保存在 PBL 库中的 SQL Select 语句。定义 Query 对象的目的是在多个数据窗口中重复使用相同或相近的 SQL Select 语句而避免重复定义。创建 Query 对象时可以包含 Where 子句、Order By 子句、Group 子句、Having 子句、Computed 字段和 Retrieve Arguments 等功能。

1. 创建 Query 对象

方法 1：打开一个已保存好的数据窗口对象(可以是前两种数据源创建的，也可以是由 Query 数据源创建的)，选择 Design→Data Source 命令，单击 PainterBar1 中的 Save 按钮，打开 Save Query 对话框；在 Queries 文本框中输入 Query 名称，如 q_name，单击 OK 按钮。

方法 2：在利用 SQL Select 数据源创建数据窗口过程中，直接单击 PainterBar1 中的 Save 按钮。

方法 3：单击工具栏中的 New 按钮，在打开的对话框中选择 Database 选项卡；单击 Query 按钮，单击 OK 按钮。选择数据表，单击 Open 按钮，选择字段，设置 SQL Select 子句，添加计算字段以及检索哑元等，单击工具栏中的 Save 按钮。

2. 利用 Query 数据源创建数据窗口对象

(1) 单击工具栏中的 New 按钮，在打开的对话框中选择 DataWindow 选项卡；选择数据窗口显示风格，单击 OK 按钮，打开数据源选择对话框。

(2) 单击 Query 按钮，单击 Next 按钮，打开 Select Query 对话框。单击 Specify Query 右侧的浏览按钮[...]，打开 Select Object 对话框，如图 9-18 所示。

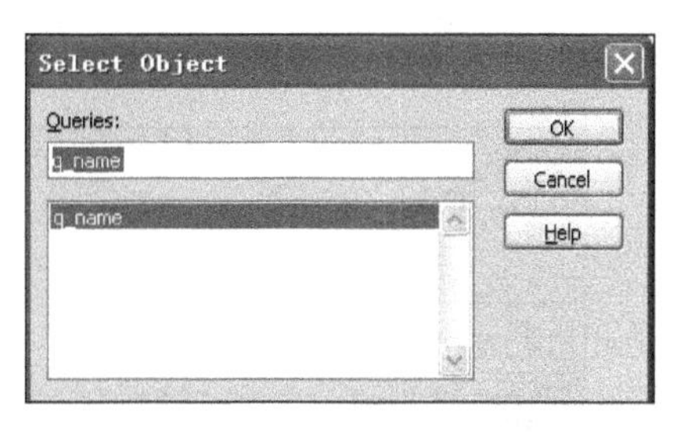

图 9-18　Select Object 对话框

(3) 单击需要的 Query，单击 OK 按钮，回到 Select Query 对话框。单击 Next 按钮，打开背景颜色设置，文本、字段颜色和边框样式设置对话框。单击 Next 按钮，单击 Finish 按钮。

9.4　数据窗口对象的显示风格

如图 9-5 所示，数据窗口可以有 12 种预定义的展示数据的风格，它们有各自的特点，可以根据实际需要应用于不同的目的。

根据向导创建好数据窗口对象后，还可以对其进行修改，以达到更佳的显示效果。

9.4.1　Tabular（列表显示风格）

1. 特点

Tabular 以列表方式显示记录。列标题在最上面，所有记录共享一个列标题，一条记录占一行。设计时字段及列标题可以左右互换位置，常用于数据录入、数据显示和报表。

2. 设计视图及其应用

Tabular 设计视图与实际应用如图 9-19 和图 9-20 所示。

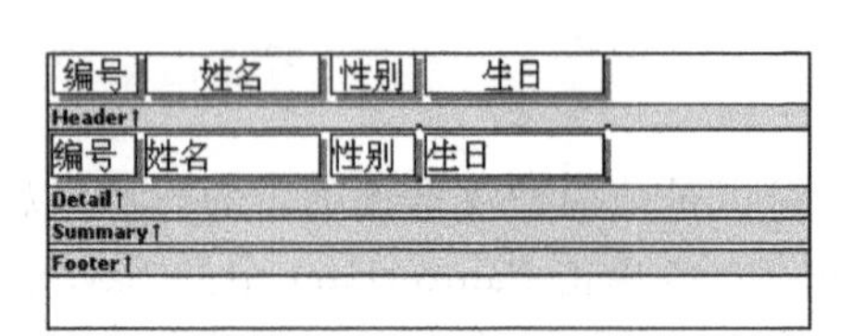

图 9-19　Tabular 设计视图

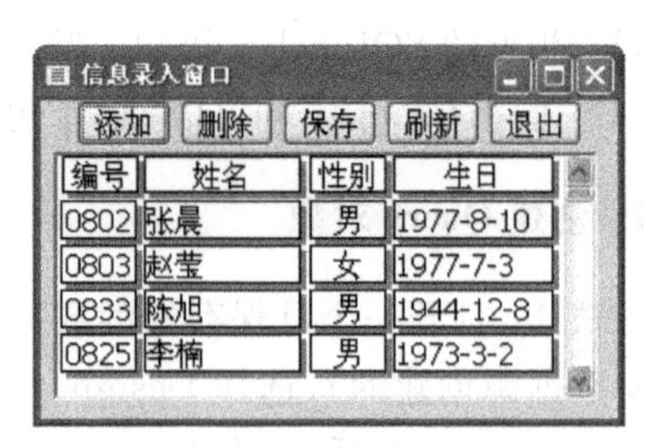

图 9-20　Tabular 实际应用

9.4.2　Freeform（自由显示风格）

1. 特点

Freeform 以纵列表方式显示记录，字段的说明标签在字段的左侧，以页的方式显示记录，常用于数据录入和数据查看。

2. 设计视图及其应用

Freeform 设计视图与实际应用如图 9-21 和图 9-22 所示。

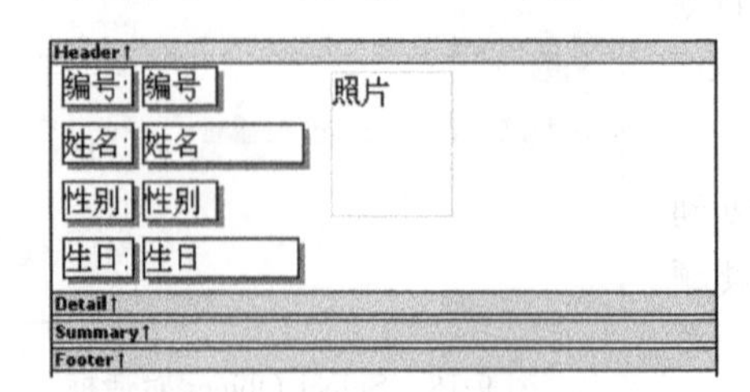

图 9-21　Freeform 设计视图

图 9-22　Freeform 实际应用

9.4.3 Grid(表格显示风格)

1. 特点

Grid 以列表方式显示记录。列标题在最上面,所有记录共享一个列标题,一条记录占一行。设计时字段及列标题在表格中,不可以左右互换位置,运行时字段宽度可以调整,常用于数据录入、数据显示和报表。

2. 设计视图及其应用

Grid 设计视图与实际应用如图 9-23 和图 9-24 所示。

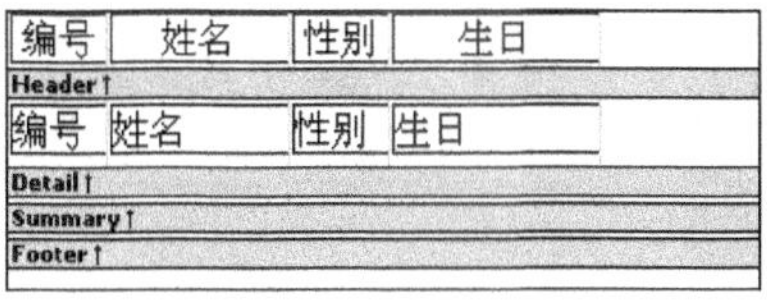

图 9-23 Grid 设计视图

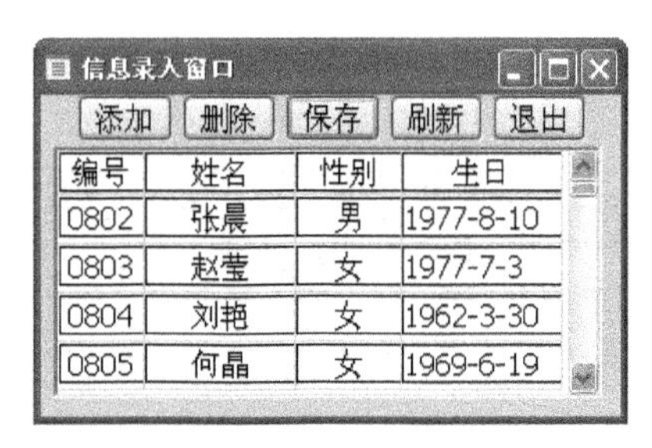

图 9-24 Grid 实际应用

9.4.4 Label(标签显示风格)

1. 特点

Label 以标签的方式显示数据,每页可以有多个标签。创建时可以选择预定义的标签样式,创建后可以进行修改,还可以制作商品标签、材料标签、员工胸卡、名片等。

2. 设计视图及其应用

Label 设计视图与实际应用如图 9-25 和图 9-26 所示。

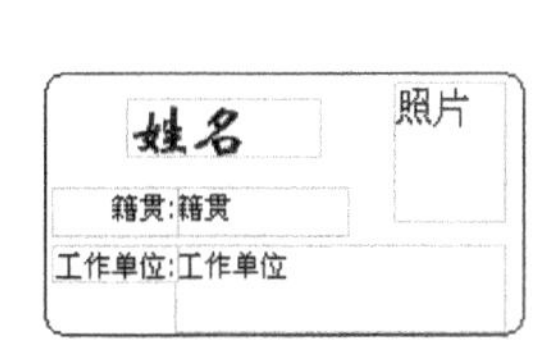

图 9-25 Label 设计视图

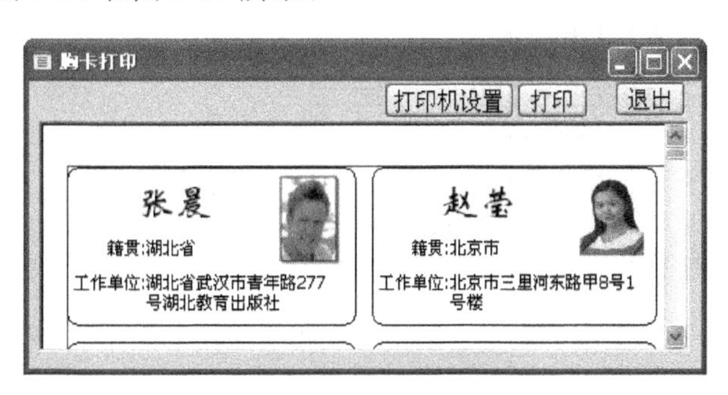

图 9-26 Label 实际应用

9.4.5 N-Up(分栏显示风格)

1. 特点

N-Up与Tabular显示风格相似，但每列可以显示多条记录。创建时可以选择列的数目，适合显示字段少、且数据量较大的情况，例如人员某一信息查看、物料编码查看。

2. 设计视图及其应用

N-Up设计视图与实际应用如图9-27和图9-28所示。

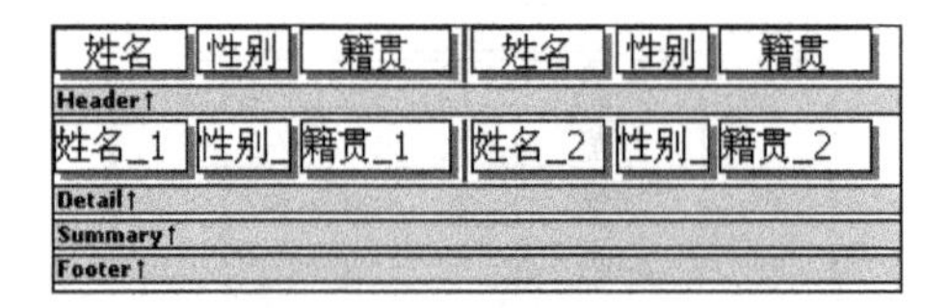

图9-27 N-Up设计视图

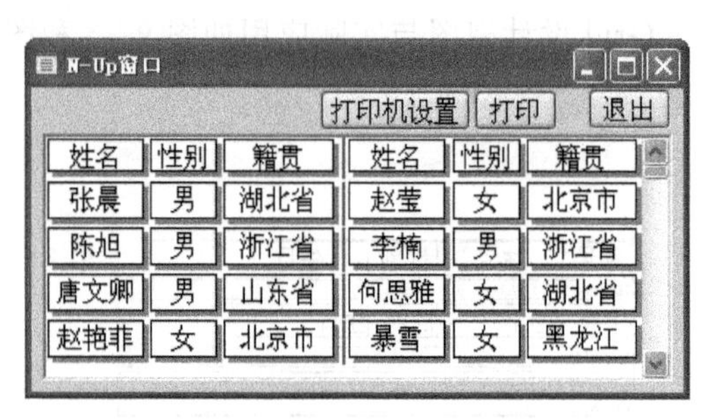

图9-28 N-Up实际应用

9.4.6 Group(分组显示风格)

1. 特点

Group把数据按组进行列表显示，会自动添加日期和页码，通常用于制作报表。

2. 设计视图及其应用

Group设计视图与实际应用如图9-29和图9-30所示。

图9-29 Group设计视图

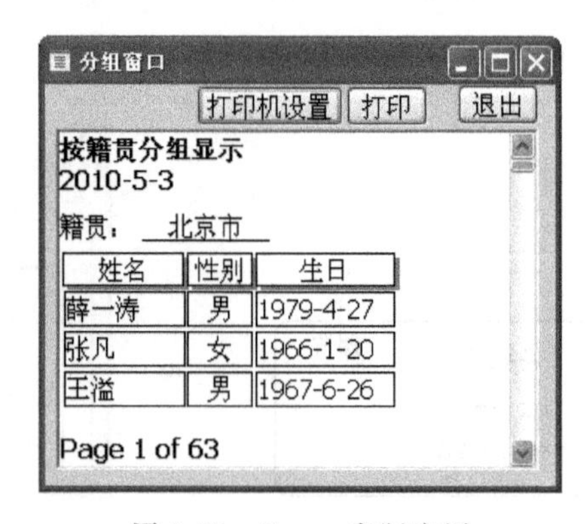

图9-30 Group实际应用

9.4.7 Graph(统计图显示风格)

1. 特点

Graph 以统计图的方式显示数据,能比较直观地展示数据的变化。PowerBuilder 提供了十多种图形样式,如柱形图、条形图、面积图、饼图、三维图等,常用于报表制作。

2. 设计视图及其应用

Graph 设计视图与实际应用如图 9-31 和图 9-32 所示。

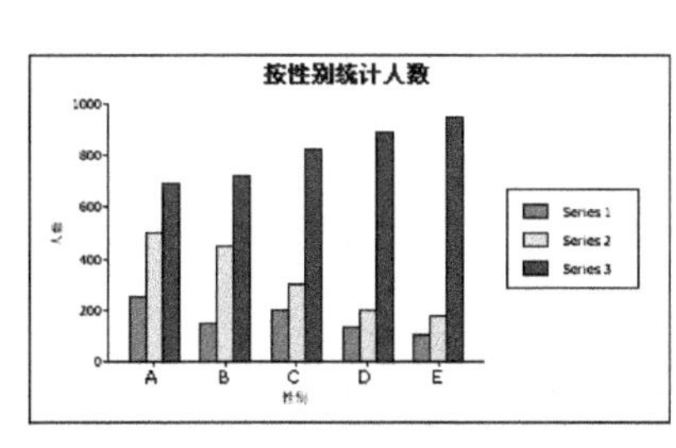

按性别统计人数
1000
800
600
400
200
0
A
B
C
D
E
Series 1
Series 2
Series 3

图 9-31 Graph 设计视图

人数统计图示窗口
打印机设置
打印
退出
按性别统计人数
90
60
30
0
人数
女
男
性别

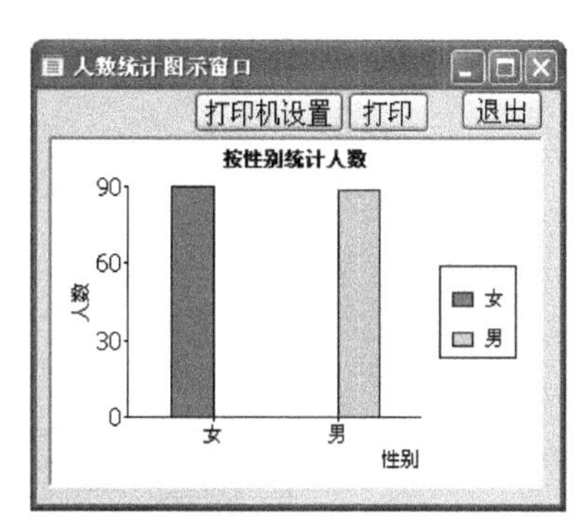

图 9-32 Graph 实际应用

9.4.8 Crosstab(交叉表显示风格)

1. 特点

Grosstab 由两个具有分类的字段和一个统计字段制作而成(统计字段可以是字符型——用于统计个数,也可以是数值型——用于统计最大值、最小值、平均值、求和等)。交叉表主要用于制作数据分析报表。

2. 设计视图及其应用

Grosstab 设计视图与实际应用如图 9-33 和图 9-34 所示。

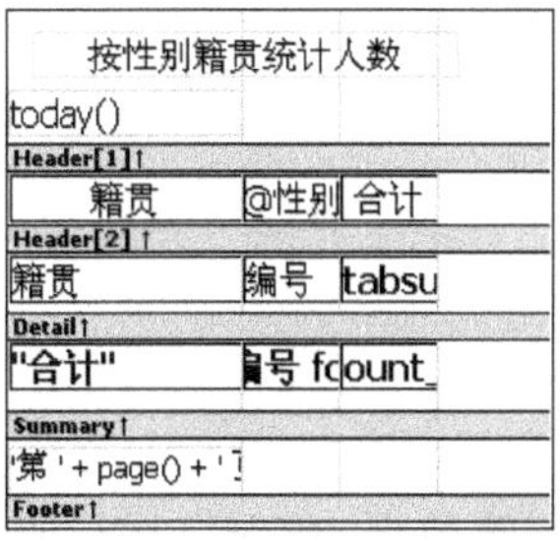

按性别籍贯统计人数
today()
Header[1]
籍贯
@性别
合计
Header[2]
籍贯
编号
tabsu
Detail
"合计"
号 fcount_
Summary
'第 ' + page() + ' '
Footer

图 9-33 Crosstab 设计视图

各省市人数统计窗口
打印机设置
打印
退出
按性别籍贯统计人数
2010-5-3
籍贯 女 男 合计
北京市 18 14 32
福建省 3 9 12
广东省 6 6 12
贵州省 4 2 6
第 1 页 (共 5 页

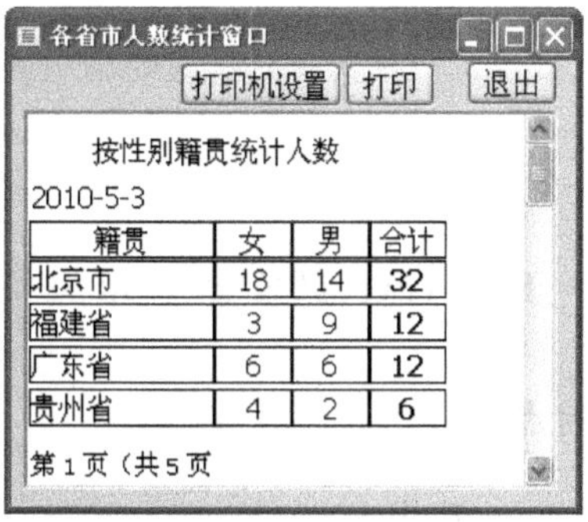

图 9-34 Crosstab 实际应用

9.4.9 Composite(复合显示风格)

1. 特点

Composite把不同风格的报表组合在一个数据窗口对象中,这种数据窗口对象本身没有数据源,而是直接选择定义好的数据对象,主要用于各种报表。

2. 设计视图及其应用

Composite设计视图与实际应用如图9-35和图9-36所示。

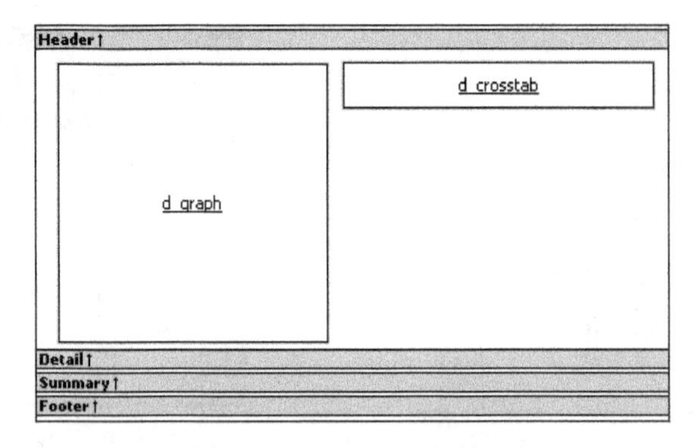

图9-35 Composite设计视图

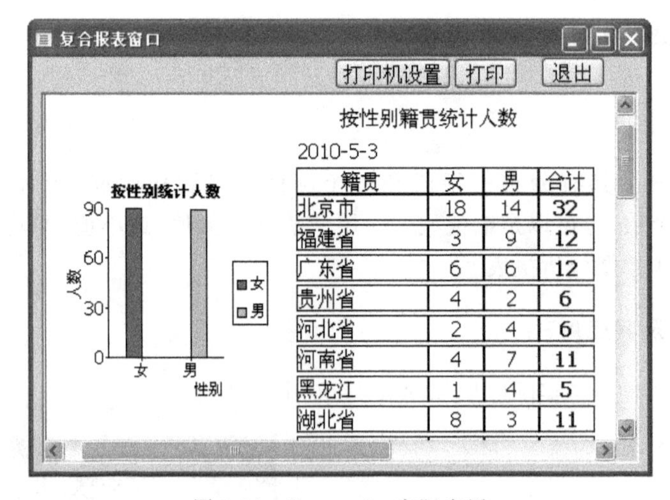

籍贯	女	男	合计
北京市	18	14	32
福建省	3	9	12
广东省	6	6	12
贵州省	4	2	6
河北省	2	4	6
河南省	4	7	11
黑龙江	1	4	5
湖北省	8	3	11

图9-36 Composite实际应用

9.4.10 RichText(超文本显示风格)

1. 特点

RichText使用RTF(Rich Text Format)格式显示和编辑数据,在程序运行时可以利用数据窗口对象自带的工具栏对数据窗口中的文字的格式进行设置。用于定制或打印具有通用格式的商业公文、会议通知或信函。

2. 设计视图及其应用

RichText 设计视图与实际应用如图 9-37 和图 9-38 所示。

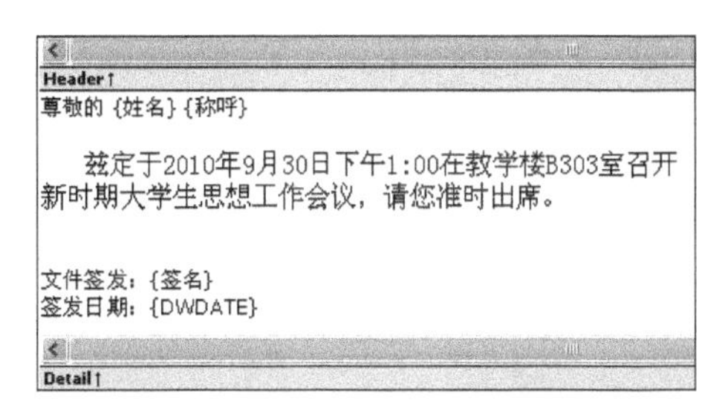

图 9-37 RichText 设计视图

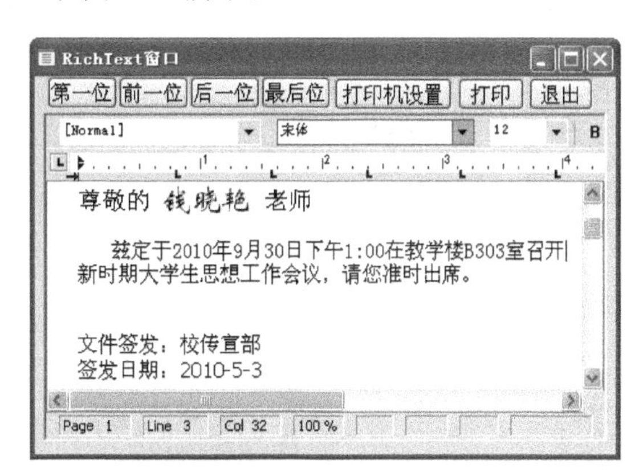

图 9-38 RichText 实际应用

9.4.11 OLE 2.0(OLE 2.0 显示风格)

1. 特点

OLE 风格的数据窗口功能非常强大，它允许在数据窗口中嵌入 OLE 对象。通过 OLE，不仅可以存取一个对象，还可以直接处理服务器应用对象。它既能显示非数据库中的数据，如 Word、Excel 等文档，也能够显示数据库中的 BLOB(二进制大对象)字段。

2. 设计视图及其应用

OLE 设计视图与实际应用如图 9-39 和图 9-40 所示。

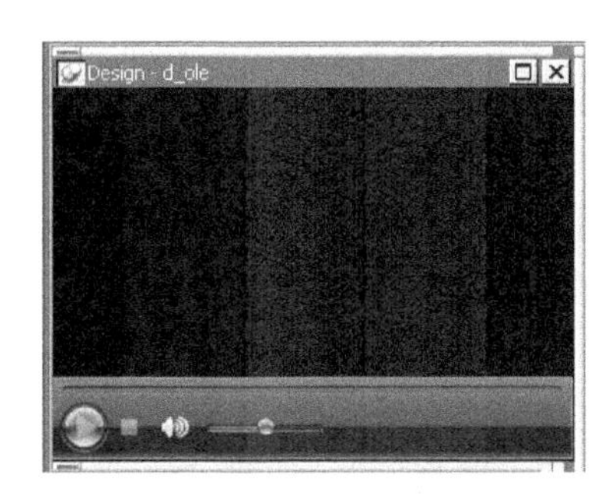

图 9-39 OLE 设计视图

图 9-40 OLE 实际应用

9.4.12 TreeView(树状视图显示风格)

1. 特点

TreeView 以树状结构显示有层次的数据,具有分类的作用,可用于信息分类和信息检索。

2. 设计视图及其应用

TreeView 设计视图与实际应用如图 9-41 和图 9-42 所示。

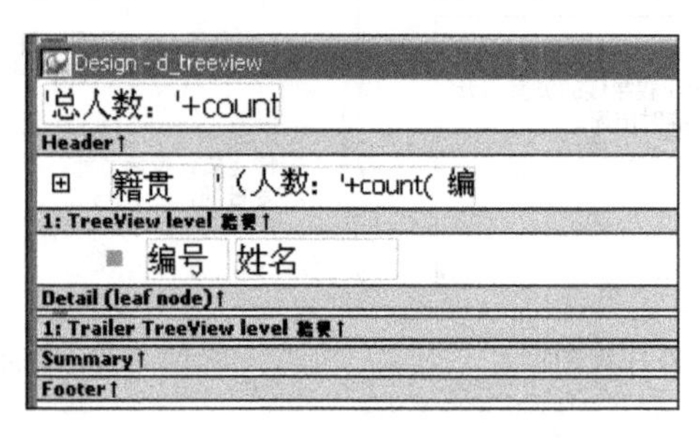

图 9-41 TreeView 设计视图

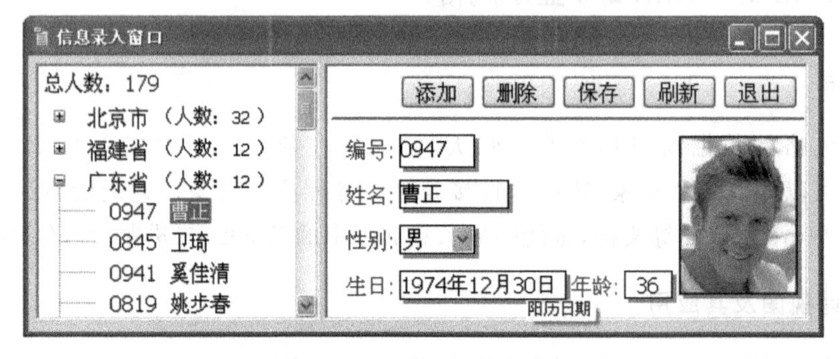

图 9-42 TreeView 实际应用

9.5 数据窗口视图

以上创建的数据窗口对象可以用做数据录入、数据检索、数据查询、统计图表、标签等功能。但是直接利用向导制作的数据窗口对象一般只是一个数据窗口对象的基本框架,还需要在一个环境中对它们进行调整和修改,这个环境就是数据窗口画板。数据窗口画板包括7个视图,它们从不同的角度维护数据窗口对象,下面分别介绍。

9.5.1 Design 视图(设计视图)

Design 视图是非常重要的一个视图,数据窗口对象的调整、修改、布局设计均在这个视图下完成。通常这个视图被划分成 4 个区(Label、OLE、Graph 数据窗口对象除外;对于分组的数据窗口对象还将多一个组标题区和组结尾区),如图 9-43 所示。

- 标题区(Header):显示每页的标题信息,例如列表的标题、报表的标题、日期等。
- 细节区(Detail):显示数据记录区。
- 汇总区(Summary):显示统计数据区,例如求和、求平均、求总数等。
- 页脚区(Footer):显示每页的页脚信息,例如页码、总页数等。

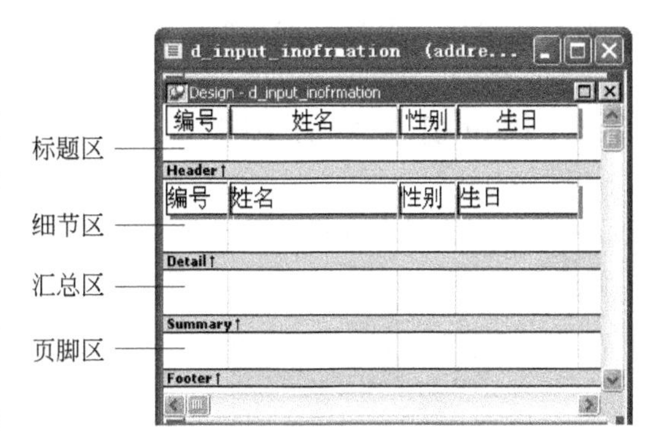

图 9-43 数据窗口对象 Design 视图的 4 个区

9.5.2 Properties 视图(属性视图)

Properties 视图数据窗口对象本身以及它上面的其他对象,如文本、字段、计算字段、图形、图像、按钮等,其属性视图都不相同。在某个对象上右击,选择 Properties 命令,然后根据需要在属性视图不同的选项卡中设置和修改属性。

9.5.3 Preview 视图(预览视图)

Preview 视图位于设计视图的下方,主要作用是直观地、实时地显示数据窗口对象设计的效果。在这个视图中,可以检索数据、修改数据、导入导出数据,对数据进行排序和筛选等。

如果看不到 Preview 视图,则选择 View→Layouts→(Default)命令,打开预览视图(或选择 View→Preview 命令),如图 9-44 所示。可以通过工具栏 PainterBar3 对数据进行操作,如图 9-45 所示。

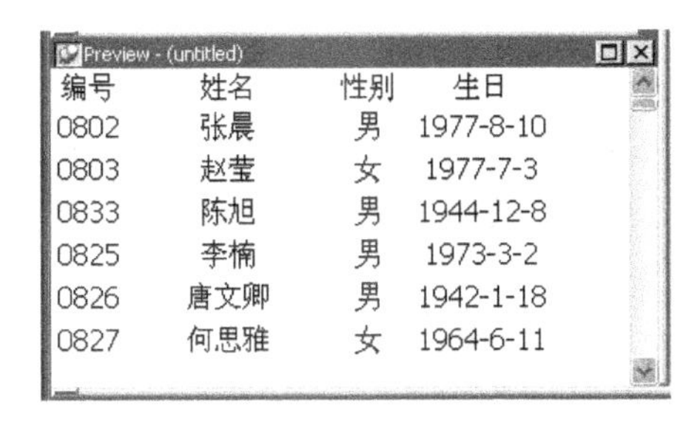

图 9-44 Preview 视图

图 9-45 数据操作工具栏

9.5.4 ControlList 视图(控件列表视图)

ControlList 视图用于显示数据窗口对象上所有控件对象的名字,如图 9-46 所示。当单击控件列表中某个对象的名字时，设计视图中自动选中了该对象，同时属性面板也跟着相应地改变。也可以利用 Ctrl 键和 Shift 键对控件进行多选。

9.5.5 Data 视图(数据视图)

Data 视图以列表方式显示当前数据窗口对象中的数据，可以拖动字段标题改变字段顺序，如图 9-47 所示。

图 9-46 ControlList 视图

图 9-47 Data 视图

9.5.6 Column Specification 视图(字段定义视图)

Column Specification 视图用于显示数据窗口对象中的字段列表，可以添加、删除和修改各字段的初始值，可以添加字段的校验规则以及校验提示信息，可以直接将字段定义视图中的字段拖动到设计视图，如图 9-48 所示。

9.5.7 Export/Import Template-XML 视图(导入/导出模板视图)

Export/Import Template-XML 视图显示了一个 XML 格式的导入/导出数据的默认模板，如图 9-49 所示。

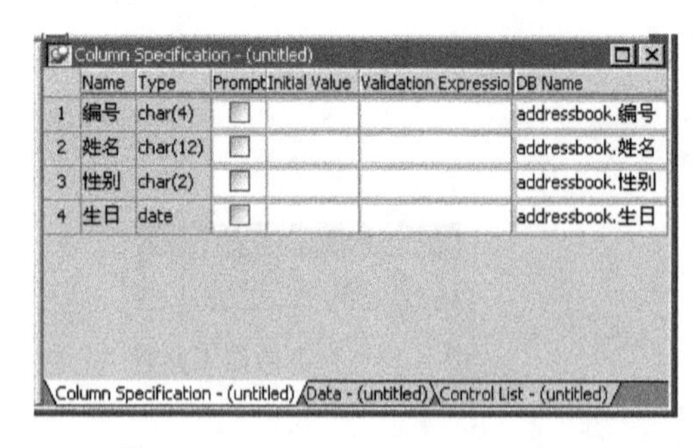

图 9-48 Column Specification 视图

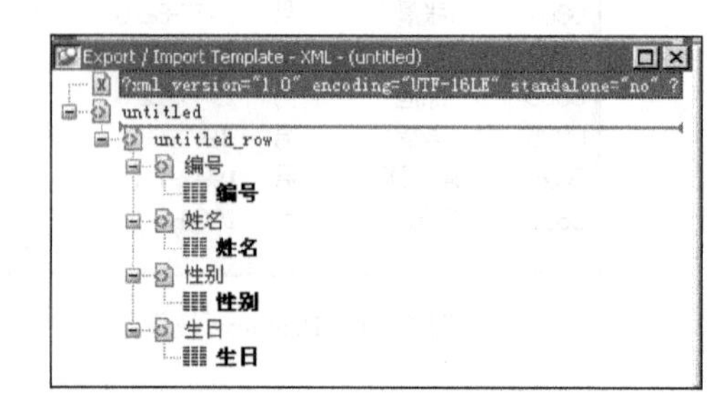

图 9-49 Export/Import Template-XML 视图

9.6 数据窗口对象、字段标签和字段的属性

9.6.1 数据窗口对象属性

当数据窗口对象打开时，其属性面板也随即打开（属性面板可以单独关闭；也可以在菜单栏中，选择 View→Properties 命令；或在数据窗口空白处右击，选择 Properties 命令，打开属性面板）。属性面板上共有 9 个选项卡，不同显示风格的数据窗口对象，其属性有所不同，如表 9-1 所示。

表 9-1 数据窗口对象属性

标签名	属性设置说明
General	设置数据窗口对象的一般属性，如度量单位、定时器间隔等
Background	设置数据窗口对象的背景属性，如背景颜色、背景图片、透明度等
Pointer	设置数据窗口对象鼠标指针类型，如选择鼠标指针类型
Print Specifications	设置数据窗口对象的打印参数，如打印机、边距、纸张选择、分栏数等
HTML Table	设置在 Web 中使用的 HTML 表属性，如表格边框宽度、Cell 间距、换行等
Web Generation	设置数据窗口对象 Web 属性，如页面格式、显示行数、生成 Java 脚本等
JavaScript Generation	在 Web 应用中创建数据窗口对象 Java 脚本，如脚本、类文件名、格式等
Data Export	设置数据窗口对象输出时的类型，如格式选择、元数据类型、保存元数据等
Data Import	设置数据窗口对象输入时的类型，如格式选择、使用模板、跟踪文件名等

9.6.2 数据窗口对象字段标签和字段属性

字段标签和字段的属性影响着界面的外观和操作的便捷性，几乎所有新建的数据窗口对象都要进行字段标签和字段的调整及属性设置。字段标签有 8 个属性选项卡，字段有 10 个属性选项卡，计算字段有 9 个属性选项卡，它们中有很多标签的属性设置是相同的，如表 9-2 所示。

表 9-2 数据窗口字段标签、字段、计算字段属性

标签名	属性设置说明
General	控件边界、可视性、对齐式样等
Pointer	鼠标指针落在此控件上时的形状
HTML	设置 HTML 链接
Position	设置控件的位置、大小、层、可变性、可移动性、自动高度等
Tooltip	设置控件的提示信息、颜色、显示方式等
Background	设置控件的背景颜色、透明度等
Edit	设置字段编辑和显示风格，字段标签和计算字段无此属性选项卡。9.7 节详细讲
Format	设置字段和计算字段内容的显示格式，字段标签无此属性选项卡
Font	设置控件字体、字形、字号、颜色、透明度等
Other	设置控件辅助功能及描述

9.7 字段的 Edit 选项卡属性

Edit 属性选项卡有一个很重要的属性项为 Style Type，它有 8 个选项：Edit、EditMask、RadioButton、CheckBox、DropDownListBox、DropDownDataWindow、RichText 和 InkEdit。

9.7.1 Edit(编辑)风格(默认)

新创建的数据窗口对象上所有字段的默认编辑风格均为 Edit。表 9-3 是编辑风格为 Edit 时 Edit 选项卡的属性。

表 9-3 编辑风格为 Edit 时 Edit 选项卡属性

属 性 名	属性设置说明
Style Name	在下拉列表框中选择数据库面板定义的显示风格
Style Type	在下拉列表框中选择一种数据的显示风格，有 8 种类型，默认是 Edit
Format	设置字段显示格式掩码，必须对字段类型有效
Case	在下拉列表框中选择字段录入字母时是大写或是小写方式
Limit	设置字段中最多输入的字符个数限制，取值为 0～32 767，0 表示无限制
Accelerator	设置加速键
Auto Selection	设置字段获得焦点时，字段的内容自动处于选取状态
Display Only	设置字段内容为只读状态，不能修改
Show Focus Rectangle	设置字段获得焦点时，整个字段显示矩形虚框
Empty String is NULL	当字段的值为空时，是否设置为 NULL
Password	设置当用户在字段中输入字符时，都显示为“*”
Required	设置字段为必须输入字段
Auto Horizontal Scroll	设置当输入或删除字段中数据时，内容自动水平滚动
Auto Vertical Scroll	设置当输入或删除字段中数据时，内容自动垂直滚动
Horizontal Scroll Bar	设置字段显示水平滚动条
Vertical Scroll Bar	设置字段显示垂直滚动条
Use Code Table	设置字段使用代码表输入数据，代码表中一个是显示值，一个是保存值
Validate	选择 Use Code Table 时可用：设置使用代码表来验证用户输入的数据
Code Table	选择 Use Code Table 时可用：使用代码表时建立的显示数据和存储数据表

9.7.2 EditMask(编辑掩码)风格

EditMask 风格是对字段的输入和显示风格设置一个掩码格式，当字段是数值类型、字符类型和日期类型时，可以选择合适类型的掩码格式，也可以定义符合规定的格式。表 9-4 是编辑风格为 EditMask 时 Edit 选项卡的属性，图 9-50 是具体应用。

表 9-4 编辑风格为 EditMask 时 Edit 选项卡属性

属 性 名	属性设置说明
Style Name	在下拉列表框中选择数据库面板定义的显示风格
Style Type	EditMask
Mask	选择或设置掩码格式,针对数据值、字符、日期等选项不同
Accelerator	设置加速键
AutoSkip	设置当本字段录入完成时是否自动跳转到下一个字段
Show Focus Rectangle	整个字段显示矩形虚框
Type	显示该字段的数据类型,无法更改
Read Only	选中 Spin Control 时可用:设置字段内容为只读状态,不能修改
Required	设置字段为必须输入字段
Code Table	选中 Spin Control 时可用:设置使用代码表录入、显示数据和存储数据表
Display Value	选中 Code Table 时可用:代码表中的显示值
Data Value	选中 Code Table 时可用:代码表中的保存值
Drop-down Calendar	针对日期型字段可用:设置下拉日历输入日期
Spin Control	设置渐变录入功能,即在字段右侧出现上下滚动箭头,针对数值和日期型
Spin Increment	设置渐变增量
Spin Min	设置渐变范围最小值
Spin Max	设置渐变范围最大值

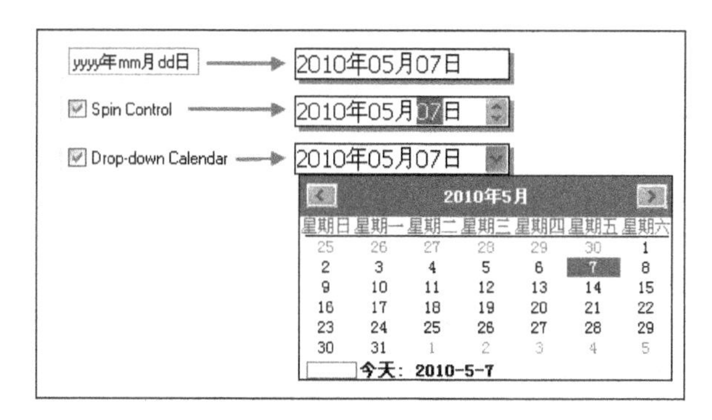

图 9-50 EditMask 应用

9.7.3 RadioButton(单选按钮)风格

当某字段的取值是某些选项中的一项时,可以采取 RadioButton 编辑风格。单击输入或以带点的圆圈显示选项值,但必须强调这些选项长期保持固定不变。表 9-5 是编辑风格为 RadioButton 时 Edit 选项卡的属性,图 9-51 是具体应用。

9.7.4 CheckBox(复选框)风格

当一个字段选取值是两个状态:打开(On)、关闭(Off),或 3 个状态:打开(On)、关闭(Off)、第三态(Other)时,可以使用 CheckBox 风格。表 9-6 是编辑风格为 CheckBox 时 Edit 选项卡的属性,图 9-52 是具体应用。

表 9-5　编辑风格为 RadioButton 时 Edit 选项卡属性

属 性 名	属性设置说明
Style Name	在下拉列表框中选择数据库面板定义的显示风格
Style Type	RadioButton
Accelerator	设置加速键
3-D Look	设置三维外观显示
Left Text	设置文字在单选按钮左侧显示
Scale Circles	设置单选按钮与文字大小成比例(当不选 3-D Look 时有用)
Columns Across	设置字段单选按钮个数,与代码表中取值个数匹配
Code Table	设置字段显示值和存储值代码表

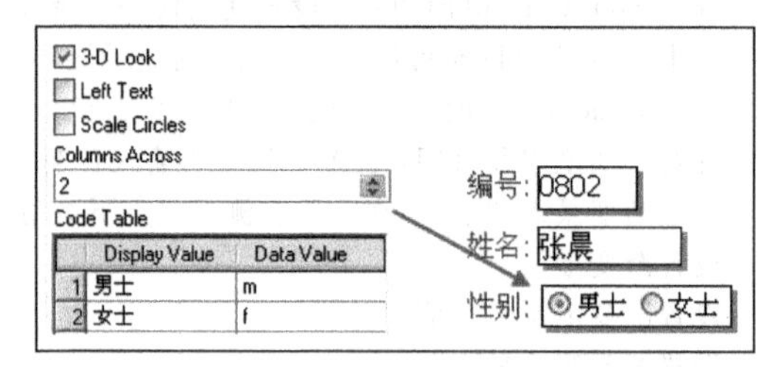

图 9-51　RadioButton 应用

表 9-6　编辑风格为 CheckBox 时 Edit 选项卡属性

属 性 名	属性设置说明
Style Name	在下拉列表框中选择数据库面板定义的显示风格
Style Type	CheckBox
Accelerator	设置加速键
3-D Look	设置三维外观显示
3 States	设置复选框是否有第三种取值状态
Left Text	设置文字在复选框左侧显示
Scale	设置单选按钮与文字大小成比例(当不选 3-D Look 时有用)
Text	设置复选框旁边的说明文字
Data Value for On	设置选中复选框时保存的值,一般为 1
Data Value for Off	设置不选中复选框时保存的值,一般为 0
Other State	当选中 3 States 复选框时可用:设置复选框第三种状态时保存的值,可设为－1

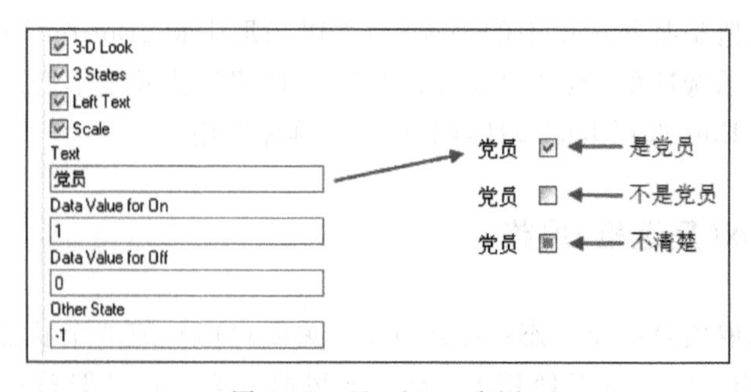

图 9-52　CheckBox 应用

9.7.5 DropDownListBox(下拉列表框)风格

当某字段的取值是某些选项中的一项时,也可以采取 DropDownListBox 编辑风格。录入时只要选择其中的一项即可,如果选中了 Allow Editing 复选框,也可以直接输入列表中没有的选项。表 9-7 是编辑风格为 DropDownListBox 时 Edit 选项卡的属性,图 9-53 是具体应用。

表 9-7 编辑风格为 DropDownListBox 时 Edit 选项卡属性

属 性 名	属性设置说明
Style Name	在下拉列表框中选择数据库面板定义的显示风格
Style Type	DropDownListBox
Case	设置在下拉列表框中选择字段录入字母时是大写或是小写方式
Accelerator	设置加速键
Allow Editing	设置允许编辑字段的值
Auto Horizontal Scroll	设置字段自动水平滚动
Sorted	设置列表框中显示值升序排列
Empty String is Null	当字段的值为空时,是否设置为 NULL
Required	设置字段为必须输入字段
Always Show List	设置当字段获得焦点时总是显示下拉列表框
Always Show Arrow	设置字段右侧总是显示一个下拉箭头,忽略 Always Show List 的设置
Vertical Scroll Bar	设置当下拉选项较多时,下拉列表右侧显示一个垂直滚动条
Limit	设置字段中最多输入的字符个数限制,取值为 0～32 767,0 表示无限制
Code Table	设置下拉列表框选项的显示值和保存值

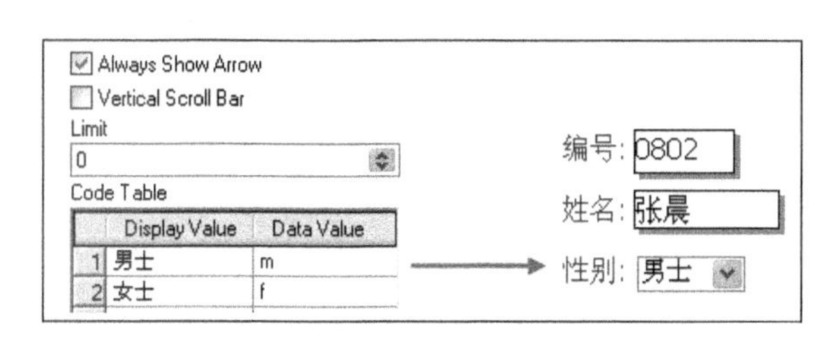

图 9-53 DropDownListBox 应用

9.7.6 DropDownDataWindow(下拉数据窗口)风格

当某字段的取值是某些选项中的一项,而这些选项来自另外一个数据表,且这些选项可以在系统中进行增加、删除和修改操作,则采用 DropDownDataWindow 编辑风格较为方便。表 9-8 是编辑风格为 DropDownDataWindow 时 Edit 选项卡的属性,图 9-54 是具体应用。

表 9-8　编辑风格为 DropDownDataWindow 选项卡属性

属 性 名	属性设置说明
Style Name	在下拉列表框中选择数据库面板定义的显示风格
Style Type	DropDownDataWindow
Accelerator	设置加速键
Case	设置在下拉列表框中选择字段录入字母时是大写或是小写方式
Allow Editing	设置允许编辑字段的值
Empty String is NULL	当字段的值为空时，是否设置为 NULL
Required	设置字段为必须输入字段
Always Show List	设置当字段获得焦点时总是显示下拉列表框
Always Show Arrow	设置字段右侧总是显示下拉箭头，忽略 Always Show List 的设置
Horizontal Scroll Bar	设置字段水平滚动条
Vertical Scroll Bar	设置字段垂直滚动条
Split Horizontal Scroll Bar	设置把下拉列表分裂成两个列表
Auto Horizontal Scroll	选中 Allow Editing 时可用：录入数据超界时数据自动向左滚动
Auto Retrieve	设置以显示值代替保存值显示
Limit	设置字段中最多输入的字符个数限制，取值为 0～32 767，0 表示无限制
Lines In DropDown	设置下拉列表框打开时显示下拉的选项行数
Width of DropDown(%)	设置下拉列表框打开时显示下拉列表的宽度，0 即 100%字段宽度
DataWindow	设置下拉列表框中的数据窗口对象
Display Column	设置下拉列表框中数据窗口对象的显示字段
Data Column	设置下拉列表框中数据窗口对象的保存数据字段

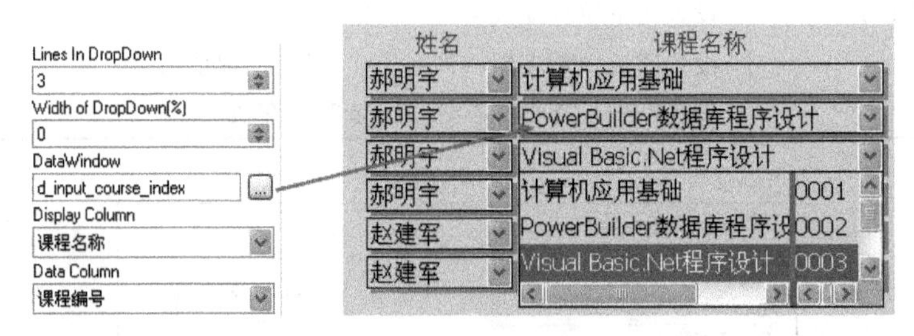

图 9-54　DropDownDataWindow 应用

9.7.7　RichText(超文本)风格

RichText 风格是一个很好的特性，可以对一个字段中的不同的文字设置不同的字体、字形、字号、编号与项目等号等格式。表 9-9 是编辑风格为 RichText 时 Edit 选项卡的属性，图 9-55 是具体应用。

9.7.8　InkEdit(数字墨水编辑)风格

当某字段设置为 InkEdit 风格后，它就具有手写输入功能了，它的 Edit 选项卡的属性与 RichText 基本一致。另外，它有一个 Ink 选项卡，其属性如表 9-10 所示。

表 9-9 编辑风格为 RichText 时 Edit 选项卡属性

属性名	属性设置说明
Style Name	在下拉列表框中选择数据库面板定义的显示风格
Style Type	RichText
Limit	设置字段中最多输入的字符个数限制，取值为 0～32 767，0 表示无限制
Accelerator	设置加速键
Auto Selection	设置当字段获得焦点时，字段中的数据处于被选中状态
Display Only	设置字段数据只读
Show Focus Rectangle	设置当字段获得焦点时，字段上有虚框显示
Empty String is NULL	当字段的值为空时，是否设置为 NULL
Required	设置字段为必须输入字段
Vertical Scroll Bar	设置字段垂直滚动条

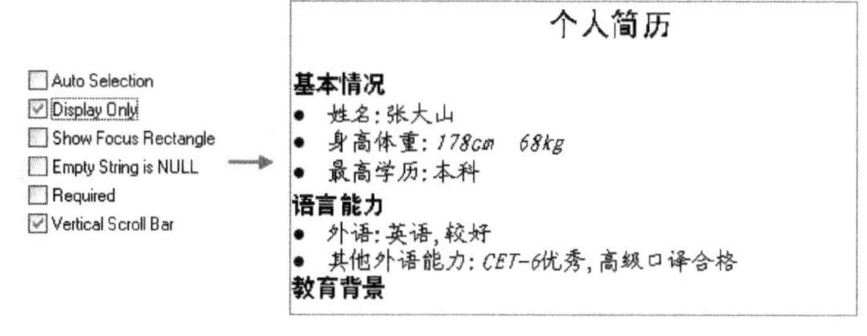

图 9-55 RichText 应用

表 9-10 编辑风格为 InkEdit 时 Ink 选项卡属性

属性名	属性设置说明
InkMode	设置数字墨水收集的模式，有 3 个选项
Factoid	为数字墨水编辑字段设置一个识别的格式，如数字、日期、货币等
RecognitionTimer	设置墨水第一笔画与最后一个笔画之间的时间间隔（单位为毫秒）
UseMouseForInput	设置是否可以利用鼠标进行手写录入
InkAntiAliased	设置墨水显示是否抗锯齿，默认为流畅、清晰
IgnorePressure	设置笔尖的宽度是否随着笔尖压力的增大而增加
InkColor	设置墨水的颜色
InkHeight	设置矩形笔尖的边高，默认为 1 像素
InkWidth	设置矩形笔尖的宽度，默认为 53 像素
InkTransParency	设置墨水的透明度
PenTip	设置笔尖的类型，有两个选项（圆的或方的）

9.8 字段的显示格式设置

前面已经讲过，通过字段的 EditMask 编辑风格可以设置字段的格式，除此之外，还可以通过数据库面板对数据表中的字段设置格式以及在数据窗口对象属性页中对字段设置格式。

9.8.1 对数据表中的字段设置格式

打开数据库面板，在数据表的字段上右击，选择 Properties 命令，在属性面板中的 Display 和 Edit Style 选项卡中进行设置。图 9-56 是对“出生日期”字段进行设置的界面。

9.8.2 对数据窗口对象中的字段设置格式

在数据窗口对象上，单击字段，在属性面板中的 Format 选项卡的 Format 文本框中输入字段的显示格式，如图 9-57 所示。

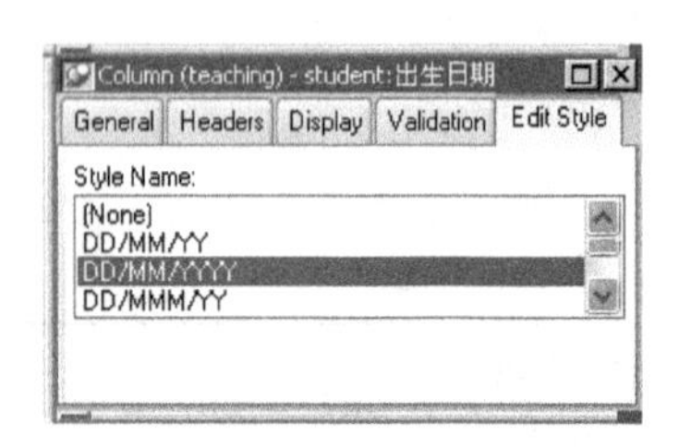

图 9-56 Edit Style 选项卡

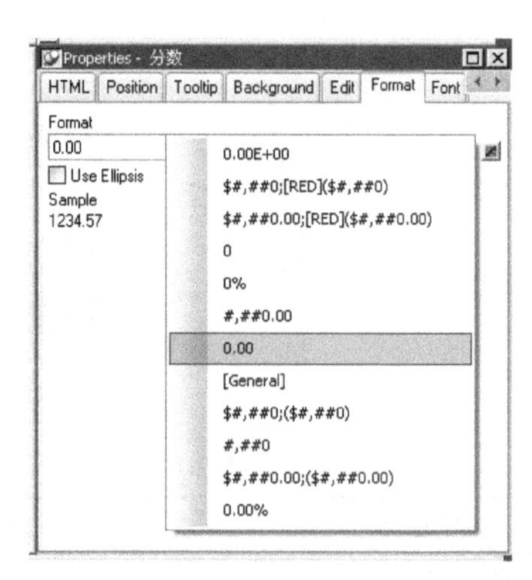

图 9-57 数值型字段的 Format 选项卡

1. 字符型字段显示格式

字符型字段由两部分构成，第一部分是必需的，第二部分是当字符串为空串时的格式，可以省略。

有 5 个字符在字符串中表达不同的含义，如“!”表示只能输入或显示一个大写字母；“^”表示只能输入或显示一个小写字母；“#”表示只能输入或显示数字；“a”表示只能输入或显示英文字母或数字；“X”表示可以输入或显示任何一个字符。例如带区号的电话号码，使用“[RED]@@@-@@@@@@@@”，则以红色显示 021-39392536。

2. 数值型字段格式

数值型字段由 4 部分构成，第一部分是必需的，为正数格式；第二部分是可选的，为负数格式；第三部分是可选的，为零格式；第四部分是可选的，为空值格式，如表 9-11 所示。

表 9-11　数值型字段显示格式定义

符号	格　　式	数字 1226.80	数字 －1226.80
＃	＃，＃＃.＃＃	1226.8	－1226.8
0	0,00.00	1226.80	－1226.80
E	0.00E＋00,(－0,000.00)	1.23E＋03	(－1226.80)
,	＃，＃＃＃.＃＃；(＃，＃＃＃.＃＃)	1,226.8	(1,226.8)
￥或＄	￥＃，＃＃＃.＃＃；[red](－￥＃，＃＃＃.＃＃)	￥1,226.8	(－￥1,226.8)红色
％	＃，＃＃＃.＃＃％；[red](＃，＃＃＃.＃＃％)	122,680.％	(122,680.％)红色

3. 日期型字段格式

日期型字段由两部分构成，第一部分是必需的，第二部分是当日期为空时的格式，可以省略，如表 9-12 所示。

表 9-12　日期型字段显示格式定义

格　　式	举例(对日期 1982-09-28)
yy 年 m 月 d 日；[RED](00-00-00)	82 年 9 月 28 日；红色(00-00-00)
yy 年 mm 月 dd 日	82 年 09 月 28 日
yyyy 年 mmm 月 ddd 日	1982 年 Sep 月 Thu 日
yyyy 年 mmmm 月 dddd 日	1982 年 September 月 Thursday 日

4. 时间型字段格式

时间型字段由两部分构成，第一部分是必需的，第二部分是当时间为空时的格式，可以省略，如表 9-13 所示。

表 9-13　时间型字段显示格式定义

格　　式	举例(对时间 14:25:6.8)
h:m:s;[RED](00:00:00)	14:25:6;红色(00:00:00)
hh:mm:ss	14:25:06
hh:mm:ss:ff	14:25:06:80
hh:mm:ss am/pm;[RED](00:00:00 a/p)	02:25:06 pm;红色(00:00:00)

9.9　数据窗口对象中字段焦点顺序的设置

数据窗口对象中字段焦点顺序的设置和窗口上控件焦点的设置方法相同。选择 Format→Tab Order 命令(或单击 PainterBar2 中的按钮)，此时数据窗口对象上所有字段都有一个红色数字，由小到大排列，这正是按 Tab 键，字段焦点转移的顺序。可以单击红色数字，然后改变大小，从而改变 Tab 焦点的顺序。再次选择 Format→Tab Order 命令，取消焦点设置。如果把某字段的焦点数据改为 0，则焦点不会落在此字段上，计算字段是没有焦点的。

9.10 在数据窗口对象中添加控件

打开数据窗口对象，在 PainterBar1 上单击数据窗口对象的控件箱(或选择 Insert→Object 命令)，可以看到有 20 个控件，它们都可以应用于数据窗口对象，如图 9-58 所示。添加文本、直线、椭圆、矩形、圆角矩形、图像、分组框、日期、页码等对象都比较简单。首先，在数据窗口对象控件箱中单击所需的控件，并在需要的位置单击，然后调整位置和进行参数设置。下面重点介绍其他几个控件。

9.10.1 添加命令按钮控件

在数据窗口对象上添加命令按钮控件(文本和图像)，只需进行动作设置而不需要编程就能完成较多的操作，如数据操作(添加、删除、保存、刷新)、数据导航(第一位、向前、向后、最后位)、筛选、打印以及保存为文件等。

在数据窗口对象上放置一个按钮控件，在 General 属性选项卡上进行属性设置。如果是文字按钮，则只要在 Text 文本框中输入按钮文字即可；如果是图像按钮，则去掉 Text 文本框中的 none，然后单击 Picture File 右侧的浏览按钮[...]，找到合适的图像，或选中 Action Default Picture 复选框，使用系统提供的默认的图像，如图 9-59 所示。

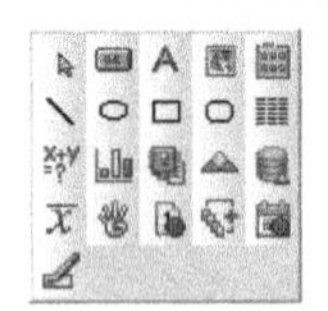

图 9-58 数据窗口对象的控件

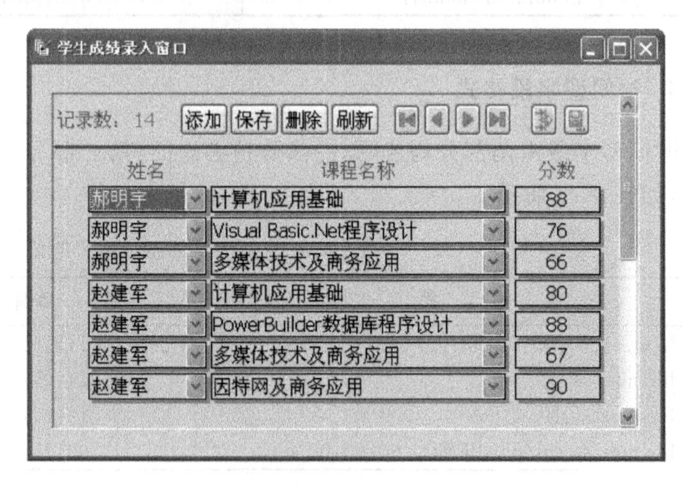

图 9-59 在数据窗口对象上放置按钮控件

9.10.2 添加字段和自定义计算字段

1. 添加字段

当不小心删除了数据窗口对象上的某个字段，或希望再添加一个相同的字段可以单击控件箱中字段图标▦，单击数据窗口对象，则打开 Select Column 对话框。选择要添加的字段，单击 OK 按钮，字段即添加进来了。

2. 添加计算字段

计算字段是指通过其他字段计算而来的字段，它不会保存在数据表中，也不需要对它进行数据输入。单击控件箱中的计算字段图标，并在数据窗口对象上单击，打开 Modify Expression 对话框。在 Expression 下面输入计算表达式，单击 OK 按钮。例如，在工资管理系统中，计算“应发工资”、“工资税”和“实发工资”等都用到计算字段。

9.10.3 在数据窗口对象上添加报表控件(嵌套报表)

单击控件箱中的创建报表对象图标，单击数据窗口对象，打开 Select Report 对话框。选中一个数据窗口对象，单击 OK 按钮，选中的数据窗口对象就嵌入到原来的数据窗口对象中，两者可以通过哑元变量传递数据，如图 9-60 所示。

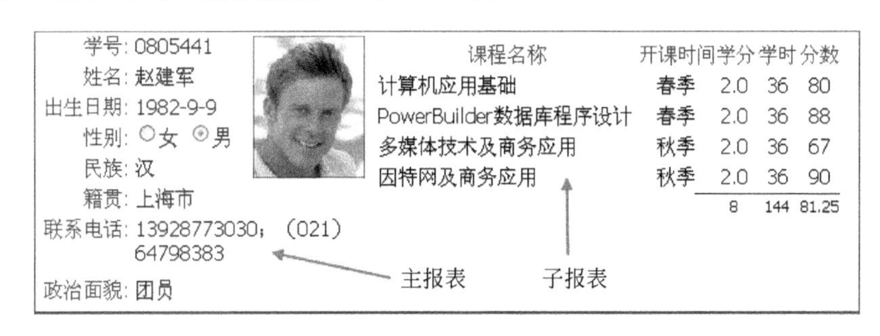

图 9-60 嵌套报表的应用

9.10.4 添加统计图控件

单击控件箱中的创建统计图控件图标，单击数据窗口对象，打开 Graph Data 对话框。选择 Rows、Category、Value、Series 和 Type，如图 9-61 所示，单击 OK 按钮。可以通过属性面板对图进行修改。

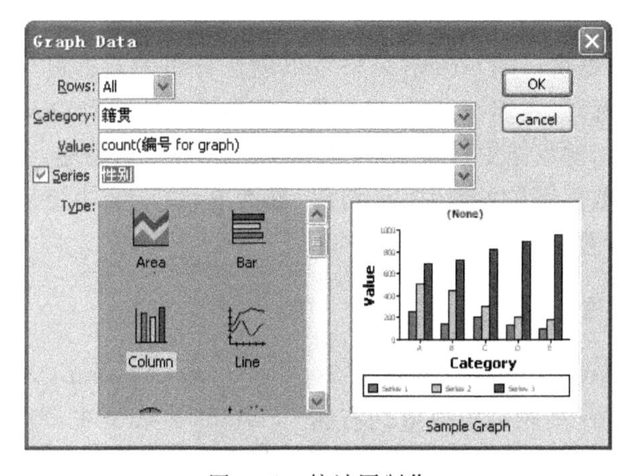

图 9-61 统计图制作

9.10.5 统计记录个数、统计数值字段的平均值、求和

先选中需要统计的字段，如计算“基本工资”的和，然后再单击控件箱中的求和控件图标 ，则求和计算字段出现在 Detail 区和 Summary 区之间。统计记录个数以及求平均的方法相同。

9.11 对数据窗口对象记录操作

当创建了数据窗口对象后，可以在预览视图中直接看到设计的结果；也可以像在数据库面板中对数据表操作一样，进行记录的添加、删除、保存等操作，还可以对数据进行排序、筛选和导入/导出操作。

9.11.1 记录的添加、删除、保存等操作

通过 PainterBar3 上的记录操作和导航按钮进行操作。

9.11.2 记录的排序

在创建数据窗口对象时，可以在 Sort 选项卡中设置排序字段。也可以在建好数据窗口对象后，选择 Rows→Sort 命令，在打开的 Specify Sort Columns 对话框中进行排序操作。

9.11.3 记录的筛选

选择 Rows→Filter 命令，在打开的 Specify Filter 对话框中进行筛选操作。

9.11.4 记录分组的创建、编辑和删除

前面讲过，利用数据窗口的 Group 风格可以创建分组的数据窗口对象，那时创建的分组数据窗口对象既有标题、日期和页码，也有数值字段的分组求和以及总求和。而这里讲的是对已创建好的未分组的数据窗口对象，可以手工进行分组的创建、编辑和删除操作，其中标题、日期、页码以及数值字段的求和、平均值、最大值、最小值等统计信息都要手工创建。还要强调的是，首先要对分组字段进行排序。

1. 记录分组的创建

选择 Rows→Create Group 命令，打开 Specify Group Columns 对话框，把要分组的字段从左侧的 Source Data 列表框中拖放到右侧 Columns 列表框中，单击 OK 按钮。此时的数据窗口对象上多了两个区，一个是分组标题区，另一个是分组结尾区。把分组字段移到分组标题区中，在分组结尾区中创建计算字段的统计信息，如图 9-62 至图 9-65 所示。

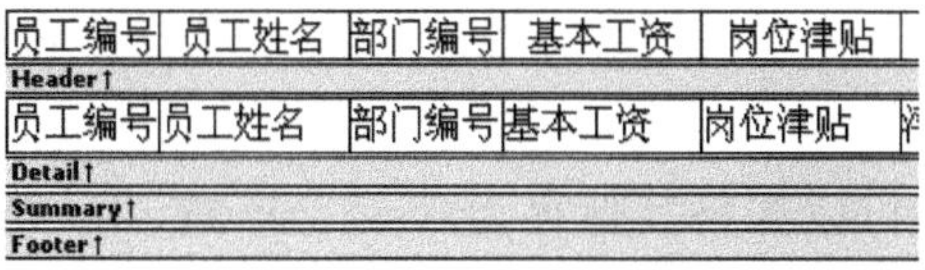

图 9-62 Tabular 风格数据窗口对象

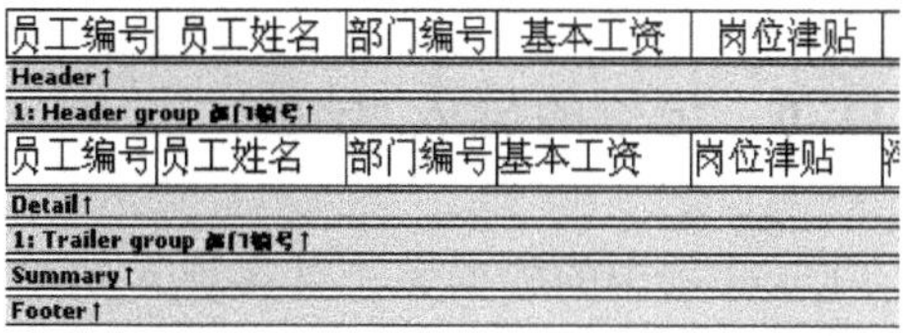

图 9-63 对部门编号分组

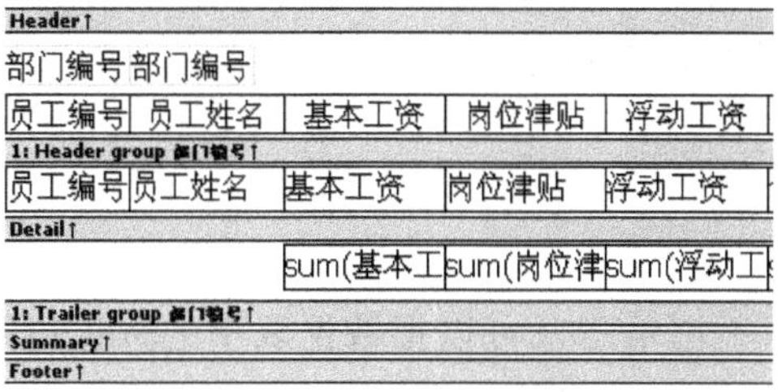

图 9-64 移动部门字段、求数值字段的和

部门编号 广告部

员工编号	员工姓名	基本工资	岗位津贴	浮动工资
M001	陈祁睿	4850.00	800.00	240.00
M002	张晨	3450.00	100.00	30.00
M003	赵莹	2600.00	100.00	30.00
M004	刘艳	3350.00	100.00	30.00
M005	何晶	3250.00	100.00	30.00
M006	徐舒	2500.00	100.00	30.00
M007	孟稚佼	3250.00	100.00	30.00
		23,250.00	1,400.00	0,420.00

图 9-65 预览分组结果

2. 记录分组的删除

选择 Rows→Delete Group→1 命令，系统将分组标题区以及分组结尾区中的内容全部删除。

3. 记录分组的编辑

选择 Rows→Edit Group→1 命令，打开分组属性面板，可以在 General 选项卡中修改 Group Definition 和 Group Sort，并根据需要选中 Reset Page Count、New Page on Group Break 或 Suppress Group Header 复选框。

9.11.5 记录重复值的压缩

如图 9-66 所示，课程名称重复出现，可以通过压缩重复值的操作避免这种现象。选择 Rows→Supress Repeating Values 命令，打开 Specify Repeating Value Suppression List 对话框。把带有重复值的字段从左侧的 Source Data 列表框中拖动到右侧 Suppression List 列表框中，单击 OK 按钮，如图 9-67 所示。

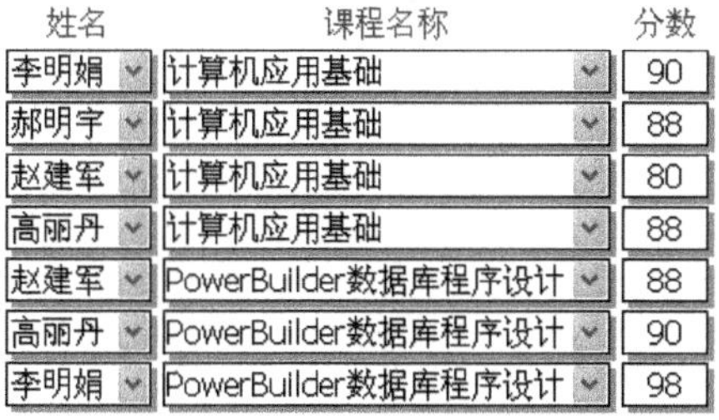

姓名	课程名称	分数
李明娟	计算机应用基础	90
郝明宇	计算机应用基础	88
赵建军	计算机应用基础	80
高丽丹	计算机应用基础	88
赵建军	PowerBuilder数据库程序设计	88
高丽丹	PowerBuilder数据库程序设计	90
李明娟	PowerBuilder数据库程序设计	98

图 9-66 课程名称重复出现

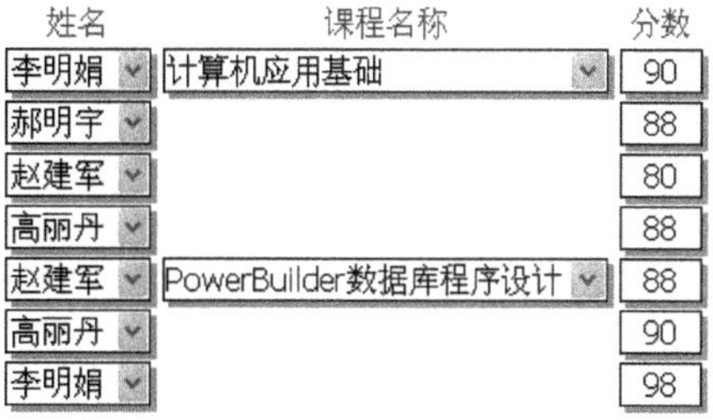

姓名	课程名称	分数
李明娟	计算机应用基础	90
郝明宇		88
赵建军		80
高丽丹		88
赵建军	PowerBuilder数据库程序设计	88
高丽丹		90
李明娟		98

图 9-67 压缩重复值后的数据窗口对象

9.11.6 记录的导入/导出

Excel表中的数据无法直接导入到数据表中,可以先将其保存为.csv、.txt或.dbf格式的文件,然后再导入到数据表中。打开数据窗口对象,单击预览视图,选择Rows→Import命令,打开Select Import File对话框。选中要导入的文件,单击“打开”按钮即可。

把数据窗口对象预览视图中显示的数据保存为文件的方法是,选择File→Save Rows As命令(或在数据窗口对象预览视图区上右击,选择Save Rows As命令),打开“另存为”对话框。选择保存位置、保存类型、输入文件名,单击“保存”按钮即可。

小结

数据窗口是PowerBuilder的专利技术,几乎不用编程就可以把数据表中的数据以12种不同的显示风格展示出来。在数据窗口视图中,可以对数据窗口对象的属性进行设置,对数据窗口对象中的字段属性、格式进行设置,为数据窗口对象添加控件,对数据窗口对象进行数据检索、排序、筛选、添加、删除等操作。

思考题与习题

1. 数据窗口控件和数据窗口对象两者有何不同？各自有何用途？

2. 数据窗口对象有哪几种数据源,各自有何特点？

3. PowerBuilder 11.5可以创建哪几种风格的数据窗口对象？各自有何特点和用途？

4. 数据窗口有哪几种视图,各自有何特点？

5. 简述数据窗口对象的常用属性及含义。

6. 字段的Edit属性选项卡有一个很重要的属性项为Style Type,它有8个选项,简述它们的特点和用途。

7. 简述在数据窗口对象上放置按钮控件并为它们设置动作的方法,如何在这些按钮上显示与动作相匹配的默认的图标？如何让这些按钮上显示自定义的图标。

8. 简述在数据窗口对象上放置其他数据窗口控件的方法及意义。

9. 数据窗口的背景色是通过Background选项卡进行设置的,其中Brush Mode属性项有7个选项,简述它们的特点和用途。

10. 如何利用数据窗口对象进行添加、删除、检索、排序、筛选、导入和导出数据？

第10章 菜　　单

学习目标

本章主要介绍菜单的概念以及菜单的创建方法和技巧，掌握菜单以及菜单项各属性的意义及设置方法。

10.1 菜单概述

菜单的使用非常广泛，几乎所有的应用程序都会使用菜单作为其各项功能的门户。菜单把整个应用程序的功能分门别类、层次清楚地呈现在用户面前。PowerBuilder 提供了功能强大的菜单画板，可以简单地创建、编辑各种类型的菜单。通过对菜单设置工具栏、加速键和快捷键，可以使菜单的操作更加快捷、便利。菜单也是一种对象，它具有属性、事件和函数，可以通过编程进行修改。

10.2 菜单分类

菜单分为下拉式菜单、弹出式菜单和级联式菜单 3 种类型，从图 10-1 中可以清楚地看到 3 种菜单以及菜单的术语。

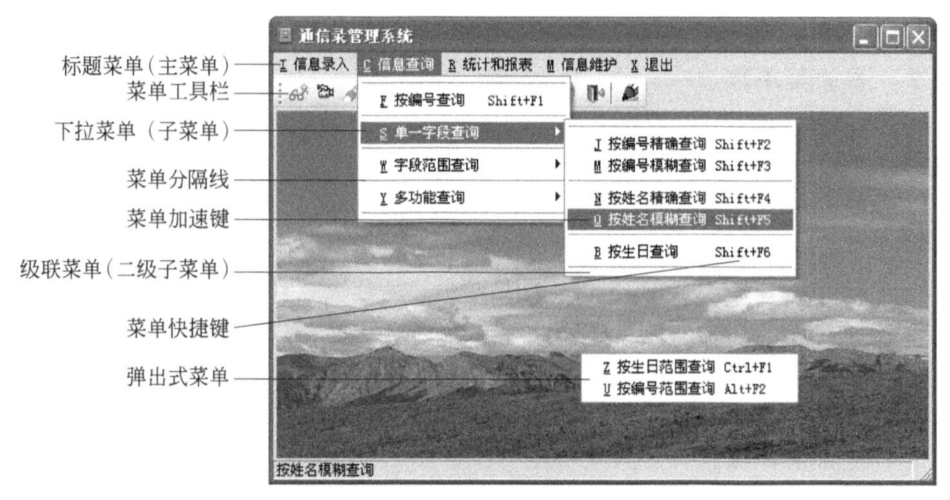

图 10-1　菜单及术语

10.3 菜单的创建和设计

菜单可以从头一步一步建立起来，也可以从已有的菜单继承而来，继承的方法与窗口继承一样。

10.3.1 创建菜单

选择 File→New 命令，打开 New 对话框。选择 PB Object 选项卡，单击 Menu 按钮，单击 OK 按钮，打开菜单设计画板。在 Untitled0 上右击，选择 Insert Submenu Item 命令，在 Untitled0 下方出现一个矩形框。在框中输入第一个菜单标题，如“信息录入”，按 Enter 键后，第一个菜单标题就建好了。在“信息录入”上右击，弹出快捷菜单，各命令的功能如图 10-2 所示。

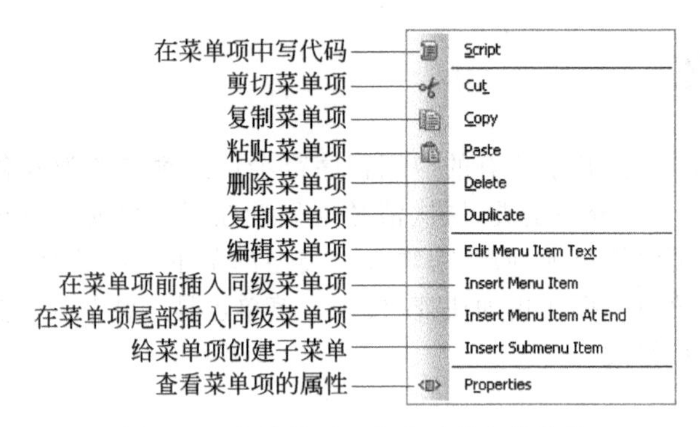

图 10-2 在菜单项上右击时弹出的菜单

菜单也可以像窗口一样通过继承的方法来创建。选择 File→Inherit 命令，打开 Inherit from Object 对话框。在 Objects of Type 下拉列表框中选择 Menus 类型，在 Object 下面选中某个菜单，单击 OK 按钮即可。

10.3.2 添加菜单项

在图 10-2 所示的弹出式菜单上：

(1) 选择 Insert Menu Item 命令，在菜单项上方添加同级菜单项。

(2) 选择 Insert Menu Item At End 命令，在菜单项尾部添加同级菜单项。

(3) 选择 Insert Submenu Item 命令，给菜单项新建级联菜单(子菜单)。

(4) 选择 Duplicate 命令(或按 Ctrl+T 组合键)，复制菜单项。

(5) 选择 Copy 和 Paste 命令，也可以复制菜单项。

10.3.3 删除菜单项

在菜单项上右击，选择 Delete 命令，或在菜单项上右击，选择 Cut 命令，可以删除菜单项。

10.3.4 菜单项文本的修改

在菜单项上右击，选择 Edit Menu Item Text 命令，可以直接修改文字。

10.3.5 移动菜单项

用鼠标拖动某个菜单项可以同级上下移动，也可以把某个菜单项向后拖动成为另一个菜单项的级联菜单(子菜单)，还可以把某个级联菜单项(子菜单)向前拖动成为父级菜单项。

10.3.6 插入分隔线

插入一个菜单项，菜单项中的内容输入一个英文减号“－”即可。

10.3.7 菜单和菜单项的属性

1. 菜单的属性

在菜单画板中，单击菜单的名字(当菜单已保存过)或单击 Untitled0(菜单还未保存)时，属性面板上的两个选项卡涉及菜单整体风格及工具栏的属性设置。其中 General 选项卡中只有一个属性项 Name，它下面的文本框中为菜单的名字；Appearance 选项卡主要设置菜单以及菜单工具栏外观特征，表 10-1 是该选项卡属性设置说明。

表 10-1 菜单对象的 Appearance 选项卡属性

属 性 名	属性设置说明
Menu Style	设置菜单风格(“传统”和“现代”两个选项)
MenuTextColor	设置菜单文字的颜色
MenuBackColor	设置菜单背景颜色
MenuHighlightColor	设置当某菜单项获得焦点时的背景颜色
FaceName	设置菜单文字字体
TextSize	设置菜单文字大小
Bold	设置菜单文字加粗
Italic	设置菜单文字倾斜
Underline	设置菜单文字下划线
TitleBackColor	设置标题背景色(选中 MenuTitles 复选框时可用)
BitmapBackColor	设置菜单位图区背景色(选中 MenuBitmaps 复选框时可用)
MenuBitmaps	设置菜单位图区是否显示
BitmapGradient	设置菜单位图区颜色是否以渐变色显示
MenuTitles	设置菜单标题区是否显示
TitleGradient	设置菜单标题区颜色是否以渐变色显示
Toolbar Style	设置工具栏风格(“传统”和“现代”两个选项)
ToolbarTextColor	设置工具栏文字颜色
ToolbarBackColor	设置工具栏背景色
ToolbarHighlightColor	设置工具栏图标获焦点时颜色
ToolbarGradient	设置工具栏背景色是否以渐变色显示

图 10-1 是“传统”风格的菜单，图 10-3 是“现代”风格的菜单。

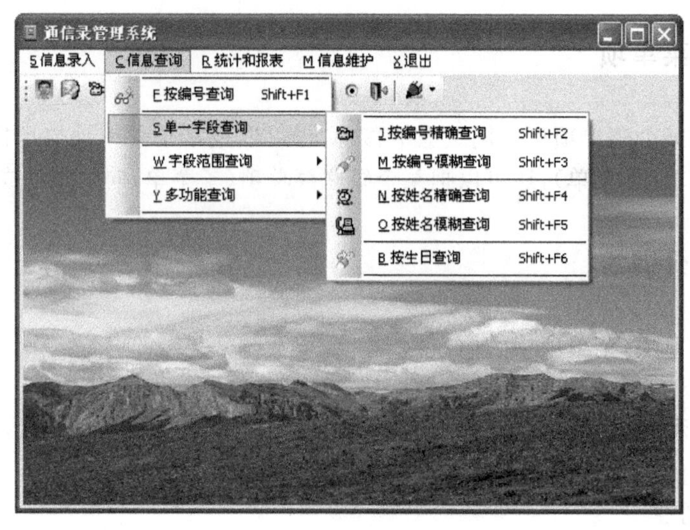

图 10-3 “现代”风格的菜单

2. 菜单项的属性

单击某菜单项，属性面板上也有两个选项卡，它们是涉及菜单项属性设置及其工具栏的属性设置。表 10-2 是菜单项 General 选项卡属性及其设置说明，表 10-3 是菜单项 Toolbar 选项卡属性及其设置说明。

表 10-2 菜单项 General 选项卡属性

属 性 名	属性设置说明
Name	菜单名称
Lock Name	设置菜单名称加锁，防止菜单名被修改
Text	设置菜单项显示的文本
MicroHelp	设置当主界面是 mdihelp! 类型时，窗口底部显示的微帮助信息
Tag	设置菜单项有关的说明
MenuImage	当表 10-1 中菜单选“现代”风格，并选中 MenuBitmaps 复选框时的菜单图像
MenuTitleText	当表 10-1 中菜单选“现代”风格，并选中 MenuTitles 复选框时的菜单文字
MenuAnimation	设置菜单项文字前面的图像动画，当选中 Visible 和 Enabled 时可用
Visible	设置菜单项文字前面的图像是否可见
Enabled	设置菜单项文字前面的图像是否可用
Checked	设置菜单项是否被选中
Default	设置菜单项是否为默认选项，默认菜单项文字以粗体显示
ShiftToRight	设置当利用继承方法创建菜单时，某菜单项是否移到同级菜单中最右边或最下面
MergeOption	设置当 OLE 对象被激活时，菜单的归并方式(只有当窗口上有 OLE 控件时有效)
MenuItemType	设置菜单项类型，有 4 个选项
Shortcut Key	设置一个快捷键
Shortcut Alt	设置 Alt 键与快捷键组合
Shortcut Ctrl	设置 Ctrl 键与快捷键组合
Shortcut Shift	设置 Shift 键与快捷键组合

表 10-3 菜单项 Toolbar 选项卡属性

属 性 名	属性设置说明
ToolbarItemText	设置工具栏项目图标的提示文本
ToolbarItemName	设置工具栏项目图标,可以在列表中选择,也可以自定义
ToolbarItemDownName	设置当按下工具栏项目图标时显示的图标,可在列表中选择,也可以自定义
ToolbarItemVisible	设置工具栏项目图标是否可见
ToolbarItemDown	设置工具栏项目图标默认为按下状态
ToolbarAnimation	设置当鼠标指针移到工具栏项目图标上时是否会立体显示
ToolbarItemSpace	设置工具栏项目图标与前一图标的间距
ToolbarItemOrder	设置工具栏项目图标在工具栏中的顺序
ToolbarItemBarIndex	当有多个工具栏时,设置工具栏项目图标属于哪一个工具栏(数字相同则属于同一个工具栏)
Columns	当 Object Type 选择 MenuCascade 并且选中 DropDown 复选框时,级联工具栏图标以几列显示
DropDown	设置工具栏图标是否向下展开
Object Type	设置菜单对象的类型

10.3.8 菜单的加速键

在标题菜单项、下拉菜单项或级联菜单项的文本前、文本中间或文本后输入一个英文字母或数字,然后在它前面输入"&"符号,构成加速键。运行时可以看到菜单项中字母或数字下面有下划线,此时可以不用鼠标来操作,只需按 Alt+字母或数字组合键(当为标题菜单时)或直接按字母或数字(当为下拉菜单时)展开菜单或执行菜单项的代码。

10.3.9 菜单项的快捷键

单击某菜单项,在 General 选项卡的 Shortcut Key 下拉列表框中选择一个功能键、字母或数字,还可以再选中 Shortcut Alt、Shortcut Alt 或 Shortcut Alt 复选框,构成快捷键,程序运行时,只要按快捷键就能执行菜单项的代码。

10.3.10 菜单的工具栏

工具栏也极其常用,它实际上就是把某些常用的菜单项以图标的方式放在菜单栏下面(或界面的左侧、右侧和底部),需要时直接单击相应的图标即可。

创建工具栏十分简单,选中菜单项的 Toolbar 属性选项卡,在 ToolbarItem Text 文本框中输入菜单项的文本,这个文本是当鼠标指针移动到这个工具栏图标上时的提示信息。在 ToolbarItemName 下拉列表框中选择一个图标,也可以单击右侧的浏览按钮[...],查找一个自己准备好的位图。如果希望单击图标时，变换成另外一个图标，则要在ToolbarItemDownName下拉列表框中再选择一个图标。

10.3.11 保存菜单

单击工具栏中的Save按钮，打开Save Menu对话框。在Menu下面输入菜单的名字(以m_开头)，单击OK按钮即可。

10.4 弹出式菜单

弹出式菜单通常与某对象或控件相关联，当在对象或控件上右击时弹出菜单，这就需要在对象或控件的rbuttondown事件中编写代码。

1. 弹出系统菜单中某个下拉菜单或级联菜单

弹出系统菜单中某个下拉菜单或级联菜单后，菜单已与主窗口关联，只要在本系统中任何窗口对象的rbuttondown事件中输入下面的代码即可：

```
m_main.m_name.PopMenu(xPos,yPos)
```

其中m_main是系统主菜单的名字，m_name是系统菜单中的某个菜单项的名字，该菜单项的级联菜单(即子菜单)将被全部弹出。PopMenu()是弹出式菜单对象的函数，其中xPos，yPos是rbuttondown事件发生时鼠标的位置。

2. 弹出已创建但还未与窗口关联的菜单对象

m_file是一个未与窗口关联的菜单，如果要使其中m_edit菜单项的级联菜单(子菜单)作为弹出式菜单，则在任何窗口中某对象的rbuttondown事件中编写下面代码即可：

```
m_file m_pop                          //用m_file定义一个菜单变量
m_pop=create m_file                   //用m_file创建一个菜单实例
m_pop.m_edit.PopMenu(xPos,yPos)       //把菜单实例中某个菜单项的级联菜单弹出来
```

10.5 菜单的编程

一般是对菜单项的clicked事件编程。选中某菜单项，右击，选择Script命令(或单击工具栏中的Script按钮，或双击某菜单项)，在代码区中编写代码即可。注意，一般不为有下拉菜单或级联菜单的菜单项编写代码。

10.6 菜单与窗口的关联

菜单设计好后，必须与窗口关联起来才能显示并发挥作用。打开一个窗口，在属性面板中的General选项卡上，单击MenuName文本框右侧的浏览按钮，在打开的Select Object

对话框中选中设计好的菜单，单击 OK 按钮即可。

小结

菜单是应用程序的门户，通过菜单可以打开应用程序的各个功能模块，从而进行各种操作。在 PowerBuilder 中建立菜单十分简单和直观，可以通过属性设置使得菜单以及菜单工具栏别具一格。

思考题与习题

1. 菜单分几类，各有何特点？
2. 菜单有哪两种显示风格，如何设置？
3. 如何为“现代”风格菜单项添加图标和菜单动画？
4. 如何创建下拉菜单和级联菜单？
5. 是否可以通过拖动方式调整菜单？
6. 如何设置工具栏、工具栏图标动画？
7. 如何设置多个工具栏？
8. 如何设置菜单的加速键和快捷键？

第 11 章　PowerScript 语言

学习目标

本章主要介绍 PowerBuilder 的编程语言 PowerScript，学习编程语言的基础知识、数据类型、变量、运算符、表达式、数组、字符串、PowerScript 语句、嵌入 SQL 语句等。

PowerScript 是 PowerBuilder 的编程语言，是一种结构化的、面向对象的高级语言，利用它可以编写出各类事件以及函数中要完成的操作代码。PowerBuilder 支持标准的 SQL 语句，而且还提供了嵌入式 SQL 语句，极大增强了程序对数据库的访问和操作能力。PowerScript 支持常规数据类型，也支持用于处理多媒体数据的二进制对象数据。

本章主要介绍 PowerScript 语言的基础知识、各种语句的语法规则以及使用方法。

11.1　PowerScript 基础

11.1.1　注释

注释主要用于给程序代码添加一些说明文字；在程序调试阶段，也经常会利用注释符号将一段程序注释掉。注释的内容不参与程序编译，不检查注释内容的语法错误。PowerScript 有两种注释方法。

1. 行注释

行注释（“//……”或“……//……”）即单行注释，在双斜线之后书写注释内容。

2. 块注释

块注释（“/ * …… * /”）可以用于单独一行语句，也可以用于连续多行、多段语句，以“/ * ”开始，以“ * /”结束，中间的部分均为注释内容。

PowerBuilder 还提供了更简单方便的添加注释和去掉注释的方法。

- 添加注释：选中多行语句，单击工具栏中的添加注释图标。
- 去掉注释：选中有注释的语句，单击工具栏中的去掉注释图标。

11.1.2　标识符

标识符是程序中用于代表变量、标号、函数、窗口、数据窗口、菜单、数据库、数据表、字段、控件及对象等名称的符号。其命名规则如下。

- 必须以字母、汉字和下划线“_”开头。例如，s_code、最大值_m、_code。
- 可以包含数字、字母、汉字、下划线“_”、连字符“－”、美元符“＄”、百分号“％”以及井号“#”。例如，s_123、s-123、面积、s_$、s_%_#都可以作为标识符。

- 不区分大小写。例如，S_code、s_Code 和 S_CODE 均代表一个标识符。
- 最多由不超过 40 个字符构成，且中间不包含空格字符。
- 保留字不能用于标识符。如 global、call、choose、return 等不能用于标识符。

PowerBuilder 完全兼容汉字的使用，在标识符中适当使用汉字会使程序编写更方便、可读性更强。例如，数据表中的字段均使用汉字，非常直观，而且在创建数据窗口时，字段标签或列标题直接就是汉字，非常方便。

11.1.3 保留字和关键字

保留字是 PowerBuilder 自己内部使用的词，而关键字是 PowerScript 句法中使用的词，在大多数情况下，关键字就是保留字。保留字有 100 多个，例如 and、not、open、if、until、while 等。可以在帮助中查找 reserved words 查看全部保留字。如果在程序中误用了保留字作为变量名，当保存对象时，系统会出现 Warning 或 Error 提示。为了避免误用保留字，一般定义变量时都会加一个前缀。如定义字符串变量，可以使用“s_”前缀；定义实型量变量，可以使用“r_”。

11.1.4 续行符

当一行语句较长时，可以在语句中间添加一个续行符“&”，其后的语句可以写在下一行。例如：

```
if sle_1.text="sift" and &
    sle_2.text="a123" then
    open(w_main)
end if
```

但是续行符不能把标识符和保留字分断。

11.1.5 空值

空值(NULL)是 PowerBuilder 与数据库交换数据时使用的一个特殊值，代表数据未定义或未确定。空值与空字符串、数值零或日期 0000-00-00 不同。PowerBuilder 中所有数据类型都支持空值，但并不把它们的初始值设为空值，而是用各种类型的默认值作为初始值。例如，当一个变量被定义，但未赋值时，PowerBuilder 把 0 赋给数值型变量，把 false 赋值给布尔型变量，把空字符串(“”)赋值给字符串变量。

为变量赋空值的方法有下面两种。

(1) 从数据库中读到空值赋给变量。SQL 语句 INSERT 和 UPDATE 可以把空值 NULL 写进数据库中，也可以通过 SELECT 或 FETCH 语句把空值从数据库中读出来赋给变量。

(2) 使用 SetNull 函数为变量赋值：

```
string s_room                              //s_room 的初值为空串("")
setNull(s_room)                            //s_room 的值为 NULL
```

只能使用 IsNull 函数来测试一个变量的值是否为空串 NULL，即：

```
IF IsNull(s_room) THEN...
```

11.1.6 代名词

PowerScript 有 4 个代名词，分别是 This、Parent、ParentWindow 和 Super。代名词的使用增加了代码的通用性，避免了当对象或控件名称改变而发生的引用错误。

(1) This：代表正在编写事件代码的对象或控件本身的名字。例如，在窗口 w_input 的 open 事件中编写动态改变窗口标题的语句 w_input. title="通讯录系统"，也可以写成 this. title="通讯录系统"。

(2) Parent：指控件所在的窗口。如窗口上“关闭”按钮中的代码可以写成 close (Parent)。

(3) ParentWindow：指与菜单相关联的窗口。如菜单上“退出”命令中的代码可以写成 close(ParentWindow)。

(4) Super：当对一个子对象或子控件编写代码时，可以调用任何祖先的代码。例如，Super::EVENT Clicked()表示一个子孙窗口命令按钮 Clicked 事件中的代码调用直接祖先窗口或直接祖先用户对象命令按钮中 Clicked 事件中的代码。

11.2 数据类型

PowerScript 语言有 4 种数据类型，即标准数据类型、Any 数据类型、枚举数据类型和系统对象数据类型。程序通过数据类型限定变量的取值类型和取值范围。

11.2.1 标准数据类型

标准数据类型包括数值型、字符型、字符串型、日期型和布尔型等最基本的数据类型，可以用这些类型表明常量、变量和数组的类型，如表 11-1 所示。

11.2.2 Any 数据类型

PowerBuilder 支持 Any 数据类型，它可以容纳任何数据类型，包括标准数据类型、对象、结构以及数组。这种类型的变量，其数据类型是可以发生变化的，取决于对它所赋的值的数据类型。

Any 数据类型变量的定义方法与其他数据类型的定义方法相同。也可以定义 Any 数据类型的数组变量，此时数组中的每个元素可以保存不同类型的数据。

必须注意，对已知数据类型的变量，应该避免使用 Any 变量。

表 11-1 PowerScript 标准数据类型

数据类型	含义及取值范围
Blob	二进制大对象类型，用于处理图像、大文本等
Boolean	布尔型，只有两种取值：True 或 False
Byte	8 位无符号整型，取值范围为 0～255
Char 或 Character	字符型，用于保存单个 ASCII 字符，例如："s"
Date	日期型，由年(1000～3000)、月(01～12)、日(01～31)构成
Datetime	日期时间型，可以通过 date、time 和 datetime 函数进行类型转换
Decimal 或 Dec	小数型，表示带符号的十进制数，最多取 18 位小数
Double	双精度浮点型，15 位有效数字，范围为 2.2E−308～1.7E+308
Integer 或 Int	16 位带符号整型，范围为−32 768～+32 767
Long	32 位带符号整型，也称长整型，范围为−2 147 483 648～+2 147 483 647
LongLong	64 位带符号整型，范围为−9 223 372 036 854 775 808～+9 223 372 036 854 775 807
Real	实型，也称单精度浮点型，精度 6 位，范围为 3.402 822E−38～3.402 822E+38，以及−3.402 822E−38～−3.402 822E+38
String	字符串型，用于存储可变长度的 ASCII 字符，长度为 0～2 147 483 647
Time	时间型，包括时、分、秒，范围为 00:00:00～23:59:59:999999
UnsignedInteger 或 UnsignedInt 或 UInt	16 位无符号整型，范围为 0～65 535
UnsignedLong 或 ULong	32 位无符号整型，范围为 0～4 294 967 295

11.2.3 枚举数据类型

枚举数据类型是 PowerBuilder 定义的一种特殊常量，常用于对象或控件的属性、系统函数的参数等。用户不能定义自己的枚举数据类型，但可以定义一组常量，并给这组常量赋初值。枚举数据类型的变量可以赋予一组固定的值，每一个值都是以感叹号(!)结尾。例如，MessageBox (title,text{,icon{,button{,default}}})函数中，icon 和 button 都是枚举数据类型的变量，icon 可以取 Information!、StopSign!、Exclamation!、Question!等值。

11.2.4 系统对象数据类型

在 PowerBuilder 中，窗口、数据窗口、菜单、各种控件均是系统对象，实际上它们都是定义在 PowerBuilder 内部的一种数据类型。在创建这些对象和控件时，系统自动赋予它们各自的数据类型。当需要通过变量来引用一个窗口、菜单或控件时，就需要声明系统变量。如：

```
Menu m_pop                    //定义一个菜单类型的系统对象变量
Window w_input                //定义一个窗口类型的系统对象变量
```

11.3 变量定义及其作用域

11.3.1 变量的定义

PowerBuilder 约定，变量必须先定义后使用（除了系统预定义的 5 个全局变量——Sqlca、Sqlda、Sqlsa、Error 和 Message 之外）。定义变量就是给出变量名和它的数据类型。格式如下：

```
数据类型 变量名 {=初值}
```

例如：

```
Integer i,j=100               //定义了两个整型变量 i 和 j,其中给 j 赋初值 100
Real r_a,r_b                  //定义了两个实型变量 r_a 和 r_b
Boolean b_1,b_2               //定义了两个布尔型变量 b_1 和 b_2
String s_name,s_code          //定义了两个字符串变量 s_name 和 s_code
Real r_score[2,50]            //定义了一个二维实型变量数组变量 r_score,有 100 个元素
```

11.3.2 变量的作用域

作用域决定了变量的使用范围，可分为 4 种，即全局变量（Global Variables）、实例变量（Istance Variables）、共享变量（Shared Variables）和局部变量（Local Variables）。这些变量的定义方法都是一样的，即选择应用画板或窗口画板底部的 Declare Instance Variables 选项卡，在变量类型列表中选择一种类型，然后在下面的代码区定义变量即可，如图 11-1 所示。

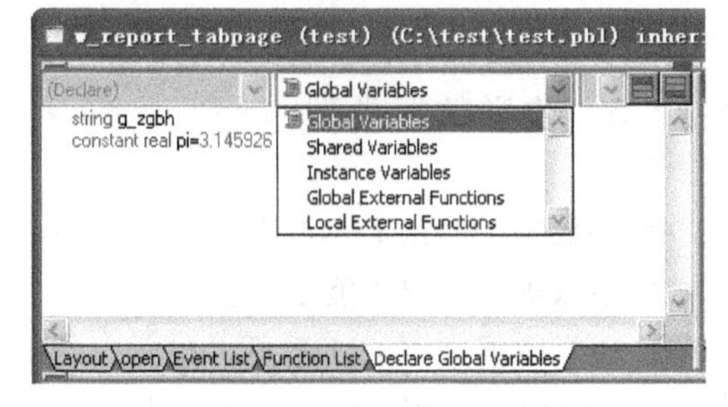

图 11-1 定义变量类型的方法

1. 全局变量

当定义了一个全局变量后，这个变量可以在程序中的任何对象、控件中使用，无须再定义。在任何窗口对象、菜单对象或用户对象中看到的全局变量的位置实际上是同一个。

2. 实例变量

实例变量是针对对象而定义的。例如，当为一个窗口 w_input 定义了一个实例变量，这个实例变量可以在这个窗口对象的任何事件、函数、控件中使用，无须再定义，但离开这个窗

口，所定义的实例变量无效。

在定义实例变量的同时，也可以进一步指定其存取权限。有 3 种权限，即公共的(Public)、私有的(Private)和保护的(Protected)。定义时，只要在类型说明前加上存取权限说明即可。例如：

```
Protected real r_area                //定义了一个保护的实型变量 r_area
```

实例变量的存取权限与其作用域的关系如下。

(1) Public(默认)：应用程序中的任何代码都可以引用这个变量。在其他对象的代码中，可以使用点符号来确定这个变量的名称和它所属的对象。

(2) Private：定义该变量的对象中任何地方都可以直接引用，但在继承的对象中不能引用。

(3) Protected：定义该变量的对象以及它的继承对象的任何地方都可以直接引用。

如果定义变量时没有指定存取权限的说明，则所定义的变量都是公共的(Public)。

3. 共享变量

共享变量属于一个对象的定义，可以被这个对象的所有实例所共享。共享变量在对象关闭和再次打开时仍然保留着原来的值。共享变量总是私有的(Private)，可以属于应用对象、窗口对象、用户对象和菜单对象。

4. 局部变量

局部变量的作用域最小，一般限制在一个对象或控件的事件，或一个函数中。离开了此范围，变量就不可引用了。但相同的局部变量可以在不同的事件或函数中定义。

11.4 常量

常量与变量不同，常量在定义时就要给它赋一个初值，这个初值不能在程序中修改，否则会导致错误。格式如下：

```
CONSTANT { access } datatype constname=value
```

例如：

```
CONSTANT real PI=3.1415926
```

11.5 运算符

PowerScript 支持 4 种类型的运算符：算术运算符、关系运算符、逻辑运算符和连接运算符。

1. 算术运算符

算术运算符就是对数值进行运算的操作符，其中包括 6 种基本算术运算符和 7 种扩展算术运算符。其含义如表 11-2 所示。

表 11-2 PowerScript 运算符(假设 a=4、b=2)

基本运算符	举例	结果	扩展运算符	举例	结果
+	a+b	6	++	a++	a=5
-	a-b	2	--	a--	a=3
*	a*b	8	+=	a+=b	a=6
/	a/b	2	-=	a-=b	a=2
^	a^b	16	*=	a*=b	a=8
-	-a	-4	/=	a/=b	a=2
			^=	a^=b	a=16

注意:

(1) 减号“-”两边要各空一格,其他运算符不需要。

(2) 扩展运算符是由两个基本运算符构成的,两者之间不能有空格。

2. 关系运算符

关系运算符用于比较两个或多个相同类型操作数之间的大小或相等关系,比较的结果可以是 True(真)、False(假)或 NULL(空),可用于所有数据类型之间的比较,常用于条件语句和循环语句中。

关系运算符有 6 个,即=(等于)、>(大于)、<(小于)、<>(不等于)、>=(大于等于)、<=(小于等于)。注意,后 3 个关系运算符分别由两个字符构成,中间不能加空格。

3. 逻辑运算符

逻辑运算符常用来对布尔型的操作数进行运算,运算结果可以是 True(真)、False(假)。

逻辑运算符有 3 个,即 NOT(逻辑非)、AND(逻辑与)、OR(逻辑或)。

4. 连接运算符

连接运算符用于把两个或多个 String 型或 Blob 型的变量连接到一起,构成一个新的字符串。连接运算符就是“+”。例如:

```
String s_1,s_2,s_3
s_1="Power";s_2="Builder"
s_3=s_1+s_2                              //s_3 的值即 PowerBuilder
```

5. 运算符之间的优先级

在表达式中,运算是按照运算符的优先级进行的,共分为 9 级,同级运算自左向右运算,如表 11-3 所示。

表 11-3 PowerScript 运算符的优先级

运算符	优先级	备注
( )	1(最高)	括号
＋、－	2	正、负号
^	3	幂
*、/	4	乘、除
＋、－	5	加、减及连接符
＝、＞、＜、＞＝、＜＝、＜＞	6	关系运算符
NOT	7	逻辑非
AND	8	逻辑与
OR	9(最低)	逻辑或

11.6 表达式

表达式由运算符、操作数和函数构成，表达式中必须使用与操作数的数据类型相兼容的运算符。PowerScript 语言具有两种类型的表达式，即数字类型表达式和字符(串)类型表达式。

在数字类型表达式中，PowerScript 允许表达式中存在多种数值数据类型，计算时，会自动转换成表达式中级别最高的数据类型。数值类型的级别从高到低依次为 Double(双精度浮点型)、Real(实型)、UsignedLong(无符号长整型)、Long(长整型)、UsignedInteger(无符号整型)、Integer(整型)。

字符(串)表达式是由两个或多个字符(串)以及关系运算符、连接运算符或逻辑运算符构成。在进行字符串比较时，要注意英文字母的大小写是不同的字符。

11.7 数组

数组是具有相同数据类型的数据集合，数组中所有元素共用一个变量名，通过数组的下标可以访问到每一个元素。在 PowerBuilder 中，有一维数组，也有多维数组。一维数据中元素个数可以是固定的，也可以是变化的；但多维数组中的元素个数总是固定的。

PowerBuilder 可以创建任何数据类型的数组，要定义一个数组只要在变量名后面加上一对方括号即可，例如：

```
Real money[20]
```

它表明定义了一个实型变量数组，数组名为 money，有 20 个元素，下标从 1(数据的下界)到 20(数组的上界)。也可以用下面的方式定义数据：

```
Real money[10 to 30]                //表明数组 money 的下标从 10 开始到 30 结束
```

如果定义数组时，方括号中为空，即没有指定维数，这样的数组是变长数组，数组的大小在实际应用时确定，但这类数组的下标是从 1 开始。例如：

```
Integer number[]                    //整型变长数组
```

多维数组是在数据名后的括号中用逗号将维数分开，例如：

```
Integer code[10,20]            //整型二维数组，有 10×20=200 个元素
String computer[10,20,30]      //字符串三维数组，有 10×20×30=6000 个元素
```

定义数据的同时，可以给数据元素赋初值，未赋初值的元素自动初始化为默认值。例如：

```
Integer code[4]={10,20,30}
```

结果为 code[1]=10，code[2]=20，code[3]=30，code[4]=0。

不能对多维数组元素赋初值。

11.8 字符串和字符

字符就是单个的 ASCII 元素，字符串是由 0 个(空串)或多个字符构成的集合，字符串最大字符数为 2 147 483 647。字符串由单引号(')或双引号(")括起来标记。

字符串可以给字符变量赋值。例如：

```
Char u="student"               //此时 u 中的值为 s
```

字符串也可以给字符数组变量赋值。例如：

```
String u
Char v[8]
u="Man"
v=u                  //结果 v[1]="M",v[2]= "a",v[3]= "n",其他元素的值均为空串
```

也可以把字符型数据给字符串赋值。例如：

```
String u
Char v[3]={"M","a","n"}
u=v                            //结果 u="Man"
```

11.9 PowerScript 语句

11.9.1 赋值语句

赋值语句用于给变量、对象属性赋值。句法格式为：

```
variablename=expression
```

其中 variablename 是变量名，expression 是表达式，其作用是把右边表达式的值赋给等号左边的变量。

11.9.2 IF…THEN 语句

条件语句控制程序的执行，当条件成立，执行语句 S1；当条件不成立，则执行语句 S2。

它有多种格式。

1. 单行格式

```
IF condition THEN action1 {ELSE action2}
```

表示当条件 condition 成立，则执行 action1，否则执行 action2。

例如：

```
If a>0 and a<=100 then s=3 * a+100
If<=100 then s=3 * a+100 else s=100 * a-50
```

2. 多行格式

```
IF condition1 THEN
    action1
{ ELSEIF condition2 THEN
    action2
... }
{ ELSE
    action3 }
END IF
```

表示当条件 condition1 成立，执行 action1；条件 condition2 成立，执行 action2，……

例如：

```
IF score>=60 then
    Result="合格"
Else
    Result="不合格"
End if
```

11.9.3 CHOOSE CASE 语句

CHOOSE CASE 语句是多分支条件语句，能够根据测试表达式的值来执行不同的语句。

句法格式：

```
CHOOSE CASE testexpression
CASE expressionlist1
    statementblock1
{ CASE expressionlist2
    statementblock2
⋮
CASE expressionlistn
    statementblockn }
CASE ELSE
    statementblockn+1 }
END CHOOSE
```

其中,testexpression 为测试条件;expressionlist 为测试的值,它具有以下几种形式:

(1) 单个值,如 55。

(2) 由逗号隔开的若干个值,如 23,55,56。

(3) 用 to 表示的一个数据区间,如 25 to 30。

(4) 用 is 和关系运算符构成测试值区间,如 is>100。

(5) 使用上述结合构成测试值区间,如 23,25 to 30,is>100。

11.9.4 FOR…NEXT 语句

FOR…NEXT 语句是一个数值迭代的控制结构,用于把一个或多个语句执行指定的次数。

句法格式:

```
FOR varname=start TO end {STEP increment}
    statementblock
NEXT
```

其中,varname 是循环变量,必须为 integer 型变量;start 和 end 分别表示循环变量的初值和终值;increment 为步长增量,可以是正数,也可以是负数,默认值为 1;statementblock 为循环语句块。

11.9.5 DO…LOOP 语句

DO…LOOP 语句是一个通用迭代的控制结构,根据条件成立与否来确定执行循环语句块的次数。有 4 种格式(语句中 condition 代表条件,statementblock 代表循环语句块)。

1. DO UNTIL…LOOP 语句

句法格式:

```
DO UNTIL condition
    statementblock
LOOP
```

当条件为 False 时,执行循环语句块;当条件为 True 时,退出循环。

2. DO WHILE…LOOP

句法格式:

```
DO WHILE condition
    statementblock
LOOP
```

当条件为 True 时,执行循环语句块;当条件为 False 时,退出循环。

3. DO…LOOP UNTIL

句法格式：

```
DO
    statementblock
LOOP UNTIL condition
```

先执行循环语句块，再判断条件。当条件为 False 时，执行循环语句块；当条件为 True 时，退出循环。与格式 1 的区别在于，这里的循环语句块被至少执行了一次。

4. DO…LOOP WHILE

句法格式：

```
DO
    statementblock
LOOP WHILE condition
```

先执行循环语句块，再判断条件。当条件为 True 时，执行循环语句块；当条件为 False 时，退出循环。与格式 2 的区别在于，这里的循环语句块被至少执行了一次。

11.9.6 循环嵌套

把一个循环放到另一个循环里面就构成了循环嵌套。

例如，显示乘法口诀表的代码如下：

```
int i,j
for i=1 to 9
    for j=1 to i
        mle_1.text=mle_1.text+" "+string(i)+"*"+string(j)+"="+string(i*j)
    next
    mle_1.text=mle_1.text+"~r~n"
next
```

代码中的"～r～n"是 PowerBuilder 中的特殊字符，为“回车换行”之意，结果见图 11-2。

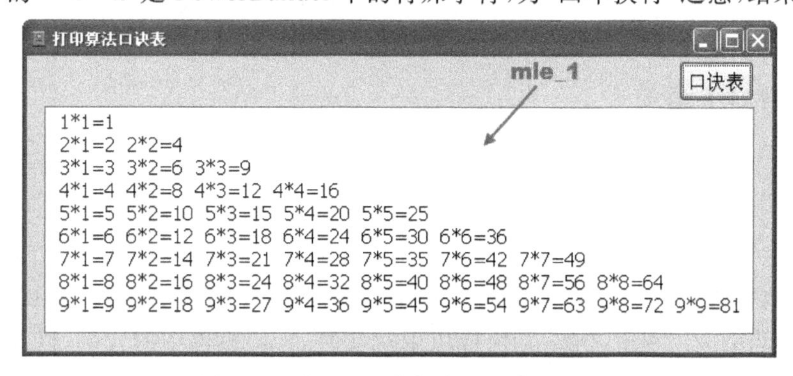

图 11-2 在 mle_1 控件中显示乘法口诀

11.9.7 CONTINUE 语句

句法格式:

```
CONTINUE
```

只用于 DO…LOOP 和 FOR…NEXT 语句中,当程序执行遇到 CONTINUE 语句时,将不执行 CONTINUE 和循环结束之前的语句,开始新一轮循环。

11.9.8 EXIT 语句

句法格式:

```
EXIT
```

只用于 DO…LOOP 和 FOR…NEXT 语句中,当程序执行遇到 EXIT 语句时,将结束循环,跳到 LOOP 或 NEXT 后面的语句继续执行。

11.9.9 GOTO 语句

GOTO 语句是无条件转移语句,可控制程序的流程。
句法格式:

```
GOTO label
```

其中,label 代表语句标号。

11.9.10 RETURN 语句

句法格式:

```
RETURN {expression}
```

其中 expression 表示函数的返回值。当程序执行遇到 RETURN 时,从事件或函数中返回。

11.9.11 HALT 语句

句法格式:

```
HALT {CLOSE}
```

当程序执行遇到 HALT 时,系统终止当前应用程序。当程序执行遇到 HALT CLOSE 时,系统终止当前应用程序之前,先执行应用对象的 close 事件中的代码,以及所有实例对象的 CloseQuery 事件、Close 事件以及 Destructor 事件中的代码。

11.10 嵌入式 SQL 语句

在 PowerBuilder 中，绝大多数与数据库的交互是通过 DataWindow 完成的，由于 DataWindow 大量内置的功能使初学者甚至无须编写 SQL 语句就能操作数据库。

PowerBuilder 提供了一整套嵌入式 SQL 语句，是一种高级数据库操作语言，它可以像任何其他 PowerScript 语句一样嵌入在对象、控件的事件或函数中，能够更灵活地操纵数据库。

嵌入式 SQL 语句书写规则如下：

(1) 嵌入式 SQL 语句必须以分号";"结束。

(2) 嵌入式 SQL 语句当用到变量时，要在变量前面添加冒号":"。

(3) 嵌入式 SQL 语句可以写成一行，也可以写成比较容易理解的多行。

在如下几个嵌入式 SQL 语句中通用参数说明如下。

(1) Table_name：数据表的名字。

(2) Condition_expression：条件表达式。

(3) col1,col2,…,coln：字段名。

(4) var1,var2,…,varn：变量名。

(5) Transaction_object：连接数据库的事务对象，默认为 SQLCA。

11.10.1 SELECT 语句

句法格式：

```
SELECT col1,col2,...,coln
    INTO: var1,:var2,...,:varn
    FROM table_name
    [WHERE condition_expression]
    [USING transaction_object];
```

功能：将数据表 table_name 中满足条件 condition_expression 的第一条记录的字段值 col1,col2,…,coln 放入变量 var1,var2,…,varn 中。

例如，把数据表 addressbook 中编号为 0005 的记录中的"编号"、"姓名"、"籍贯"取出来保存在变量 s1、s2、s3 中的代码如下：

```
String s1,s2,s3,bh
Bh="0005"
SELECT 编号,姓名,籍贯
    INTO: s1,:s2,:s3
    FROM addressbook
    WHERE 编号=:bh;
```

11.10.2 INSERT 语句

句法格式：

```
INSERT INTO table_name(col1,col2,…,coln)
    VALUES(:var1,:var2,…,:varn)
    [USING transaction_object];
```

功能：在数据表 table_name 中插入一条记录，各字段的值分别为 var1，var2，…，varn，若某字段的值未给出，则赋值 NULL。

例如，给数据表 addressbook 中插入一条记录，其“编号”、“姓名”、“籍贯”的值分别为0898、“钱小明”和“湖北省”的代码如下：

```
String s1,s2,s3,bh
S1="0898";S2="钱小明";S3="湖北省"
INSERT INTO addressbook(编号,姓名,籍贯)
    VALUES(:s1,:s2,:s3);
```

11.10.3 UPDATE 语句

句法格式：

```
UPDATE table_name
SET col1=:var1,                          //逗号结尾
col2=:var3,                              //逗号结尾
⋮
Coln=:varn                               //最后一个没有逗号
    [WHERE condition_expression]
    [USING transaction_object];
```

功能：更新数据表 table_name 中满足条件 condition_expression 时记录的值，使字段 col1 的值为 var1，字段 col2 的值为 var2，…，字段 coln 的值为 varn。如果缺少条件 condition_expression，表示更新表中所有的记录。

例如，把数据表 addressbook 中编号为 0898 这个人的姓名改为“钱晓明”(原来为“钱小明”)的代码如下：

```
String s1,s2
S1="0898";S2="钱晓明"
UPDATE addressbook Set 姓名=:s2 WHERE 编号=:s1;
```

11.10.4 DELETE 语句

句法格式：

```
DELETE FROM table_name
    [WHERE condition_expression]
    [USING transaction_object];
```

功能：删除表 table_name 中满足条件 condition_expression 的所有记录，如果缺少条件，则删除表中所有的记录。

例如，把数据表 addressbook 中姓张的记录全部删除的代码如下：

```
DELETE FROM addressbook  WHERE 姓名 like '张%';
```

小结

PowerBuilder 的编程语言 PowerScript 具有较强的数据处理功能，与其他高级语言一样，具有丰富的数据类型、变量类型，可以通过各种运算符组成复杂的表达式。利用顺序语句、条件语句、循环语句、CONTINUE 语句、GOTO 语句、EXIT 语句等解决各种实际应用中的问题，结合嵌入式 SQL 语句能很好地对数据库进行操作。

思考题与习题

1. PowerScript 有哪些标准数据类型？了解它们各自的含义和取值范围。

2. 了解 Any 数据类型、枚举数据类型以及它们的用法。

3. 根据作用域，变量可以分为几类？

4. 了解 PowerScript 各种类型的运算符以及它们的含义。

5. 熟练掌握各种类型运算符之间的优先级。

6. 熟练掌握数组的定义和使用方法。

7. 熟练掌握和应用 IF…THEN 语句和 CHOOSE…CASE 语句。

8. 给定三角形的 3 个边长（分别为 a、b 和 c），编写计算三角形面积的程序。

提示：

（1）判断输入的 3 个值都是数值型的数据且都大于 0。

（2）判断输入的 3 个数是否能构成三角形。

（3）利用公式 S＝sqrt(s＊(s－a)＊(s－b)＊(s－c))，其中 s＝(a＋b＋c)/2.0。

9. 利用 FOR…NEXT 语句和 4 种 DO…LOOP 循环语句计算整数累加和阶乘运算，如图 11-3 所示。

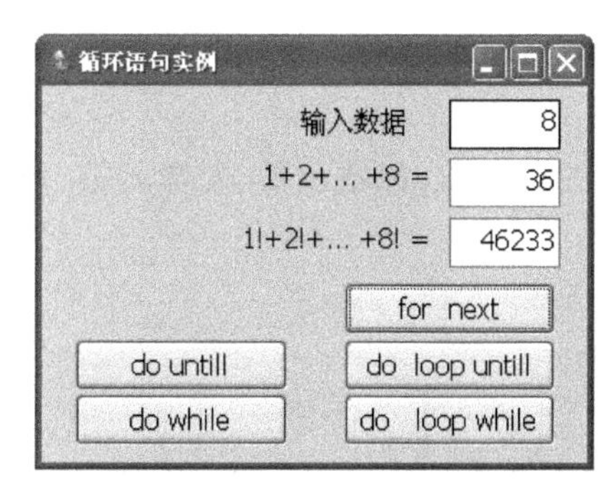

图 11-3　整数累加和阶乘运算

10. 熟练掌握 4 种 SQL 基本语句的用法。

第 12 章　函数及结构

学习目标

本章主要介绍 PowerBuilder 中的函数的概念、常用系统函数的功能和使用方法、自定义函数的建立和使用、外部函数的使用方法以及结构的定义方法和使用方法。

完成特定处理的一段程序即函数。在面向对象编程中，函数也被称为方法。PowerScript 语言的许多强大功能的实现依赖于那些可以在表达式和赋值语句中使用的系统函数。函数通常在应用程序中的对象和控件中发挥作用。在程序设计中正确、灵活地使用函数会极大地提高编程效率。

PowerBuilder 中的函数分为两大类，即全局函数和对象级函数。全局函数独立于任何对象，在整个程序中的各种对象中均能调用；而对象级函数则是与应用对象、窗口、菜单、用户对象等相关联的，可以定义其只在对象内调用，也可以定义其在整个程序中调用。

可以使用 PowerBuilder 提供的函数（系统函数），也可以根据需求自己创建函数（自定义函数），还可以使用 Windows 的 API 库函数（外部函数）。

12.1　系统函数

系统函数是指 PowerBuilder 自身内置的通用函数，是为解决各种问题而编制好的一段程序。每个函数都有自己的函数名，一般情况下都返回一个不同类型的值。有的函数需要 1～*n* 个参数，有的函数则不需要参数。它们在应用程序的任何地方都可以直接调用。PowerBuilder 提供了数百个种类丰富的系统函数，下面对几个类别做简单介绍，有关函数更多的类别和介绍请参阅 PowerBuilder Help 或有关函数资料。

12.1.1　数值计算函数

数值计算函数包括各种三角函数、指数函数、对数函数、最大最小值函数等，如表 12-1 所示。

12.1.2　字符串操作函数

在字符串操作函数中，有很多函数有 3 种格式。例如，left(s,n)、leftW(s,n)、leftA(s,n)，它们虽然都表示获得字符串 s 左边 n 个字符，但带 W 的函数用于处理双字节编码(DBCS)的系统；leftA()则是基于当前环境，临时把字符串从 Unicode 系统转换到 DBCS 系统。现在有了 Unicode 编码系统，带 W 的函数已经被废弃了，而带 A 的函数仍然可以作为处理单字节字符使用。表 12-2 是常用字符串函数。

表 12-1 常用数值计算函数

函数及参数	功　　能	返回值类型
Abs(n)	计算 n 的绝对值	数值 n 的类型
ASin(n)	计算 n 的反正弦函数值	Double
Exp(n)	计算 e 的 n 次方	Double
Fact(n)	计算 n 的阶乘	Double
Int(n)	得到小于等于 n 的最大整数	Integer
Log(n)	计算 n 的正然对数	Double
Max(x,y)	得到 x、y 中的最大值	x、y 中精度高的类型
Min(x,y)	得到 x、y 中的最小值	x、y 中精度高的类型
Rand(n)	得到 1～n 之间的一个随机数,n 的最大值为 32 767	n 的数类型
Round(x,n)	得到 x 的四舍五入到 n 位的值	Decimal
Sin(n)	计算 n 的正弦函数值	Double
Sqrt(n)	计算 n 的平方根	Double

表 12-2 常用字符串函数

函数及参数	功　　能	返回值类型
Left(s,n)	获得字符串 s 左边 n 个字符	String
Len(s or blob)	得到字符串的长度	Long
Lower(s)	把字符串中的大写字母转变为小写字母	String
Match(s,textpattern)	判断字符串 s 中是否包含特定模式的字符	Boolean
Mid(s,start{,length})	在 s 中,从 start 开始取得 length 长度的字符	String
Pos(s1,s2{,start})	在 s1 中,从 start 开始查找存在 s2 的位置	Long
Replace(s1,start,n,s2)	在 s1 中,把 start 开始的 n 个字符替换成 s2	String
Right(s,n)	获得字符串 s 右边 n 个字符	String
Space(n)	产生由 n 个空格组成的字符串	String
Trim(s{,removeallspaces})	去掉字符串 s 左边和右边的空格	String
Upper(s)	把字符串中的小写字母转变为大写字母	String

12.1.3 常用日期、时间函数

常用日期、时间函数用于获取计算机的当前或相对日期和时间。常用函数如表 12-3 所示。

12.1.4 常用数据类型转换函数

常用数据类型转换函数用于字符串、日期和数值之间的转换,要求转换前的数据类型必须是有效的。常用函数如表 12-4 所示。

12.1.5 常用数据类型检查函数

常用数据类型检查函数用于判断一个数据是不是一个有效的阿拉伯字符、日期、时间、数值或 NULL 值,这对于对录入的数据进行有效性检验非常重要。常用函数如表 12-5 所示。

表 12-3　常用日期、时间函数

函数及参数	功　　能	返回值类型
Day(d)	获取日期 d 中的日(1～31)	Integer
DaysAfter(d1,d2)	获取两个日期 d1 和 d2 之间相差的天数	Long
Hour(t)	获取时间 t 中的小时(0～24)	Integer
Minute(t)	获取时间 t 中的分钟(00～59)	Integer
Month(d)	获取日期 d 中的月份(1～12)	Integer
Now()	获取当前计算机的时间	Time
RelativeDate(d,±n)	获取当前日期 d 之前或之后 n 天的日期	Date
Second(t)	获取时间 t 中的秒(00～59)	Integer
Today()	获取当前计算机的日期和时间	Date
Year()	获取日期 d 中的年(1000～3000)	Integer

表 12-4　常用数据类型转换函数

函数及参数	功　　能	返回值类型
Date(datetime)	将日期时间型转换成日期型	Date
Date(s)	将有效的日期型字符串转换成日期型	Date
Date(year,month,day)	把 3 个值年、月、日组合成 1 个日期	Date
Double(s or blob)	将字符串 s 或 blob 转换成双精度类型的值	Double
Integer(s or blob)	将字符串 s 或 blob 转换成整型	Integer
Long(s or blob)	将字符串 s 或 blob 转换成长整型	Long
Real(s or blob)	将字符串 s 或 blob 转换成长实型	Real
String(data{,format})	把数据 data 转换成 format 格式的字符串	String

表 12-5　常用数据类型检查函数

函数及参数	功　　能	返回值类型
IsAllArabic(s)	测试字符串 s 是否全部由阿拉伯字符构成	Boolean
IsArabic(character)	测试字符是否为阿拉伯字符,如果测试字符串,则只测第一个字符	Boolean
IsArabicAndNumbers(s)	测试字符串是否为阿拉伯字符或由数字构成	Boolean
Isdate(datevalue)	检验 datavalue 是否为一个有效的日期	Boolean
IsNull(any)	检验一个变量或表达式的值是否为 NULL	Boolean
IsNumber(s)	检验一个字符串是否为有效的数值	Boolean
IsTime(timevalue)	检验 timevalue 是否为一个有效的时间	Boolean

12.1.6　文件操作函数

文件操作函数主要用于文件夹的创建、删除并测试其是否存在;用于打开文件、读取文件内容、关闭文件、文件复制以及测试文件是否存在等操作。常用函数如表 12-6 所示。

表 12-6 常用文件操作函数

函数及参数	功　能	返回值类型
CreateDirectory(directoryname)	创建文件夹	Integer
DirectoryExists(directoryname)	判断文件夹 directoryname 是否存在	Boolean
FileClose(file#)	关闭文件	Integer
FileExists(filename)	测试文件 filename 是否存在	Boolean
FileLength(filename)	获得文件 filename 的长度	Long
Fileopen(filename{,filemode{,fileaccess{,filelock{,writemode{,creator,filetype}}}}})	打开文件	Integer
FileRead(file#,variable)	从指定的文件号中读取文件内容	Integer
GetCurrentDirectory()	获取当前文件夹的名字	String
GetFileOpenName(title,pathname,filename{,extension{,filter}})	显示系统打开文件对话框,允许选择文件或输入文件名	Integer
RemoveDirectory(directoryname)	删除指定的文件夹	Integer

12.1.7 数据窗口控件常用函数

有关数据窗口控件的函数非常丰富,多达 160 多个,熟练地掌握它们的用途和使用方法能有效地操作数据窗口中的数据。表 12-7 只列出了部分常用的函数。

表 12-7 数据窗口控件常用函数

函数及参数	功　能	返回值类型
Dwcontrol.DeleteRow(row)	删除数据窗口控件中第 row 行记录	Integer
Dwcontrol.Filter()	按条件筛选数据窗口中的记录	Integer
Dwcontrol.GetItemDate(row,column{,dwbuffer,originalvalue})	取出数据窗口 row 行、column 列的日期值	Date
Dwcontrol.GetItemNumber(row,column{,dwbuffer,originalvalue})	取出数据窗口 row 行、column 列的数值	Numeric
Dwcontrol.GetItemString(row,column{,dwbuffer,originalvalue})	取出数据窗口 row 行、column 列的字符串	String
Dwcontrol.GetSQLSelect()	取出当前数据窗口中的 SQL 语句	String
Dwcontrol.ImportFile({importtype{,filename{,startrow,endrow{,startcolumn,endcolumn{,dwstartcolumn}}}}})	把文件中的数据导入到当前数据窗口中	Long
Dwcontrol.InsertRow(row)	在数据窗口第 row 行前插入一条记录	Number
Dwcontrol.Print({canceldialog{,showprintdialog}})	把当前数据窗口中的内容发送到打印机	Integer
Dwcontrol.Reset()	清空当前数据窗口中的数据	Integer

续表

函数及参数	功　　能	返回值类型
Dwcontrol. Retrieve({argument,argument...})	按照哑元条件从数据库中取出数据	Long
Dwcontrol. RowCount()	计算当前数据窗口中记录个数	Long
Dwcontrol. RowsCopy (startrow, endrow, copybuffer,targetdw,beforerow,targetbuffer)	把数据窗口中指定的数据复制到另一个数据窗口中	Integer
Dwcontrol. RowsMove (startrow, endrow, movebuffer,targetdw,beforerow,targetbuffer)	把数据窗口中指定的数据移动到另一个数据窗口中	Integer
Dwcontrol. SaveAs ({ filename, saveastype, colheading{,encoding}})	把数据窗口中的数据保存为指定格式的文件	Integer
Dwcontrol. ScrollNextRow()	把数据窗口中的记录滚动到下一条记录	Long
Dwcontrol. ScrollPriorRow()	把数据窗口中的记录滚动到上一条记录	Long
Dwcontrol. ScrollToRow(row)	把数据窗口中的记录滚动到第 row 条记录	Integer
Dwcontrol. SetFilter(format)	设置数据窗口控件的筛选条件	Integer
Dwcontrol. SetItem(row,column,value)	在数据窗口中指定的行、列上设置值	Integer
Dwcontrol. SetRowFocusIndicator (focusindicator{,xlocation{,ylocation}})	设置数据窗口当前行的指示符号	Integer
Dwcontrol. SetSQLSelect(statement)	为数据窗口设置新的 SQL 语句	Integer
Dwcontrol. SetTransObject(transaction)	设置数据窗口控件的传输对象	Integer
Dwcontrol. Update({accept{,resetflag}})	把数据窗口控件数据的修改提交数据库	Integer

12.1.8　几个常用的其他函数

表 12-8 中列出了几个常用的其他函数。

表 12-8　几个常用的其他函数

函数及参数	功　　能	返回值类型
Close(windowname)	关闭指定窗口 windowname	Integer
KeyDown(keycode)	判断用户是否按了指定的键 keycode	Boolean
MessageBox (title, text {, icon {, button{,default}}})	按设置要求显示一个对话框	Integer
Open(windowvar{,parent})	打开一个指定的窗口	Integer
PrintSetup()	打开打印机设置对话框	Integer
RGB(red,green,blue)	由红、绿、蓝构成一个颜色值	Long
Run(string{,windowstate})	运行指定的应用程序	Integer
ShowHelp (helpfile, helpcommand {,typeid})	显示应用程序的帮助	Integer
Timer(interval{,windowname})	在指定的时间间隔内重复窗口 timer 事件中的代码	Integer

12.2 自定义函数及其调用

虽然 PowerBuilder 的系统函数十分丰富，但仍然满足不了用户的需求。PowerBuilder 提供了用户自定义函数的功能，可以把某段重复使用的代码或算法定义为函数，其调用的方法和系统函数一样。

PowerBuilder 自定义函数分为全局自定义函数和对象级自定义函数，它们除了在系统中的使用范围和使用权限不同外，创建的方法和保存的位置也不相同。

12.2.1 自定义函数的创建

1. 全局自定义函数的创建

选择 File→New 命令，打开 New 对话框。选择 PB Object 选项卡，单击 Fuction 按钮，单击 OK 按钮，打开全局自定义函数界面，如图 12-1 所示，从中进行相应的操作即可。

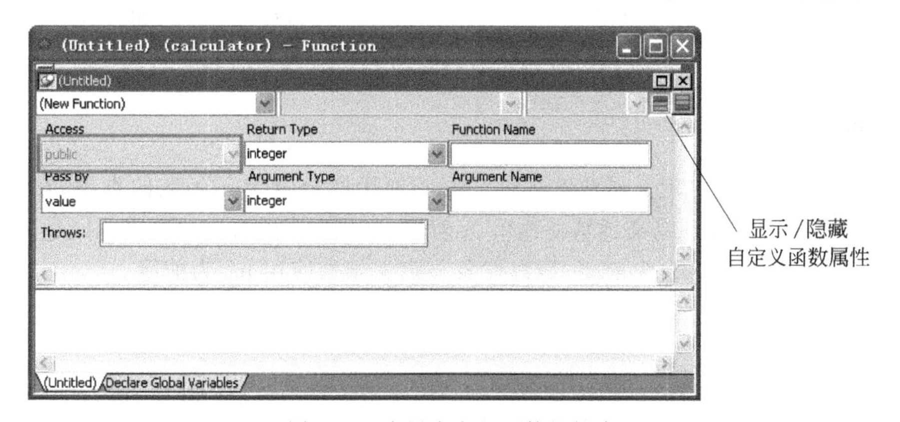

图 12-1 全局自定义函数的创建

2. 对象级自定义函数的创建

先打开某个对象(如打开应用对象、窗口、菜单或用户对象)，选择 Insert→Function 命令，打开对象自定义函数界面，如图 12-2 所示，从中进行相应的操作即可。

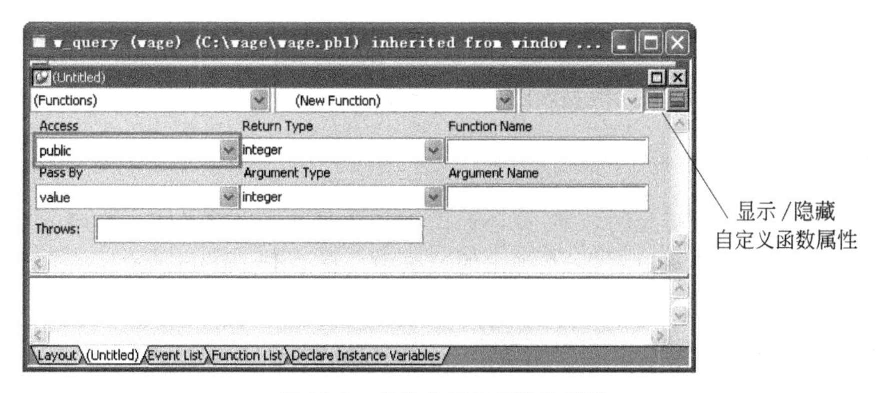

图 12-2 对象自定义函数的创建

12.2.2 自定义函数的参数说明

从图 12-1 和图 12-2 可以看出，全局自定义函数和对象级自定义函数的默认参数是相同的，都有 7 个，下面作简单介绍。

1. Access

Access 定义了自定义函数的访问权限。全局自定义函数的 Access 就是 Public，禁止修改；而对象级自定义函数的 Access 可以有 3 种选择，即 public、private 和 protected。

(1) public：可以在应用程序的任何对象、控件和用户对象的事件中调用。

(2) private：只能在定义该自定义函数的对象的事件中调用。

(3) protected：可以在定义该自定义函数的对象的事件中以及该对象的后代中调用。

2. Return Type

Return Type 是自定义函数返回值的类型，可以在列表框中选择，如果无返回值，则选择(none)。

3. Function Name

Function Name 是自定义函数的名称。为了便于区分自定义函数的类型，在保存时使用不同的前缀。如全局自定义函数使用 f_为前缀，应用对象自定义函数使用 af_为前缀，窗口对象自定义函数使用 wf_为前缀，用户对象自定义函数使用 uf_为前缀。

4. Pass By

Pass By 指参数传递的方式，有 3 个选项，即 Value、Reference 和 ReadOnly。

(1) Value(传值)：把实际参数的值传递给函数的哑元，哑元获得实际参数的一个副本，在函数中对哑元的修改不影响实际参数的值。

(2) Reference(传址)：把实际参数的地址传递给哑元，函数对哑元进行修改，则实际参数的值也被修改了。

(3) ReadOnly(只读传址)：把实际参数的地址传递给哑元，但不允许修改哑元的值。

5. Argument Type

Argument Type 是哑元的类型，在列表中选择。

6. Argument Name

Argument Name 是哑元的名字，符合标识符定义即可。当定义完一个哑元后，可以按 Tab 键增加一个哑元(也可以右击，在弹出的菜单中选择 Add parameter/Insert Parameter/Delete Parameter 命令)。

自定义函数可以带哑元，也可以不带。

7. Throws

Throws 用于自定义函数触发时的异常类型。

12.2.3 自定义函数的保存

当定义好自定义函数属性后，在下面的代码区输入函数语句。输入完成后，单击工具栏中的 Save 按钮。如果输入语句没有语法错误，则保存成功；如果有语法错误，则会提示警告和错误信息，通过这些信息可以帮助排查错误，直到改正所有错误后才能保存。

全局自定义函数保存后，在系统树窗口中可以直接看到函数名（与窗口、数据窗口和菜单同级别），双击函数名可以打开全局自定义界面进行修改。可以在函数名上右击，选择 Delete 命令，删除函数。

对象级自定义函数保存后，单击系统树窗口中对象前面的"+"号，在对象下面的 Fuctions 下可以看到刚建好的对象级自定义函数名，双击函数名可以打开对象级自定义函数界面，可以进行修改。当对象级自定义函数保存后，可以直接选择对象下面的 Function List 选项卡，可以在其中看到刚建好的自定义函数。双击函数名则打开自定义函数界面；在函数名上右击，可以添加、删除、复制该函数。

12.2.4 自定义函数调用

调用自定义函数与调用系统函数的方法一样。全局自定义函数可以在应用程序的任何地方进行调用，而对象自定义函数只有在访问权限许可的范围内才可以调用。

自定义函数的名字可以手工输入，也可以通过粘贴操作自动输入。例如，光标放在需要输入函数的地方，右击，选择 Paste Special→Function→User-defined 命令，弹出一个列表框，其中列出了所有用户自定义的函数名，双击所要的函数名称即可。

12.2.5 自定义函数举例

把小写人民币金额转换为大写金额的方法，如图 12-3 所示。创建一个全局自定义函数 f_change，函数的属性如图 12-4 所示。

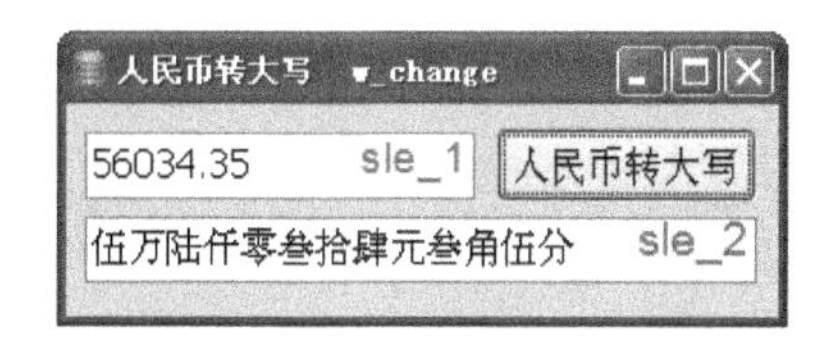

图 12-3 人民币小写转大写(1)

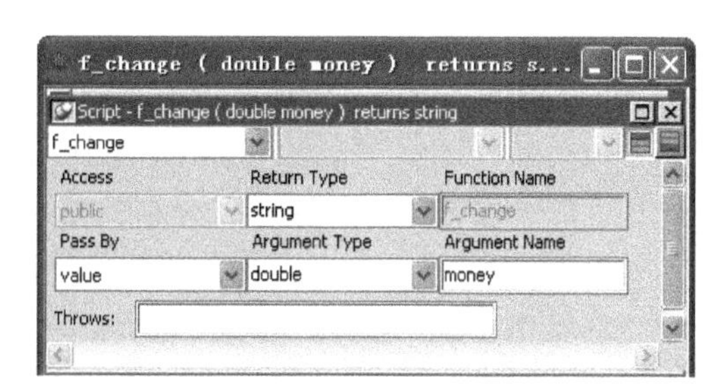

图 12-4 人民币小写转大写(2)

自定义函数的代码如下(可以转化的小写为万亿元金额数值):

```
constant string ls_bit="万仟佰拾亿仟佰拾万仟佰拾元角分"
constant string ls_num="壹贰叁肆伍陆柒捌玖"
long lmax=lenA( ls_bit )
string ls_je, ls_dw, ls_result='',ls_temp,ls_zhengfu
long ll_len, i, k
if money <0.00 then
    ls_zhengfu='负'
    money=money * -1
else
   ls_zhengfu='正'
end if
ls_je=string(money, "############.00" )
ll_len=lenA(ls_je)-1
ls_je=replaceA(ls_je, ll_len-1, 1,'')
for i=ll_len to 1 step-1
    lmax -=2
    ls_dw=midA(ls_bit, lmax+1, 2)
    k=long(midA(ls_je, i,1))
    if k=0 then
        choose case ls_dw
            case '亿'
//判断亿元级别的位数是不是全为零
                    if i=ll_len-10 then
                    ls_temp=replaceA(ls_je, ll_len-10, 10, '' )
                        if rightA(ls_temp,5)='00000' then
                        else
                            ls_result=ls_dw+ls_result
                        end if
                    else
                        ls_result=ls_dw+ls_result
                    end if
                    ls_result=ls_dw+ls_result
            case '万'
//判断万元级别的位数是不是全为零[开始]
                    if i =ll_len-6 then
                        ls_temp=replaceA(ls_je, i+1, 6,'')
                        if rightA(ls_temp,4)='0000' then
                        else
                            ls_result=ls_dw+ls_result
                        end if
                    else
                        ls_result=ls_dw+ls_result
                    end if
            case '元'
```

```
                ls_result=ls_dw+ls_result
            case '分'
                ls_result='整'
            case '角'
                if ls_result<>'整' then ls_result='零'+ls_result
            case else
                choose case leftA( ls_result, 2 )
                    case '万', '亿', '元', '零'
                    case else
                        ls_result='零'+ls_result
                end choose
        end choose
    else
        ls_result=midA( ls_num, 2* (k-1)+1 , 2 )+ls_dw+ls_result
    end if
next
if ls_zhengfu='负' then
    ls_result='负'+ls_result
end if
return ls_result
```

“人民币转大写”按钮中的代码为：

```
sle_2.text=f_change(double(sle_1.text))
```

12.3 使用外部函数

PowerBuilder 可以调用其他语言创建的函数，以扩展自己的功能。例如，可以调用 Windows API、动态链接库(DLL)以及其他工具包中提供的函数。

12.3.1 外部函数的定义

外部函数分为两种类型，一种是全局外部函数(Global External Functions)和局部外部函数(Local External Functions)。全局外部函数可以在应用程序的任何地方调用；局部外部函数只能在所定义的对象中调用。

不管是哪一种类型的外部函数，使用前必须对其进行说明。说明方法如下。

打开一个对象(应用对象、窗口、菜单或用户对象)，选择 View→List 命令，打开代码视图。在左侧上面第一个列表框中选择 Declare，在第二个下拉列表框中选择 Global External Functions 或 Local External Functions，在下面的代码区中输入外部函数说明。例如，使用 kernel32.dll 中获取计算机名称的外部函数说明如下：

```
FUNCTION boolean GetComputerNameW(ref string cname,ref long nbuf) &
LIBRARY "kernel32.dll"
```

12.3.2 外部函数的调用

当外部函数说明完成后，就可以像内部函数或自定义函数一样进行调用。如图12-5所示，“获取计算机名”按钮中的代码为：

```
string s_name
long ll_buf
ll_buf=20;s_name=space(ll_buf)
GetComputerNameW(s_name,ll_buf)
sle_1.text=s_name
```

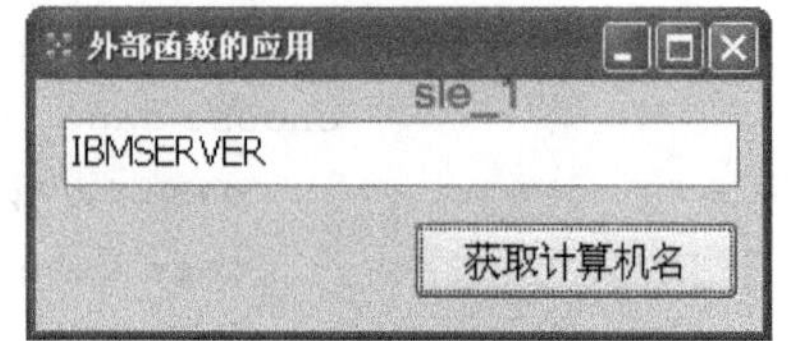

图12-5 利用外部函数获取计算机名称

12.4 结构的定义及使用

结构是指一个或多个相关变量的集合，这个集合名称就是结构的名称，集合中的相关变量就是结构的成员。结构成员的数据类型可以相同，也可以不同。某些高级语言中（如Pascal和COBOL）把结构称为记录。

结构分为全局结构和对象级结构。全局结构可以在应用程序的任何地方调用，而对象级结构只能在各自对象（如应用对象、窗口、菜单或用户对象等）中使用。

12.4.1 结构创建

1. 全局结构的创建

选择File→New命令，打开New对话框。选择PB Object选项卡，单击Structure按钮，单击OK按钮，打开全局结构定义界面，如图12-6所示。依次输入结构元素名称及数据类型。

定义完全局结构后，单击工具栏中的Save按钮，在打开的对话框中输入s_student，单击OK按钮。可以在系统树窗口中看到创建好的全局结构，双击结构名可以打开结构定义界面；在结构名上右击，可以删除全局结构。

2. 对象级结构的创建

先打开某个对象（如应用对象、窗口、菜单或用户对象），选择Insert→Structure命令，打开对象结构界面，如图12-7所示。依次输入结构名称、结构元素、元素类型。

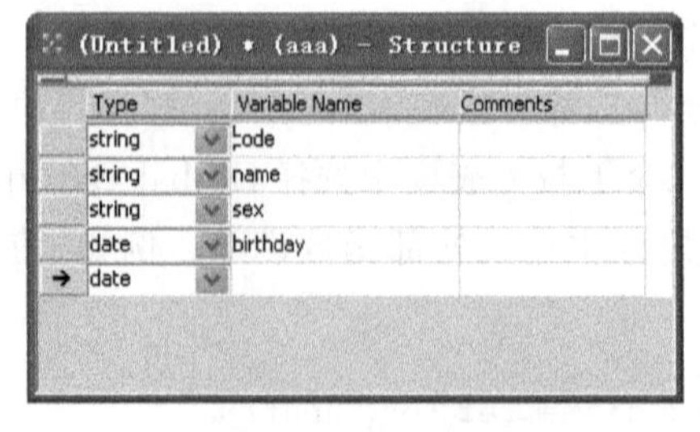

图12-6 全局结构的创建

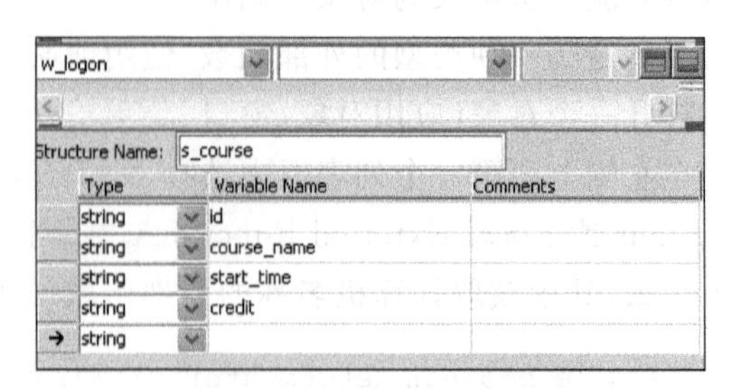

图12-7 局部结构的创建

定义完结构后，单击工具栏中的Save按钮即可。

对象级结构保存后，单击系统树窗口中对象前面的“+”号，在对象下面的Structures下可以看到刚建好的对象级结构，双击结构名可以打开对象级结构界面，可以进行修改。当对象级结构保存后，直接在结构定义界面上右击，可以添加、删除、复制结构元素，也可以删除对象级结构。

12.4.2 结构的使用

定义了一个结构就相当于定义了一种新的数据类型，要使用这个结构，就必须先定义该结构的实例变量，然后才能引用该结构的元素。例如，已定义了一个结构s_student，它有4个元素，分别为code(学号)、name(姓名)、sex(性别)、birthday(生日)：

```
S_student st_1,st_2
St_1.code="0902221"
St_1.name="高新军"
St_1.sex="男"
St_1.birthday=date("1985-09-09")
St_2=st_1
Sle_1.text=st_2.code
Sle_2.text=st_2.name
Sle_3.text=st_2.sex
Sle_4.text=string(st_2.birthday)
```

小结

PowerBuilder的系统函数十分丰富，了解和掌握它们的使用方法和技巧对应用程序的开发起到事半功倍的作用。也可以很方便地创建自定义函数以及使用外部函数，提高应用程序的开发效率。函数的学习是一个日积月累的过程，可以通过查看系统的帮助文件、参考手册以及实用开发案例掌握各种函数的功能及用法。

思考题与习题

1. 通过PowerBuilder Help学习常用数值计算函数的格式、功能和用法，如Abs()、Asin()、Sin()、Exp()、Fact()、Int()、Max()、Rand()、Round()、Sqrt()等。

2. 通过PowerBuilder Help学习常用字符串函数的格式、功能和用法，如Left()、Lower()、Mid()、Pos()、Replace()、Right()、Space()、Trim()、Upper()等。

3. 通过PowerBuilder Help学习常用日期、时间函数的格式、功能和用法，如Day()、Month()、Year()、Hour()、Minute()、Second()、DaysAfter()、Now()、RelativeDate()、Today()等。

4. 通过PowerBuilder Help学习常用数据类型转换函数的格式、功能和用法，如Date()、Double()、Integer()、Long()、Real()、String()等。

5. 通过 PowerBuilder Help 学习常用数据类型转换函数的格式、功能和用法，如 IsAllArabic()、Isdate()、IsNull()、IsNumber()、Isdate()等。

6. 通过 PowerBuilder Help 学习 KeyDown()、MessageBox()、RGB()、Timer()等常用函数的格式、功能和用法。

7. 创建一个自定义全局函数，返回两个数中的最大值。

8. 创建一个自定义全局函数，求两个整数的最大公约数。

9. 创建一个自定义全局函数，求两个整数的最小公倍数。

10. 创建一个自定义全局函数，当输入一个分数时，返回它的等级，即 0～59 分为“不及格”，60～69 分为“及格”，70～79 分为“中等”，80～89 分为“良好”，90～100 分为“优秀”，其他分数为“成绩有误”。

第13章 用户对象

学习目标

本章主要介绍用户对象的概念、分类以及用户对象的创建方法和使用技巧。

13.1 用户对象的概念

PowerBuilder 为开发人员提供了大量的标准对象和控件，如窗口对象、数据窗口对象、按钮控件、数据窗口控件、图形控件、列表框控件等，在程序开发过程中不断地重复使用这些控件，它们为开发应用程序提供了较大的便利。除了标准对象和控件外，PowerBuilder 也支持自定义对象，被称为用户对象，它是扩展 PowerBuilder 功能的最有效的方法之一。用户对象可以在一个或多个应用程序中重复使用，减少系统的开发和维护时间，提高开发效率。

用户对象是封装了一组相关代码和属性、完成特定功能的可重用对象，一般用于完成通用功能。当应用程序需要做某种反复使用的功能时，就应该定义用户对象。用户对象只需定义一次，能够反复使用，当修改了用户对象时，能把修改的结果反映到所有使用该用户对象的地方。

13.2 用户对象的分类

PowerBuilder 用户对象分为两类，即可视用户对象（Visual User Object）和类用户对象（Class User Object）。

13.2.1 可视用户对象

可视用户对象是在界面上可以看到并使用的对象，主要用于完成应用程序与用户之间的交互，如按钮、编辑框、标签等。可视用户对象可以实现对一个或者多个可视控件的重复使用，可以在用户对象面板中放置控件、修改对象的属性或者为对象添加代码，然后就可以像一般控件一样在窗口中使用它们。可视对象又分为 3 类。

(1) 标准可视用户对象（Standard Visual User Object）：是从系统现有可视标准控件继承而来的，它们继承了原始控件的各种特征，包括属性、事件和函数。

例如，命令按钮 clicked 事件中的代码只能通过鼠标单击来触发，而不响应 Enter 键。虽然可以为按钮定义用户事件，实现按钮响应 Enter 键的功能，但要对所有用到此功能的按钮定义用户事件，显得十分麻烦。为此，可以通过继承标准可视用户对象（命令按钮）来创建一个新的按钮用户对象（新的按钮），为这个新的按钮用户对象编写响应 Enter 键的事件。使用时，只要将这个新定义的标准可视用户对象（新定义的命令按钮）放置到窗口上，与标准的命令按钮一样使用就可以了。

(2) 定制可视用户对象(Custom Visual User Object)：是将多个控件以及可视用户对象封装在一个用户对象中，完成一定功能和操作。

(3) 外部可视用户对象(External Visual User Object)：包含一个来自外部的动态链接库(DLL)的可视控件(第三方控件)，使用外部控件的目的主要是完成 PowerBuilder 本身难以完成或不支持的功能。

13.2.2 类用户对象

类用户对象是不可视的，主要用于封装和完成一定的业务逻辑，在创建类用户对象时需要指定实例变量和对象级函数。类用户对象可以分为两类。

(1) 标准类用户对象(Standard Class User Object)：是从不可视对象(如事务对象或者定时对象)继承而来的。由于类用户对象不可视，也就不可能在其上面放置任何可视控件，可以为这个对象封装属性、事件和函数以及变量等。

(2) 定制类用户对象(Custom Class User Object)：是用户自己设计的类对象，用于封装不需要可视特性的处理过程，这些对象完全是由用户通过定义实例变量、事件和函数来实现的。

13.3 用户对象的创建

可以通过向导创建一个全新的用户对象，也可以通过继承的方式创建用户对象。

13.3.1 标准可视用户对象的创建

创建标准可视用户对象的步骤如下。

(1) 选择 File→New 命令，打开 New 对话框。选择 PB Object 选项卡，选中 Standard Visual 图标，如图 13-1 所示。

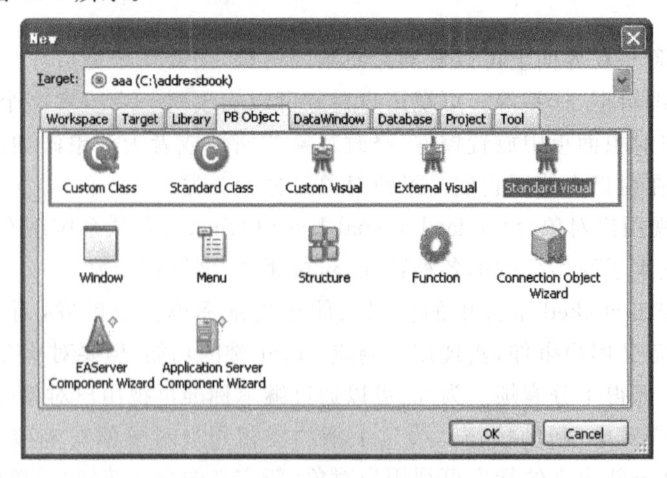

图 13-1 用户对象创建

(2) 单击 OK 按钮，打开 Select Standard Visual Type 对话框。在 Types 列表框中可以选择要继承的控件和对象，例如选择 commandbutton，如图 13-2 所示。

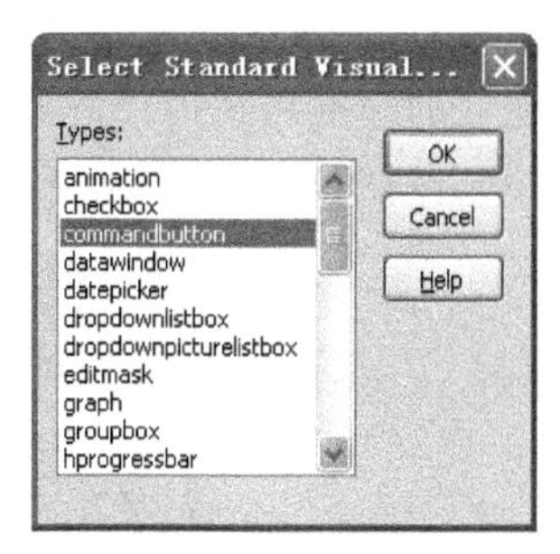

图 13-2 选择标准对象或控件

(3) 单击 OK 按钮，打开用户对象设计画板，可以看到一个按钮在界面上，如图 13-3 所示。在属性面板上可以设置其外观、字体等属性。也可以为此按钮定义需要的函数和用户事件，并为某些事件编写代码。

例如，给该用户定义一个响应 Enter 键的用户事件的操作步骤如下。

① 选择 Insert→Event 命令，定义一个名为 ue_enter 的用户事件，包含两个参数 key 和 keyflags，用户事件 ID 为 pbm_keydown。

② 在代码区输入下面的代码(即当按 Enter 键时，触发按钮的 clicked 事件中的代码)，如图 13-4 所示。

```
IF KeyDown(KeyEnter!) then
   this.TriggerEvent(Clicked!)
END IF
```

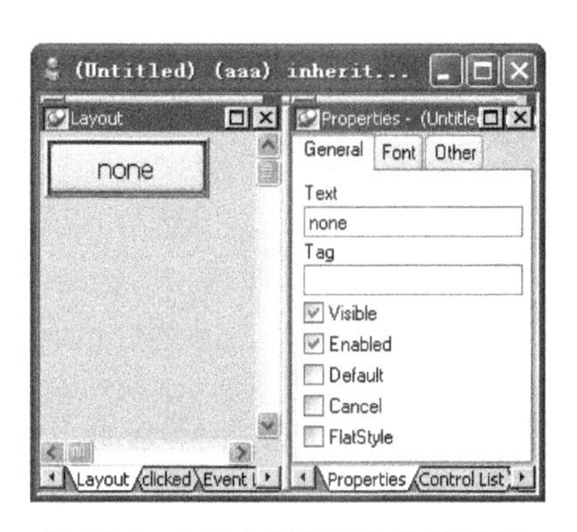

图 13-3 全局自定义函数的创建(1)

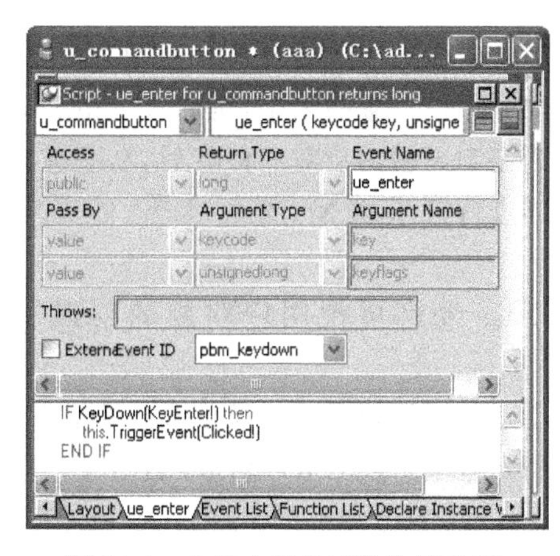

图 13-4 全局自定义函数的创建(2)

(4) 单击工具栏中的 Save 按钮，打开 Save User Object 对话框。在 User Objects 文本框中输入用户对象的名字，例如 u_commandbutton，单击 OK 按钮。

当标准可视用户对象保存后，在系统树窗口中可以看到其名字，双击此名字可以重新打开用户对象，对其进行修改。在用户对象名字上右击，可以对用户对象进行复制、删除、编辑、移动、导出等操作。

13.3.2 定制可视用户对象的创建

创建定制可视用户对象的步骤如下。

(1) 选择 File→New 命令，打开 New 对话框。选择 PB Object 选项卡，选中 Custom

Visual 图标,单击 OK 按钮,打开定制可视用户对象画板,它与新建的窗口界面相似,可以在上面放置需要的控件,定制可视用户对象是作为一个整体来使用。例如放置 4 个 13.3.1 节刚建好的标准可视用户对象 u_commandbutton,名称分别为 cb_1("添加")、cb_2("删除")、cb_3("保存")、cb_4("刷新"),再放置一个数据窗口控件 dw_1,如图 13-5 所示。

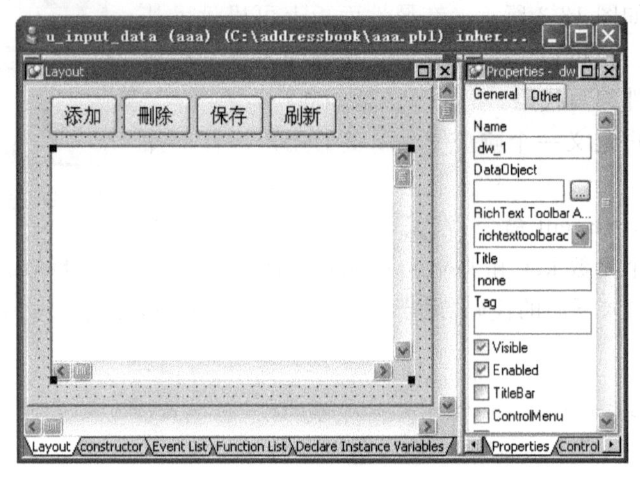

图 13-5 定制可视用户对象的创建

(2) 单击工具栏中的 Save 按钮,打开 Save User Object 对话框。在 User Objects 文件框中输入用户对象的名字,例如 u_input_data,单击 OK 按钮。

当定制可视用户对象保存后,在系统树窗口中可以看到其名字,可以像标准可视用户对象一样进行打开、复制、删除、编辑、移动、导出等操作。

13.3.3 外部可视用户对象的创建

创建外部可视用户对象的操作步骤如下。

(1) 选择 File→New 命令,打开 New 对话框。选择 PB Object 选项卡,选中 External Visual 图标,单击 OK 按钮,打开定制外部可视用户对象画板,如图 13-6 所示。

(2) 在属性面板中的 General 选项卡上,单击 LibraryName 右侧的浏览按钮,打开 Select Custom Control DLL 对话框。选中需要的 DLL 文件,单击打开按钮,如图 13-7 所示。

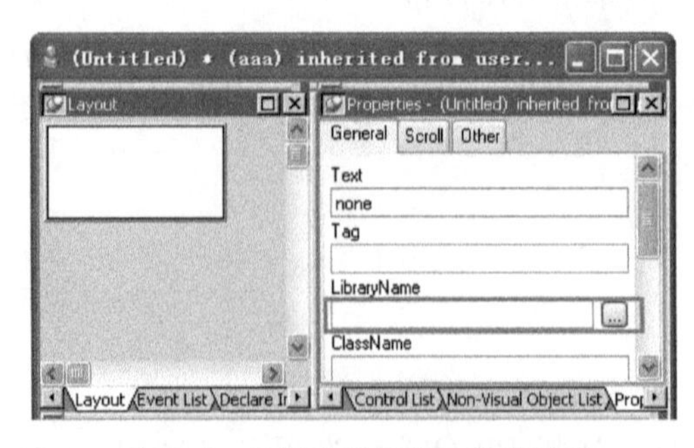

图 13-6 外部可视用户对象的创建

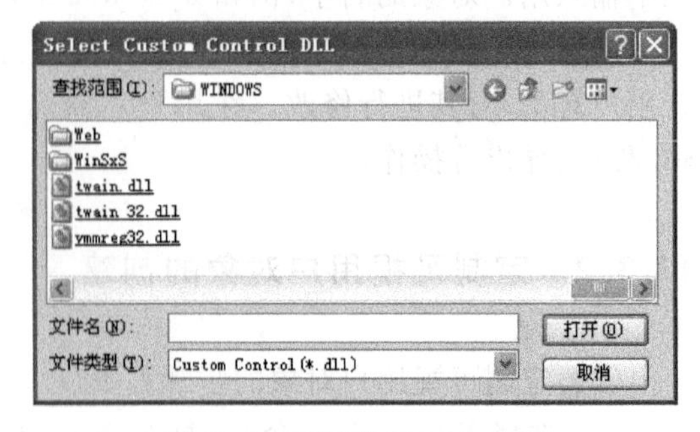

图 13-7 选择外部 DLL 文件

（3）单击工具栏中的 Save 按钮，打开 Save User Object 对话框。在 User Objects 文件框中输入用户对象的名字，例如 ue_external，单击 OK 按钮。

当外部可视用户对象保存后，在系统树窗口中可以看到其名字，可以像标准可视用户对象一样进行打开、复制、删除、编辑、移动、导出等操作。

13.3.4 标准类用户对象的创建

创建标准类用户对象的操作步骤如下。

（1）选择 File→New 命令，打开 New 对话框。选择 PB Object 选项卡，选中 Standard Class 图标，单击 OK 按钮，打开 Select Standard Class Type 对话框。选择要继承的标准对象，单击 OK 按钮，打开 User Object 画板。选取不同的标准类用户对象，属性面板随之而变化。

（2）根据实际需要为标准类用户对象定义函数、事件、结构和变量。

（3）单击工具栏中的 Save 按钮，打开 Save User Object 对话框。在 User Objects 文件框中输入用户对象的名字，单击 OK 按钮。

13.3.5 定制类用户对象的创建

创建定制类用户对象的操作步骤如下。

（1）选择 File→New 命令，打开 New 对话框。选择 PB Object 选项卡，选中 Custom Class 图标，单击 OK 按钮，打开 User Object 对话框。

（2）根据需要对定制类用户对象定义函数、事件、结构和变量。

定制类对象有两个事件，即 constructor 和 destructor，其中 constructor 事件在定制类用户对象被创建(Create)时触发，而 destructor 事件是在定制类用户对象被释放(Destroy)时触发。

（3）单击工具栏中的 Save 按钮，打开 Save User Object 对话框。在 User Objects 文件框中输入定制类用户对象的名字，单击 OK 按钮。

13.3.6 用户对象的使用

前面创建了一个标准可视用户对象 u_commandbutton(按钮)，其功能是当单击此按钮或当按钮获得焦点时按 Enter 键时都触发 clicked 事件的代码。根据此用户对象又创建了由 4 个按钮和 1 个数据窗口控件构成的定制可视用户对象 u_input_data，如图 13-6 所示。下面先对 u_input_data 的控件编写代码，定义事件并为事件编写代码，然后使用该用户对象。

（1）打开用户对象 d_input_data，分别为 4 个按钮的 clicked 事件编写代码。

① cb_1(添加)的 clicked 事件中的代码：

```
dw_1.reset()
dw_1.insertRow(0)
```

② cb_2(删除)的 clicked 事件中的代码:

```
dw_1.deleteRow(0)
```

③ cb_3(保存)的 clicked 事件中的代码:

```
if dw_1.update()=1 then
    commit;
else
    rollback;
end if
```

④ cb_4(刷新)的 clicked 事件中的代码:

```
dw_1.retrieve()
```

(2) 为 u_input_data 的 constructor 事件输入下面的代码(动态调整数据窗口相对于用户对象的大小):

```
Dw_1.width=this.width-100
Dw_1.height=this.height-250
```

(3) 为 u_input_data 创建一个用户事件 ue_initial,用它为数据窗口动态地传递数据窗口对象。

选择 Insert→Event 命令,然后按照图 13-8 定义事件。

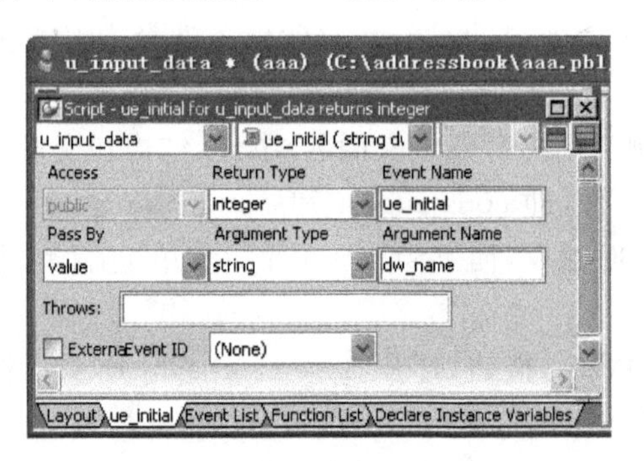

图 13-8　定义事件 ue_initial

为定义好的事件编写如下代码:

```
int i_num
dw_1.dataObject=dw_name
dw_1.setTransObject(sqlca)
i_num=dw_1.retrieve()
return i_num
```

(4) 新建一个窗口 w_input_data,在窗口控件箱中单击用户对象控件图标,打开 Select Object 对话框。选中 u_input_data 对象,单击 OK 按钮,在窗口上单击则出现一个用户对象,其默认的名称为 uo_1,调整用户对象大小。

(5) 如果已经创建好的数据窗口对象为 d_input_data,则在窗口 w_input_data 的 open

事件中输入下面的代码：

```
uo_1.post event ue_initial("d_input_data")
```

(6) 运行这个窗口，如图 13-9 所示。

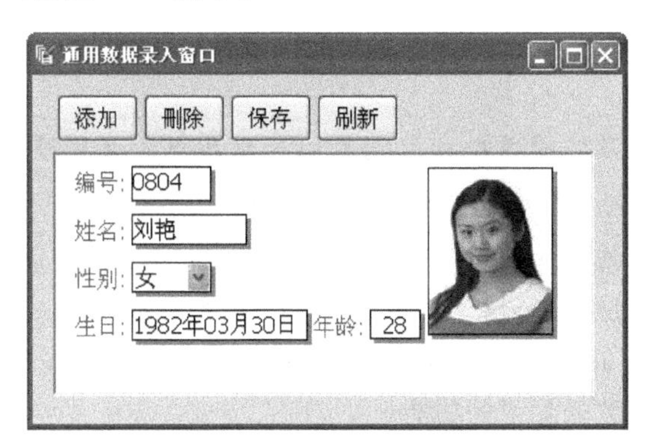

图 13-9　自定义事件 ue_initial

小结

用户对象是对 PowerBuilder 标准对象和控件的扩充，把自己开发的常用的或通用的对象或控件创建为用户对象，可以提高应用程序的开发效率。

第14章　数据管道

学习目标

本章主要介绍利用数据管道把相同或不同数据库中的数据进行互相传输的方法和技巧。数据管道可以在 PowerBuilder 开发环境下使用，也可以通过编程在应用程序中使用。

数据管道提供了在数据库内部、数据库之间，甚至不同的数据库管理系统之间快速复制数据的简便途径，还可以利用数据管道的复制功能修改数据表的名称以及结构。数据管道既可以在 PowerBuilder 开发环境下通过数据库画板根据向导完成相应的操作，也可以在程序中通过编写代码实现数据管道的功能。

14.1　在数据库画板中创建和运行数据管道

下面介绍如何在数据库画板中创建和运行数据管道。

(1) 如果仅仅是在当前数据库中复制数据表、更改表的结构，则在数据库画板上选中要操作的数据表，单击工具栏中的数据管道图标 (或在数据表上右击，选择 Data Pipeline 命令)，打开如图 14-1 所示的界面。

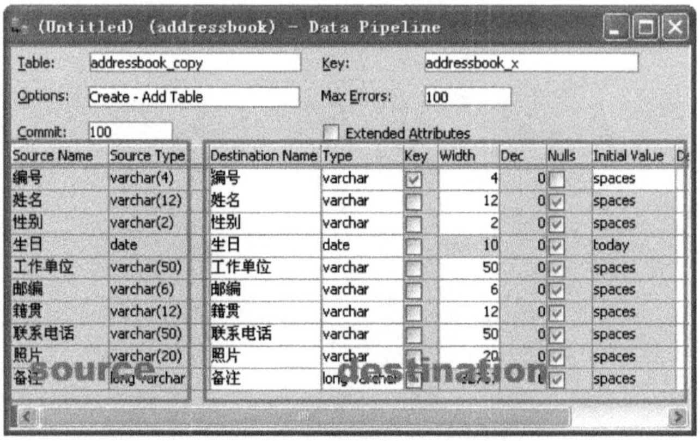

图 14-1　数据管道源和目标字段

(2) 如果要进行复杂的数据表操作，例如利用不同的数据表字段构成一个新表、在不同数据库之间复制数据表、在不同数据库之间复制数据或进行数据的传输等操作，则可以按照下面的操作进行。

选择 File→New 命令，打开 New 对话框。选择 Database 选项卡，选中 Data Pipeline 图标，单击 OK 按钮，打开 New Data Pipeline 对话框，如图 14-2 所示。

在这个界面中首先要选择数据源(有 4 种类型：Quick Select、SQL Select、Query 和 Stored Procedure，例如选择 Quick Select)，然后指定数据库的源连接(Source Connection，例如选择 addressbook)和目标连接(Destination Connection，例如选择 wage)。单击 OK 按

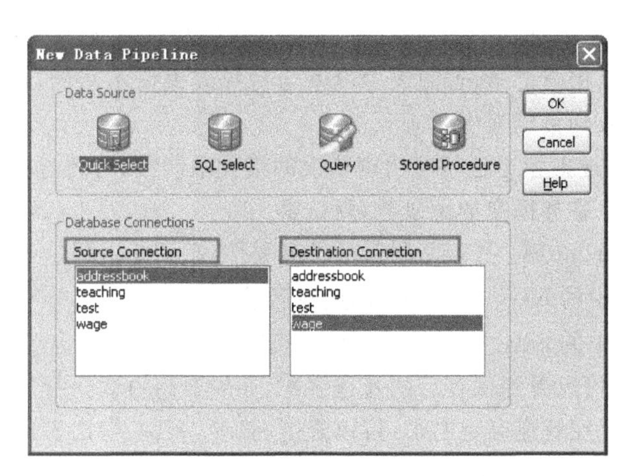

图 14-2　New Data Pipeline 对话框

钮，打开 Quick Select 对话框，如图 14-3 所示。在 Tables 列表框中单击要操作的数据表，右侧 Columns 列表框中列出了该表所有字段，单击需要的字段。

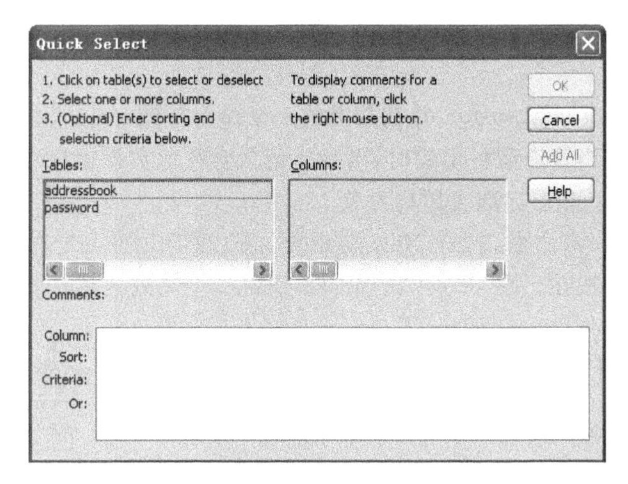

图 14-3　Quick Select 对话框

单击 OK 按钮，也打开图 14-1 所示的界面，各选项含义如下。

- Table：目标表的名字。默认的名称为：原表名_copy，可以任意修改。
- Key：目标表主键的名字，如果源表有索引或主键，则目标表也将该字段设置为默认索引或主键，也可以进行修改。
- Options：数据管道操作选项。
  - ◆ Create-Add Table：在目标数据库中创建新的数据表，如果目标数据库中有相同文件名存在则出现提示。
  - ◆ Replace-Drop/Add Table：在目标数据库中创建新的数据表，如果有相同数据库文件名存在则先删除原表，再创建新表。
  - ◆ Refresh-Delete /Insert Rows：先删除目标数据库中指定表中的所有记录，然后将源表中的数据插入到目标表中；如果目标表不存在，则操作失败。
  - ◆ Append-Insert Rows：把源数据库表中的记录附加到目标表中记录之后。

◆ Update-Update/Insert Rows：若源表中键值与目标表键值相同，则将源表记录覆盖目标表相应记录；若源表中键值与目标表键值不相同，则将源表中不同键值的记录插入到目标表中。

- Max Errors：设置管道运行时出现错误的最大限制数，若超过此数值时，管道停止。
- Commit：一个事务提交的记录数，默认是100。
- Extended Attributes：是否复制表的扩展属性，默认不选择。

(3) 单击工具栏中的Execute按钮，则运行管道。

(4) 单击工具栏中的Save按钮，则保存管道，以"p_"为前缀命名。

在系统树窗口中可以看到保存后的管道名称，如果要想再次执行管道或修改管道，则双击管道名称即可；如果在管道名上右击，可以复制、移动、删除、导出管道。

14.2 在应用程序中使用数据管道

通过创建标准类用户对象，实现应用程序中数据管道操作较为简便。操作步骤如下。

(1) 创建一个数据管道p_addressbook，确保p_addressbook在PowerBuilder环境中运行正常。

(2) 创建一个窗口w_transfer，并在其上放一个命令按钮cb_1("数据传输")，再放一个数据窗口控件dw_1(当管道运行出错时，出错的记录会在此数据窗口中显示)。

(3) 创建一个Pipeline标准类用户对象。

① 选择File→New命令，打开New对话框。选择PB Object选项卡，选择Standard Class图标，单击OK按钮。在Select Standard Class Type列表框中选择pipeline类型，单击OK按钮，打开User Object面板。

② 为这个用户对象定义两个全局数据库事务变量(Global Variables)：

```
Transaction source_transaction,dest_transaction
```

其中source_transaction用于连接源数据库的事务，dest_transaction用于连接目标数据库的事务。

③ 单击工具栏中的Save按钮，把标准类用户对象保存为u_pipeline。

(4) 为窗口w_transfer的Open事件编写连接数据库参数的代码：

```
source_transaction=create transaction
dest_transaction=create transaction
//源数据库参数及连接
source_transaction.dbms="ODBC"
source_transaction.dbparm="Connectstring='DSN=addressbook;UID=dba;PWD=sql'"
connect Using source_transaction;
//目标数据库参数及连接
dest_transaction.dbms="ODBC"
dest_transaction.dbparm="Connectstring='DSN=addressbook;UID=dba;PWD=sql'"
connect Using dest_transaction;
```

（5）为窗口 w_transfer 的 Close 事件编写如下释放数据库事务的代码：

```
destroy source_transaction
destroy dest_transaction
```

（6）为窗口 w_transfer 上的 cb_1 按钮的 Clicked 事件编写如下代码：

```
integer erro_code
u_pipeline u_add
u_add=create u_pipeline
u_add.dataObject="p_addressbook"
erro_code=u_add.start(dest_transaction,source_transaction,dw_1)
choose case erro_code
    case 1
        messageBox("信息提示","成功执行!")
    case -1
        messageBox("信息提示","管道不能打开!")
    case -5
        messageBox("信息提示","未建立与数据库的连接!")
    case -10
        messageBox("信息提示","出错记录数已达到设定的最大数!")
    case -16
        messageBox("信息提示","源数据库出错!")
    case -17
        messageBox("信息提示","目标数据库出错!")
    case -18
        messageBox("信息提示","目标数据库处于只读
        状态,不能写入数据!")
end choose
```

（7）运行系统，打开这个窗口，单击“数据传输”按钮，当管道执行成功后显示如图 14-4 所示。

图 14-4　管道执行成功

小结

数据管道的重要功能在于它能够很方便地在相同或不同数据库之间交换数据，且使用方法极其简单。例如，当要把基于 ASA 数据库开发的应用系统升迁到别的数据库（如 MS SQL Server）上时，利用数据管道就可以轻松地将所有数据表升迁过去。利用数据管道还可以间接地修改数据表的名字和结构。

第15章　库　管　理

学习目标

本章主要介绍如何管理PBL库，利用库画板创建新的库对象，对PBL库中的对象进行查找、复制、删除、移动、导出、导入等操作。

在进行数据库程序开发时，我们已习惯在系统树窗口(System Tree)中对所开发的对象进行管理，如双击对象可以打开对象，在对象上右击可以进行对象的编辑、复制、移动、删除、导出和打印等操作。PowerBuilder提供了一个专门对开发对象进行管理维护的工具——库面板(Library Painter)，用于检查和管理PowerBuilder库(PBLs)以及库中的内容，很多功能与系统树窗口中的功能相同。

15.1　库画板

15.1.1　库工作区

选择Tools→Library Painter命令(或直接单击工具栏中的“库管理”按钮)，打开PBL库画板，如图15-1所示。图的左侧以树状结构列出了磁盘驱动器、文件夹以及各种文件。单击库文件，例如addressbook.pbl，则在图的右侧出现了库中所有的对象，如应用、数据窗口、菜单、工程、函数、结构、查询、窗口等。

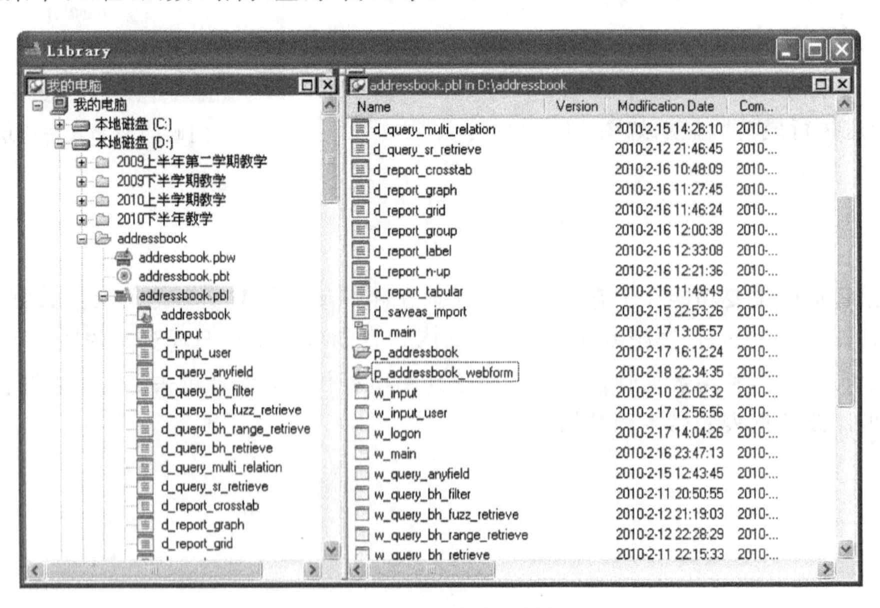

图15-1　PBL库管理画板

15.1.2 库画板工具栏

在打开库画板的同时，对应的工具栏也出现在界面上，如图 15-2 所示。

图 15-2 库画板工具栏

各工具按钮功能说明如下。

(1) Create Library：创建新的库对象。

(2) Select All：选中 PBL 库中所有对象。

(3) Edit：打开库中所选择的对象，可以进行编辑操作。

(4) Copy：把选中的对象复制到另一个 PBL 库中。

(5) Move：把选中的对象移动到另一个 PBL 库中。

(6) Delete：把选中的对象删除。

(7) Export：把选中的对象导出为文件。

(8) Import：把由 Export 导出的文件导入到本 PBL 库中，可以一次导入多个对象。

(9) Regenerate：重建所选择的对象。

(10) Search：在选择的对象中查找字符串。

(11) Properties：查看选择对象的属性，并为对象编写注释内容。

(12) Check In：登记对象。

(13) Check Out：检查对象。

(14) Display Most Recent Object：显示最近使用过的对象。

15.2 库画板的应用

15.2.1 创建 PBL 文件

1. 新建库文件

单击工具栏中的 Create Library 按钮，打开 Create Library 对话框。选择库文件的保存路径(例如 c:\addressbook)，在"文件名"文本框中输入新建的库文件的名字(例如 my_app)，单击"保存"按钮，打开 Properties 对话框。在 Comments 文本框中输入新建库文件的注释信息，单击 OK 按钮，新建的 PBL 库文件(my_app.pbl)出现在库画板中。

2. 删除新建的库文件

新建的 PBL 库文件是独立于任何工作区和目标的，在该文件上右击，选择 Delete 命令(或直接单击工具栏中的 Delete 按钮)，打开"Delete Library c:\addressbook\my_app"，单击“是”按钮即可。

3. 把新建库文件添加到目标中

在系统树窗口中打开某工作区(例如 addressbook),在目标上右击,选择 Library List 命令,打开 Properties of Target addressbook 对话框,如图 15-3 所示。单击 Browse 按钮,打开 Select Library 对话框。单击要添加的 PBL 库文件,单击“打开”按钮,再单击 OK 按钮即可。

如果单击图 15-3 中的 New 按钮,也可以新建 PBL 库文件,不过此时新建的库文件直接进入 addressbook 目标中。

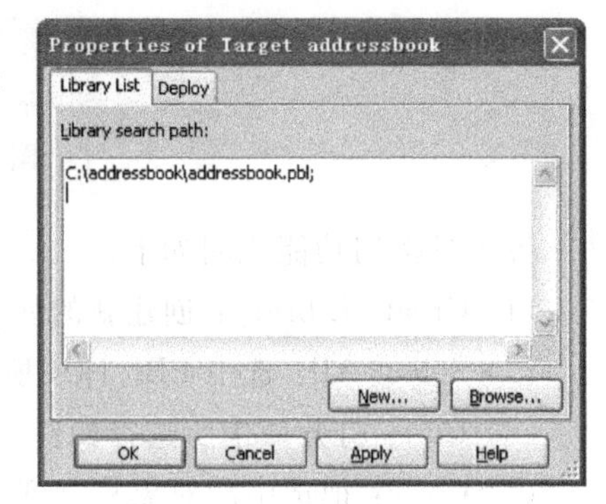

图 15-3 目标对象属性

4. 把库文件从目标中移出

在系统树窗口中,右击某个要移出的 PBL 库文件,选择 Remove Library 命令,打开 Remove Library 对话框,单击“是”按钮即可。

15.2.2 为库中对象添加注释

为对象编写注释是一个好的习惯,有利于快速了解每一个对象的用途及功能。特别是当开发的对象较多、开发周期较长和多人合作开发时。在 PBL 库面板中可以很容易为窗口、数据窗口、菜单、函数、结构、用户对象、管道等对象编写注释。右击要添加注释的对象,选择 Properties 命令,打开 Properties 对话框。在 Comments 文本框中输入注释信息,单击 OK 按钮即可。

15.2.3 编辑对象

在对象上右击,选择 Edit 命令,打开要编辑的对象(或直接单击工具栏中的“编辑”按钮,或双击对象)即可进行编辑。

15.2.4 复制对象

可以方便地在两个库文件(PBL)之间复制对象,但要求其中一个库文件必须在系统树窗口中。

方法 1:在某个对象上右击,选择 Copy 命令,打开 Select Library 对话框。找到另一个需要该对象的 PBL 文件,单击“打开”按钮即可。

方法 2:打开两个库面板,可以直接把一个库面板 PBL 库中的对象通过拖动复制到另一个库面板中的另一个 PBL 库中。

15.2.5 移动对象

在某个对象上右击,选择 Move 命令,打开 Select Library 对话框。找到另一个需要该对象的 PBL 文件,单击"打开"按钮即可,此时,源 PBL 库中的对象已不存在。

15.2.6 删除对象

在某个对象上右击,选择 Delete 命令,打开 Library 对话框,单击"是"按钮即可。如果该对象不可删除,会弹出提示信息。

15.2.7 库对象的导出

应用、窗口、数据窗口、菜单、用户对象、函数等对象都可以导出为一个文件,方法相同。在对象上右击,选择 Export 命令(或直接单击工具栏中的"导出"图标),打开 Export Library Entry 对话框。选择保存位置,导出的文件名和类型根据导出对象不同,系统有默认值,单击"保存"按钮即可。例如窗口对象导出的扩展名为.srw,数据窗口导出的文件名为.srd。一次只能导出一个对象。

15.2.8 库对象的导入

当多人合作开发应用系统时,可以按功能模块划分开发方案,然后利用此功能把分散开发的对象通过导入、导出功能实现汇总整合。

在 PBL 库上右击,选择 Import 命令,打开 Select Import Files 对话框。选中一个或多个对象,单击"打开"按钮即可。

注意,需要导入对象的 PBL 库必须在系统树窗口中处于打开状态。另外,如果需要导入的对象使用到了全局变量,也必须在当前 PBL 库中先把全局变量创建好,否则导入不会成功。

小结

利用库画板对 PBL 库对象进行打开、复制、移动和删除十分方便,对于不同应用系统相同功能模块的重用以及多人开发应用系统模块整合都有十分重要的意义。

第16章 程序调试

学习目标

本章主要介绍在PowerBuilder环境下调试程序的方法和技巧，介绍在调试模式下各视图区的功能和用途、断点设置方法和使用方法。

任何应用程序在开发过程中都会在不断调试、不断改错过程中逐渐完善起来。有些错误比较简单，例如一些简单的语法错误、输入错误等，当保存对象时，系统会在代码区下面的窗口中提示警告或错误信息，通过查看错误报告可以大致判断出错的原因，如图16-1所示。代码区下面的窗口中出现了很多警告和错误提示，其实只是两个错误引起的，一个是把Return输成了Retrun；另一个是把string输成了strig，改正错误后，问题就解决了。

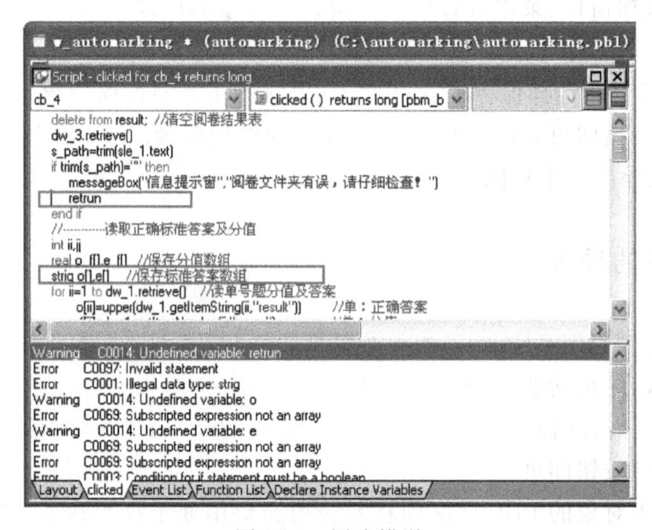

图16-1 语法错误

但是，当程序较长或较复杂时，查找程序出错的原因相当不容易，例如控制与次序错误、静态逻辑错误、动态数据错误、静态数据错误、数据结构错误、算法错误等。在程序开发的不同阶段，错误的类型和表现形式也不相同。PowerBuilder除了提供常规模式（Regular Mode）运行程序外还提供了调试模式（Debug Mode）。在此模式下，可以在程序的任何位置设置断点（BreakPoint），然后运行程序，通过单步跟踪断点处程序各种变量取值的变化，帮助开发者查找程序中隐藏的错误，解决各种问题。

16.1 程序调试模式

在常规模式下，也可以给程序添加断点，但运行时断点不起作用。只有打开程序调试模式（Debug Mode），运行程序时所设置的断点才起作用，并且可以利用各种调试工具进行操作。

16.1.1 打开调试模式

有多种方式进入调试模式。

方法 1：选择 Run→Select and Debug 命令。

方法 2：单击工具栏中的 Debug 按钮。

方法 3：单击工具栏中的 Select and Debug 按钮。

16.1.2 调试模式视图

在图 16-2 中可以看到 4 个视图区，有些视图还有视图标签，下面逐一解释。

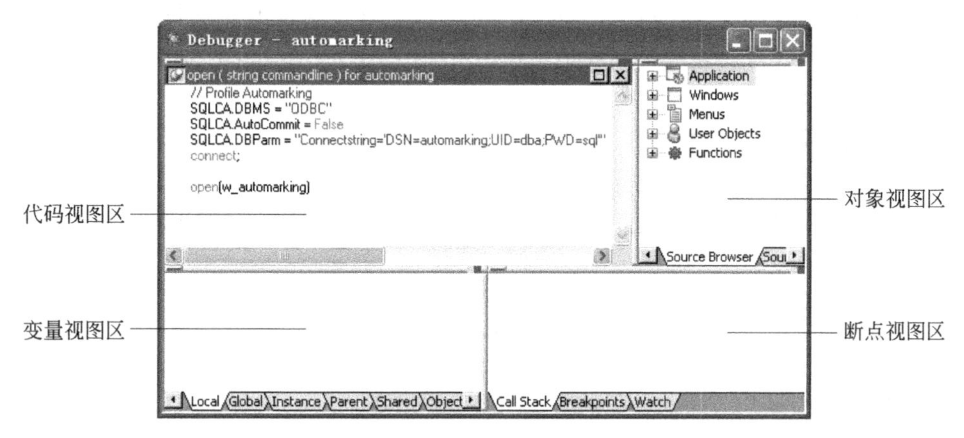

图 16-2　调试面板

(1) 代码视图区：显示对象的代码、添加与删除断点、修改代码。

(2) 对象视图区：树状结构显示当前应用程序的对象及控件以及曾经查看过的代码的事件列表。

① Source 标签视图：显示所有代码，可以转到指定的行号(右击，选择 Go To Line 命令)，可以查找字符串(右击，选择 Find 命令)，可以打开另一个对象控件事件中的代码(右击，选择 Select Script 命令)(包括祖先或子控件事件中的代码)，管理断点。

② Source Browser 标签视图：树状结构显示当前应用程序的对象及控件，双击对象或控件的事件(或在其上右击，选择 Open Source 命令)，其代码会在代码视图区中显示出来。

③ Source History 标签视图：显示曾经在代码视图区中查看过的代码的事件列表，双击事件(或在其上右击，选择 Open Source 命令)，则其代码会在代码视图区中显示出来。如果在事件上右击，选择 Clear 命令，则清空所有事件。

(3) 变量视图区：用于查看各种变量值的变化以及内存中的对象列表。

① Local 标签视图：显示当前执行状态下局部变量的值。

② Global 标签视图：显示当前执行状态下全局变量的值。

③ Instance 标签视图：显示当前执行状态下实例变量的值。

④ Parent 标签视图：显示当前执行状态下父对象变量的值。

⑤ Shared 标签视图：显示当前执行状态下共享变量的值。

⑥ Objects in Memory 标签视图：显示当前内存中的对象列表。

(4) 断点视图区：

① Call Stack 标签视图：程序执行到断点处，显示断点所在的对象名称、控件名称、事件及断点行号。

② Breakpoints 标签视图：列表显示程序所有设置的断点，包括对象名称、控件名称、事件以及断点行号。可以设置断点的可用(在断点上右击，选择 Enable Breakpoint 命令)、不可用(在断点上右击，选择 Disable Breakpoint 命令)，清除断点(在断点上右击，选择 Clear Breakpoint 命令)。

③ Watch 标签视图：可以把变量视图中重点观察的变量拖动到此视图中，当程序运行时可以查看这些变量的变化情况；可以改变变量的值(双击变量或在变量上右击，选择 Edit Variable 命令)，可以在视图中添加表达式(在视图中右击，选择 Insert 命令)。

16.1.3 调试模式工具栏

当打开程序调试模式后，调试模式工具栏随之出现在界面上，如图 16-3 所示。

图 16-3 调试模式工具栏

各图标的功能如下。

—Start：在调试模式下运行程序开始调试。

—Stop Debugging：在调试模式下停止调试。

—Continue：继续调试。当程序遇到断点时停止，单击此按钮则从断点处向下执行。

—Step In：单步跟踪进入函数内部，检查函数执行状态。

—Step Over：单步跟踪不进入函数内部。

—Step Out：从单步跟踪的函数中直接跳出来。

—Run To Cursor：运行到光标处，可以使程序跳过一段代码，运行至光标指定的行。

—Set Next Statement：设置下一个语句，使程序从这条语句开始运行。

—Select Script：选择某对象、控件事件中的代码，用于调试。

—Edit Stop：编辑断点。打开 Edit Breakpoints 对话框，可以查看所有断点，设置临时断点、条件断点，可以清除断点。

—Add Watch：向 Watch 视图中添加变量。

—Remove Watch：向 Watch 视图中移除变量。

—Quick Watch：打开 Quick Watch 对话框，查看变量或者对象变量的当前值。

×—Close：关闭调试模式，返回常规模式。

16.2 断点设置方法

断点(Breakpoint)就是在程序的某行代码前做的一个标记(实心圆点——有效断点;空心圆点——无效断点)。断点可分为普通断点和特殊断点。普通断点是为无条件中断程序运行而设置的标记,在常规模式和调试模式中都可以对代码设置此类断点;特殊断点是指当程序运行满足某种条件时才中断程序执行而设置的标记,这类断点只能在调试模式中设置。

无论何种断点,只有在调试模式环境中执行程序(单击工具栏中的 Start 图标),断点才有效。

1. 普通断点设置方法

无论在何种模式下,光标放在要设置断点的代码行上,右击,选择 Insert Breakpoint 命令,代码行前出现了一个红色的实心圆点标记。

如果要使断点失效,则在该代码行上右击,选择 Disable Breakpoint 命令,断点标记变为空心圆点。

如果要使失效的断点重新有效,则在该代码行上右击,选择 Enable Breakpoint 命令。

如果要删除断点标记,则在该代码行上右击,选择 Clear Breakpoint 命令。

2. 特殊断点设置方法

特殊断点只能在调试模式下设置,分为 3 种类型。

(1) 临时断点:在某代码行上设置一个数值,当程序执行此代码的次数达到设置的数值时中断程序的运行。

(2) 条件断点:在某代码行上设置一个条件表达式,当程序执行此代码并测试该条件表达式的值,当这个值为 True 时,中断程序的运行。

(3) 变量断点:在某代码行上设置一个变量,在程序执行时测试该变量的值是否发生变化,如果变化了则中断程序的运行。

3 种断点的设置都是在 Edit Breakpoints 对话框中进行的。打开 Edit Breakpoints 可以使用下面 4 种方法之一。

(1) 选择 Edit→Breakpoints 命令。

(2) 在代码视图区、变量视图区、Watch 标签视图和 Breakpoints 标签视图中,右击,选择 Breakpoints 命令。

(3) 单击工具栏中的 Edit Stop 按钮。

(4) 在 Breakpoints 标签视图中双击断点事件行。

Edit Breakpoints 对话框如图 16-4 所示。

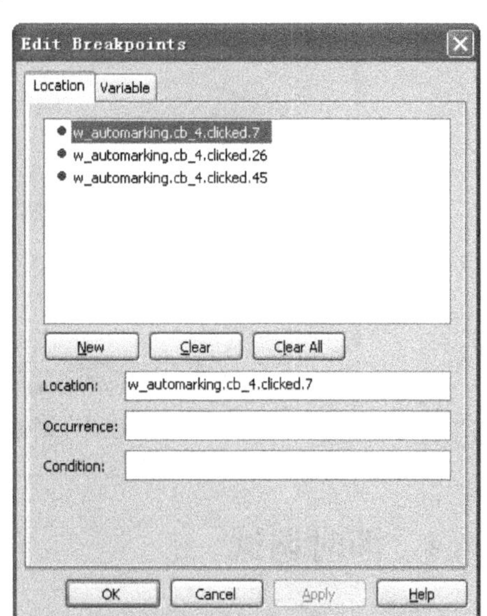

图 16-4 Edit Breakpoints 对话框

在 Edit Breakpoints 对话框中的 Location 选

项卡中设置临时断点和条件断点，按钮及文本框含义如下。

- New：设置新断点。
- Clear：清除当前的断点。
- Clear All：清除所有的断点。
- Location：设置断点的位置。
- Occurrence：设置临时断点的循环次数。
- Condition：设置条件断点的条件表达式。

在 Edit Breakpoints 对话框中的 Variable 选项卡中设置变量断点，按钮及文本框含义如下。

- New：设置新断点。
- Clear：清除当前断点。
- Cleear All：清除所有断点。
- Variable：设置断点变量。

16.3 在调试状态下运行程序

当设置好断点后，就可以在调试模式下运行程序了。选择 Debug→Start 命令(或单击调试工具栏中的 Start 按钮)，程序开始运行，当遇到断点时程序中止运行，返回调试状态，如图 16-5 所示，此时有一个黄色箭头位于中断代码行前面。此时，可以在变量视图区查看各种变量的值，通过调试工具栏可以让程序继续运行、单步跟踪等。

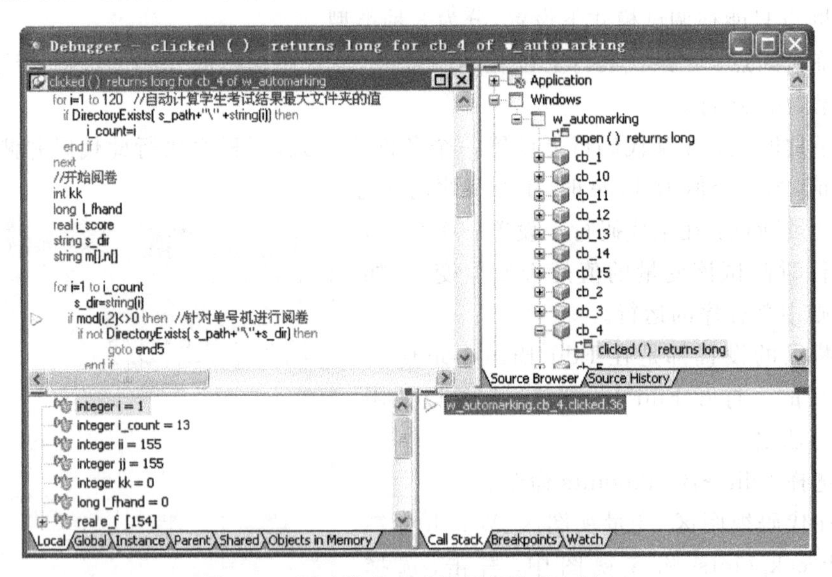

图 16-5　调试模式下运行程序遇到中断(1)

16.4 即时调试

在常规模式下运行程序，当遇到错误时，系统会打开一个对话框，指明错误发生在哪个对象或控件事件中，以及错误代码的行号，如图 16-6 所示。单击“确定”按钮，退出运行状态。

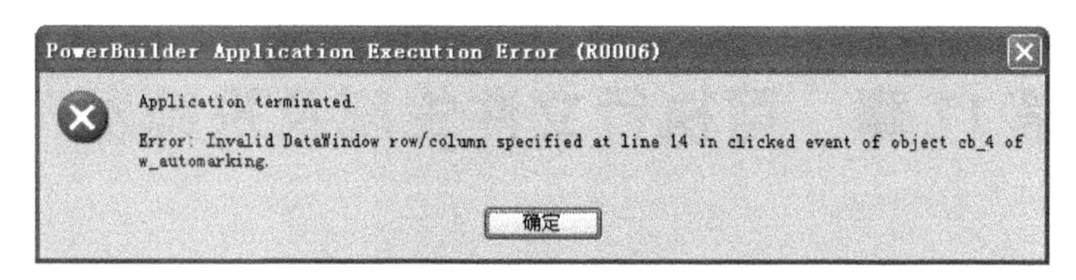

图 16-6 常规模式下运行程序遇到错误时的对话框

如果希望在常规模式下运行程序，当遇到错误时，打开 PowerBuilder Exception Thrown Out 对话框。当单击 Break 按钮时，中断程序运行并打开调试模式，如图 16-7 所示，则只要对 PowerBuilder 系统进行如下设置即可。

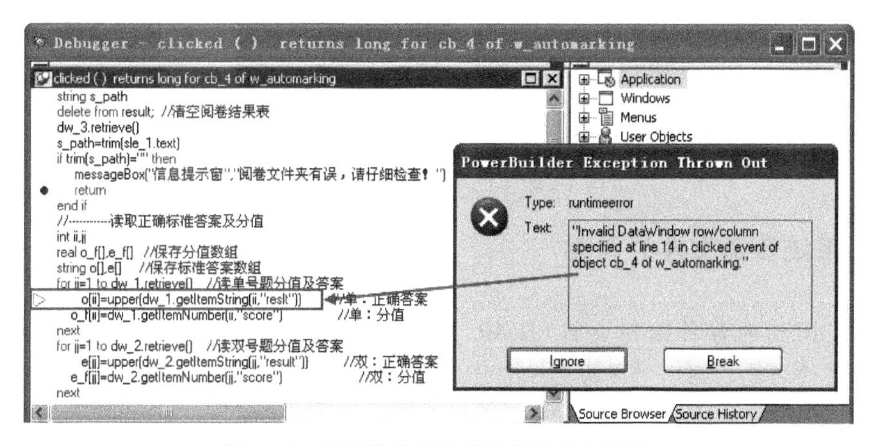

图 16-7 调试模式下运行程序遇到中断(2)

选择 Tools→System Options 命令，打开 System Options 对话框。在 General 选项卡中选中 Just In Time Debugging 复选框。

小结

调试模式提供了一个很好的查错方法，特别是当程序较长且有较为复杂的算法时，通过设置断点，单步跟踪程序执行步骤以及各种变量值的变化情况分析出错原因。

第 17 章　可执行文件生成及系统发布

学习目标

本章主要介绍为应用程序创建可执行文件和动态链接库的方法，然后把开发的应用系统制作成安装盘进行发布。

当程序开发完成后，希望它能脱离 PowerBuilder 开发环境而能运行，这就要求为开发的应用程序创建可执行文件和动态库。然后利用安装盘制作软件把开发的可执行文件、动态库、数据库文件以及一些支持 PowerBuilder 程序运行的动态库文件打包成安装盘。

17.1　可执行文件的生成

17.1.1　系统资源文件的创建

把系统用到的各种图像文件(BMP、JPG、GIF、ICO)、声音文件(MP3)、帮助文件(CHM)的文件名输入到一个资源文件中(PBR)。创建系统动态库时，就可以把这些资源文件打包到动态库中(PBD)。

选择 File→New 命令，打开 New 对话框。选择 Tool 选项卡，选择 File Editor 图标，单击 OK 按钮(或单击工具栏中的 Edit 按钮)，打开 File Editor 窗口。在窗口中一行输入一个文件名，如图 17-1 所示。

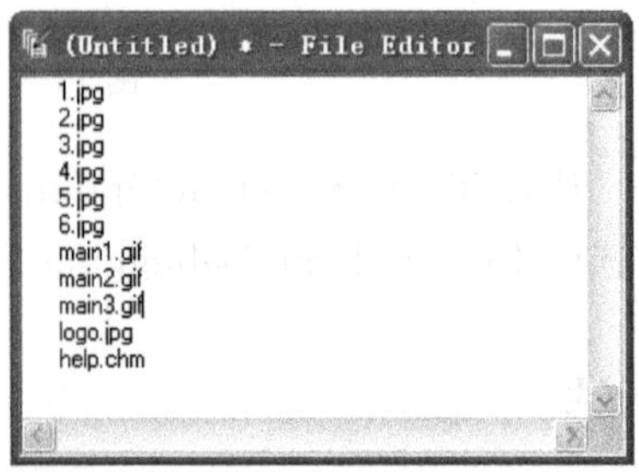

图 17-1　资源文件的创建

输入完成后，单击工具栏中的 Save 按钮，在“保存类型”下拉列表框中选择 Resource Files(*.pbr)，在“文件名”文本框中输入资源文件名(如 addressbook)，单击“保存”按钮。

17.1.2　创建工程文件

下面介绍创建工程文件的操作步骤。

选择 File→New 命令，打开 New 对话框。选择 Project 选项卡，选择 Application 图标，单击 OK 按钮，打开 Project 画板。默认显示的是 General 选项卡，单击 Executable file name 右侧的浏览按钮，在打开的 Select Executable File 对话框中，默认的文件名已出现在“文件名”文本框中。单击“保存”按钮，如图 17-2 所示。如果在 Resource file name 文本框中选取了资源文件，则资源将被打包到可执行文件中，会使可执行文件变得很大，程序运行时将会占用很多内存。

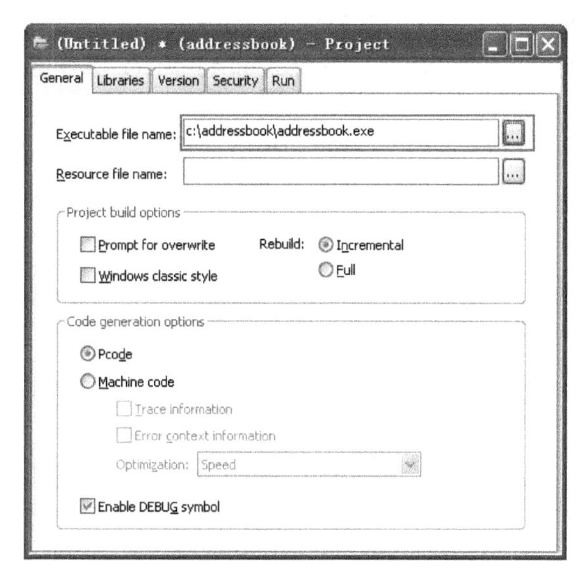

图 17-2 Project 面板

其他选项及说明如下。

- Prompt for overwrite：遇到相同文件名时是否提示覆盖取代。
- Windows classic style：是否采用 Windows 经典样式。
- Rebuild：有两个选项 Incremental 表示以增量方式创建，Full 表示重新创建。
- Pcode：生成 PBD 动态库，编译速度快，但程序执行速度慢（伪编译）。
- Machine Code：生成 dll 动态库，编译时间长，但执行速度快（机器码）。
- Trace information：是否给出跟踪信息。
- Error context information：是否给出错误的相关信息。
- Optimization：优化方式选择（Speed、Space 或 None）。
- Enable DEBUG symbol：使用条件编译指令，在指令传到编译器之前利用 PowerBuilder 预处理器解析代码块。

17.1.3 设置工程文件

下面介绍如何设置工程文件。

(1) Libraries 选项卡：选中 PBD 复选框，单击右侧的浏览按钮[...]，查找到刚建好的资源文件(addressbook. pbr)，如图 17-3 所示。

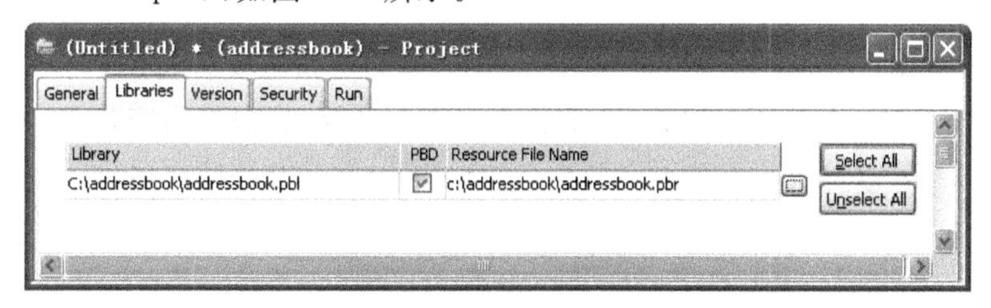

图 17-3 Libraries 选项卡

(2) Version 选项卡：填写公司及软件版本的信息。

(3) Security 选项卡：当要把应用系统发布到 Vista 操作系统时，在此界面设置 Mainfest 选项。

(4) Run 选项卡：Application 文本框中的名字是默认 General 选项卡上可执行文件的名字。还可以设置运行程序时所需的哑元变量以及启动程序所在的文件夹，如图 17-4 所示。

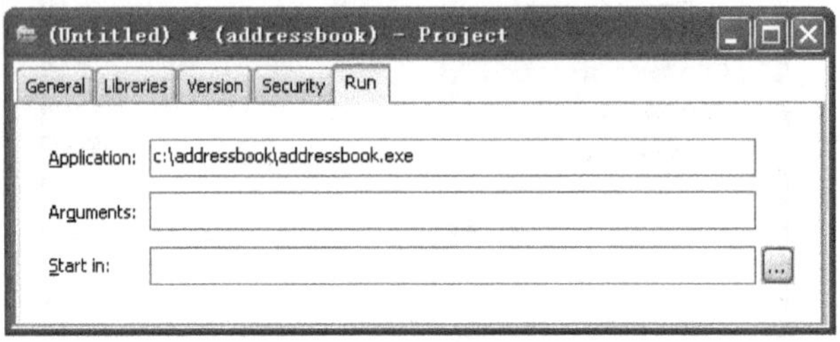

图 17-4　Run 选项卡

填写完所有选项卡的参数后，单击工具栏中的 Deploy Project 按钮，将打开一个 Build Library 对话框，上面写着 Build in process，在面板的下面 Default 选项卡中显示着创建的操作。当创建完成后，对话框消失，在应用程序文件夹中多了. exe 和. pbd 两个文件。

注意，在单击 Deploy Project 按钮前，一定要关闭所有打开的对象。

17.1.4　保存工程文件

单击工具栏中的 Save 按钮，在打开的 Save Project 对话框中，输入工程文件名，单击 OK 按钮，在系统树视图区可以看到刚建好的工程的名字。可以通过双击工程的名字打开工程，也可以在工程名上右击，选择 Delete 命令删除工程。

当程序进行了修改，则必须重新运行工程，生成新的. exe 和. pbd 文件。

17.2　安装盘制作

利用安装盘制作软件把开发的应用程序打包成安装盘。安装盘制作软件非常多，实验 7 是利用 Setup2GO 软件制作安装盘的详细案例，此处不再展开。

小结

经过开发和调试完成的应用程序必须把它生成为可执行文件(. exe)、动态库(. pbd)，再加上一些 PowerBuilder 系统动态库、数据库引擎文件等，打包成为安装盘，就可以向客户发布了。利用安装盘发布的系统可以脱离 PowerBuilder 开发环境而运行。

第三篇　Dreamweaver 动态网站开发环境

本 篇 导 读

本篇重点讲解实际应用案例，从基本的网站建设开始到具有一定实用功能的系统开发，较为全面地讲解动态网站开发的基本要素和一些开发技巧。本篇围绕动态网站开发的常用组合 Dreamweaver＋ASP 的开发平台来讲解，重点介绍新闻发布系统网站的开发、在线统计系统网站的开发，让读者全面了解动态网站的架构、开发过程。

本篇主要内容包括 ASP 动态网页技术的基础，主要介绍什么是动态网页、ASP 基础知识、IIS 安装与管理、虚拟目录设置等；数据库创建连接和创建动态网站，主要介绍 Access 数据库设计、数据库的连接、Dreamweaver 动态站点的建立。

第 18 章　ASP 动态网页技术的基础

学习目标

本章重点了解什么是动态网页；什么是 ASP，它有何特点，了解 ASP 的基本概念和工作原理。

18.1　动态网页简介

动态网页是指采用动态服务器技术生成的网页。目前较为流行的服务器技术有 ASP、ASP. NET、JSP、PHP、ColdFusion 等。ASP 技术具有功能全面、技术成熟、方法简便、应用广泛等特点。本章主要介绍的是 ASP 动态网页。

18.1.1　什么是动态网页

在网站中，有些网页需要及时更新，有些网页需要与用户进行交互，这就需要创建动态网页。动态网页通常具有以下特点：

(1) 动态网页是由动态服务器技术生成的网页，动态网页的文件后缀名与其采用的服务器技术有关，如 ASP、PHP、ASPX、PERL 等，而一般的静态网页通常是 HTM 或 HTML。

(2) 动态网页一般以数据库技术为基础，可将相关信息通过动态网页输入到数据库，同时又可以通过动态网页将数据库内容显示出来。

(3) 动态网页能够实现各种交互功能，如用户注册和登录、在线留言、论坛、投票、博客等。

18.1.2　动态网页技术

早期的动态网页主要采用 CGI(Common Gateway Interface)技术，虽然 CGI 技术已经发展成熟而且功能强大，但是由于编程困难、效率低下、维护困难，已经逐渐被 ASP、PHP、JSP 等新兴技术所取代。

ASP 技术，即 Active Server Pages，是 Microsoft 公司开发的一种类似 HTML(超文本标识语言)、Script(脚本)与 CGI(公共网关接口)的结合体，它没有自己专门的编程语言，而是允许开发人员使用已有的脚本语言(如 VBScript)来编写 ASP 应用程序。采用 ASP 技术编写的网页安全、灵活，学习起来简单，适合初学人员使用。

PHP 技术，即 Hypertext Preprocessor(超文本预处理器)，是当今 Internet 上最为流行的脚本语言，其语法借鉴了 C、Java 等语言，只要具备一定的编程知识就可以使用 PHP 技术建立真正交互的 Web 网页。

JSP技术，即Java Server Pages，是由Sun Microsystem公司推出的技术，是基于Java Servlet和整个Java体系的Web开发技术。现在JSP技术已经成为一种比较成熟的动态网页开发技术。

18.1.3 什么是ASP

ASP(Active Server Pages，活动服务器网页)是由微软公司开发的一种服务器端的脚本编写环境，它一般以VBScript或ECMAScript作为服务器端的脚本语言，由安装在服务器上的应用程序扩展软件负责解释并执行这些脚本。

(1) Active：ASP使用微软的ActiveX技术。ActiveX技术采用的是封装对象，程序调用对象的技术，简化了编程，加强了程序间的合作。而ASP本身则封装了一些基本组件和常用组件，当然也有很多公司开发了很多实用组件。只要在服务器上安装这些组件，通过访问组件，就可以快速、简易地建立相关的Web应用了。

(2) Server：表示ASP的运行在服务器端，所以完全可以不必考虑客户端是否支持ASP。同时因为ASP的脚本语言有VBScript或ECMAScript(通常被称为JavaScript或JScript)，而有的浏览器不支持客户端的VBScript，但现在VBScript是在服务器端运行，就可以放心使用了。并且由于ASP默认的脚本语言是VBScript，更加推荐用户使用基于脚本的服务器端ASP技术。

(3) Pages：ASP返回标准的页面，这个页面和普通的静态页面一样，可以正常地在常用的浏览器中显示。但当浏览者查看网页源文件时，看到的是ASP动态生成的HTML代码，而不是原始的ASP代码，这也就可以防止别人抄袭程序，同时也提高动态网页的安全性。

所以，掌握ASP动态网页技术，只需要了解服务器端脚本(如VBScript)的基本结构、语法，熟悉ASP本身所支持的对象和组件，就可以很轻松地进行ASP的编程了。

18.2 ASP的运行环境

18.2.1 ASP需要的运行环境

要运行ASP动态网页还需要有Web服务器，它是根据Web浏览器的请求提供文件服务的软件。所以，要进行ASP的动态网页设计，就需要先在本地计算机上安装相应的Web服务器软件。常见的Web服务器软件有IIS、Apache、Netscape Enterprise Server等。

微软公司开发了功能强大的Web服务器软件，即IIS。IIS为Internet Information Server(Internet信息服务)的简称，其提供了强大的Internet和Intranet(企业内部互联网)服务功能。该服务器同样支持ASP，并且多应用在Windows NT系统以上(如Windows 2000/XP/2003)的机器中。

IIS主要提供FTP(文件传输服务)、HTTP(Web服务)和SMTP(电子邮件服务)等服务。确切地说，IIS使得Internet成为一个正规的应用程序开发环境。

18.2.2 安装IIS Web服务器软件

在安装IIS之前可先打开“控制面板”，查看“管理工具”中有没有“Internet信息服务”，如果有，则表示当前机器已经安装了IIS。

（1）将操作系统的安装光盘插入光驱，打开“控制面板”，双击“添加/删除程序”，打开“添加或删除程序”对话框，如图18-1所示。选择“添加/删除Windows组件”图标，打开“Windows组件向导”对话框。

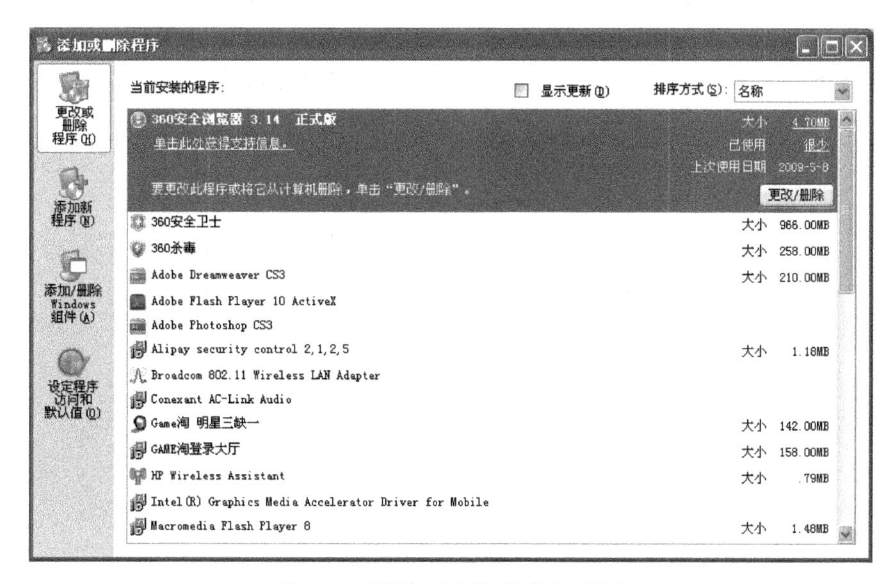

图18-1 “添加或删除程序”对话框

（2）选中“组件”列表框中的“Internet信息服务(IIS)”复选框，单击“下一步”按钮进行IIS的安装，如图18-2所示。

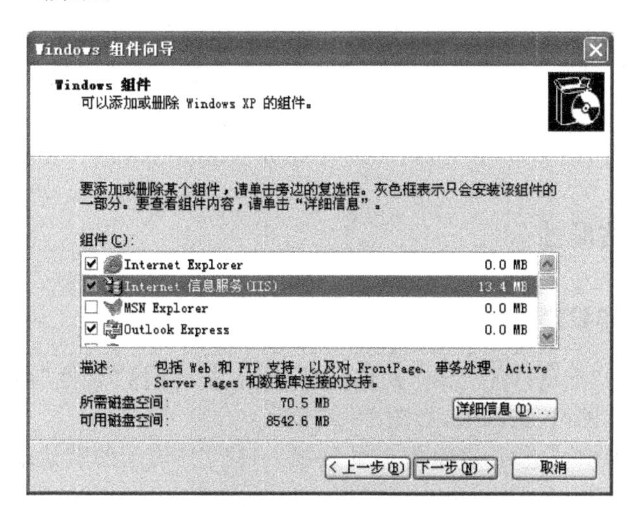

图18-2 “Windows组件向导”对话框

(3) 在"完成 Windows 组件向导"对话框中单击"完成"按钮,完成 IIS Web 服务器软件的安装。

18.3 IIS 的管理

18.3.1 认识 IIS

打开"控制面板",双击"控制面板"中的"管理工具"。在"管理工具"窗口中,双击"Internet 信息服务",打开"Internet 信息服务"对话框,即是"Internet 信息服务"控制台了。单击左侧"本地计算机"前的展开/折叠按钮,以打开相关内容,如图 18-3 所示。

图 18-3 "Internet 信息服务"窗口

"本地计算机"前的英文字符表示当前计算机的名称。IIS 对"本地计算机"可管理的项目目前有"网站"、"FTP 站点"和"默认 SMTP 虚拟服务器"。

在 IIS 控制台上方工具栏中提供了"启动"、"停止"和"暂停"按钮。当"停止"时,就表示服务器完全不工作,其状态和没有安装服务器一样;当"暂停"时,表示服务器暂停不接受请求响应。所以要使用 IIS Web 服务器,必须要启动"默认站点"。

18.3.2 默认网站属性

1. "网站"选项卡设置

打开"网站"下的"默认网站",在"默认网站"上右击,选择"属性"命令,打开"默认网站属性"对话框。选择"网站"选项卡,如图 18-4 所示。

在"网站"选项卡中可进行 TCP 端口的设置。HTTP 访问的默认端口为 80 端口,即在浏览器地址栏中输入 http://localhost/和输入 http://localhost:80 是一样的效果。假如因为一些原因需要调整访问端口,比如设置为 88 端口,则在网页浏览时就必须输入 http://localhost:88/了。

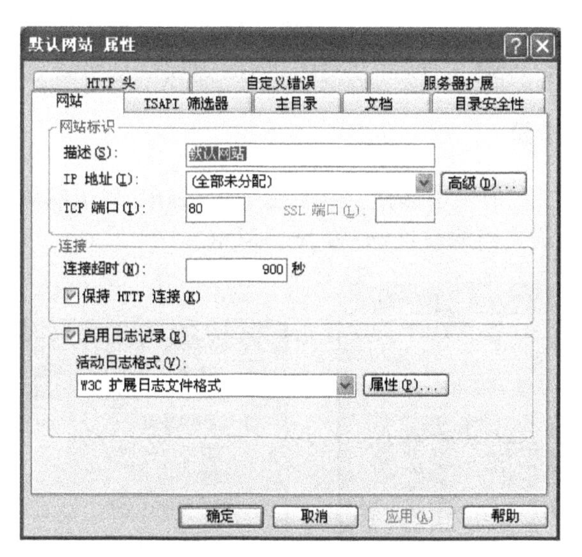

图 18-4 “网站”选项卡

2. “主目录”选项卡设置

在“默认网站 属性”对话框中选择“主目录”选项卡，其中的“本地路径”为“系统盘符：\inetpub\wwwroot”，就是当输入“http://localhost/”后，IIS 将自动转发到该“本地路径”下的默认文档进行浏览，如图 18-5 所示。

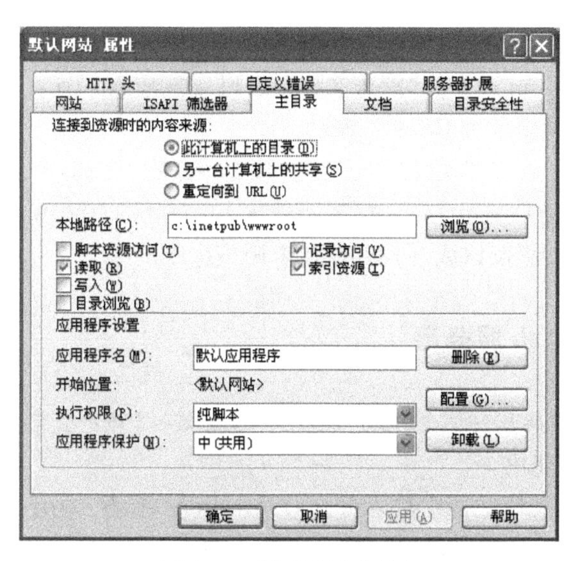

图 18-5 “主目录”选项卡

如果需要通过 http://localhost/的方式浏览在机器中其他路径下的文件时，则可将“本地路径”通过“浏览”按钮，选择并获得该文件所在的路径地址。

单击“主目录”选项卡中的“配置”按钮，即可打开“应用程序配置”对话框，如图 18-6 所示。在“应用程序映射”选项组中，可以看到扩展名. asp，即是被动态链接库文件 asp. dll 来解释执行的，这其实也就是 ASP 文件能“动态”的最基本原理。即当浏览器向服务器请求网页文件，此时文件的后缀为.asp时，IIS接受该文件，“应用程序映射”就会表明，IIS是使用asp.dll来解释执行相关ASP文件，并在完成后IIS返回信息给浏览器。

3. “文档”选项卡设置

在“默认网站 属性”对话框中选择“文档”选项卡，选中“启用默认文档”复选框，单击“添加”按钮可进行添加默认文档的设置，如图18-7所示。

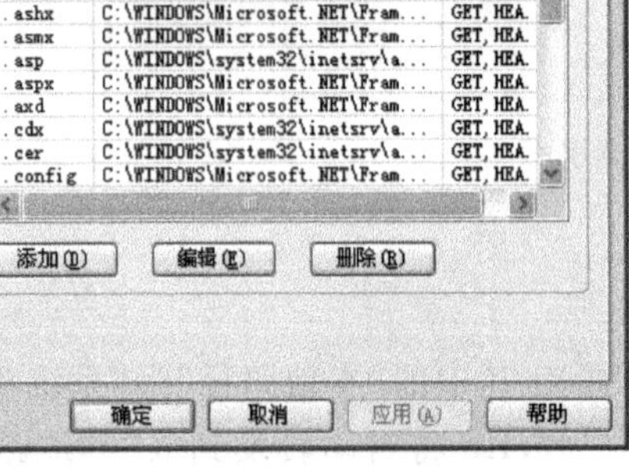

图18-6 “应用程序配置”对话框

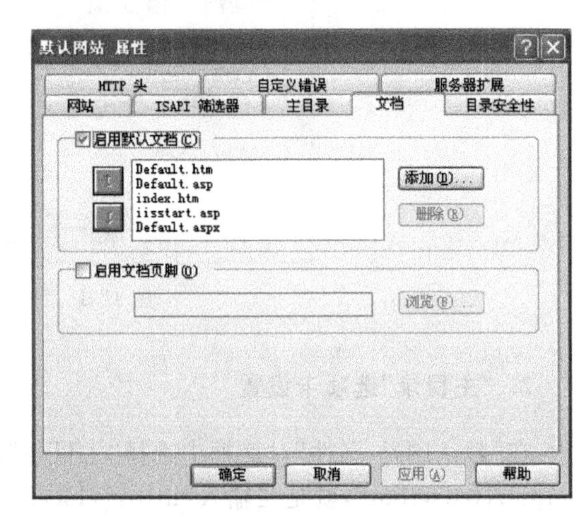

图18-7 “文档”选项卡

默认文档的功能是：本应在地址栏中输入 http://localhost/index.htm 才可以访问该页面的，但因为index.htm设置为“默认文档”，所以直接输入 http://localhost/就可以快速访问该页面了。这些操作是由IIS来控制的。

同时，对于多个默认文档还可以进行次序的调整。比如，在默认网站目录下既有Default.htm文件，又有Default.asp文件，当输入 http://localhost/时则会先显示次序在前的文件。可以单击“向上”按钮或“向下”按钮来调整次序。

18.3.3 测试IIS Web服务器

在安装完IIS服务器软件后，需要进行简单的测试，以确定安装是否成功，该机器是否能够作为Web服务器使用。

打开网页浏览器，在地址栏中输入 http://localhost 或者 http://127.0.0.1，确认。如果能打开如图18-8所示的网页，则表示IIS安装成功。否则，重新安装IIS，或检查其他的系统原因。

18.3.4 虚拟目录

当前计算机中动态网页文档的调试，其保存位置必须放在“系统盘符：\inetpub\wwwroot”文件夹下，或者将IIS的“网站主目录”修改指向到该文件所在的目录。但此时若

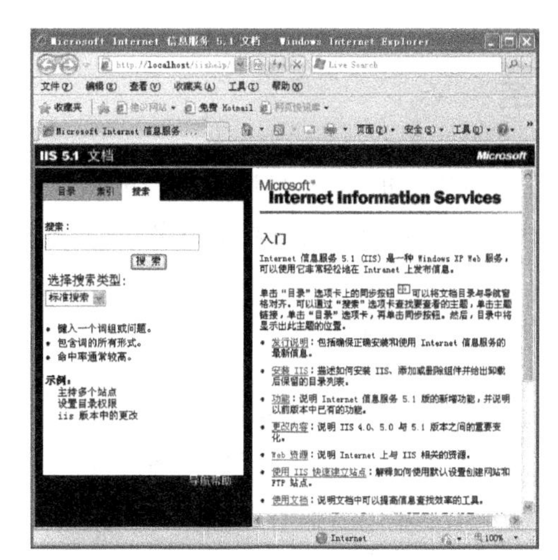

图 18-8　IIS服务器软件安装成功界面

需要对另一个文件夹下的动态文档进行测试时，则又需要修改网站主目录了。所以，鉴于如此频繁而麻烦的操作，采用虚拟目录就快多了。

虚拟目录主要是让不同文件夹下的文件都能使用 HTTP 进行浏览调试，而这些文件不需要都保存在网站的主目录下。

虚拟目录可以通过“Internet 信息服务”窗口设置。每次都需要通过“Internet 信息服务”窗口建立虚拟目录的步骤较多，设置也比较烦琐，所以就通过“资源管理器”来设置。

选择需要设置虚拟目录的文件夹，右击，选择“共享与安全”命令，打开“属性”对话框。选择“Web 共享”选项卡，单击“共享文件夹”按钮，打开“编辑别名”对话框。输入别名(别名可以与文件夹名相同，也可以不同)；设置访问权限，单击“确定”按钮。

如将 C:\news 设置为虚拟目录，完成后结果如图 18-9 和图 18-10 所示。

图 18-9　“Web 共享”选项卡

图 18-10　“编辑别名”对话框

小结

通过本章的学习，可以全面了解和掌握动态网页、动态网页技术、ASP技术等概念，学会ASP动态网页运行环境的安装、设置和管理，掌握虚拟目录的设置。

思考题与习题

1. 常用的Web服务器软件有哪些？

2. 如何区别静态网页与动态网页？

3. 什么是ASP？ASP有什么特点？

4. 什么是VBScript？

5. IIS安装完成后，如何测试是否安装成功？

6. ASP提供的内置对象有哪些？

第19章　数据库创建连接和创建动态站点

学习目标

本章重点掌握 Access 数据库的创建、ODBC 数据源的创建、Dreamweaver 动态站点的建立、数据源的连接。

建立动态网站一般需要后台数据库来管理数据，由于 Access 简单、易学易用，这里就以 Access 作为后台数据库。数据库中包含各种数据表，表之间需要建立各种关系。数据库设计完成后，还需要建立数据源以及进行数据源的连接。

19.1　Access 数据库设计

1. 新建数据库

运行 Access 2003，选择"文件"→"新建"命令，打开"新建文件"面板，如图 19-1 所示。选择"空数据库"，打开"文件新建数据库"对话框。在"保存位置"下拉列表框中确定数据库存放位置，在"文件名"下拉列表框中输入数据库名，单击"创建"按钮，如图 19-2 所示。

图 19-1　"新建文件"面板

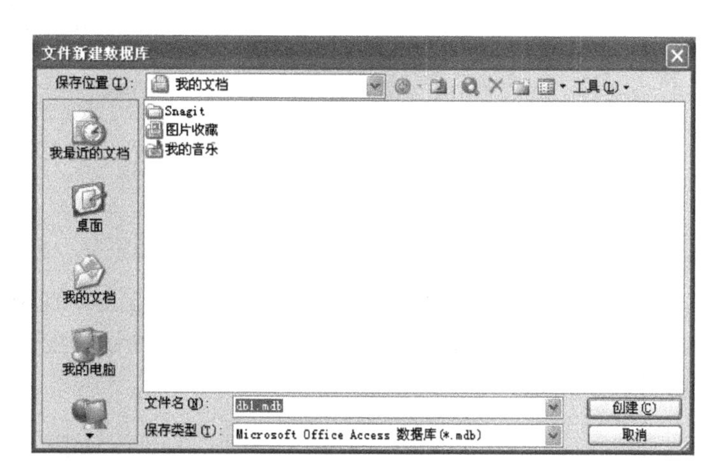

图 19-2　"文件新建数据库"对话框

2. 创建表

打开数据库文件，在对象中选择"表"→"使用设计器创建表"，建立各个表结构，包括设置"字段名称"、"数据类型"以及有关"说明"，如图 19-3 和图 19-4 所示。

3. 创建关系及建立完整性约束条件

单击工具栏中的"关系"按钮，打开"显示表"对话框。选中表，单击"添加"按钮，打开

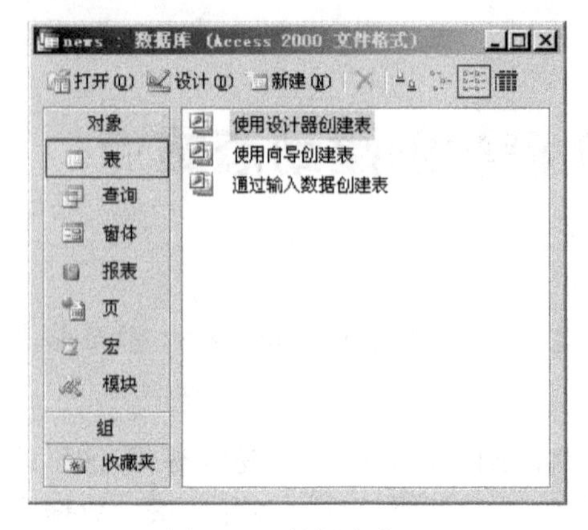

图 19-3 数据库窗口

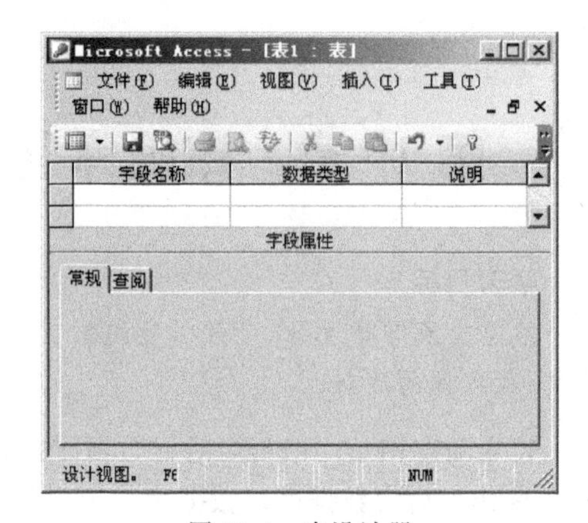

图 19-4 表设计器

“关系”窗口。拖动关系字段连接关系，打开“编辑关系”对话框，编辑两表之间的关系。图 19-5 表示 newstype 表中 type_id 字段与 news 表中 news_type_id 字段建立的一对多关系，图 19-6 表示设置的完整性约束条件。

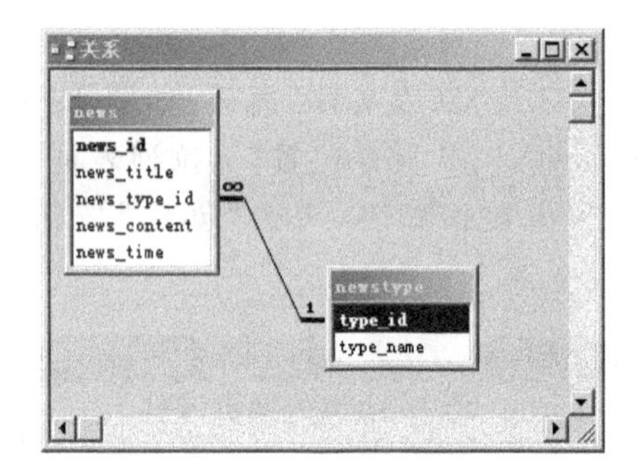

图 19-5 “关系”窗口

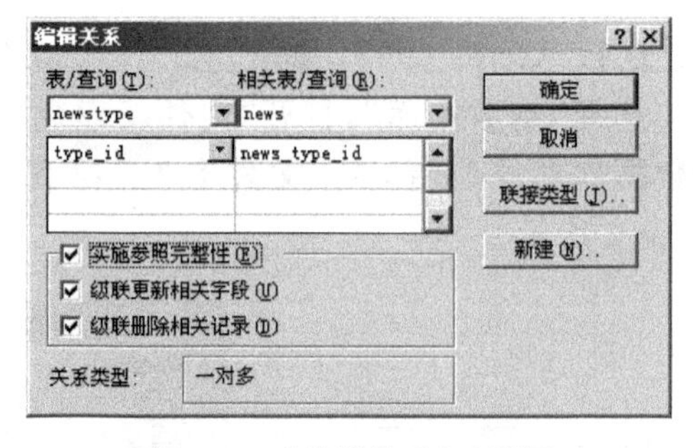

图 19-6 “编辑关系”对话框

4. 建立查询

打开数据库文件，在对象中选择“查询”，选择“在设计视图中创建查询”。在打开的“显示表”对话框中，选择表，单击“添加”按钮。在“查询设计视图”中添加需要的字段，保存查询，如图 19-7 所示。

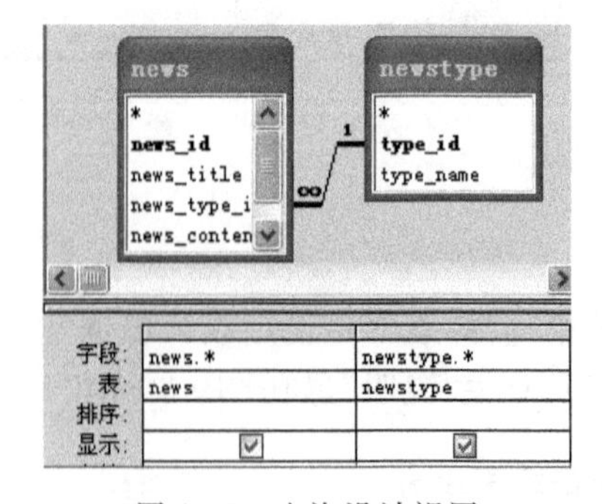

图 19-7 查询设计视图

19.2 ODBC 数据源的建立

下面介绍建立 ODBC 数据源的操作步骤。

(1) 打开“控制面板”，双击“管理工具”，双击“数据源(ODBC)”，打开“ODBC 数据源管理器”对话框。选择“系统 DSN”选项卡，单击“添加”按钮，如图 19-8 所示，打开“创建新数据源”对话框。

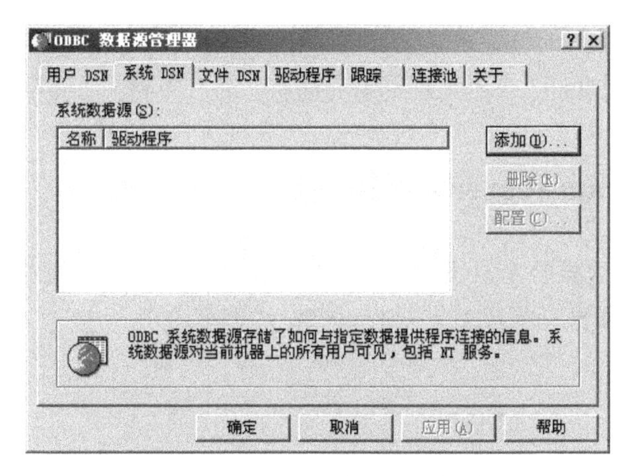

图 19-8 “ODBC 数据源管理器”对话框

(2) 选择 Microsoft Access Driver(＊.mdb)，单击“完成”按钮，如图 19-9 所示，打开“ODBC Microsoft Access 安装”对话框。

图 19-9 “创建新数据源”对话框

(3) 在“数据源名”文本框中输入数据源名称，单击“选择”按钮(图 19-10)，打开“选择数据库”对话框。选择数据库文件，单击“确定”按钮，如图 19-11 所示。

(4) 返回“ODBC Microsoft Access 安装”对话框，单击“确定”按钮，返回“ODBC 数据源管理器”对话框。可以看到在“系统数据源”列表框中已经添加了驱动为 Microsoft Access Driver(＊.mdb)的系统数据源。单击“确定”按钮，完成设置。

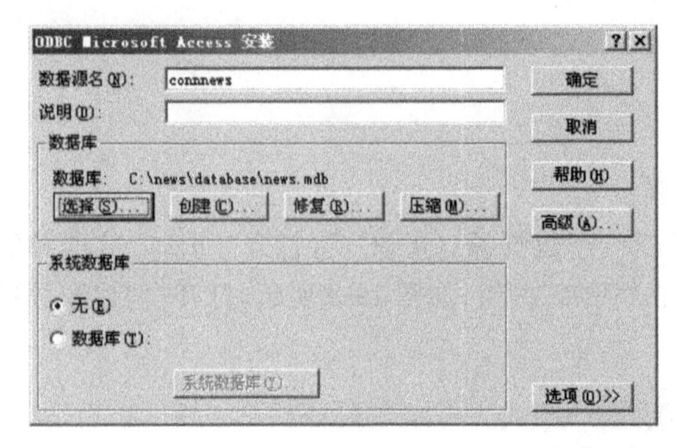

图 19-10 “ODBC Microsoft Access 安装”对话框

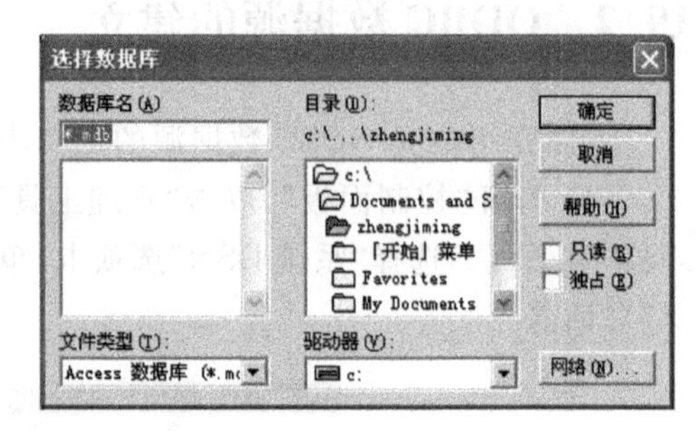

图 19-11 “选择数据库”对话框

19.3 建立 Dreamweaver 动态站点

只有具有了 IIS 这样的 Web 服务器，才能定义站点文件夹的虚拟目录；也只有定义了文件夹的虚拟目录，才可以建立一个 Dreamweaver 的动态站点。

19.3.1 站点设置

本节介绍设置站点的操作步骤。

(1) 在本地计算机建立站点文件夹。这个文件夹的建立，就是为了对建立的站点所有文件进行集中存储，也是为了 Dreamweaver 在建立站点时指向该文件夹，进行全面的管理和控制。并为站点文件夹建立虚拟目录。

(2) 打开 Dreamweaver，选择“站点”→“新建站点”命令，打开“站点定义为”对话框。选择“高级”选项卡，选择“分类”列表框中的“本地信息”，如图 19-12 所示，在“本地信息”中的“站点名称”文本框中输入站点名称；设置“本地根文件夹”为第(1)步已建立的站点文件夹；

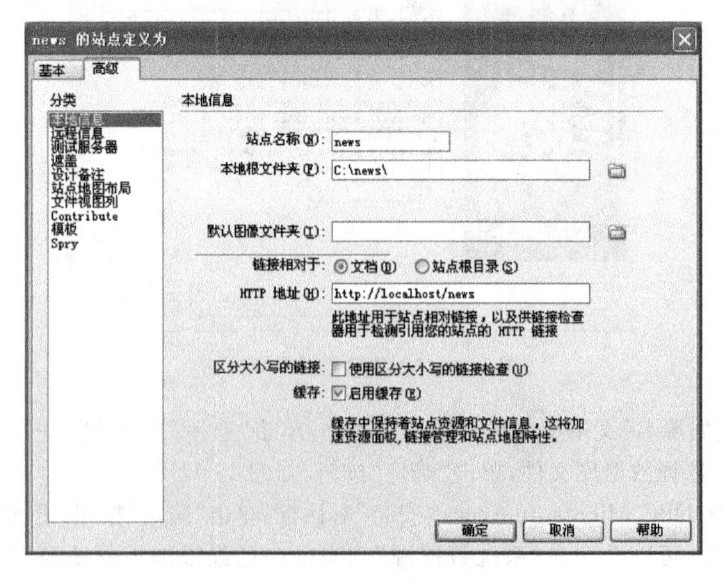

图 19-12 本地信息设置界面

设置“HTTP 地址”为“http://localhost/站点文件夹名”。

(3) 选择“分类”列表框中的“测试服务器”，如图 19-13 所示，分别设置“服务器模型”为 ASP VBScript(还可以设置各种其他脚本类型)；“访问”为“本地/网络”，表示测试服务器在本地或者是同一局域网中的机器；“测试服务器文件”为本地根文件夹，即和本地根文件夹为同一文件夹。此时本地制作动态文档所在的文件夹和服务器端测试浏览的文件夹为同一文件夹；“URL 前缀”为“http://localhost/站点文件夹名”。单击“确定”按钮。

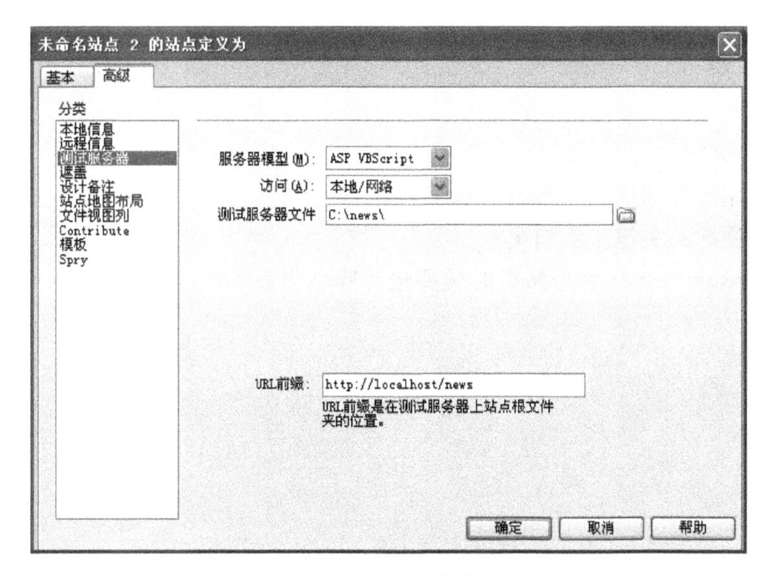

图 19-13 测试服务器设置界面

“服务器模型”即是选择网络编程语言。因为 IIS 默认的脚本语言是 VBScript，同时以 VBScript 为脚本的 ASP 也更易掌握和使用，所以这里选择 ASP VBScript。此外，还可以选择 ASP JavaScript、ASP. NET C#、ASP. NET VB、ColdFusion、JSP 及 PHPMySQL 中的一种，具体视对该语言的熟悉程度或网站项目工程的要求而定。

19.3.2 数据源名称连接

单击“应用程序”面板中的“数据库”选项卡中的 + 按钮，选择“数据源名称(DSN)”，打开“数据源名称(DSN)”对话框。输入连接名称，单击“确定”按钮，如图 19-14 所示。

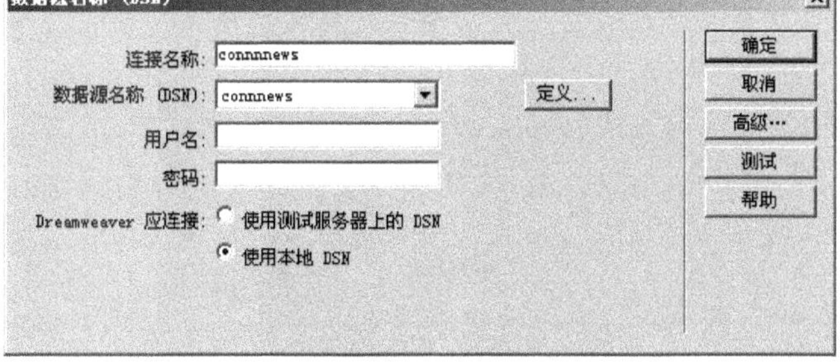

图 19-14 “数据源名称(DSN)”对话框

小结

通过本章节的学习，可以较好地掌握 Access 数据库中创建数据库、创建表、创建查询等操作。同时能熟练进行数据库的连接，并学会 Dreamweaver 动态站点的建立和一系列站点的设置。

思考题与习题

1. 什么是 ODBC?

2. 当前常用的数据库开发接口有哪些?

3. 连接数据库的关键步骤有哪些?

4. 建立 Dreamweaver 动态站点时需要进行哪些设置?

第四篇　实验指导

实验导读

本篇共设计了8个案例，其中实验1～12是基于PowerBuilder 11.5的，共计6个案例；实验13～18是基于Dreamweaver CS4的，共计2个案例。

通过基于PowerBuilder 11.5的12个相关的实验可以基本掌握PowerBuilder 11.5开发数据库应用系统和应用程序的完整方法和技巧。它有4个鲜明的特点。第一，实验课的安排不是按照书中的章节，而是按照数据库应用系统的功能进行的。这有助于读者从宏观上对数据库应用系统概念及功能开发的理解。第二，强调数据库应用系统开发的完整过程。例如，实验1～7完成了从数据库应用系统开发到成品发布的完整过程。第三，实验内容循序渐进。6个案例中，第1个案例的实验开发步骤非常详细；第2个案例重点讲解新的知识；第3个案例只讲解要点；第4个案例侧重PowerScript语言的学习；第5个案例是利用PowerBuilder 11.5开发与数据库相关的应用程序的实例，重点学习函数、数组、PowerScript语言、SQL语句；第6个案例详细讲解了把开发的C/S结构的数据库应用系统迁移到B/S结构上的方法和技巧。第四，数据库的理论知识、数据库应用系统的开发方法、各种对象的功能及用途、PowerScript语言始终贯穿在各个实验中进行讲解。

为了便于入门者学习和上机实践，基于Dreamweaver CS4的实验设计较为简明，每个实验给出了明确的实验目的和要求，重点掌握系统功能的实现方法和技巧。每个实验都有详细的实验步骤，使读者既能快速了解实验的目的，又能够顺利完成实验内容。

在实验指导中，实验13～15是一个新闻发布浏览网站开发的完整案例。实验16～18是一个在线统计网站开发的完整案例。读者完成这一系列实验后，能够较为全面地了解动态网站的创建过程，可以基本掌握Dreamweaver CS4开发动态网站的完整方法和技巧，并掌握一些系统功能和开发技巧。

第 20 章　实验 1　创建数据库，开发通讯录录入界面

实验 1～7 是通讯录管理系统从建工作区开始到程序安装盘制作的完整案例。为了便于入门者学习和上机实践，该系统的功能设计较为简明，每个实验的目的和任务非常明确，重点关注系统功能的实现方法和技巧，每个实验步骤写得较为详细。

该系统功能模块图如图 20-1 所示。

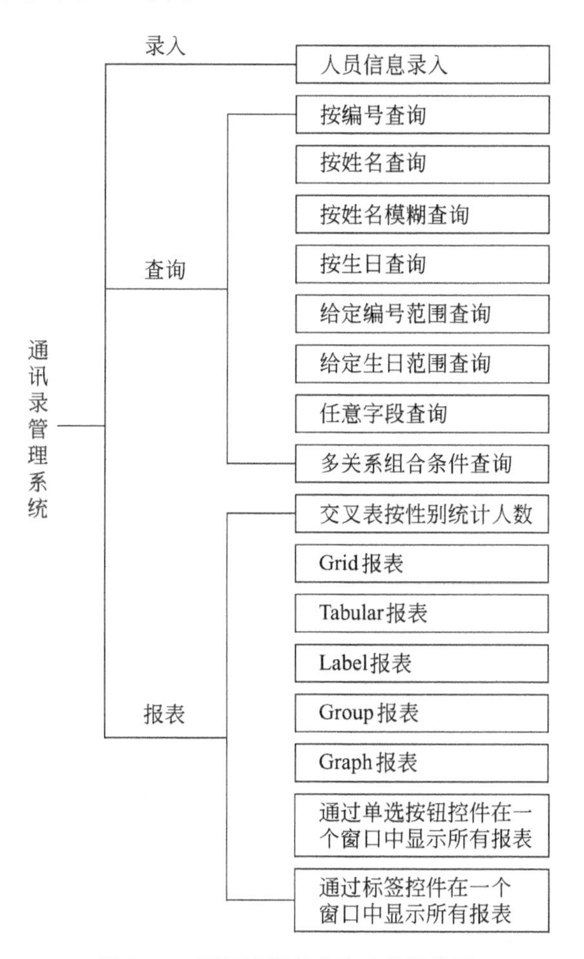

图 20-1　通讯录管理系统功能模块图

该系统中某些功能是重复的，例如在查询设计时，可以利用筛选函数 Filter()、SetFilter()实现查询；可以对数据窗口对象设置哑元变量和 Where 条件，利用 retrieve()函数实现查询；也可以利用 GetSQLSelect()和 SetSQLSelect()函数实现多关系组合查询。这样的安排主要是为了学习和掌握不同的控件、不同的语句以及不同的实现方法和技巧。

【实验目的和要求】

(1) 学会创建工作区。

(2) 学会创建目标、应用和 PBL 库。

(3) 熟练掌握 ASA 数据库、数据表的创建方法,并为数据表创建索引和主键。

(4) 学会在数据表中录入记录。

(5) 学会创建数据窗口。

(6) 学会创建窗口、数据窗口控件以及按钮控件的方法和技巧。

(7) 学会为窗口、按钮以及应用编写代码。

(8) 学会运行程序的方法和技巧。

【重点】

(1) 熟练掌握数据表的创建方法和技巧。

(2) 熟练掌握数据窗口的创建和属性设置方法。

(3) 熟练掌握窗口的创建和属性设置方法。

(4) 熟练掌握窗口、按钮控件以及应用中的代码含义。

【实验步骤】

1. 创建文件夹(C:\addressbook)

在 C 盘创建 addressbook 文件夹,并准备 10 个人的头像照片(1.jpg、2.jpg、3.jpg、…),保存在该文件夹中。

2. 启动 PowerBuilder 11.5

选择"开始"→"所有程序"→Sybase→PowerBuilder 11.5→PowerBuilder 11.5 选项。

3. 创建工作区(WorkSpace—addressbook.pbw)

选择 File→New 命令,在打开的 New 对话框中选择 WorkSpace 选项卡,单击 WorkSpace 图标,单击 OK 按钮,打开 New WorkSpace 对话框。在"保存在"列表框中选择 C:\addressbook 文件夹,在"文件名"文本框中输入 addressbook(默认的文件类型为 *.pbw),单击"保存"按钮。

4. 创建目标对象(Target—addressbook.pbt)

选择 File→New 命令,在打开的 New 对话框中选择 Target 选项卡,单击 Application 图标,单击 OK 按钮,打开 Specify New Application and Library 对话框。

(1) 在 Application Name 文本框中输入 addressbook。

(2) 单击 Library 文本框,此时,文本框中自动出现 C:\addressbook\addressbook.pbl,而 Target 文本框中自动出现 C:\addressbook\addressbook.pbt,单击 Finish 按钮。

5. 创建数据库(ASA Database—addressbook.db)

(1) 选择 File→New 命令,在打开的 New 对话框中选择 Database 选项卡,单击 Dabatase Painter 图标,单击 OK 按钮(或直接单击 PowerBar 工具栏中的 Database 按钮,如图 20-2 所示)。

(2) 双击 ODB ODBC,双击 Untilities,双击 Create ASA Database,打开如图 20-3 所示的对话框。

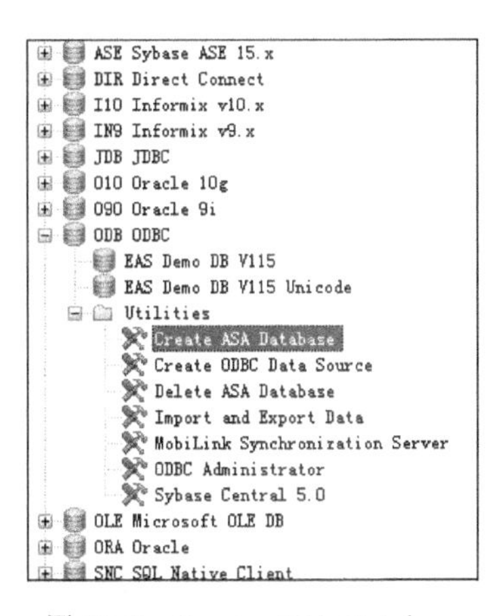

图 20-2 Create ASA Database

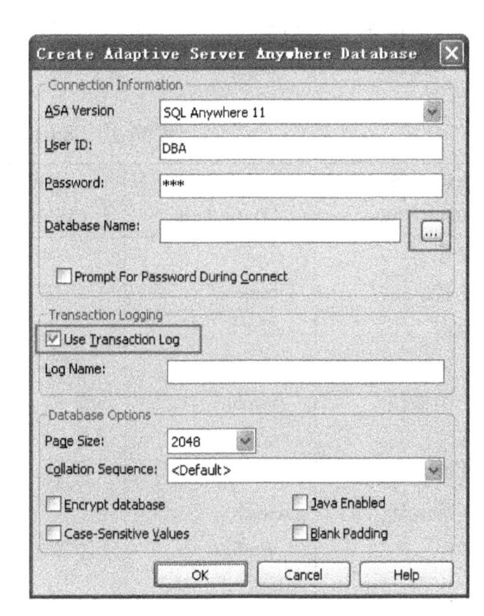

图 20-3 录入数据库文件名

(3) 单击 Database Name 文本框右侧的浏览按钮,打开 Create Local Database 对话框。在文件名文本框中输入 addressbook,单击"保存"按钮,单击 OK 按钮。

此时系统要花数十秒钟时间创建数据库,当数据库创建好后会自动以数据库的名字建立一个参数配置文件,同时连接到该数据库上,如图 20-4 所示。此时在 C:\addressbook 文件夹中新生成了 5 个文件。

- addressbook.pbw:工作区文件。
- addressbook.pbt:目标文件。
- addressbook.pbl:库文件,包含所设计系统的所有窗口、数据窗口、菜单等对象。
- addressbook.db:Database 数据库文件,包含所有数据表对象。
- addressbook.log:数据库日志文件,记录了对数据的操作信息。

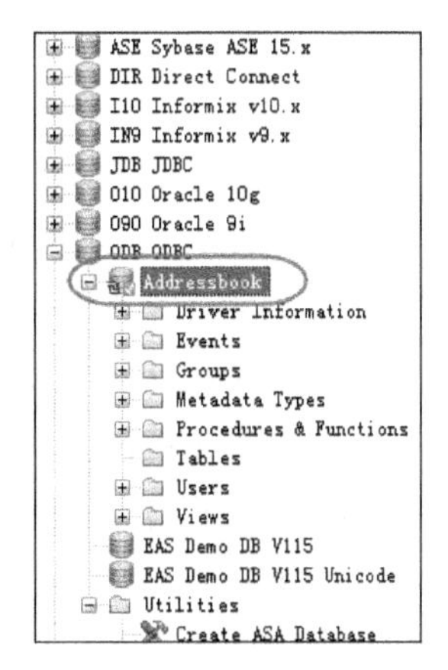

图 20-4 数据库创建成功

6. 创建数据表(Table—addressbook)

当数据库文件创建好后,在图20-4所示的数据库画板树状结构图上,ODB ODBC下方会出现一个数据库参数配置文件addressbook,它的前面有一个绿色的“对钩”,表示目前PowerBuilder与addressbook数据库连接着。

(1) 在图20-4中的addressbook参数配置文件下面的Tables图标上右击,选择new Tables命令,在界面的右下侧出现了数据表结构定义界面,此时按照表20-1所示的结构输入所有字段的项目(当输完一个字段的各项目后,按Tab键会在下面新增一个空的字段行)。

表20-1 addressbook数据表结构

字段名称(Column Name)	数据类型(Data Type)	宽度(Width)	小数(Dec)	空值(Null)	默认值(Default)
编号	char	4	0	No	(None)
姓名	varchar	12	0	Yes	(None)
性别	char	2	0	Yes	(None)
生日	date	0	0	Yes	(None)
工作单位	varchar	50	0	Yes	(None)
邮编	varchar	6	0	Yes	(None)
籍贯	varchar	12	0	Yes	(None)
联系电话	varchar	50	0	Yes	(None)
照片	varchar	20	0	Yes	(None)
备注	long varchar	0	0	Yes	(None)

注:通常字段名称使用汉语拼音的缩写或英文单词等。例如“编号”字段可以使用bh或bianhao或code或number等来作为字段名称,PowerBuilder可以很好地兼容中文字段及编程,故本例使用中文字段名称。

(2) 表结构输完后,单击工具栏中的Save按钮,打开Create New Table对话框。在Table Name文本框中输入addressbook,单击OK按钮。

此时在图20-4中的Tables的下方出现了刚建好的addressbook表的名字,同时在对象布局中也出现了addressbook表的图示,如图20-5所示。

(3) 创建索引:i_bh。在图20-5中的左侧数据表addressbook下方的Indices上右击,选择New Index命令(或在布局中表的名字上右击,选择New→Index命令),打开索引属性面板。在General选项卡上Index文本框中输入i_bh,选中Column下方的字段列表中“编号”复选框,单击工具栏中的Save按钮,则为该表建立了索引。

(4) 创建主键。在图20-5中的左侧数据表addressbook下方的Primary Key上右击,选择New Primary Key命令(或在布局中表的名字上右击,选择New→Primary Key命令),打开主键属性面板。选中Column下方的字段列表中“编号”复选框,单击工具栏中的Save按钮,则为该表建立了主键,如图20-6所示(当有多个数据表时,可以通过主键和外键建立表与表之间的关系)。

(5) 为addressbook表输入4条记录。在图20-5中的左侧数据表addressbook上右击,选择Edit Data→Grid命令(或在布局中表的名字上右击,选择Edit Data→Grid命令,通过

图 20-5 数据库画板布局

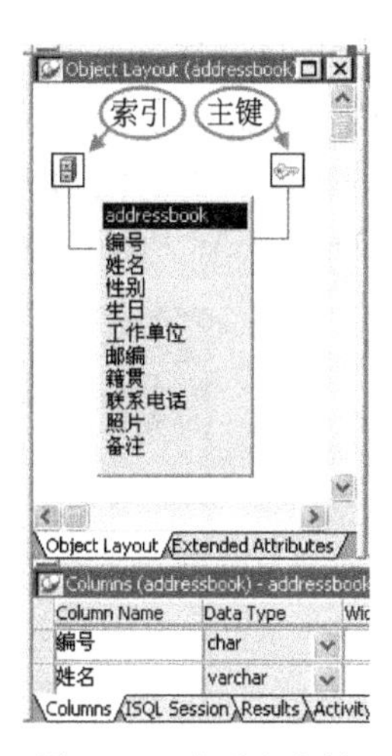

图 20-6 索引和主键

PainterBar2 工具栏在右侧下方按表 20-2 输入 4 条记录。输完记录后，单击图 20-7 所示工具栏中的 Save Changes 按钮，把输入的信息保存到 addressbook 表中。

表 20-2 数据记录

编号	姓名	性别	生日	工作单位	邮编	籍贯	联系电话	照片	备注
0001	张大年	男	82-1-3	天成机电	200030	上海市	13918868686	1.jpg	党员
0002	李美娟	女	89-6-29	医科大学	300021	天津市	13503556161	2.jpg	团员
0003	王燕红	女	75-1-30	华东贸易	110002	辽宁省	13661628872	3.jpg	
0004	陈东亮	男	61-12-12	经纬地产	050005	河北省	15901191199	4.jpg	

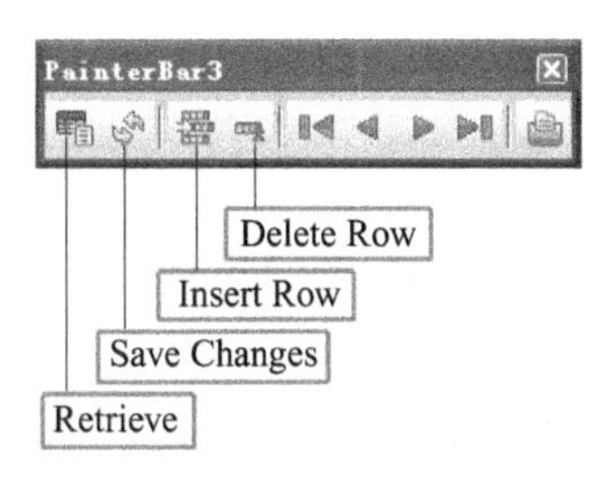

图 20-7 数据操纵工具栏

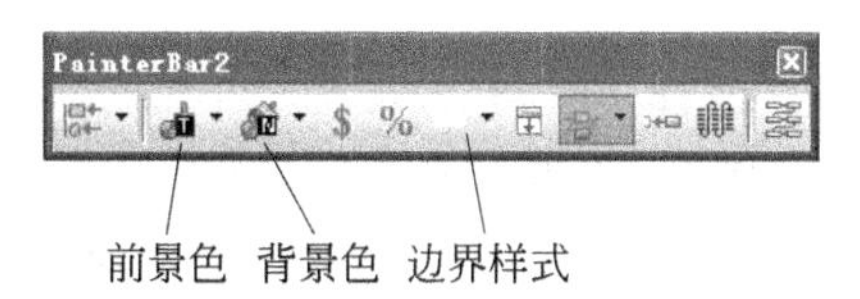

图 20-8 PainterBar2 工具栏

7. 创建数据窗口(DataWindow—d_input)

选择 File→New 命令，在打开的 New 对话框中，选择 DataWindow 选项卡，选择 FreeForm 图标，单击 OK 按钮。在“数据源”对话框中选择 Quick Select，单击 Next 按钮。在 Quick Select 对话框中，选择 Tables 下面的 addressbook 表，单击 Add All 按钮，在 Comments 下方列表框中，单击“编号”字段下面的空白一行，选取 Ascending，单击 OK→Next→Finish 按钮，界面上出现了一个没有命名的数据窗口对象。单击工具栏中的 Save 按钮，在打开的 Save DataWindow 对话框中的 DataWindow 文本框中输入 d_input，单击 OK 按钮。

利用图 20-8 所示的 PainterBar2 工具栏对 DataWindow 上的“标签”或“字段”进行修饰。

- 选中 DataWindow 上所有“标签”或“字段”，改变它们的颜色(前景色或背景色)。
- 改变它们的边界样式(下划线、3D 凸起、3D 凹下、阴影、方盒等)并调整位置。
- 调整“照片”字段的位置及尺寸的大小，在属性面板的 general 选项卡上，选中 Display As Picture 复选框。单击工具栏中的 Save 按钮，如图 20-9 所示。

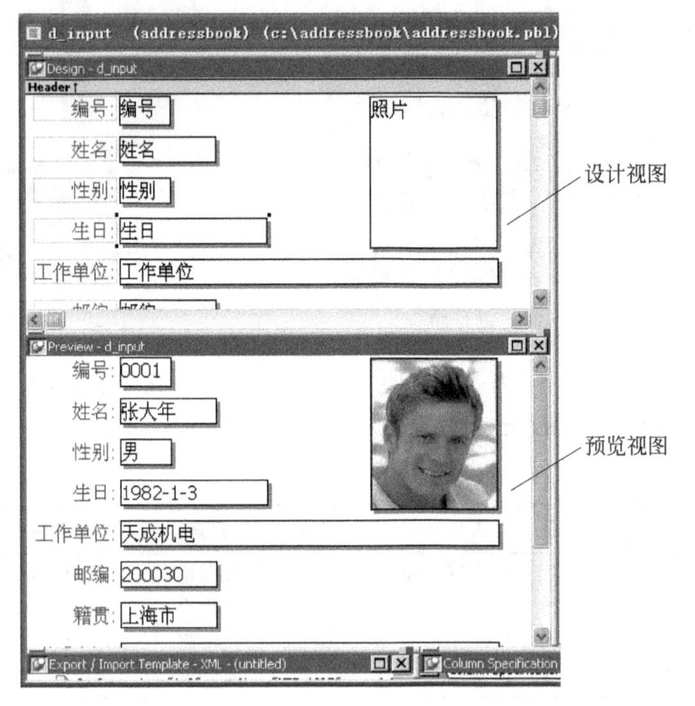

图 20-9　d_input 数据窗口

8. 创建窗口(Window—w_input)

(1) 选择 File→New 命令，在打开的 New 对话框中，选择 PB Object 选项卡，选择 Window 图标，单击 OK 按钮，出现了一个窗口 Layout 的界面。

(2) 单击 PainterBar1 工具栏中的 CommandButton 图标右边的黑色箭头 ，打开控件箱。单击 Create CommandButton Control 图标 ，在窗口布局的界面上单击，界面上会立即出现一个命令按钮。重复 4 次这个操作或按 4 次 Ctrl+T 快捷键，界面上又会出现 4 个命令按钮。

① 改变按钮大小：选中 5 个按钮，按住 Shift 键，再按光标移动键可以改变控件大小。

② 按钮对齐：利用 PainterBar3 工具栏中的对齐控件 功能，可以使 5 个控件水平或垂直对齐、高度或宽度一样。

③ 改变按钮上文字：逐个单击命令按钮，在 StyleBar 工具栏中的文本框中逐个输入“添加”、“删除”、“保存”、“刷新”、“返回”。

④ 单击 PainterBar1 工具栏中的 CommandButton 图标右边的黑色箭头 ，打开控件箱。单击 Create DataWindow Control 图标 ，然后在窗口布局的界面上单击，界面上会立即出现一个白框。在右侧的属性面板上的 General 选项卡中，单击 DataObject 下面空

白文本框右侧的浏览按钮[...]，打开 Select Object 对话框。选中 d_input 对象，单击 OK 按钮，则窗口上的 DataWindow 控件中出现了数据窗口对象 d_input。选中 General 选项卡中的 VscrollBar 复选框，调整窗口、数据窗口的大小及位置，单击工具栏中的 Save 按钮，在打开的 Save Window 对话框中的 Windows 文本框中输入 w_input，单击 OK 按钮，如图 20-10 所示。

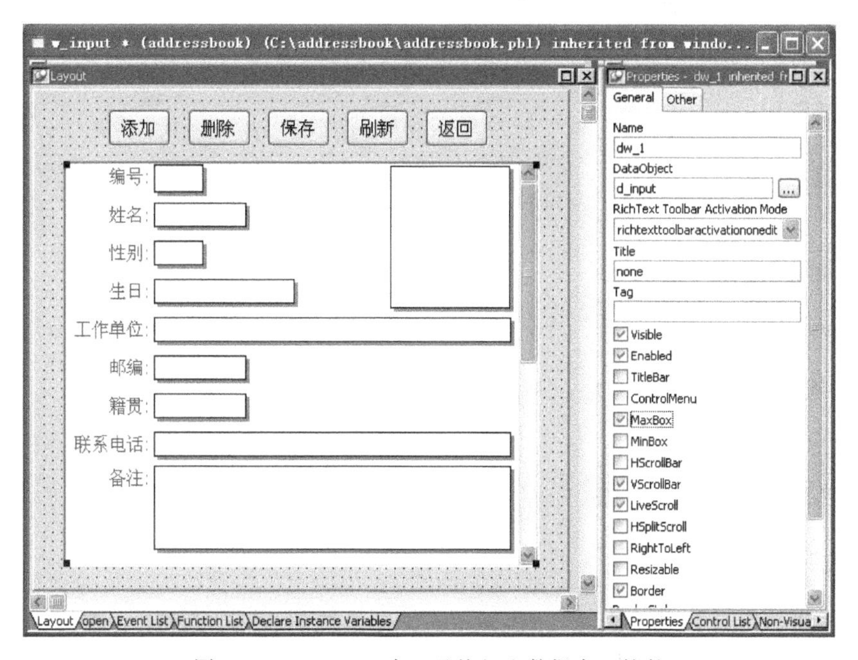

图 20-10 w_input 窗口及按钮和数据窗口控件

9. 给窗口添加一个标题和图标(通讯录录入界面)

(1) 单击窗口任何位置(不能选中任何控件)，在属性的 General 选项卡中，把 Title 文本框中的 Untitled 改为"通讯录录入界面"。

(2) 把 General 选项卡右侧的垂直滚动条向下拉动，可以看到 Icon 文本框中有一个默认的图标"Appicon!"。可以单击右侧的黑色箭头重新选择一个图标，也可以单击右侧的浏览按钮[...]，选择自己制作的图标。单击工具栏中的 Save 按钮。

10. 为窗口和窗口上的控件编写代码

(1) 选择图 20-10 所示窗口中的 open 选项卡(或双击窗口上空白的地方)，在打开的白色框内输入下面的代码：

```
dw_1.setTransObject(sqlca)
dw_1.retrieve()
```

(2) 选择图 20-10 所示窗口中的 Layout 标签，在"添加"按钮上右击，选择 Script 命令(或双击"添加"按钮)，在打开的白色框内输入下面的代码：

```
dw_1.reset()
dw_1.insertRow(0)
```

仿照第(2)步,为其他按钮添加代码。

(3)"删除"按钮中的代码:

```
dw_1.deleteRow(0)
```

(4)"保存"按钮中的代码:

```
if dw_1.update()=1 then
    commit;
else
    rollback;
end if
```

(5)"刷新"按钮中的代码:

```
dw_1.retrieve()
```

(6)"返回"按钮中的代码:

```
close(parent)
```

单击工具栏中的 Save 按钮。

11. 为"应用"编写代码

双击系统树窗口中的"应用"addressbook(在系统树窗口从上往下数第四行即是"应用",如图 20-11 所示),并在右侧空白处输入下面的代码:

```
SQLCA.DBMS="ODBC"
SQLCA.DBParm="Connectstring='DSN=addressbook;UID=dba;PWD=sql'"
Connect;
open(w_input)
```

单击工具栏中的 Save 按钮。

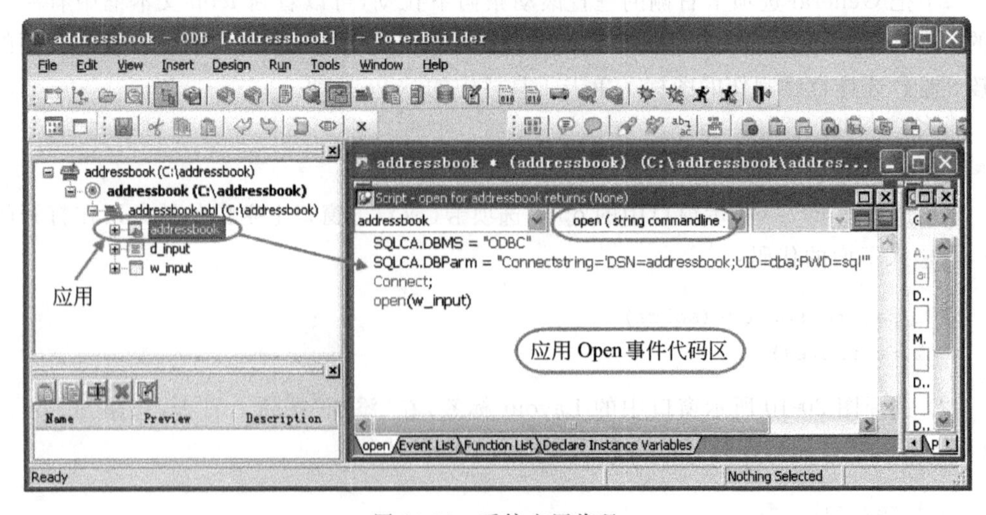

图 20-11 系统应用代码

12. 运行

单击工具栏中的 Run 按钮，所设计的数据库信息录入界面就显示出来了，如图 20-12 所示。

图 20-12 通讯录录入界面

思考题与习题

1. 通过设计的录入界面把熟悉的 5 个人的信息录入系统中。

2. 在设计的界面上，为什么只能看到第一个人的信息？有哪些方法可以让其他人的信息显示出来？

3. 利用 PainterBar3 上对齐控件箱的功能，如何使其他的控件大小快速与其中某一个控件大小相同？

4. 对于多个水平方向放置的控件，如何快速使它们水平间距一样？

5. 对于多个垂直方向放置的控件，如何快速使它们垂直间距一样？

6. 在 addressbook 数据表中，“性别”字段的长度定义为 1 可以吗？

7. d_input 或 w_input 文件名写错了，如何修改？

8. 数据表 addressbook 的文件名写错了，如何修改？

9. 数据表中的字段名写错了，如何修改？

10. 数据表中数据类型选错了，如何修改？

11. 如何在数据表中增加新的字段？

12. 如何删除数据表中的字段？

第21章　实验2　改变字段显示风格，创建系统主界面和菜单

【实验目的和要求】

(1) 打开工作区，创建数据源、建立参数配置文件、连接数据库。

(2) 学会把"性别"字段显示格式改为 DropDownListBox。

(3) 学会把"生日"字段显示格式改为"××××年××月××日"。

(4) 学会为"备注"字段添加水平和垂直滚动条。

(5) 学会增加"年龄"计算字段。

(6) 学会为字段增加"说明"或"提示"。

(7) 学会在"标题区"中添加当前所显示的记录是"第×人(共×人)"。

(8) 掌握在窗口上添加记录导向按钮"第一位"、"前一位"、"后一位"、"最后位"，并为按钮编写代码。

(9) 学会系统菜单的制作方法和代码编写方法。

【重点】

(1) 灵活掌握字段显示风格以及格式修改。

(2) 掌握计算字段的添加方法和函数的使用。

(3) 掌握记录导向按钮的添加方法和代码的编写方法。

【实验步骤】

如果是在自己的计算机上做练习，启动 PowerBuilder 后，会发现所开发的环境仍然保留在系统中，即工作区 addressbook 已经打开，而且 addressbook 数据库也被自动连接上了，此时可以直接从本实验步骤 4 做起。但是，如果是在安装有保护卡且设置为重启还原的计算机上做实验，实验完成后必须将结果备份。因为重新启动计算机，系统将还原如新。当把上次的实验结果复制到计算机系统中，重新启动 PowerBuilder 后，系统树窗口是空的，原来创建的数据源以及参数配置文件均不存在，需要重新建立，所以必须从步骤 1 开始做起。

1. 打开工作区

选择 File→Open 命令，在打开的 open 对话框中的 Look In 文本框中选择 c:\addressbook 文件夹，在下面的列表框中选择 addressbook.pbw，单击 OK 按钮。

2. 建立数据源

在工具栏中单击 DB Profile 按钮→ODB ODBC→Untilities→ODBC Administrator，打开 ODBC 数据源管理器对话框。单击"添加"按钮，选中 SQL Anywhere 11，单击"完成"

按钮，打开 SQL Anywhere 11 的 ODBC 配置对话框。

（1）ODBC 选项卡：在“数据源名”文本框中输入 addressbook。

（2）“登录”选项卡：在“用户 ID”文本框中输入 dba，在“口令”文本框中输入 sql。

（3）“数据库”选项卡：单击“浏览”按钮，找到数据库文件 C:\addressbook\addressbook.db，单击“打开”按钮，在“数据库名”文本框中输入 addressbook.db，单击“确定”按钮，再单击“确定”按钮。

3. 建立数据库参数配置文件，连接数据库

在 ODB ODBC 上右击，选择 New Profile 命令，打开 Database Profile Setup-ODBC 对话框，如图 21-1 所示。在 Connection 选项卡中的 Profile Name 文本框中输入 addressbook，在 Data Source 下拉列表框中选取刚建好的数据源 addressbook，在 User ID 文本框中输入 dba，在 Password 文本框中输入 sql，单击 OK 按钮，此时，在 ODB ODBC 下面已经多了一个数据库参数配置文件 addressbook。在该文件名上右击，选择 Connect 命令。当数据库连接成功时，该文件名前面的图标上会有一个对钩。

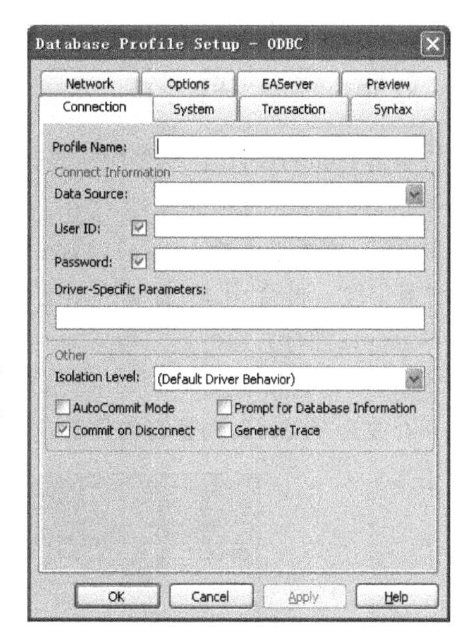

图 21-1 Database Profile 配置

4. 打开数据窗口对象 d_input

双击系统树窗口中的 d_input 对象（或右击 d_input，选择 Edit 命令）。

5. 将“性别”的显示风格改为 DropDownListBox

选中“性别”字段，在属性面板 Edit 选项卡中，在 Style Type 下拉列表框中选择 DropDownListBox 选项，在该选项卡的下面出现了 Code Table 表。在 Display Value 和 Data Value 中分别输入“男”，按 Tab 键。在第 2 行中，两个域中分别输入“女”。最后选中 Always Show Arrow 复选框，如图 21-2 所示。

6. 为“生日”字段设置掩码格式“××××年××月××日”

选中“生日”字段，在属性面板 Edit 选项卡中，在 Style Type 下拉列表框中选择 EditMask 选项，然后在 Mask 文本框中输入 yyyy 年 mm 月 dd 日，如图 21-3 所示。

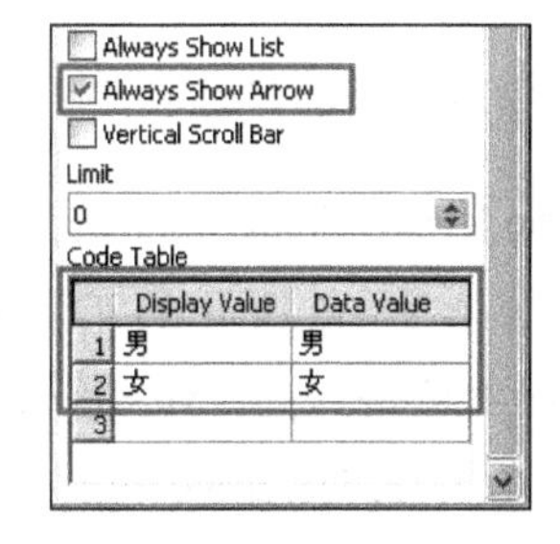

图 21-2 DropDownListBox

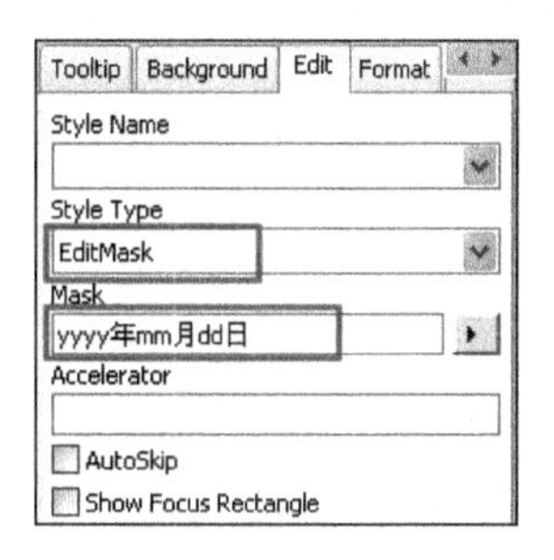

图 21-3 EditMask

7. 为“备注”字段添加水平和垂直滚动条

选中“备注”字段，在属性面板 Edit 选项卡中，选中 Horizontal Scroll Bar 和 Vertical Scroll Bar 两个复选框。

8. 增加“年龄”计算字段

单击 PainterBar1 工具栏中的 Text 图标右边的黑三角 A ▾，在展开的工具箱中选择 Create a computed field 图标，然后在 d_input 上单击，打开 Modify Expression 对话框。在 Expression 文本框中输入 year(today())-year(生日)，单击 OK 按钮，此时 d_input 上出现了一个计算字段。再给“年龄”计算字段前面添加一个文字说明“年龄:”，单击 PainterBar1 工具栏中 Compute 图标右边的黑三角 ▾，在展开的工具箱中选择 Create a text object 图标 A，然后在 d_input 上单击，此时 d_input 上出现了一个文本框对象，通过 StypeBar 工具栏把文本框中的 text 改为“年龄:”，调整它的位置、字体颜色，如图 21-4 所示。

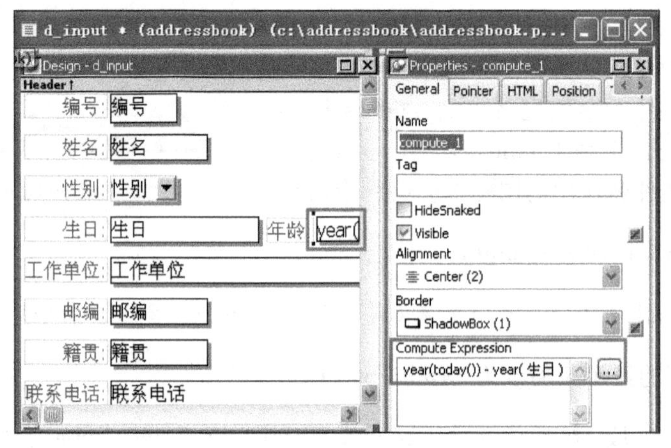

图 21-4 计算字段

9. 给字段增加“提示”

程序在运行时，当鼠标指针经过某字段时可以自动显示提示信息。例如给“生日”字段添加一个信息提示“阳历日期”。

选中“生日”字段，在属性面板 Tooltip 选项卡中，选中 Enabled 复选框，在 Tip 文本框中输入“阳历日期”，如图 21-5 所示。

10. 在“标题区”中添加显示当前的记录和总记录，即“第×位(共×位)”

在 d_input 对象中，用鼠标按住标题区的控制线 **Header↑** 向下拖动，其上方留出了一个空白区。单击 PainterBar1 中的 Text 图标右边的黑三角 A ▾，在展开的工具箱中选择 Create a computed field 图标 ▾，然后在刚建好的空白区中单击，打开 Modify Expression 对话框。在 Expression 文本框中输入"第"+getRow()+"位(共"+rowCount()+"位)"，单击 OK 按钮，此时在 d_input 上出现了一个计算字段。

图 21-5 Tooltip 设置

单击工具栏中的 Save 按钮。

11. 在窗口上添加记录导向按钮“第一位”、“前一位”、“后一位”、“最后位”

双击系统树窗口中的 w_input 对象(或在 w_input 上右击，选择 Edit 命令)，打开 w_input 窗口对象。

单击 PainterBar1 中的 CommandButton 图标，并在窗口上单击，创建了一个新的命令按钮。然后按 3 次 Ctrl＋T 键再复制出 3 个按钮，调整它们的位置和大小，并通过 StyleBar 工具栏把 4 个按钮上的文本分别改为“第一位”、“前一位”、“后一位”、“最后位”，为 4 个按钮编写代码(在按钮上右击，选择 Script 命令)。

“第一位”按钮中的代码：dw_1. scrollToRow(1)。

“前一位”按钮中的代码：dw_1. scrollPriorRow()。

“后一位”按钮中的代码：dw_1. scrollNextRow()。

“最后位”按钮中的代码：dw_1. scrollToRow(dw_1. rowCount())。

单击工具栏中的 Save 按钮，关闭 w_input 和 d_input 对象。

12. 创建系统主界面

选择 File→New 命令，在打开的 New 对话框中选择 PB Object 选项卡，选择 Window 图标，单击 OK 按钮，出现了一个窗口 Layout 的界面。在属性 General 选项卡中，把 Title 文本框中的 untitled 改为“通讯录管理系统”，单击工具栏中的 Save 按钮。在打开的 Save Window 对话框中的 Windows 文本框中输入 w_main，单击 OK 按钮。

13. 系统菜单的制作

选择 File→New 命令，在打开的 New 对话框中选择 PB Object 选项卡。选择 Menu 图标，单击 OK 按钮，出现了菜单设计界面。在 untitled0 上右击，选择 Insert Submenu Item 命令，在 untitled0 下方出现了一个空白框，在空白框中输入“信息录入”，按 Enter 键。

在 untitled0 上右击，选择 Insert Submenu Item 命令，在“信息录入”下方出现了一个空白框，在空白框中输入“退出”，按 Enter 键。

在"信息录入"上右击，选择 Insert Submenu Item 命令，在"信息录入"下方出现了一个空白框，在空白框中输入"通讯录信息录入"，按 Enter 键，(是"信息录入"的子菜单)如图 21-6 所示。

图 21-6　Database Profile 设置

14. 为菜单编写代码

在"通讯录信息录入"子菜单项上右击，选择 Script 命令，在下方的文本框中输入代码：open(w_input)。在"退出"菜单项上右击，选择 Script 命令，在下方的文本框中输入代码：close(w_main)。单击工具栏中的 Save 按钮，在打开的 Save Menu 对话框中的 Menus 文本框中输入 m_main，单击 OK 按钮，然后关闭该菜单，界面上显示出了窗口 w_main。

15. 把主界面与菜单结合起来

单击窗口 w_main 属性面板 General 选项卡中的 MenuName 文本框右侧的浏览按钮 [...]，打开 Select Object 对话框，Menus 文本框中已经出现了菜单的名字 m_main，单击 OK 按钮，再单击工具栏中的 Save 按钮。

16. 修改系统"应用"中的代码

双击系统树窗口第 4 行的 addressbook(系统的应用)，右侧出现了系统应用的代码，把第 4 行代码 open(w_input)改为 open(w_main)，单击工具栏中的 Save 按钮。

17. 运行

单击工具栏中的 Run 按钮，所设计的系统主界面和菜单就显示出来了。选择"信息录入"→"通讯录信息录入"命令，"通讯录录入界面"就打开了，如图 21-7 所示。

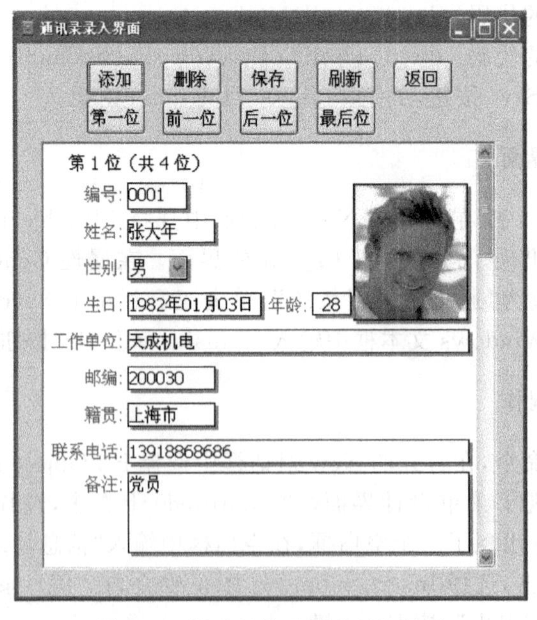

图 21-7　修改后的通讯录录入界面

第 22 章　实验 3　精确查询和模糊查询

【实验目的和要求】

(1) 学会修改菜单的方法。
(2) 掌握设计按编号精确查询、按编号范围查询的方法和技巧。
(3) 掌握设计按姓名精确查询、按姓名模糊查询的方法和技巧。
(4) 掌握设计按生日查询、按生日范围查询的方法和技巧。
(5) 编号范围查询。
(6) 生日范围查询。
(7) 学会利用 Filter()和 SetFilter()函数查询。
(8) 学会使用 KeyDown(Enter!)函数的方法和技巧。
(9) 测试。

【重点】

(1) 通过修改 Retrieve()哑元变量查询。
(2) 范围查询。
(3) Filter 查询机理。
(4) 自定义用户事件的方法和技巧。

【实验步骤】

启动 PowerBuilder,打开 addressbook 工作区,连接上数据库。

1. 修改主菜单 m_main

双击系统树窗口中的 m_main 菜单对象,按照图 22-1 所示的菜单结构进行修改。当一

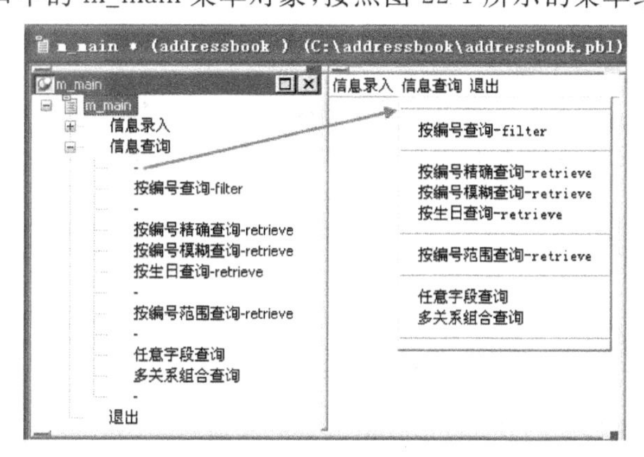

图 22-1　修改后的菜单

个子菜单项中输入一个减号“-”,在运行时,它显示为一条分隔线。

单击工具栏中的 Save 按钮。

2. 按编号查询(用 Setfilter()和 Filter()函数)

(1) 双击系统树窗口中的 d_input 数据窗口对象,打开 d_input。选择 File→Save As 命令,在打开的 Save DataWindow 对话框中的 DataWindows 文本框中输入 d_query_bh_filter,单击 OK 按钮。这实际上就是复制了一个数据窗口对象。

(2) 选择 File→New 命令,打开 New 对话框。选择 PB Object 选项卡,选择 Window 图标,单击 OK 按钮,创建了一个新的窗口。

把窗口的标题改为“按编号查询-filter”,并以 w_query_bh_filter 为文件名保存该窗口。

在窗口上放置一个 StaticText(静态文本)控件,并在其中输入“请输入编号”。在它的右侧放置一个 SingleLineEdit(单行编辑器)控件,它的名字默认为 sle_1,去掉其中的 none 文字。在它们的右侧分别放置 3 个 CommandButton(命令按钮)控件,按钮上的文字分别改为“精确查询”、“模糊查询”和“退出”。在它们的下方放置一个 DataWindow 控件,通过属性面板的 General 选项卡,选择它的 DataObject 值为 d_query_bh_filter。

(3) 编写代码。

窗口的 open 事件代码为:

```
Dw_1.setTransObject(sqlca)
Dw_1.retrieve()
```

“精确查询”按钮中的代码为:

```
Dw_1.setFilter("编号='"+sle_1.text+"'")
Dw_1.filter()
```

“模精查询”按钮中的代码为:

```
Dw_1.setFilter("编号 like'%"+sle_1.text+"%'")
Dw_1.filter()
```

“退出”按钮中的代码为:

```
close(parent)
```

单击工具栏中的 Save 按钮。

(4) 如果菜单 m_main 不是打开状态,则双击系统树窗口中的 m_main 将其打开。在“按编号查询-filter”子菜单项上右击,选择 Script 命令,在下面的文本框中输入 open(w_query_bh_filter)。

单击工具栏中的 Save 按钮,单击工具栏中的 Run 按钮,执行查询操作,如图 22-2 和图 22-3 所示。

3. 按编号精确查询(用 retrieve()函数)

(1) 双击系统树窗口中的 d_input 数据窗口对象,打开 d_input。选择 File→Save As 命令,在打开的 Save DataWindow 对话框中的 DataWindows 文本框中输入 d_query_bh_

图 22-2 利用 Filter 函数进行精确查询

图 22-3 利用 Filter 函数进行模糊查询

retrieve,单击 OK 按钮,这实际上又复制了一个数据窗口对象。

选择 Design→Data Source 命令。选择 Design→Retrieval Arguments 命令,打开 Specify Retrieval Arguments 对话框,在 Name 文本框中输入 arg_bh,在 Type 下拉列表框中选择 String,如图 22-4 所示,单击 OK 按钮。

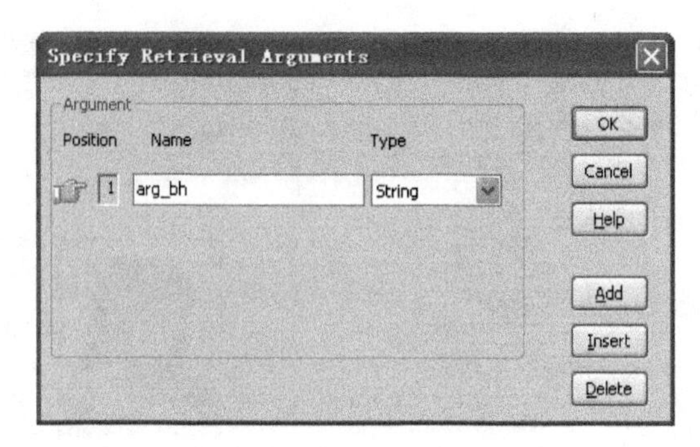

图 22-4　定义哑元变量

在 Where 选项卡中，Column 下面的列表中选择“"addressbook". "编号"”，在 Operator 下面的列表中选择等号“=”，在 Value 下面的文本框中输入“:arg_bh”，如图 22-5 所示。单击工具栏中的 return 按钮，单击工具栏中的 Save 按钮。

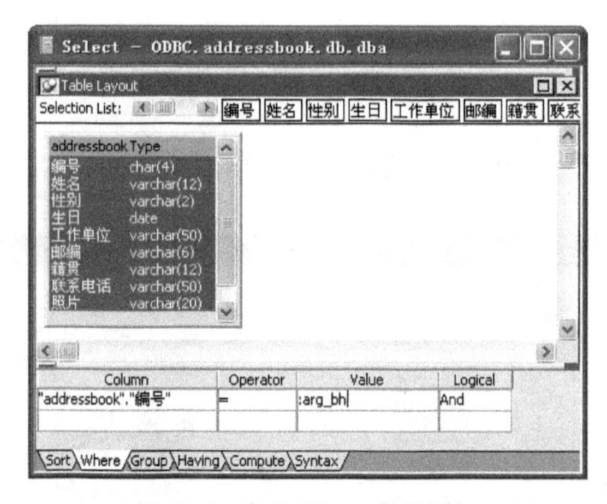

图 22-5　定义 Where 条件语句

(2) 双击系统树窗口中的 w_query_bh_filter 窗口，打开此窗口。选择 File→Save As 命令，在打开的 Save Window 对话框中的 Windows 文本框中输入 w_query_bh_retrieve，单击 OK 按钮，这实际上复制了一个窗口对象。单击窗口中的“模糊查询”按钮，按 Delete 键，删除此按钮。单击窗口，在 General 选项卡中，把 Title 下面的“按编号查询-filter”改为“按编号查询-retrieve”。

单击窗口中的 DataWindow 控件，在属性面板 General 选项卡中，单击 DataObject 文本框右侧的浏览按钮，打开 Select Object 对话框。选中 d_query_bh_retrieve 数据窗口对象，单击 OK 按钮。

选择 open 选项卡，删除其中的第二行语句 dw_1. retrieve()。

选择 Layout 选项卡，双击“精确查询”按钮，删除其中的两行语句，输入语句：dw_1. retrieve(sle_1. text)。

单击工具栏中的 Save 按钮。

(3) 双击系统树窗口主菜单 m_main，在“按编号精确查询-retrieve”子菜单项上右击，选择 Script 命令，在下面的文本框中输入 open(w_query_bh_retrieve)。单击工具栏中的 Save

按钮。

单击工具栏中的 Run 按钮，执行查询操作，如图 22-6 所示。

图 22-6 按编号精确查询

4. 按编号模糊查询（用 retrieve()函数）

（1）双击系统树窗口中的 d_query_bh_retrieve（此时，如果系统打开了 Specify Retrieval Arguments 对话框，单击 Cancel All 按钮），选择 File→Save As 命令，在打开的 Save DataWindow 对话框中的 DataWindows 文本框中输入 d_query_bh_fuzz_retrieve，单击 OK 按钮。

选择 Design→Data Source 命令。在 Where 选项卡中，把 Operator 下面的等号“＝”改为 like。单击工具栏中的 return 按钮（此时，如果系统打开 Specify Retrieval Arguments 对话框，单击 Cancel All 按钮），单击工具栏中的 Save 按钮。

（2）双击系统树窗口中的窗口 w_query_bh_retrieve，选择 File→Save As 命令，打开 Save Window 对话框。在 Windows 文本框中输入文件名 w_query_bh_fuzz_retrieve，单击 OK 按钮。把窗口的标题改为“按编号模糊查询-retrieve”，把“精确查询”按钮上的文字改为“模糊查询”。双击“模糊查询”按钮，把窗口中的代码改为：dw_1. retrieve("%"＋sle_1. text＋"%")。选择Layout 选项卡，返回到窗口设计视图，单击数据窗口控件 dw_1，在属性面板 General 选项卡中，单击 DataObject 文本框右侧的浏览按钮[...]，在打开的 Select Object 对话框中选择 d_query_bh_fuzz_retrieve，单击 OK 按钮，单击工具栏中的 Save 按钮。

（3）双击系统树窗口主菜单 m_main，在“按编号模糊查询-retrieve”子菜单项上右击，选择 Script 命令，在下面的文本框中输入 open(w_query_bh_fuzz_retrieve)，单击工具栏中的 Save 按钮。

单击工具栏中的 Run 按钮，执行该查询操作，如图 22-7 所示。

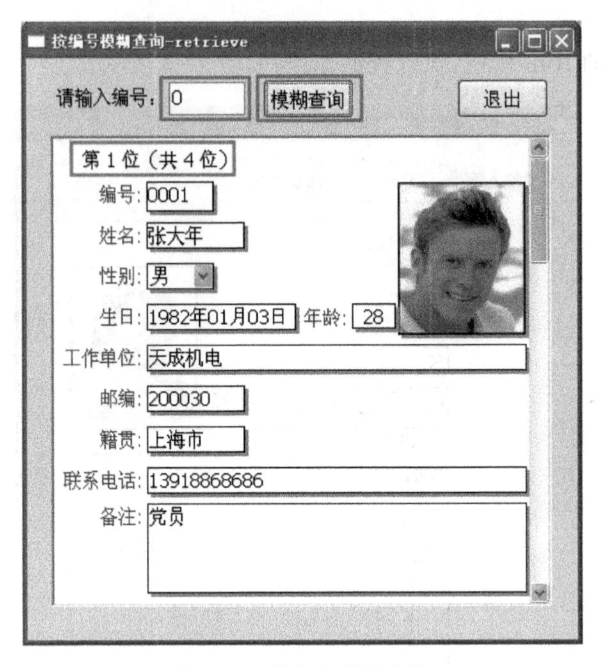

图 22-7　按编号模糊查询

5. 按生日查询(用 retrieve()函数)

(1) 把 d_query_bh_retrieve 复制为 d_query_sr_retrieve(具体步骤省略,请参照步骤 4)。

d_query_sr_retrieve 处于打开状态,选择 Design→Data Source 命令,选择 Design→Retrieval Arguments 命令,打开 Specify Retrieval Arguments 对话框。把 Name 文本框中的哑元变量改为 arg_sr,在 Type 下拉列表框中选择 Date,如图 22-8 所示,单击 OK 按钮。

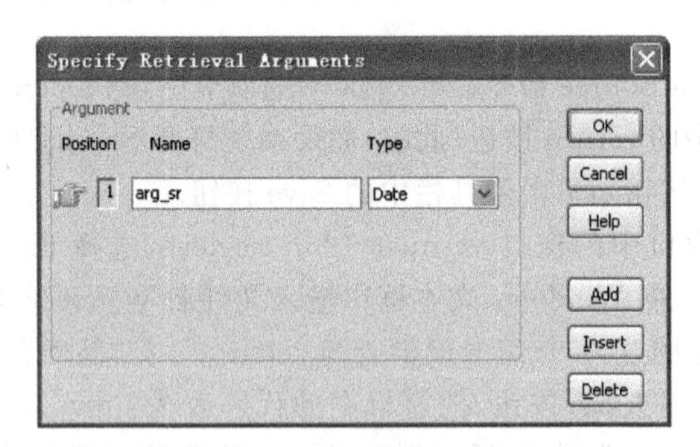

图 22-8　定义哑元变量

在下面的 Where 选项卡中,在 Column 下面的列表中选择""addressbook"."生日"",在 Operator 下面的列表中选择等号"=",在 Value 下面的文本框中输入":arg_sr",如图 22-9 所示。单击工具栏中的 return 按钮(此时,如果系统打开了 Specify Retrieval Arguments 对话框,单击 Cancel All 按钮),单击工具栏中的 Save 按钮。

(2) 把 w_query_bh_retrieve 复制为 w_query_sr_retrieve(具体步骤省略,请参照步骤 4)。

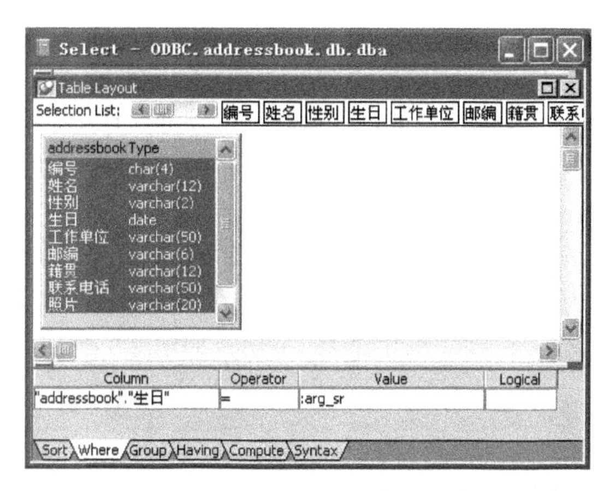

图 22-9 定义 Where 条件语句

w_query_sr_retrieve 处于打开状态，把窗口的标题改为“按生日查询-retrieve”。双击“精确查询”按钮，在打开的代码窗口中输入：dw_1. retrieve(date(sle_1. text))。选择下面的 Layout 选项卡，回到窗口设计视图。单击数据窗口控件 dw_1，在属性面板 General 选项卡中，单击 DataObject 文本框右侧的浏览按钮[...]，在打开的 Select Object 对话框中选择 d_query_sr_retrieve，单击 OK 按钮，再单击工具栏中的 Save 按钮。

(3) 双击系统树窗口主菜单 m_main，在“按生日查询-retrieve”子菜单项上右击，选择 Script 命令，在下面的文本框中输入 open(w_query_sr_retrieve)，单击工具栏中的 Save 按钮。

单击工具栏中的 Run 按钮，执行该查询操作，如图 22-10 所示。

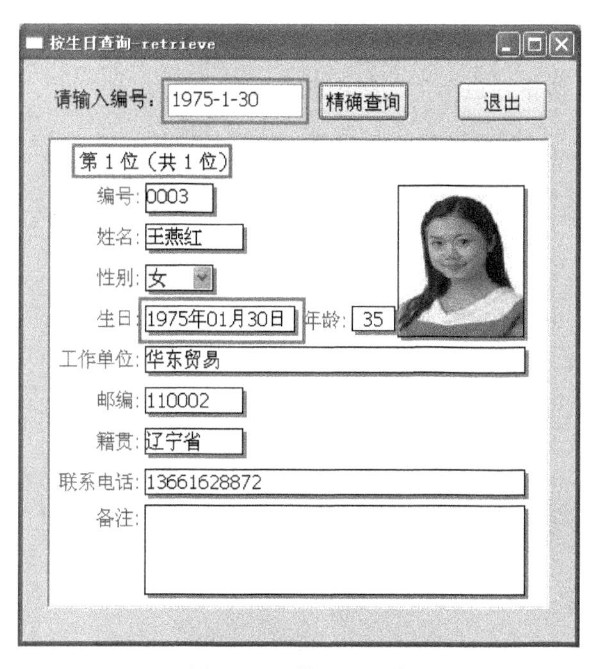

图 22-10 按生日查询

6. 按编号范围查询(用 retrieve()函数)

(1) 把 d_query_bh_retrieve 复制为 d_query_bh_range_retrieve(具体步骤省略,请参照步骤 4)。

d_query_bh_range_retrieve 处于打开状态,选择 Design→Data Source 命令,选择 Design→Retrieval Arguments 命令,打开 Specify Retrieval Arguments 对话框。把 Name 文本框中的哑元变量改为 arg_begin,单击 add 按钮。在 Name 下面第二行中输入哑元变量 arg_end,Type 下面第二行下拉列表框中选择 String,如图 22-11 所示,单击 OK 按钮。

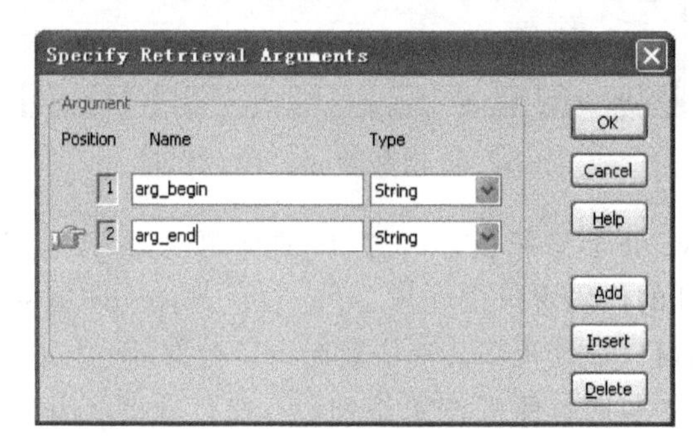

图 22-11 定义哑元变量

在下面的 Where 选项卡中,第一行条件 Column 下面的值为""addressbook"."编号"",在 Operator 下面的列表中选择">=",把 Value 下面的文本框中的变量改为":arg_begin";按 Tab 键,再按 Tab 键,第二行条件 Column 下面的值选择""addressbook"."编号"",Operator 下面的列表中选择"<=",在 Value 下面的文本框中输入":arg_end";如图 22-12 所示。单击工具栏中的 return 按钮(此时,如果系统打开了 Specify Retrieval Arguments 对话框,单击 Cancel All 按钮),单击工具栏中的 Save 按钮。

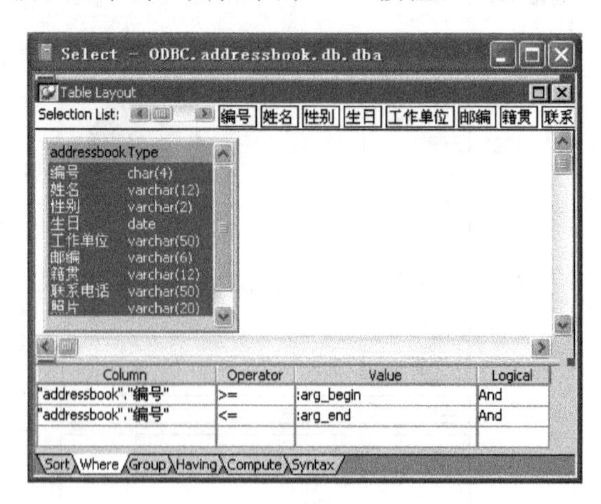

图 22-12 定义 Where 条件语句

(2) 把 w_query_bh_retrieve 复制为 w_query_bh_range_retrieve(具体步骤省略,请参照步骤 4)。

w_query_bh_range_retrieve 处于打开状态,把窗口的标题改为"按编号范围查询-

retrieve”。在 sle_1 控件上右击，选择 Copy 命令，在窗口空白处右击，选择 Paste 命令，复制了一个单行编辑器控件，它的名字为 sle_2。把“精确查询”按钮上的文字改为“范围查询”。双击该按钮，把窗口中的代码改为：dw_1. retrieve(sle_1. text, sle_2. text)。选择下面的 Layout 选项卡，返回到窗口设计视图。单击数据窗口控件 dw_1，在属性面板 General 选项卡中，单击 DataObject 文本框右侧的浏览按钮[...]，在打开的 Select Object 对话框中选择 d_query_bh_range_retrieve，单击 OK 按钮，再单击工具栏中的 Save 按钮。

(3) 双击系统树窗口主菜单 m_main，在“按编号范围查询-retrieve”子菜单项上右击，选择 Script 命令，在下面的文本框中输入 open(w_query_bh_range_retrieve)，单击工具栏中的 Save 按钮。单击工具栏中的 Run 按钮，执行该查询操作，如图 22-13 所示。

图 22-13 按编号范围查询

思考题与习题

1. 利用 Filter 函数设计系统按“姓名”精确查询以及模糊查询。
2. 利用 Retrieve()函数设计系统按“姓名”精确查询以及模糊查询。
3. 利用 Filter 函数设计系统按“生日”范围查询。
4. 利用 Retrieve()函数设计系统按“生日”范围查询。
5. 区分 Filter 与 Retrieve()两种方法的不同之处。
6. 思考利用 Find()函数进行查询的方法和技巧。

第23章　实验4　任意字段查询和多关系组合查询

【实验目的和要求】

(1) 学会ListBox、DropDownListBox、MultiLineEdit等窗口控件的使用。

(2) 掌握dw_1.GetSQLSelect()和dw_1.setSqlSelect(s_new)两个函数的使用方法和技巧。

(3) 掌握对任意字段精确查找和模糊查找的方法。

(4) 掌握多关系组合查询的方法和技巧。

【重点】

(1) 掌握任意字段查询和多关系组合查询的概念。

(2) 熟练掌握列表框和下拉列表框的使用方法。

(3) 理解dw_1.GetSQLSelect()和dw_1.setSqlSelect(s_new)的意义。

【实验步骤】

1. 任意字段查询

(1) 数据窗口设计

把数据窗口d_input复制为d_query_anyfield,并使d_query_anyfield处于编辑状态。选择Design→Data Source命令,选择下面的Sort选项卡,把第二个列表中的“"addressbook"."编号"”拖动到左侧第一个列表中(即去掉以“编号”字段排序),单击工具栏中的return按钮,单击工具栏中的Save按钮。

(2) 窗口设计

新建一个窗口w_query_anyfield,把窗口的标题改为“任意字段查询”。在窗口上分别放置一个ListBox、一个DropDownListBox(保留控件的原始高度)、一个SingleLineEdit、一个DataWindow、两个CommandButton等控件,如图23-1所示。下面来设置它们的属性。

选中ListBox控件,在属性General选项卡中,取消选中Sorted复选框;选中VscrollBar复选框。选择Items选项卡,在Item的下面分别输入可能进行查询的字段的名称,如编号、姓名、性别、生日等。

选中DropDownListBox控件,在属性General选项卡中,取消选中Sorted复选框;选中AllowEdit复选框,在Text下面的文本框中输入等号“=”。选择Items选项卡,在Item的下面分别输入运算符,如=、>、>=、<、<=、<>、like等。

选中SingleLineEdit控件,去掉其中的None字符串。

分别选中两个按钮,并把它们上面的文字改为“查询”和“退出”。

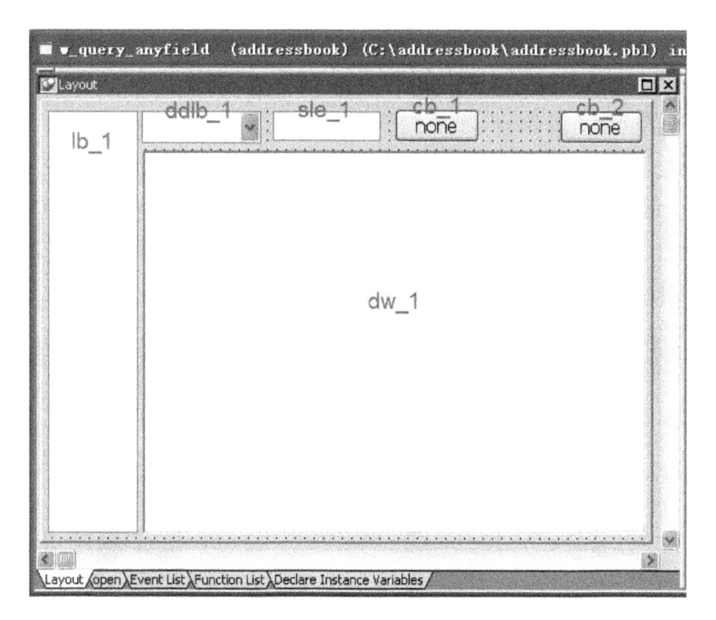

图 23-1 任意字段查询界面上的控件

选中数据窗口 dw_1 控件，在属性面板 General 选项卡中，单击 DataObject 文本框右侧的浏览按钮，打开 Select Object 对话框。选中 d_query_anyfield 数据窗口对象，单击 OK 按钮。选中 VscrollBar 复选框。

(3) 编写代码

双击窗口空白处(或在窗口空白处右击，选择 Script 命令)，在空白框中输入如下代码：

```
dw_1.setTransObject(sqlca)
lb_1.selectItem("编号",0)
```

选择 Layout 选项卡，双击"查询"按钮，在空白框中输入下面的代码：

```
string s_old,s_new,s_where
s_old=dw_1.GetSQLSelect()
If ddlb_1.text="like"then
    s_where="WHERE "+lb_1.SelectedItem()+''+ddlb_1.text+"+&
    '%"+sle_1.text+"%'; "
Else
    s_where="WHERE "+lb_1.SelectedItem()+''+ddlb_1.text+"'"+sle_1.text+"'; "
End if
s_new=s_old+s_where
if dw_1.SetSqlSelect(s_new)=-1 then
    beep(3)
    messageBox("信息提示","条件窗口条件设置有误，请仔细检查!",StopSign!)
else
    dw_1.setTransObject(sqlca)
    dw_1.retrieve()
    dw_1.SetSqlSelect(s_old)
```

```
end if
```

选择 Layout 选项卡，双击“退出”按钮，在空白框中输入 close(parent)。

单击工具栏中的 Save 按钮。

(4) 修改菜单

打开菜单 m_main，在“任意字段查询”子菜单项上右击，选择 Script 命令，在下面代码区中输入 open(w_query_anyfield)。单击工具栏中的 Save 按钮。单击工具栏中的 Run 按钮，执行该查询操作，如图 23-2 和图 23-3 所示。

图 23-2　姓名精确查询

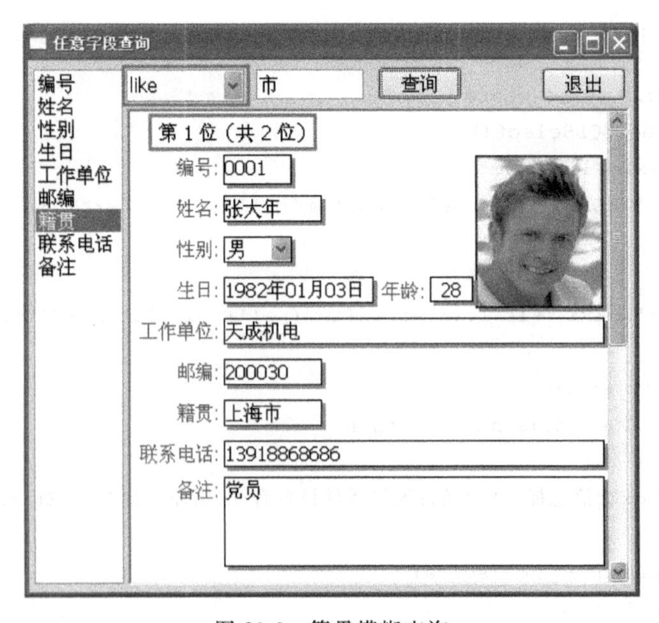

图 23-3　籍贯模糊查询

2. 多关系组合查询

多关系组合查询是在任意字段查询功能的基础上改进而来的。

(1) 数据窗口设计

把数据窗口 d_query_anyfield 复制为 d_query_multi_relation。

(2) 窗口设计

把窗口 w_query_anyfield 复制为 w_query_multi_relation,在 General 选项卡中把窗口的标题改为“多关系组合查询”。在窗口上分别放置 3 个控件,即命令按钮 cb_3(“增加条件”)、命令按钮 cb_4(“清空条件”)以及多行编辑器 mle_1(MultiLineEdit 控件,清除其中的文本 none),调整好它们的位置,如图 23-4 所示。

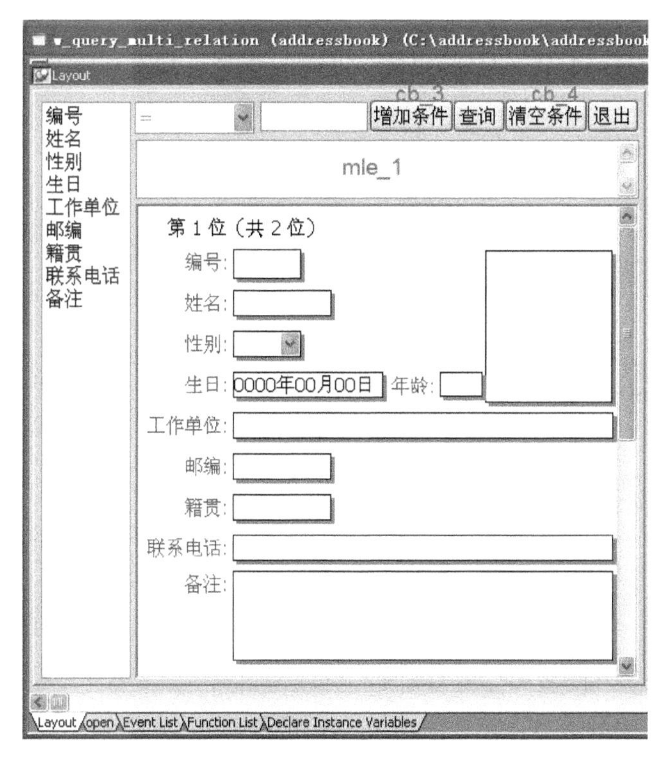

图 23-4 多关系组合查询界面上的控件

(3) 编写代码

双击窗口空白处(或在窗口空白处右击,选择 Script 命令),把代码区中的代码修改为:

```
dw_1.setTransObject(sqlca)
lb_1.SelectItem("编号",0)
```

选择下面的 Layout 选项卡,双击“增加条件”按钮,在空白框中输入下面的代码:

```
if sle_1.text=""then
    messageBox("信息提示","没有查询条件的值,请仔细检查!")
    return;
end if
```

```
if trim(mle_1.text)<>""then
    if ddlb_1.text="like"then
      mle_1.text=mle_1.text+"and "+lb_1.SelectedItem()+''+ddlb_1.text+"'%"+&
      sle_1.text+"%' "
    else
      mle_1.text=mle_1.text+"and"+lb_1.SelectedItem()+''+ddlb_1.text+"'"+&
      sle_1.text+"' "
    end if
else
    if ddlb_1.text="like"then
      mle_1.text=mle_1.text+''+lb_1.SelectedItem()+''+ddlb_1.text+"'%"+&
      sle_1.text+"%'"
    else
      mle_1.text=mle_1.text+''+lb_1.SelectedItem()+''+ddlb_1.text+"+&
       '"+sle_1.text+"' "
    end if
end if
sle_1.text=""
```

选择下面的 Layout 选项卡,双击“查询”按钮,把代码修改为:

```
string s_old,s_new
if trim(mle_1.text)='' then
    messageBox("信息提示","缺少查询条件!")
    return
end if
s_old=dw_1.GetSQLSelect()
s_new=mle_1.text
s_new=s_old+"where "+s_new+";"
if dw_1.SetSqlSelect(s_new)=-1 then
    beep(3)
    messageBox("信息提示","条件窗口条件设置有误,请仔细检查!",StopSign!)
else
    dw_1.setTransObject(sqlca)
    dw_1.retrieve()
    dw_1.SetSqlSelect(s_old)
end if
```

选择下面的 Layout 选项卡,双击“清空条件”按钮,在空白处输入以下代码:

```
mle_1.text=""
```

单击工具栏中的 Save 按钮。

(4) 修改菜单

打开主菜单 m_main,在“多关系组合查询”子菜单项上右击,选择 Script 命令,在下面代码区中输入 open(w_query_multi_relation)。单击工具栏中的 Save 按钮。单击工具栏中的 Run 按钮,执行该查询操作,如图 23-5 和图 23-6 所示。

为 or。

图 23-5 姓名或籍贯多关系 and 查询

图 23-6 备注多关系 or 查询

增加条件时，多个条件之间的逻辑关系默认为 and，可以在 mle_1 控件中直接把它改为 or。

第 24 章　实验 5　统计和报表设计

【实验目的和要求】

(1) 学会用 GetFileOpenName()、ImportFile()、SaveAs()等函数以及 Delete from 语句，对数据库中的信息进行导入或导出操作的方法和技巧。

(2) 掌握 CrossTab、Graph、Grid、Tabular、Group、Label、N-Up 报表的制作方法和技巧。

【重点】

(1) 熟练掌握数据库信息导入、导出的方法和技巧。

(2) 学会各种报表的制作方法和技巧。

【实验步骤】

1. 数据库信息的导入、导出

(1) Excel 文件的准备及格式转换

在 Excel 表中，列标题从左到右的顺序与数据表中从上到下的顺序是一致的，如图 24-1 所示。PowerBuilder 不能直接导入 Excel 文件中的数据，但可以导入.txt 或.csv 等格式文件的数据。因此必须把 Excel 文件转换成.txt 或.csv 格式的数据，转换之前删除 Excel 文件中的列标题(即第一行数据)。

通讯录信息.xls

	A	B	C	D	E	F	G	H	I	J
1	编号	姓名	性别	生日	工作单位	邮编	籍贯	联系号码	照片	备注
2	0801	陈祁睿	男	1947-10	浙江省绍兴县	312028	浙江省	13901365692	1.jpg	党员
3	0802	张晨	男	1977-12	湖北省武汉市	430015	湖北省	13901365693	2.jpg	团员
4	0803	赵莹	女	1977-07	北京市三里河	100045	北京市	13901365694	3.jpg	党员
5	0804	刘艳	女	1962-03	辽宁省抚顺石	113001	辽宁省	13901365695	4.jpg	团员
6	0805	何晶	女	1969-06	重庆市渝中区	400011	重庆市	13901365696	5.jpg	团员
7	0806	徐舒	女	1978-08	北京市东城区	100007	北京市	13901365697	6.jpg	团员
8	0807	孟稚佼	女	1956-04	江西省南昌市	330046	江西省	13901365698	7.jpg	团员
9	0808	郑悦	女	1960-03	山东省泰安岱	271000	山东省	13901365699	8.jpg	团员
10	0809	谭巧	女	1961-10	贵州省贵阳市	550002	贵州省	13901365700	9.jpg	团员
11	0810	黄磊	女	1973-12	河北省临漳县	566000	河北省	13901365701	10.jpg	团员
12	0811	邹英婕	女	1973-02	山西省侯马市	430000	山西省	13901365702	11.jpg	党员
13	0812	王逊	男	1973-01	山西省太原太	300021	山西省	13901365703	12.jpg	党员

Sheet1

图 24-1　Excel 表中通讯录信息的格式

选择"文件"→"另存为"命令，打开"另存为"对话框。在"保存位置"下拉列表框中选择 c:\addressbook 文件夹，在"保存类型"下拉列表框中选择"文本文件(制表符分隔)(*.txt)"，"文件名"后面的文本框中是默认的文件名"通讯录信息.txt"，单击"保存"按钮。

(2) d_saveas_import 的制作

选择 File→New 命令，在打开的 New 对话框中，选择 DataWindow 选项卡，选择 Grid

图标，单击OK按钮，在Choose Data Source for Gride DataWindow对话框中选择Quick Select，单击Next按钮。在Quick Select对话框中，选择Tables下面的addressbook表，依次单击Add All按钮、OK按钮、Next按钮、Finish按钮。界面上出现了一个没有命名的数据窗口对象。单击工具栏中的Save按钮，在打开的Save DataWindow对话框中的DataWindows文本框中输入d_saveas_import，单击OK按钮，如图24-2所示。

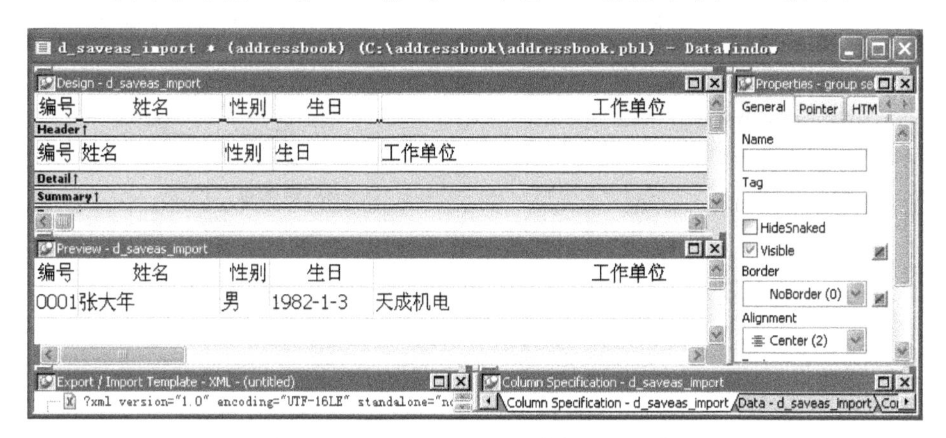

图24-2 d_saveas_import数据窗口对象

(3) w_saveas_import的制作

创建一个窗口w_saveas_import(详细步骤省略)，将窗口标题改为"信息导入、导出界面"。在窗口上放置3个命令按钮(按钮上的文本分别是"另存为.txt文件..."、"从.txt文件中读数据..."和"退出")。在窗口上放置一个数据窗口控件dw_1，通过属性面板General选项卡设置该数据窗口的对象为d_saveas_import，同时选中VscrollBar复选框。单击工具栏中的Save按钮，在打开的Save Window对话框中的Windows文本框中输入w_saveas_import，单击OK按钮，如图24-3所示。

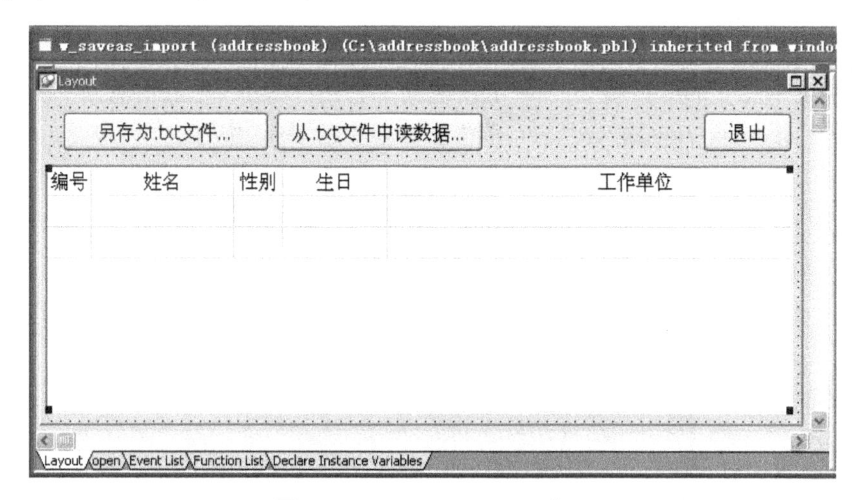

图24-3 w_saveas_import窗口

(4) 编制代码

双击窗口空白处(或在窗口空白处右击，选择Script命令)，在代码区中输入如下代码：

```
dw_1.setTransObject(sqlca)
dw_1.retrieve()
```

选择 Layout 选项卡，双击“另存为.txt文件...”按钮，在代码区中输入下面的代码：

```
dw_1.saveas("",text!,false)
```

选择 Layout 选项卡，双击“从.txt文件中读数据...”按钮，在代码区中输入下面的代码：

```
int value
string docname,named
value=GetFileOpenName("请选中一个文件名：", docname, named, "Doc", &
   +"Text Files (* .TXT),* .TXT")                //读数据文件
if value=1 then
   delete from addressbook;                      //清空 addressbook 表中的数据
   dw_1.ImportFile(docname)                      //导入文件数据
else
   return
end if
if dw_1.update()=1 then                          //将文件数据传入数据表中
   commit;
else
   rollback;
end if
```

选择 Layout 选项卡，双击“退出”按钮，在代码区中输入下面的代码：

```
Close(parent)
```

单击工具栏中的 Save 按钮。

2. 修改主菜单 m_main

打开主菜单 m_main，按图 24-4 所示修改菜单，并在“导入、导出信息...”子菜单命令项中添加代码：open(w_saveas_import)，单击工具栏中的 Save 按钮。

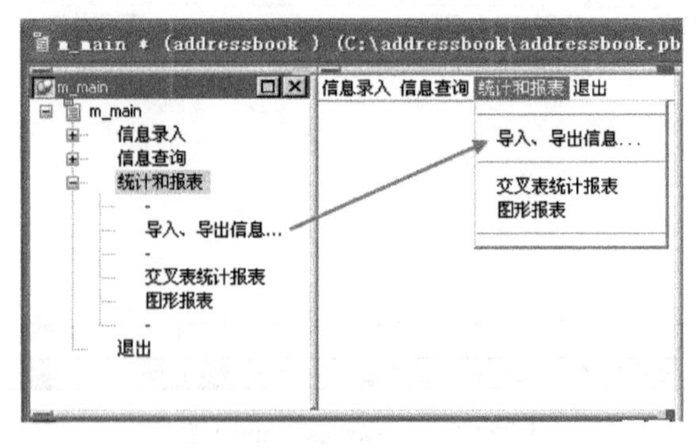

图 24-4　修改主菜单

单击工具栏中的 Run 按钮，执行导入、导出信息操作，可以将准备好的“通讯录信息.

txt”中的信息导入到数据库中。

3. 交叉表(CrossTab)报表制作

(1) 数据窗口(d_report_crosstab)制作

选择 File→New 命令,在打开的 New 对话框中,选择 DataWindow 选项卡,选择 Crosstab 图标,单击 OK 按钮。在数据源对话框中选择 Quick Select,单击 Next 按钮。在 Quick Select 对话框中,选择 Tables 下面的 addressbook 表,分别单击 Columns 下面的“编号”、“性别”和“籍贯”字段,单击 OK 按钮,打开“Define Crosstab Rows,Columns,Values”对话框。在 Source Data 列表框中有“编号”、“性别”和“籍贯”字段。把其中的“性别”字段拖动到 Columns 列表框中,把其中的“籍贯”字段拖动到 Rows 列表框中,把其中的“编号”字段拖动到 Values 列表框中,如图 24-5 所示。依次单击 Next 按钮、Next 按钮、Finish 按钮。Crosstab 报表显示在界面上,但还要对这个报表进行一些调整。

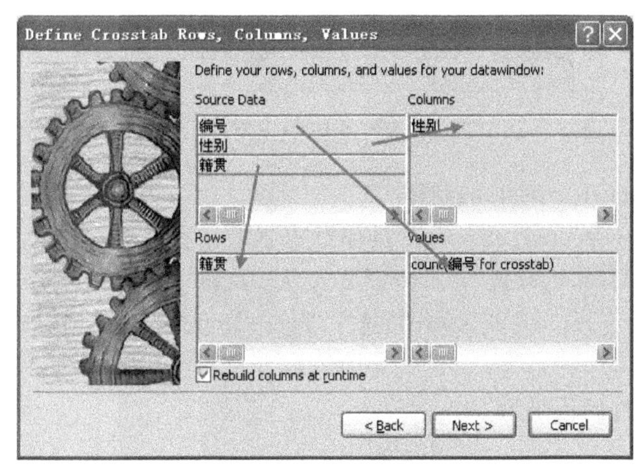

图 24-5　Crosstab 定义

删除 Header[1]↑ 上面的“性别”文本框,把“Count Of 编号”文本框中的内容改为“按性别籍贯统计人数”,在属性面板 Position 选项卡中,把 Layer 下拉列表框中的内容由 Band 改为 Foreground,然后可以把该文本框移动到报表中部。

选中 Header[2]↑ 上面的 Grand Total 文本框,把其中的文字改为“合计”。

选中 Summary↑ 上面的 Grand Total 文本框,在属性面板中的 General 选项卡中,把 Compute Expression 文本框中的 Grand Total 改为“合计”。

选中除了标题以外的所有对象,单击 PainterBar2 上面边界工具箱 ▾ 中的 Box Border 图标 ▭。

把 Header[1]↑ 向下拖动两行,选中 PainterBar1 上对象控件箱中的 Create a computed field for today's date 图标,在 Header[1]↑ 上方留出的空白处单击,出现了“当前日期计算字段”。

把 Footer↑ 向下拖动两行,选中 PainterBar1 上对象控件箱中的“Create a computed field for 'Page n of nnn'”图标,在 Footer↑ 上方留出的空白处单击,出现了“页码”计算字段。可以把它改为“第 X 页(共 X 页)”的格式。选中该计算字段,在属性面板中 General 选项卡中,把 Compute Expression 文本框中的内容改为:“'第'+page()+'页(共'+pageCount()+'页)'”。

单击数据窗口空白处(即不选择任何控件),在属性面板 General 选项卡中,把 Display 下拉列表框中的值选为 Off(1),把列标题文字设为居中。单击工具栏中的 Save 按钮,在打开的 Save DataWindow 对话框中的 DataWindows 文本框中输入 d_report_crosstab,单击 OK 按钮,如图 24-6 所示。

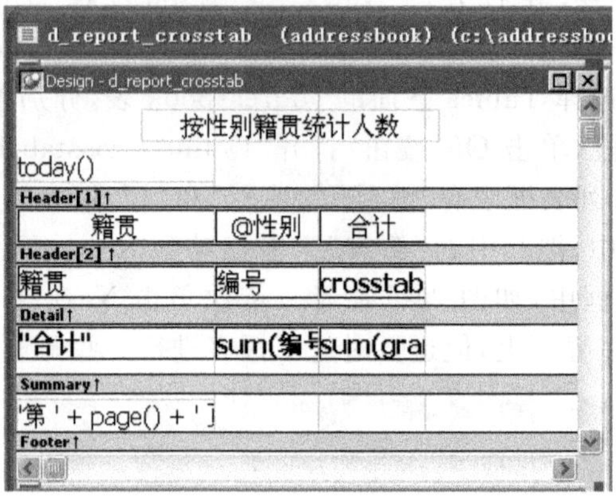

图 24-6 Crosstab 设计

(2) 窗口(w_report_crosstab)制作

创建一个窗口 w_report_crosstab(具体过程省略),窗口的标题为“Crosstab 报表”,在其上放置 4 个按钮(“打印机设置”、“打印预览”、“打印”和“退出”)和一个数据窗口控件 dw_1(数据窗口对象设为 d_report_crosstab),选中 VscrollBar 和 HscrollBar 复选框。

(3) 代码编写

“窗口”open 事件的代码为:

```
dw_1.setTransObject(sqlca)
dw_1.retrieve()
```

“打印机设置”按钮(cb_1)中的代码为:

```
printSetup()
```

“打印预览”按钮(cb_2)中的代码为:

```
if cb_2.text="打印预览"then
    dw_1.Object.datawindow.print.preview='Yes'
    cb_2.text="关闭预览"
else
    dw_1.Object.datawindow.print.preview='No'
    cb_2.text="打印预览"
end if
```

“打印”按钮(cb_3)中的代码为:

```
dw_1.print()
```

“退出”按钮(cb_4)中的代码为:

```
close(parent)
```

单击工具栏中的 Save 按钮，在打开的 Save Window 对话框中的 Windows 文本框中输入 w_report_crosstab，单击 OK 按钮。

(4) 修改菜单及运行

打开主菜单 m_main，在“交叉表统计报表”子菜单项上右击，选择 Script 命令，在下面代码区中输入 open(w_report_crosstab)。单击工具栏中的 Save 按钮。单击工具栏中的 Run 按钮，执行报表操作，如图 24-7 所示。

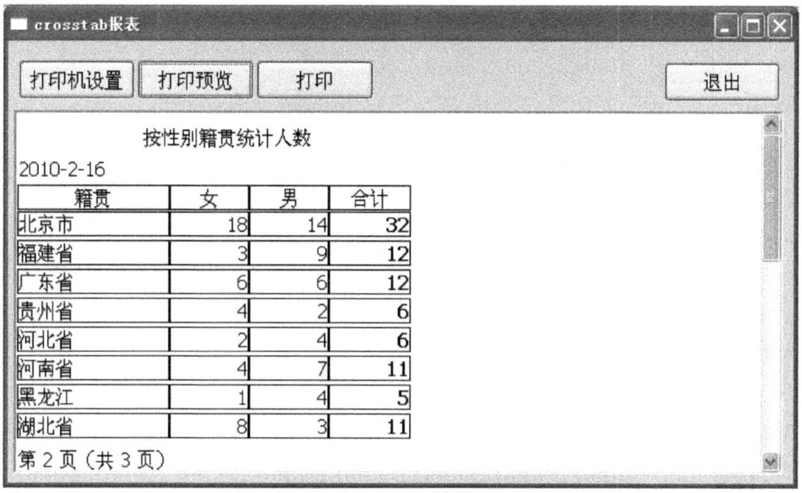

crosstab报表

打印机设置 打印预览 打印 退出

按性别籍贯统计人数

2010-2-16

籍贯	女	男	合计
北京市	18	14	32
福建省	3	9	12
广东省	6	6	12
贵州省	4	2	6
河北省	2	4	6
河南省	4	7	11
黑龙江	1	4	5
湖北省	8	3	11

第 2 页 (共 3 页)

图 24-7　crosstab 报表

4. 图形(Graph)报表制作

(1) 数据窗口(d_report_graph)制作

选择 File→New 命令，在打开的 New 对话框中，选择 DataWindow 选项卡，选择 Graph 图标，单击 OK 按钮。在数据源对话框中选择 Quick Select，单击 Next 按钮。在 Quick Select 对话框中，选择 Tables 下面的 addressbook 表，分别单击 Columns 下面的“编号”、“性别”和“籍贯”字段，单击 OK 按钮，打开 Define Graph Data 对话框。在 Category 列表框中选择“籍贯”字段，在 Value 列表框中选择“count (编号 for graph)”表达式，选中 Series 复选框，并在其右边列表框中选择“性别”字段，单击 Next 按钮，打开 Define Graph Style 对话框。在 Title 后面添加标题“人数统计柱状图”，在 Graph Type 下面选中 Column 图标，单击 Next 按钮，单击 Finish 按钮。

在属性面板中的 Axis 选项卡中，把 Label 下面的(None)改为“籍贯”，把 Axis 列表框中的值由 Category 改为 Value，把 Label 下面的(None)改为“人数”。选择 Text 选项卡，在 Text Object 下拉列表框中选择 Category Axis Text，取消选中 Autosize 复选框，修改 Size 下面的值为 9(即 9 号字体)。单击工具栏中的 Save 按钮。在打开的 Save DataWindow 对话框中的 DataWindows 文本框中输入 d_report_graph，单击 OK 按钮。

(2) 窗口(w_report_graph)制作

把窗口 w_report_crosstab 复制为 w_report_graph，把窗口标题改为“Graph 报表”。dw_1 的对象改为 d_report_graph，单击工具栏中的 Save 按钮。

（3）菜单及运行

打开主菜单 m_main，在“图形报表”子菜单项上右击，选择 Script 命令，在下面代码区中输入 open(w_report_graph)。单击工具栏中的 Save 按钮。单击工具栏中的 Run 命令，执行报表操作，如图 24-8 所示。

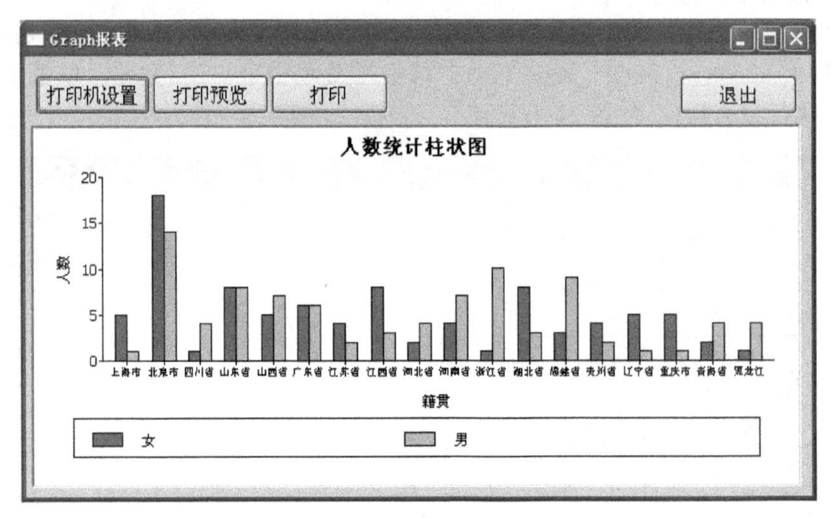

图 24-8　Graph 报表

思考题与习题

1. PowerBuilder 能保存为哪几种格式的文件？能导入哪几种格式的文件？

2. 按照图 24-9 所示制作 Grid 风格报表(w_report_grid、d_report_grid)。

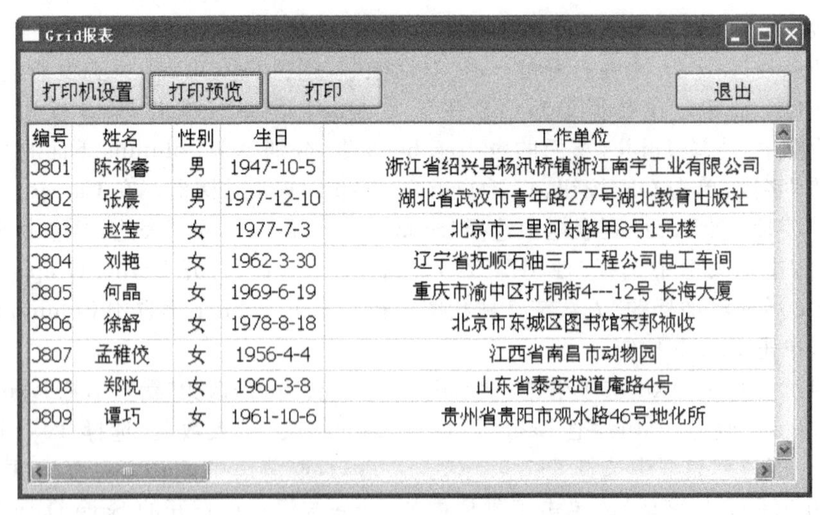

编号	姓名	性别	生日	工作单位
0801	陈祁睿	男	1947-10-5	浙江省绍兴县杨汛桥镇浙江南宇工业有限公司
0802	张晨	男	1977-12-10	湖北省武汉市青年路277号湖北教育出版社
0803	赵莹	女	1977-7-3	北京市三里河东路甲8号1号楼
0804	刘艳	女	1962-3-30	辽宁省抚顺石油三厂工程公司电工车间
0805	何晶	女	1969-6-19	重庆市渝中区打铜街4---12号 长海大厦
0806	徐舒	女	1978-8-18	北京市东城区图书馆宋邦祯收
0807	孟稚佼	女	1956-4-4	江西省南昌市动物园
0808	郑悦	女	1960-3-8	山东省泰安岱道庵路4号
0809	谭巧	女	1961-10-6	贵州省贵阳市观水路46号地化所

图 24-9　Grid 风格报表

3. 按照图 24-10 所示制作 Tabular 风格报表(w_report_tabular、d_report_tabular)。

4. 按照图 24-11 所示制作 Group 风格报表(w_report_group、d_report_group)。

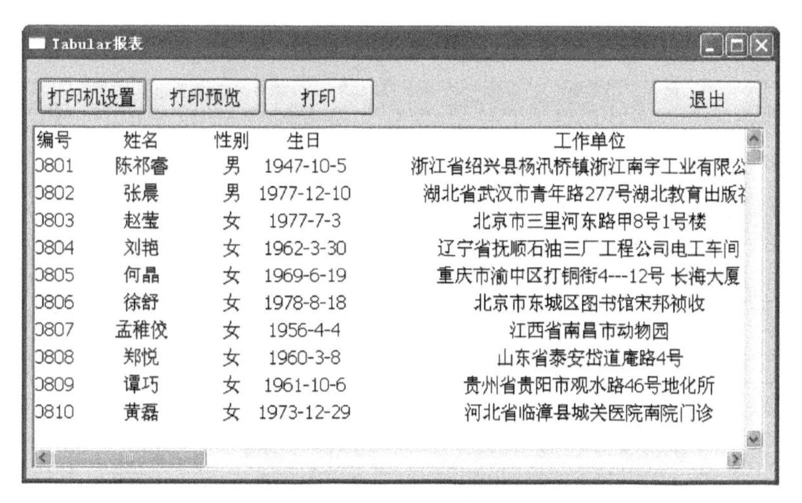

图 24-10　Tabular 风格报表

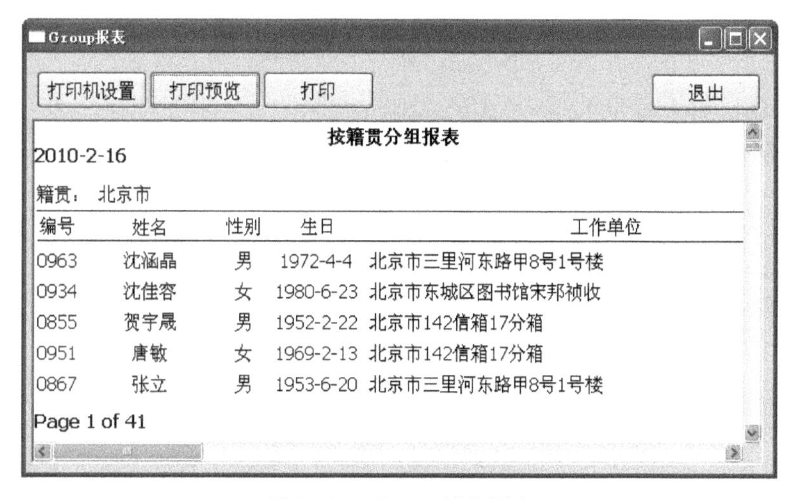

图 24-11　Group 风格报表

5. 按照图 24-12 所示制作 Label 风格报表(w_report_label、d_report_label)。

图 24-12　Label 风格报表

6. 按照图 24-13 所示制作 N-Up 风格报表(w_report_N-Up、d_report_N-Up)。

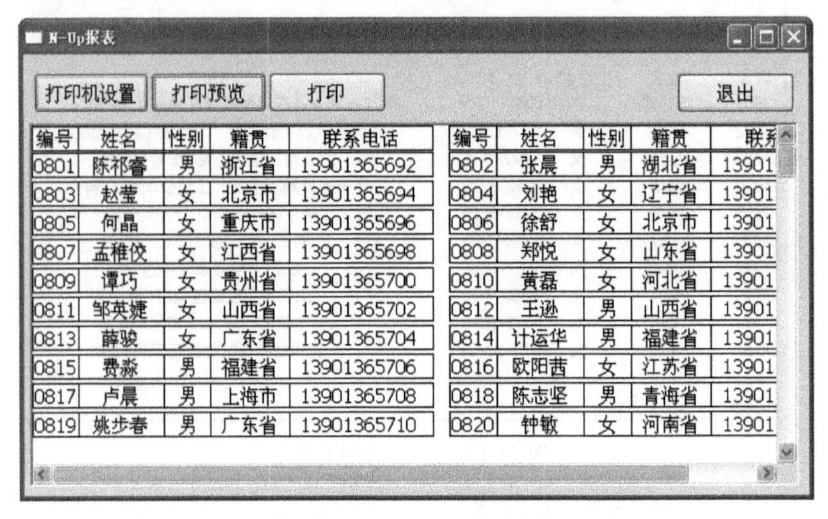

编号	姓名	性别	籍贯	联系电话	编号	姓名	性别	籍贯	联系
0801	陈祁睿	男	浙江省	13901365692	0802	张晨	男	湖北省	13901
0803	赵莹	女	北京市	13901365694	0804	刘艳	女	辽宁省	13901
0805	何晶	女	重庆市	13901365696	0806	徐舒	女	北京市	13901
0807	孟稚佼	女	江西省	13901365698	0808	郑悦	女	山东省	13901
0809	谭巧	女	贵州省	13901365700	0810	黄磊	女	河北省	13901
0811	邹英婕	女	山西省	13901365702	0812	王逊	男	山西省	13901
0813	薛骏	女	广东省	13901365704	0814	计运华	男	福建省	13901
0815	费淼	男	福建省	13901365706	0816	欧阳茜	女	江苏省	13901
0817	卢晨	男	上海市	13901365708	0818	陈志坚	男	青海省	13901
0819	姚步春	男	广东省	13901365710	0820	钟敏	女	河南省	13901

图 24-13 N-Up 风格报表

7. 体会 Grid 报表与 Tabular 报表的区别。

8. 对于制作 Graph 报表,如何调整和设置轴以及值的属性值?

第25章　实验6　动态改变数据窗口对象和标签控件的使用方法

【实验目的和要求】

(1) 学会使用窗口 RadioButton 控件、GroupBox 控件，集成实验5创建的所有报表。

(2) 学会使用窗口 Tab 控件，集成实验5创建的所有报表。

【重点】

(1) 理解 RadioButton 控件及其各属性的含义，为 RadioButton 控件的 Clicked 事件编写代码，实现动态改变数据窗口对象。

(2) 理解 Tab 控件及集成报表的方法和技巧。

【实验步骤】

1. RadioButton 控件、GroupBox 控件

(1) 创建一个窗口(w_report_radiobutton)

创建一个窗口 w_report_radiobutton(具体过程省略)，窗口的标题为"RadioButton 集成报表"。在窗口对象工具箱中选择 RadioButton 控件图标 ，在窗口上单击，生成一个 RadioButton 控件，名字为 rb_1，然后按6次快捷键 Ctrl+T，复制6个 RadioButton 控件。这7个 RadioButton 控件右侧的文本分别修改为 CrossTab、Grid、Tabular、Group、Label、Graph 和 N-Up。在窗口对象工具箱中选择 GroupBox 控件图标 ，在窗口上单击，生成一个 GroupBox 控件，名字为 gb_1，删除该控件的文本 none。选中第一个 RadioButton 控件，属性面板 General 选项卡中，选中 Checked 复选框。

在窗口上放置一个 DataWindow 控件，名字为 dw_1，把它的数据对象设置为数据窗口 d_report_crossTab，选中属性面板 General 选项卡中的 VscrollBar 和 HscrollBar 复选框。

在窗口上放置4个命令按钮，上面的文字分别为"打印机设置"、"打印预览"、"打印"和"退出"，并按图25-1所示排列所有控件。

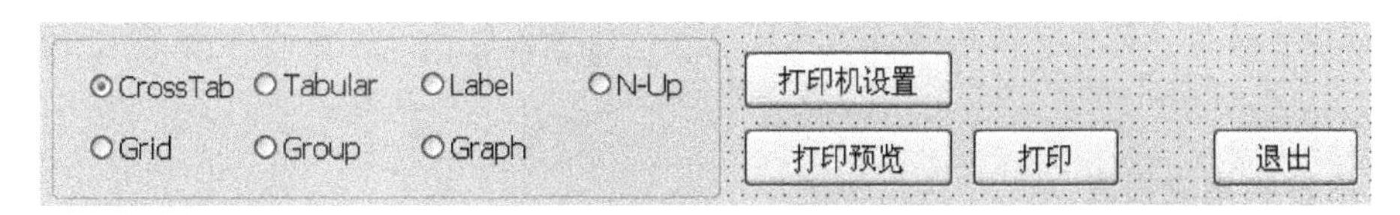

图25-1　RadioButton、GroupBox、CommandButton 控件排列

(2) 编写代码

双击窗口空白处，在打开的 open 事件中输入下面的代码：

```
dw_1.setTransObject(sqlca)
dw_1.retrieve()
```

4个按钮中的代码与实验5完全一致，这里不再重复。

在RadioButton控件CrossTab上右击，选择Script命令，在打开的Clicked事件中输入下面的代码：

```
dw_1.DataObject="d_report_crosstab"
dw_1.setTransObject(sqlca)
dw_1.retrieve()
```

把上述代码复制到其他6个RadioButton控件的Clicked事件中，只是将每个控件Clicked事件中的第一行双引号中的数据窗口对象换成相应对象的文件名即可。

单击工具栏中的Save按钮，在打开的Save Window对话框中的Windows文本框中输入w_report_RadioButton，单击OK按钮。

(3) 修改菜单

打开主菜单m_main，在"统计报表"下面再添加两个子菜单项，一项是"RadioButton集成报表"，另一项是"Tab集成报表"。在"RadioButton集成报表"子菜单项上右击，选择Script命令，在下面代码区中输入open(w_report_radiobutton)。单击工具栏中的Save按钮。单击工具栏中的Run按钮，执行报表操作，如图25-2所示。

图25-2 RadioButton集成报表

2. 标签和集成报表

(1) 创建一个窗口(w_report_tab)和标签控件

创建一个窗口w_report_tab(具体过程省略)，窗口的标题为"Tab集成报表"。在窗口对象工具箱中选择Tab控件图标，在窗口上单击，生成一个Tab控件，名字为tab_1。Tab控件的特点是，一个控件有两个焦点对象。一个是整个标签Tab，单击图25-3中的A

区选中整个标签；另一个是选项卡 TabPage，单击图 25-4 中的 B 区选中选项卡。每一个选项卡都有一个标签文本，初始值为 none，位于 A 区的左侧。

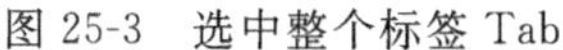
图 25-3　选中整个标签 Tab

图 25-4　选中选项卡 TabPage

(2) 在标签 Tab 上增加选项卡 TabPage

在标签 Tab 上的 A 区右击，选择 Insert TabPage 命令，则新增一个选项卡，它的名字为 TabPage_2。重复这个步骤可以分别创建 TabPage_3～TabPage_7。

(3) 为所有选项卡新增两个共享命令按钮

在窗口对象工具箱中选择命令按钮控件图标，在 Tab 的 A 区中(不要离开 A 区)单击，生成一个 CommandButton 控件，名字为 cb_1，把它的文本改为“打印机设置”。用同样的方法再生成一个 CommandButton 控件，名字为 cb_2，把它的文本改为“退出”(注意：这两个 CommandButton 是所有选项卡共用的)。在 cb_1 按钮中输入代码：printSetup()；在 cb_2 按钮中输入代码：close(parent)。

(4) 为选项卡添加数据窗口控件和专有的命令按钮

第一个选项卡 TabPage_1 控件添加数据窗口控件 dw_1，并新增两个专用的命令按钮。

单击第一个选项卡的标签文本 none，再单击它的 B 区(TabPage_1)，选择属性面板 TabPage 选项卡，把 TabText 下面文本框中的 none 改为“CrossTab 报表”。在窗口对象工具箱中选择数据窗口控件图标，在 TabPage_1 上单击，生成一个 DataWindow 控件，名字为 dw_1，通过属性面板 General 选项卡将它的 DataObject 设置为 d_report_crosstab，并选中其 VscrollBar 和 HscrollBar 复选框。在窗口对象工具箱中选择命令按钮控件图标，在 TabPage_1 中 dw_1 的上方(不能离开 B 区)单击，生成一个 CommandButton 控件，名字为 cb_3，把它的文本改为“打印预览”。用同样的方法再生成一个 CommandButton 控件，名字为 cb_4，把它的文本改为“打印”(注意：这两个 CommandButton 是选项卡 TabPage_1 专用的)。在 cb_3 按钮中输入以下代码：

```
if cb_3.text="打印预览"then
    dw_1.Object.datawindow.print.preview='Yes'
    cb_3.text="关闭预览"
else
    dw_1.Object.datawindow.print.preview='No'
    cb_3.text="打印预览"
end if
```

在 cb_4 按钮中输入代码：

```
dw_1.print()
```

单击工具栏中的 Save 按钮，在打开的 Save Window 对话框中的 Windows 文本框中输入 w_report_tab，单击 OK 按钮，如图 25-5 所示。

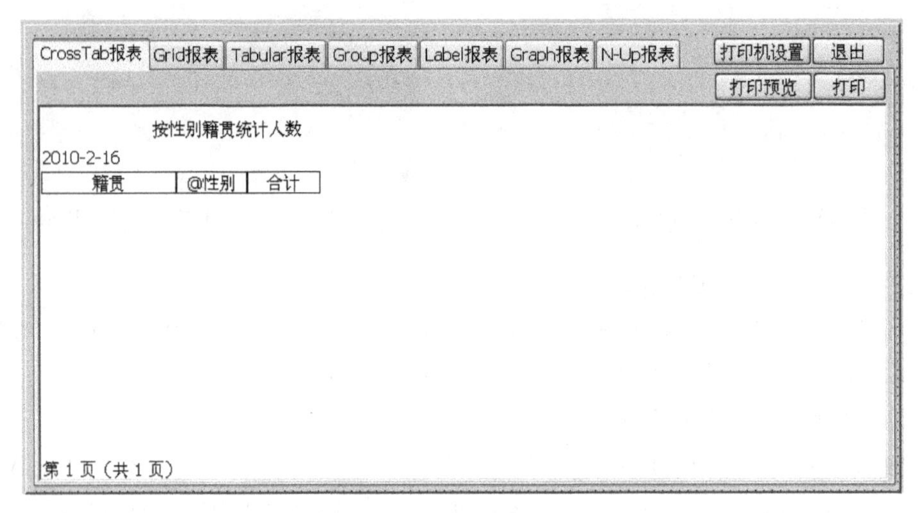

图 25-5 Tab 集成报表设计

仿照为第一个选项卡 TabPage_1 添加控件和命令按钮的步骤，为其他 6 个选项卡顺序添加数据窗口控件和专有的命令按钮。

(5) 为窗口编写代码

双击窗口空白处，在代码框中输入如下语句：

```
tab_1.tabPage_1.dw_1.setTransobject(sqlca)
tab_1.tabPage_2.dw_2.setTransobject(sqlca)
tab_1.tabPage_3.dw_3.setTransobject(sqlca)
tab_1.tabPage_4.dw_4.setTransobject(sqlca)
tab_1.tabPage_5.dw_5.setTransobject(sqlca)
tab_1.tabPage_6.dw_6.setTransobject(sqlca)
tab_1.tabPage_7.dw_7.setTransobject(sqlca)
tab_1.tabPage_1.dw_1.retrieve()
tab_1.tabPage_2.dw_2.retrieve()
tab_1.tabPage_3.dw_3.retrieve()
tab_1.tabPage_4.dw_4.retrieve()
tab_1.tabPage_5.dw_5.retrieve()
tab_1.tabPage_6.dw_6.retrieve()
tab_1.tabPage_7.dw_7.retrieve()
```

单击工具栏中的 Save 按钮。

(6) 修改 m_main

打开主菜单 m_main，在"统计报表"下面"Tab 集成报表"子菜单项上右击，选择 Script

命令,在下面代码区中输入 open(w_report_tab)。单击工具栏中的 Save 按钮。单击工具栏中的 Run,执行报表操作,如图 25-6 所示。

图 25-6 Tab 集成报表运行

第26章　实验7　工具栏、主界面修饰，系统登录界面、可执行文件生成及安装盘制作

【实验目的和要求】

(1) 学会为菜单创建工具栏。

(2) 学会定时随机更改主界面上的图片。

(3) 学会为系统设计一个系统登录界面。

(4) 学会资源文件(.pbr)的创建。

(5) 学会为系统创建可执行文件。

(6) 学会把系统打包成安装盘文件。

【重点】

(1) 掌握主界面图片随机改变的原理和函数的使用方法。

(2) 掌握系统登录界面的创建。

(3) 掌握可执行文件的创建方法和技巧。

【实验步骤】

1. 创建菜单工具栏

(1) 修改主菜单 m_main

打开 m_main，选中"通讯录信息录入"子菜单项，在属性面板中的 ToolBar 选项卡中的 ToolbarItemText 文本框中输入"通讯录信息录入"，在 ToolbarItemName 下拉列表框中找到"Custom072!"。在 General 选项卡中的 MicroHelp 文本框中输入"通讯录信息录入"。在 Shortcut Key 下拉列表框中选择 F1，选中 Shortcut Alt 复选框(即定义了一个快捷键 Alt+F1)。

可以按照上面的方法定义其他子菜单项的工具栏和快捷键。

单击工具栏中的 Save 按钮。

(2) 修改主界面 w_main

打开主界面 w_main，在属性面板 General 选项卡中的 WindowsType 下拉列表框中选择"mdihelp!"。单击工具栏中的 Save 按钮。运行程序，如图 26-1 和图 26-2 所示。

2. 主界面图片定时改变

准备 20 张 JEPG 格式的图像文件，名称分别为 f1.jpg、f2.jpg、…、f20.jpg，放在 C:\addressbook 文件夹中。

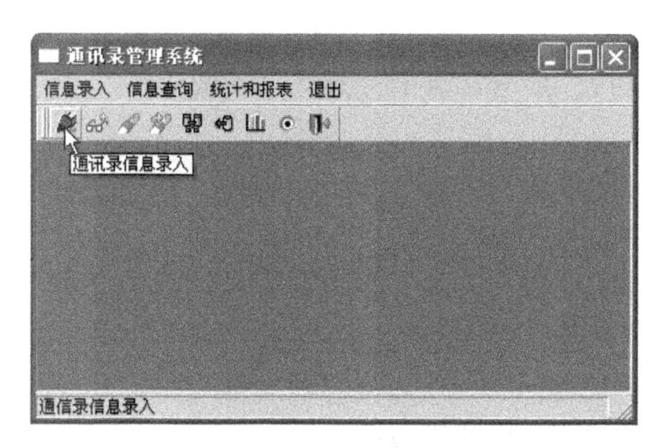

图 26-1 主界面工具栏

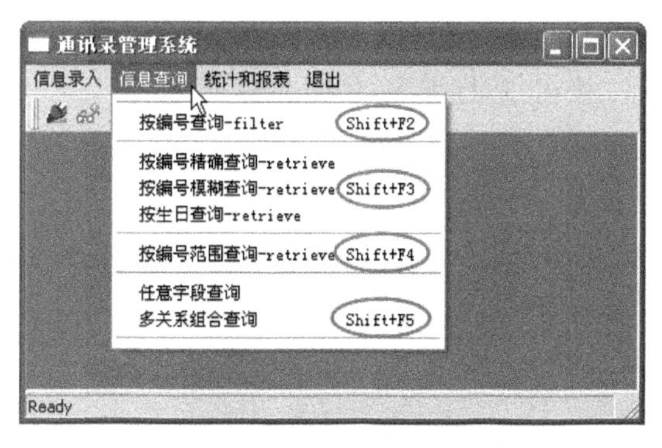

图 26-2 主界面快捷键

(1) 为主界面 w_main 定义全局变量

打开 w_main,选择 Declare Instance Variableds 选项卡,在上方的下拉列表框中选择 Global Variables,并在下面的代码区输入:

```
String p_p
```

界面如图 26-3 所示。

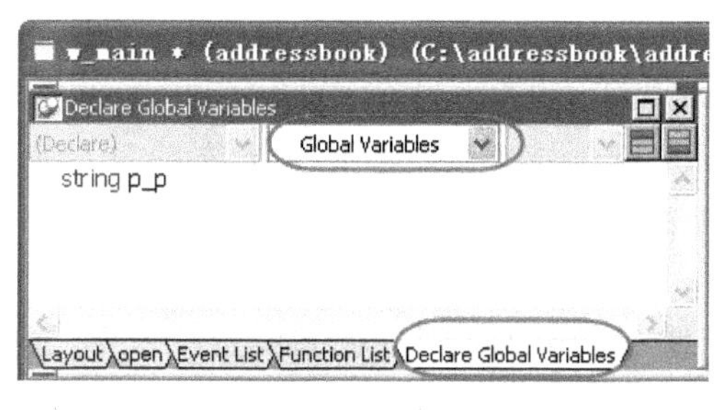

图 26-3 定义全局变量

(2) 在主界面 w_main 上放置一个图像控件

选择 Layout 选项卡,回到主界面状态。在窗口对象工具箱中选择 Picture 控件图标 ,在主界面上单击,创建一个 Picture 控件,它的名字为 p_1,取消选中属性面板 General 选项卡中的 OriginalSize 复选框,调整 p_1 的大小。

(3) 编写代码

双击主界面窗口空白处,在 open 事件中输入下面的代码:

```
randomize(0)                              //初始化随机序列函数
p_p="f"+string(rand(20))+".jpg" //rand(n)获取 1~n 之间的一个随机整数
p_1.pictureName=p_p
timer(3)                                  //以指定的时间间隔(3 秒钟)重复触发定时器事件中的
代码
```

单击"open() returns long [pbm_open]"列表框,选择"timer() returns long [pbm_timer]",并在下面空白处输入下面的代码:

```
p_p="f"+string(rand(20))+".jpg"
p_1.pictureName=p_p
```

单击工具栏中的 Save 按钮,运行程序,如图 26-4 所示。

图 26-4　主界面

3. 系统登录界面

(1) 登录界面设计

创建一个窗口(w_logon),标题为"通讯录系统登录界面"。在窗口上创建两个 StaticText 控件(st_1 上的文本为"用户名:",st_2 上的文本为"密码:");创建两个 SingleLineEdit 控件(sle_1 用于输"用户名",去掉其中的 none;sle_2 用于输"密码",去掉其中的 none。选中 sle_2 控件,在属性面板上 General 选项卡中,选中 Password 复选框);创建一个 GroupBox 控件(即 gb_1,去掉 none 文本);创建一个 PictureButton 控件(去掉 pb_1 上的文本,在属性面板 General 选项卡中的 PictureName 下拉列表框中选择" Custom035!"),如图 26-5 所示。

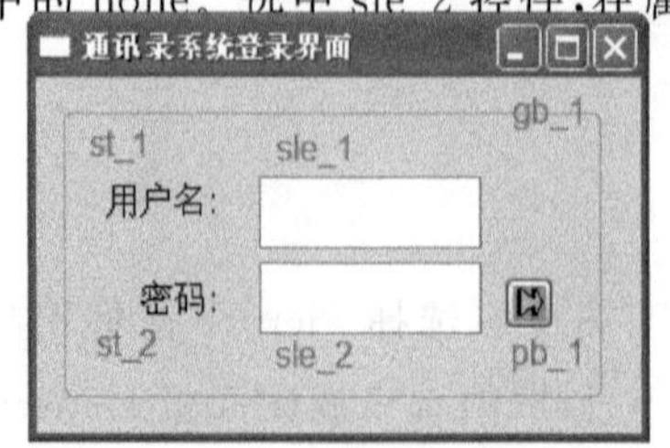

图 26-5　系统登录界面

(2) 修改系统应用中的代码

双击系统树窗口中的"应用" addressbook,在打开的代码区中，把语句 open(w_main)改为 open(w_logon)。单击工具栏中的 Save 按钮。

(3) 一个用户的简单登录方法设计

如果用户名为 SIFT，密码为 A123，则只要在 pb_1 按钮的 Clicked 事件中编写如下代码即可：

```
if upper(trim(sle_1.text))="SIFT" and upper(trim(sle_2.text))="A123"then
    open(w_main)
else
    messageBox("警告","用户或口令不对")
end if
close(w_logon)
```

单击工具栏中的 Save 按钮，运行系统并测试。

注：upper()函数是把字母变为大写字母，trim()函数是去掉字符两边的空字符，messageBox()是信息提示函数。

(4) 多个用户的简单登录方法设计

如果希望多个用户使用这个系统，如用户 1—user1，密码—123；用户 2—user2，密码—456；用户 3—user3，密码—789，则在 pb_1 按钮的 Clicked 事件中编写如下代码即可：

```
if sle_1.text="user1" and sle_2.text="123" then
    open(w_main)
elseif sle_1.text="user2" and sle_2.text="456" then
    open(w_main)
elseif sle_1.text="user3" and sle_2.text="789" then
    open(w_main)
else
    messageBox("警告","用户或口令不对")
end if
close(w_logon)
```

单击工具栏中的 Save 按钮，运行系统并测试。

以上两种方法的缺点是所有用户和密码都是写在程序中的，以后想增加、删除或修改用户及密码都非常麻烦，下面的方法将解决这个问题。

(5) 带用户数据表的登录方法设计

① 密码表设计。

参照实验 1 新建一个数据表(名字为 password)，密码表结构如图 26-6 所示，为该表的“用户号”建索引，索引名称为 i_yhh，如图 26-7 所示。在密码表中输入 5 个用户，如图 26-8 所示。

Columns (addressbook) - password

Column Name	Data Type	Width	Dec	Null	Default
用户号	char	3		No	(None)
用户名	varchar	20		Yes	(None)
密码	varchar	20		Yes	(None)

Columns / ISQL Session / Results / Activity Log

图 26-6　表结构

图 26-7　表索引

② 密码表数据窗口设计。

利用密码表 password 新建一个数据窗口(利用 Grid 风格,名字为 d_input_user),如图 26-9 所示。

Results

用户号	用户名	密码
001	高明	abc^1
002	李永军	li-water
003	Jone	one-123
004	Smith	sm#i#th
005	Mike	M^M-123

Columns ISQL Session Results Activity Log

图 26-8　5 个用户

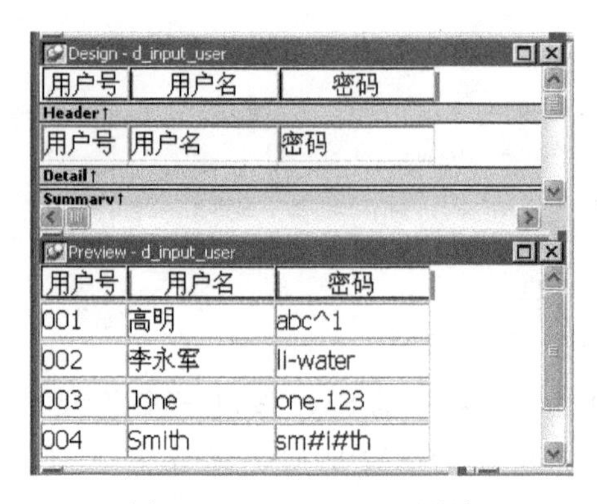

图 26-9　d_input_user 设计

③ 密码表录入窗口设计。

新建一个窗口(名字为 w_input_user),窗口的标题为“用户维护界面”。在窗口上创建 4 个按钮控件(cb_1 为“添加”,cb_2 为“删除”,cb_3 为“保存”,cb_4 为“返回”)和一个数据窗口控件 dw_1(它的数据对象为 d_input_user,选中属性面板上 General 选项卡中的 VscrollBar 复选框)。4 个按钮 Clicked 事件的代码、窗口 open 事件中的代码与通讯录录入界面相应对象中的代码完全一样,这里省略,如图 26-10 所示。

图 26-10　w_input_user 设计

④ 修改主菜单 m_main。

打开主菜单 m_main,在主菜单项“退出”的前面添加“信息维护”主菜单项,为其添加子菜单项“用户维护”,并为“用户维护”的 Clicked 事件添加代码:

```
open(w_input_user)
```

⑤ 系统登录窗口 pb_1 按钮中代码设计。

原理:根据用户输入的“用户名”,从 password 表中取出它的“密码”。把从表中取出的“密码”与用户在登录界面上输入的“密码”进行比较,两者正确,则进入系统,否则显示提示警告信息。

打开窗口 w_logon,在 pb_1 按钮的 Clicked 事件中输入下面的代码,并进行测试:

```
string s_password
If trim(sle_1.text)=""or trim(sle_2.text)=""then
    messageBox("信息提示","用户名或密码不能为空!")
    return
End if
select 密码
    into:s_password
```

```
        from password
        where 用户名=:sle_1.text;
    if sle_2.text=s_password then
        open(w_main)
    else
        messageBox("警告","用户或口令不对")
    end if
    close(w_logon)
```

单击工具栏中的Save按钮，运行系统并测试。

(6) 在系统登录界面上输入密码后按Enter键(而不是单击pb_1按钮)进入系统的方法设计

打开系统登录窗口w_logon，在sle_2控件上右击，选择Script命令，在Modified事件中输入下面的代码：

```
if keyDown(KeyEnter!) then
    pb_1.TriggerEvent(clicked!)
end if
```

单击工具栏中的Save按钮，运行系统并测试。

注：keyDown(keycode)是判断用户按了什么键的函数，其中keycode就是某个键的代码值。TriggerEvent(event)是触发某个控件某个事件的函数。

4. 系统可执行文件创建

(1) 资源文件(.pbr)的创建

资源文件包含了系统中用到的位图、图标和光标文件名。在生成可执行文件时，可以通过资源文件把其中所列出的资源打包到动态链接库(.pbd)中。系统执行时会从动态链接库中寻找所需的资源。

单击PowerBar1上的Edit按钮，打开文件编辑器，在其中输入1.jpg、2.jpg、…、f1.jpg、f2.jpg、…、f20.jpg(其中，1.jpg、2.jpg、…是通讯录中人员的照片；f1.jpg、f2.jpg、…是主界面的图像文件)。切记，每个文件名占一行。单击工具栏中的Save按钮，打开File Save对话框。在“保存在”下拉列表框中选择c:\addressbook，在“保存类型”下拉列表框中选择Resource Files(*.pbr)，在“文件名”文本框中输入addressbook，单击“保存”按钮。

(2) 系统可执行文件(addressbook.exe)和动态链接库文件(addressbook.pbd)的创建

① 关闭所有打开的Window、DataWindow、Menu等对象。

② 选择File→New命令，在打开的New对话框上，选择Project选项卡，选择Application图标，单击OK按钮，打开Project定义界面。

③ 选择General选项卡，单击Executable file name右侧的浏览按钮…。在打开的Select Executable File对话框中，“保存在”下拉列表框中显示的是c:\addressbook，“保存类型”下拉列表框中显示的是Executable Files(*.exe)，“文件名”下拉列表框中显示的是addressbook.exe，单击“保存”按钮。

④ 选择Libraries选项卡，选中PBD下面的复选框，单击右侧的浏览按钮…。在打开的

Select Resource File 对话框中，“查找范围”下拉列表框中显示的是 c:\addressbook，“文件类型”下拉列表框中显示的是 Resource Files(*.pbr)，选中中间文本框中的 addressbook.pbr，单击“打开”按钮。

⑤ 单击 PainterBar1 中的 Deploy Project 按钮，系统经过数秒后生成了 addressbook.exe 和 addressbook.pbd 两个文件。单击工具栏中的 Save 按钮，打开 Save Project 对话框。在 Projects 文本框中输入 p_addressbook，单击 OK 按钮。有了这个 Project 文件，当系统进行修改后，直接调出这个工程文件，然后单击 PainterBar1 中的 Deploy Project 按钮，就可以再次生成新的 addressbook.exe 和 addressbook.pbd 这两个文件。

在当前环境下，双击 addressbook.exe 文件，系统会正确地运行。因为当前计算机中有系统运行所需要的所有动态链接库文件。

5. 安装盘制作

把开发好的数据库管理系统制作成安装盘便于软件的分发、客户的安装和使用。安装盘制作软件较多，有的较为专业、功能强大，有的小巧灵活、使用方便，常用的有 InstallShield、Create Install、Setup Factory、Wise Installation System、Advanced Installer、Smart Install Maker、Installer Vise、Inno Setup、Easy Setup 等。本实验讲解的是一款小巧、共享的 Setup2GO 汉化版软件。它的特点是不需要使用者具备多少编程知识和编程经验就可在极短的时间内轻松完成制作，该软件支持当前所有的 32 位 Windows 操作系统的程序，包括 Windows 95/98/Me/NT4/2000/XP Vista 等。软件还自带工程向导帮助快速生成安装项目，例如建立快捷方式、写入注册表、文件类型关联、定制对话框及屏幕样式、使用外部工具、修改 INI 文件、添加安装密码、测试运行等。

(1) 准备工作

在 c:\addressbook 中分别创建 3 个文件夹，即 program、icon 和“安装盘”。

① 将刚创建好的 addressbook.exe、addressbook.pbd、addressbook.db、addressbook.log(注：如果创建数据库时没有生成此文件则不包括 addressbook.log)复制到 c:\addressbook\program 文件夹中。

运行 PowerBuilder 开发的数据库应用系统需要用到 dbeng11.exe(当利用 PowerBuilder 自带的数据库服务器开发时)以及很多动态链接库文件(可以根据所开发的数据库应用系统所用到的控件以及系统资源情况测试而得到，这些文件可以在 C:\Program Files\SQL Anywhere 11\win32 以及 C:\Program Files\Sybase\Shared\PowerBuilder 中找到)。如开发 addressbook 通讯录系统所用到的数据库服务器文件、数据库服务器许可文件和动态链接库文件有 dbcon11.dll、dbctrs11.dll、dbeng11.exe、dbeng11.lic、dbicu11.dll、dbicudt11.dll、dblgen11.dll、dbodbc11.dll、dbserv11.dll、libjcc.dll、libjutils.dll、pbdpl115.dll、pbdwe115.dll、pbodb115.dll、pbshr115.dll、pbvm115.dll 等，把这些文件复制到 c:\addressbook\program 文件夹中。

② 将安装盘制作软件所需的图像、图标文件(如 computer3.ico、logo.gif、uninstall.ico 等)复制到 c:\addressbook\icon 文件夹中。

③ “安装盘”文件夹是用来存放制作好的打包文件的。

(2) 启动 Setup2GO

启动 Setup2GO 软件将打开一个对话框，如图 26-11 所示，可以通过 3 种选择打开软件界面。

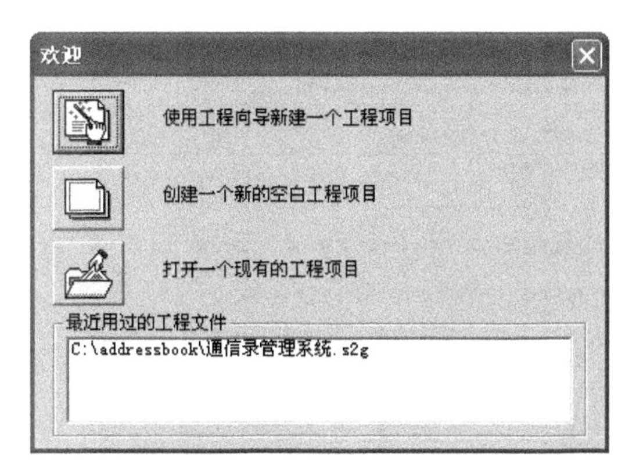

图 26-11 Setup2GO 的欢迎界面

单击“创建一个新的空白工程项目”前面的图标,打开“另存为”对话框。文件名输入“通讯录系统安装盘制作”,单击“保存”按钮,打开 Setup2GO 界面。将重点设置和填写其中 6 个选项卡中的信息。

(3) “常规信息”选项卡

在“常规信息”选项卡中主要填写公司名称、产品信息等,如图 26-12 所示。

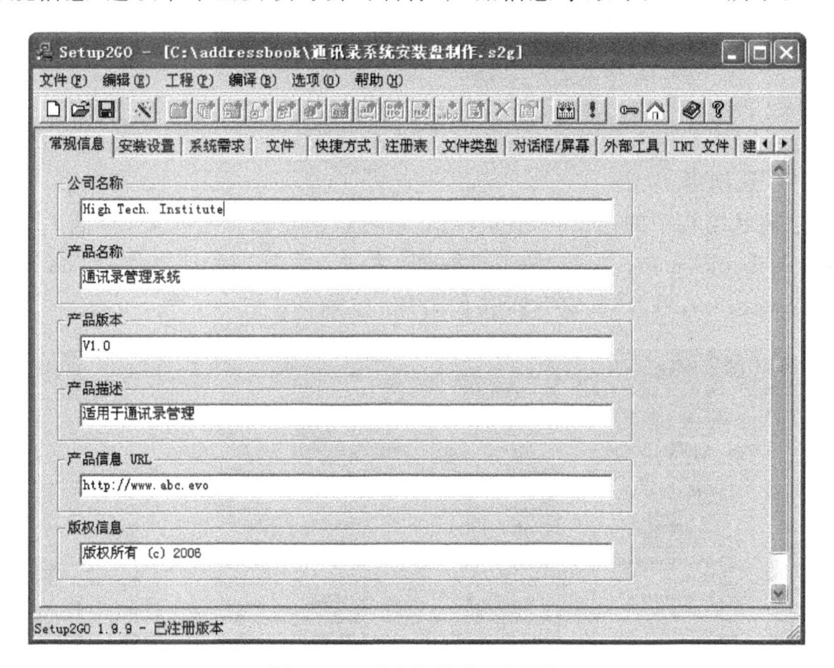

图 26-12 “常规信息”选项卡

(4) “安装设置”选项卡

在“安装设置”选项卡中,主要设置和填写安装设置、重新安装设置、卸载设置和安装语言选择等,如图 26-13 所示。

(5) “系统需求”选项卡

如果选中“任意”复选框,则表明支持所有的操作系统。

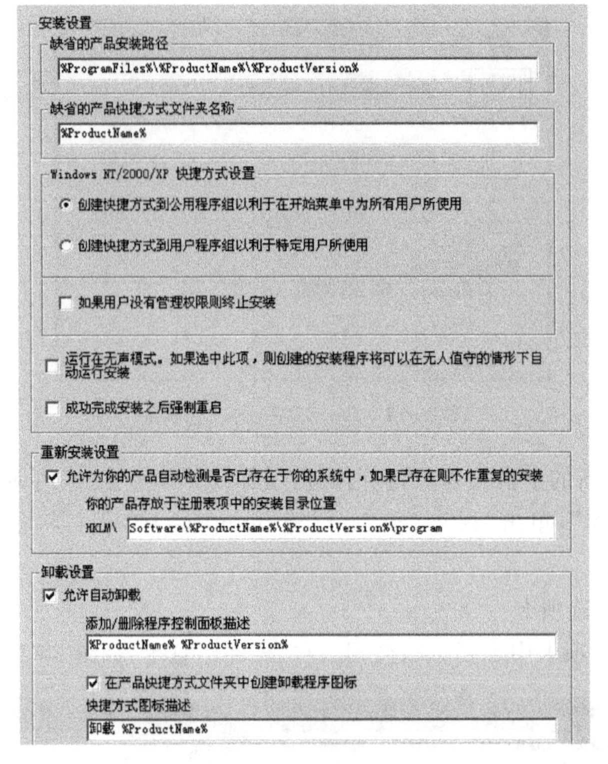

图 26-13 “安装设置”选项卡

(6)“文件”选项卡

单击左边树状结构中的Application，在右边窗口的空白处右击，选择插入文件夹命令。选中c:\addressbook\icon，单击“确定”按钮；右击，选择“插入文件夹”命令，选中c:\addressbook\program，单击“确定”按钮，如图26-14所示。

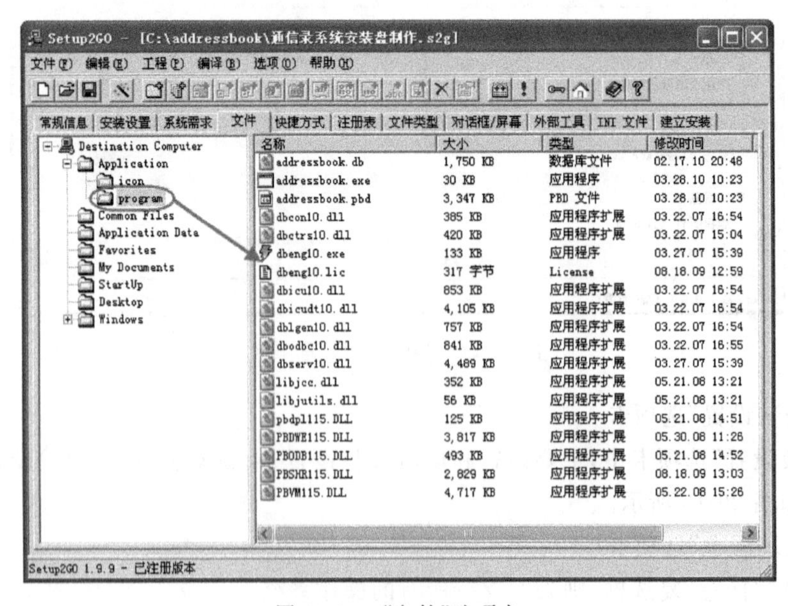

图 26-14 “文件”选项卡

(7)“快捷方式”选项卡

“快捷方式”选项卡主要是为可执行文件 addressbook. exe 在程序组、桌面以及快速启动栏中创建快捷方式。如展开 Start Menu→Programs→Application Shortcut Folder，在右边空白窗口中右击，选择“新建快捷方式”命令。在打开的“选择文件”对话框中，双击 Program 文件夹，单击 addressbook. exe 文件，单击“确定”按钮，打开“创建新的快捷方式”对话框。把快捷方式名称下面的 addressbook 改为“通讯录管理系统”；单击“图标路径名”右侧的“浏览”按钮，在 icon 文件夹中找到 computer3. ico 文件，单击“确定”按钮，这样在程序组中创建了运行本程序的快捷方式。

(8)“注册表”选项卡

在注册表中为数据库注册连接参数信息，如图 26-15 所示，为 ODBC. INI 建主键 addressbook，为 addressbook 主键建立串值，其名称和数据如表 26-1 所示。

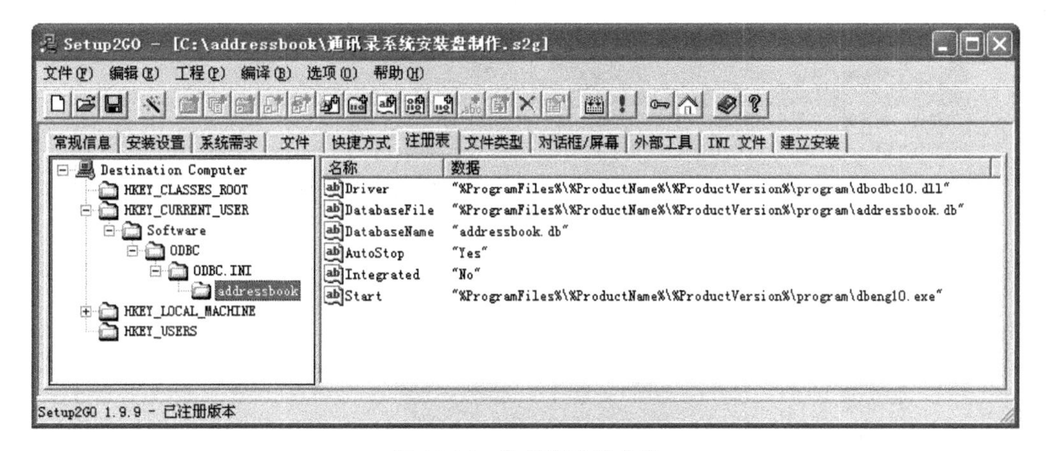

图 26-15　数据库连接参数

表 26-1　addressbook 主键的串值

名　称	数　　据
Driver	%ProgramFiles%\%ProductName%\%ProductVersion%\program\dbodbc10. dll
DatabaseFile	%ProgramFiles%\%ProductName%\%ProductVersion%\program\addressbook. db
DatabaseName	addressbook. db
AutoStop	Yes
Integrated	No
Start	%ProgramFiles%\%ProductName%\%ProductVersion%\program\dbeng10. exe

为可执行文件建立路径，如图 26-16 所示，为 App Paths 建立主键 addressbook. exe，为该主键再建串值，其名称为 path，其数据为%ProgramFiles%\%ProductName%\%ProductVersion%\Program。

(9)“对话框/屏幕”选项卡

在“对话框/屏幕”选项卡中设置和选择整个安装程序运行期间所显示的屏幕和对话框样式，如图 26-17 所示。

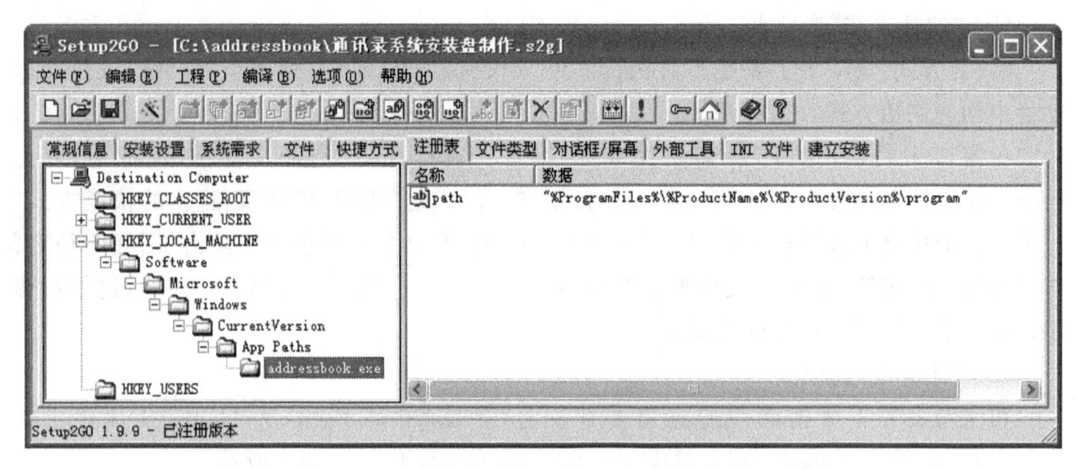

图 26-16　可执行文件路径

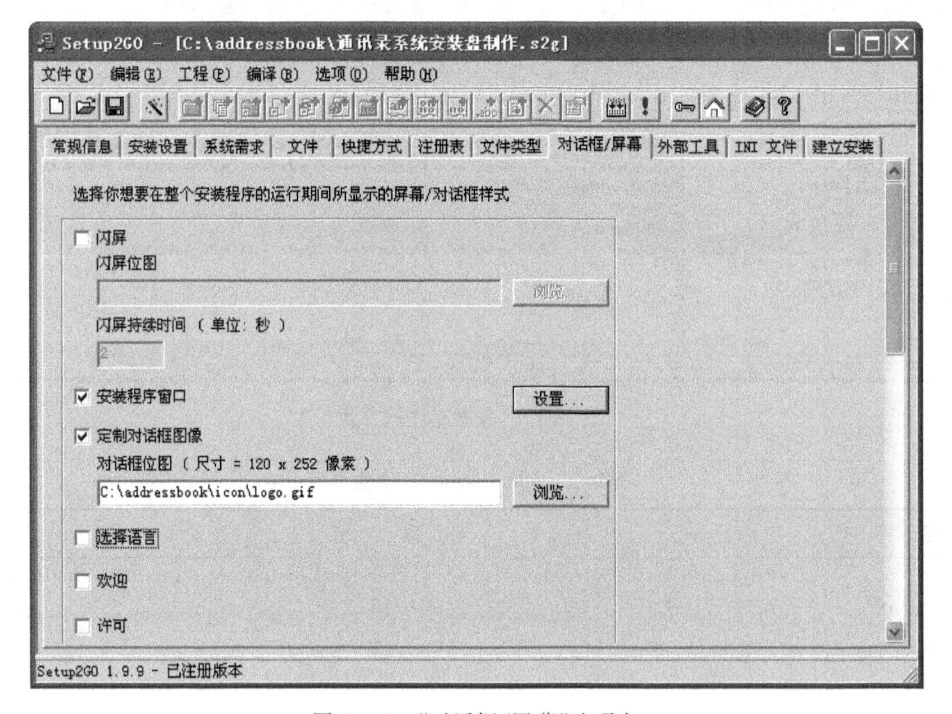

图 26-17　“对话框/屏幕”选项卡

(10) “建立安装”选项卡

在“建立安装”选项卡中给出安装程序的位置、文件名以及图标，还可以选择设置安装程序的密码，如图 26-18 所示。

当设置好所有参数及选项后，单击图 26-18 中的“建立”按钮，系统开始创建。完成创建后显示如图 26-19 所示，此时安装程序 addressbook_setup115.exe 保存在 c:\addressbook\安装盘中，双击此文件可以进行测试安装。

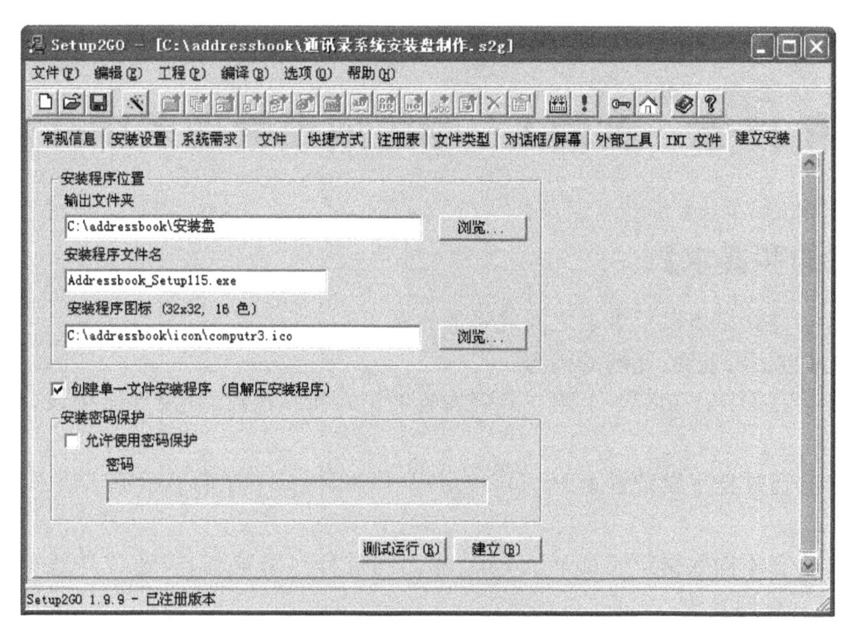

图 26-18 “建立安装”选项卡

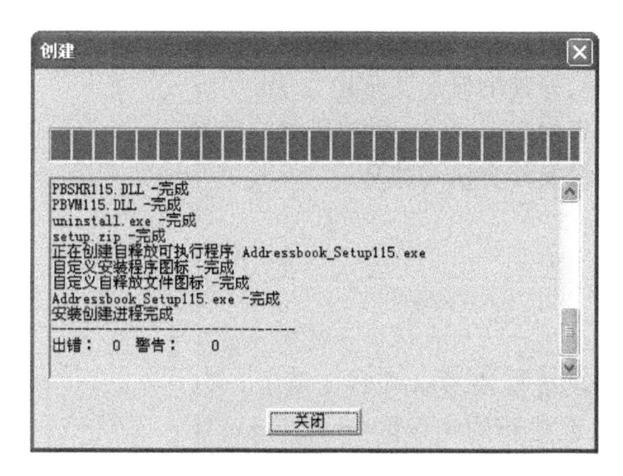

图 26-19 创建完成

第27章　实验8　学生成绩管理系统开发

【实验目的和要求】

(1) 学会建立多表以及多表之间关系的方法。

(2) 掌握索引、主键、外键的概念。

(3) 学会在DataWindow上建立系统内置的记录操纵按钮、记录导航按钮、查询及存为文件按钮等。

(4) 学会通过把字段设置为DropDownDW风格，使该字段的显示值来源于另外一个表中的字段。

(5) 学会在不同数据库应用系统PBL库之间进行对象复制，快速建立基于学生、课程的多关系组合查询方法。

(6) 掌握嵌套报表的制作方法和技巧。

【重点】

(1) 理解索引、主键、外键的概念及创建方法。

(2) 掌握把字段设置为DropDownDW风格的意义。

(3) 掌握嵌套报表的制作方法和技巧。

【实验步骤】

1. 创建数据库

学生成绩管理系统功能模块图如图27-1所示。

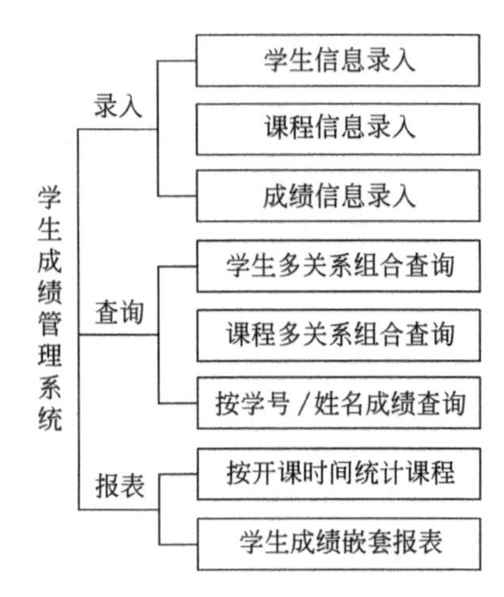

图27-1　学生成绩系统功能模块图

按照实验1的方法创建新的工作区(teaching)、目标对象(teaching)、PBL库(teaching)和应用对象(teaching)。

按照实验1的方法创建数据库(teaching)。

2. 创建数据表

按照实验1的方法在数据库中创建3个数据表并录入相应的数据。

(1) 学生信息表结构(student)，如表27-1所示。

为该表输入5名学生的信息。

(2) 课程信息表结构(course)，如表27-2所示。

为该表输入5门课程的信息。

(3) 成绩信息表结构(score)，如表27-3所示。

为成绩信息表录入所需的信息。

表 27-1 student 数据表结构

字段名称	数据类型	宽度	小数	空值	默认值
学号	char	8		No	(None)
姓名	varchar	20		No	(None)
出生日期	date			No	(None)
性别	char	1		No	(None)
民族	varchar	20		No	(None)
籍贯	varchar	20		No	(None)
家庭住址	varchar	60		Yes	(None)
邮政编码	char	6		Yes	(None)
联系电话	varchar	30		Yes	(None)
电子邮箱	varchar	60		Yes	(None)
政治面貌	varchar	20		Yes	(None)
照片	varchar	30		Yes	(None)
备注	varchar	200		Yes	(None)

表 27-2 course 数据表结构

字段名称	数据类型	宽度	小数	空值	默认值
课程编号	char	4		No	(None)
课程名称	varchar	40		No	(None)
开课时间	char	1		No	(None)
学分	numeric	2	1	No	(None)
学时	integer			No	(None)
内容简介	varchar	200		Yes	(None)

表 27-3 score 数据表结构

字段名称	数据类型	宽度	小数	空值	默认值
学号	char	8		No	(None)
课程编号	char	4		No	(None)
分数	integer			Yes	(None)

3. 为3个表建立索引、主键及外键

(1) 创建主键和索引：为学生信息表的“学号”字段创建主键，为课程信息表的“课程编号”字段创建主键；为成绩信息表的“学号”和“课程编号”两个字段建立双字段索引，名称为 i_stu_cou。

(2) 创建 score 表“学号”的外键：在 score 表上右击，选择 New →Foreign Key 命令，在属性面板的 General 选项卡中的 Foreign Key 文本框中输入 f_xh，选中 Columns 下面的“学号”复选框；选择 Primary Key 选项卡，在 Table 下面的列表中选中 student 表，单击工具栏中的“保存”按钮。

(3) 用相同的方法创建 score 表“课程编号”的外键：f_kcbh，如图 27-2 所示。

4. 学生信息录入功能(数据窗口 d_input_student、窗口 w_input_student)设计要点

(1) 按照通讯录录入界面的设计方法制作 d_input_student。"性别"字段使用 RadioButtons 显示风格,参数设置如图 27-3 所示。在 d_input_student 打开状态下,把"Header 带"向下拉动两行,在 DataWindow 控件箱中选中计算字段控件,在"Header 带"的上方添加计算字段:

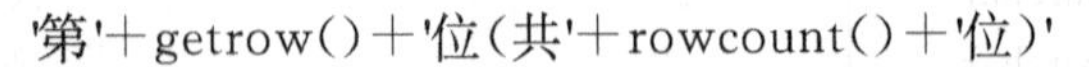

'第'+getrow()+'位(共'+rowcount()+'位)'

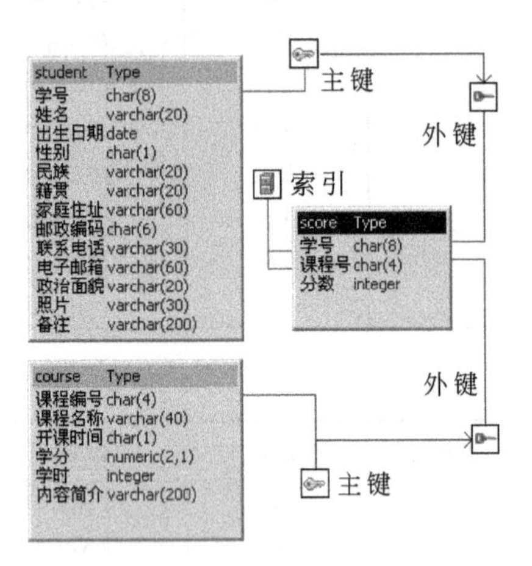

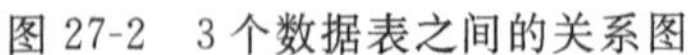

图 27-2 3个数据表之间的关系图

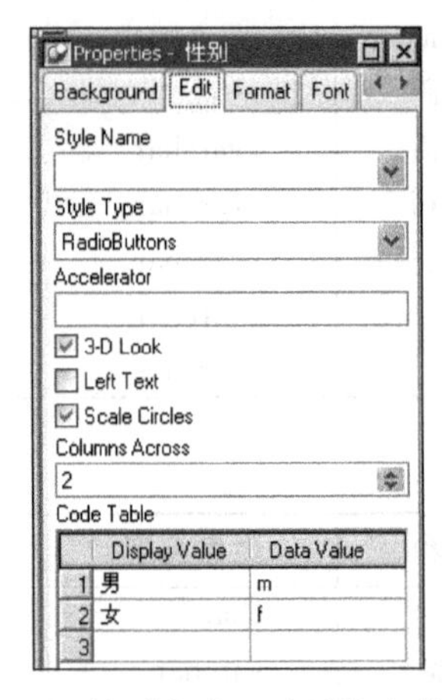

图 27-3 性别字段显示风格参数设置

(2) 在 DataWindow 控件箱中选中按钮控件,在"Header 带"的上方单击,出现一个按钮。把按钮上的文字 none 改为"添加",在属性面板的 General 选项卡中,在 Action 下拉列表框中选择 InsertRow(12)。用同样的方法制作其他 7 个按钮,各按钮中的 Action 按表 27-4 所示设置。

表 27-4 DataWindow 上 8 个按钮的 Action 选项

按钮功能	Action 选项	按钮功能	Action 选项
添加	InsertRow(12)	第一位	PageFirst(6)
删除	DeleteRow(10)	前一位	PagePrior(5)
保存	Update(13)	后一位	PageNext(4)
刷新	Retrieve(2)	最后位	PageLast(7)

创建一个 Window,其 Title 为"学生信息录入窗口",在窗口上放一个数据窗口控件 dw_1,数据窗口的对象设置为d_input_student,为窗口的 open 事件编写下面的代码:

```
dw_1.setTransobject(sqlca)
dw_1.retrieve()
```

学生信息录入窗口如图 27-4 所示。

5. 课程信息录入功能(数据窗口 d_input_course、窗口 w_input_course)设计要点

记录导向的 4 个按钮可以使用系统默认的图标(提示:在属性面板 General 选项卡中,

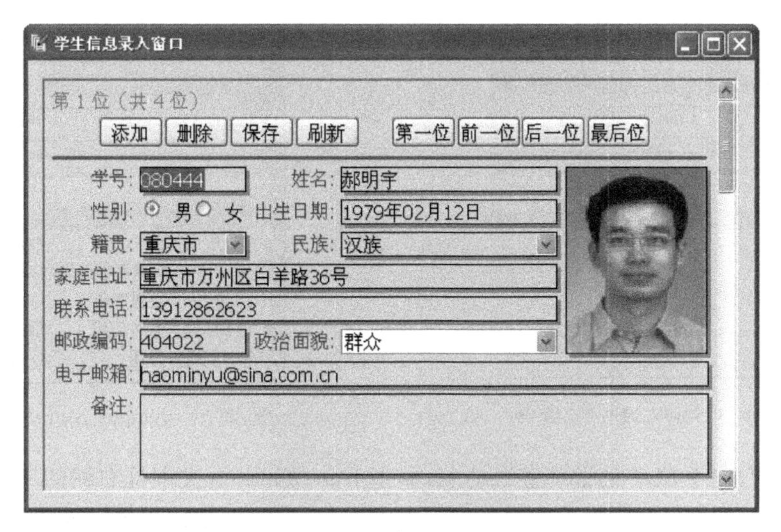

图 27-4　学生信息录入窗口

选中 Action Default Picture 复选框，也可以使用自定义的图标）。

窗口的创建方法与学生信息录入窗口完全一致，窗口中的代码也一样，如图 27-5 所示。

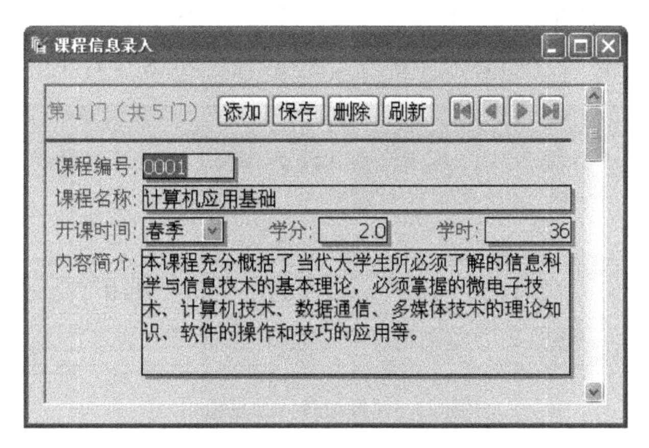

图 27-5　课程信息录入窗口

6. 成绩信息录入功能（数据窗口 d_input_score、窗口 w_input_score）设计要点

成绩表中的“学号”和“课程编号”在录入时不直观，可以通过设置字段的 DropDownDW 显示风格使其显示“姓名”和“课程名称”。

(1) 利用 student 表制作姓名、学号列表数据窗口 d_input_student_index，如图 27-6 所示。

(2) 利用 course 表制作课程名称、课程编号列表数据窗口 d_input_course_index，如图 27-7 所示。

(3) 成绩信息录入数据窗口 d_input_score。

利用成绩表 score，以 tabular 风格创建 DataWindow，保存为 d_input_score。

选中“学号”字段，在属性面板 Edit 选项卡中，在 Style Type 下拉列表框中选择

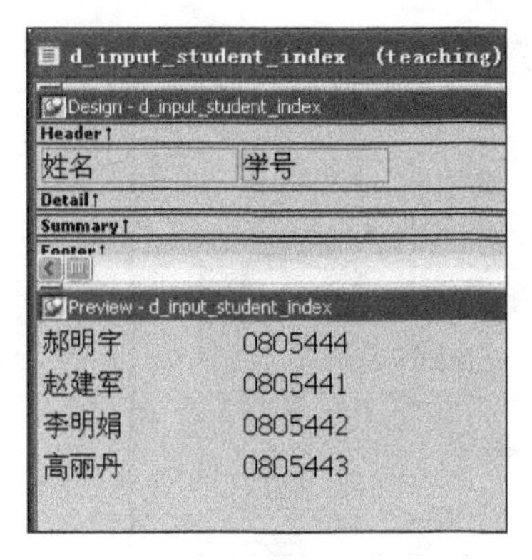

图 27-6 d_input_student_index

图 27-7 d_input_course_index

DropDownDW，向下拉动右侧垂直滚动条，单击 DataWindow 文本框右侧的浏览按钮[...]，打开 Select Object 对话框。选中 d_input_student_index，单击 OK 按钮。再向下拉动右侧垂直滚动条，在 Display Column 下面的列表框中选择“姓名”字段，在 Data Column 下拉列表框中选择“学号”字段，选中 Always Show Arrow 复选框。利用相同的方法设置“课程编号”字段。

按照图 27-8 为数据窗口再添加 1 个计算字段和 10 个按钮，其中第 9 个按钮为筛选，其 Action 为 Filter(9)，第 10 个按钮为保存为文件，其 Action 为“SaveRowAs(14)”。

图 27-8 成绩录入数据窗口

(4) 学生成绩录入窗口 w_input_score。

学生成绩录入窗口以及窗口中的代码与学生信息录入窗口完全一致。设计好并运行后，录入相应的信息，如图 27-9 所示。

7. 查询功能设计要点

(1) 将 addressbook 系统中多关系组合查询窗口复制到本系统中来。

利用 PowerBuilder 打开 addressbook 工作区，在系统树窗口 w_query_multi_relation 上右击，选择 Copy 命令，打开 Select Library 对话框。在“查找范围”下拉列表框中选择 c:\teaching，找到 teaching. pbl，单击“打开”按钮。关闭 addressbook 工作区，再打开 teaching 工作区，w_query_multi_relation 多关系组合查询窗口已经复制过来了。

(2) 学生表多关系组合查询功能设计要点。

将复制过来的窗口更名为 w_query_student_multi_relation，修改 lb_1 控件属性面板

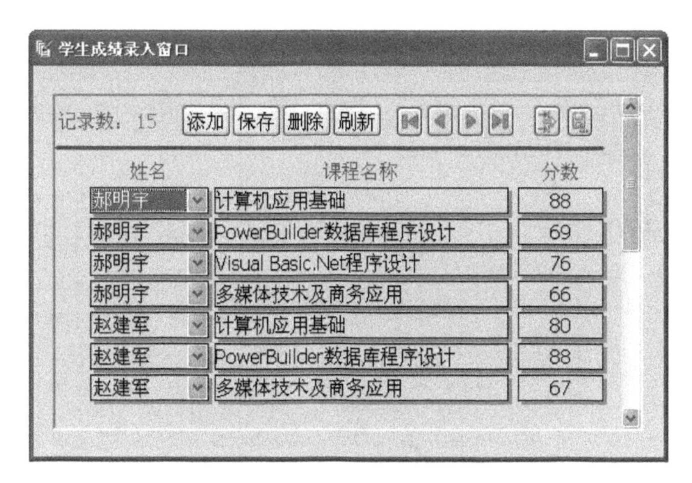

图 27-9 学生成绩录入窗口

Items 选项卡中的值；把 d_input_student 复制为 d_query_student_multi_relation，并做适当的修改，如图 27-10 所示。

图 27-10 学生信息多关系组合查询

(3) 课程表多关系组合查询功能设计要点。

通过复制和改造的方法很快就设计出课程表多关系组合查询功能，如图 27-11 所示。

(4) 按“学号/姓名”查询学生成绩功能设计要点。

按图 27-12 所示设计数据窗口 d_query_score 和窗口 w_query_score。

针对 d_query_score 数据窗口，设置两个哑元变量 arg_name 和 arg_id，均为 string 类型，设置两个 where 条件：("student"."姓名"like :arg_name) 和("score"."学号"like :arg_id)，两个语句之间的 Logical 为 And。

“查询”按钮中的代码为：

```
if isNumber(sle_1.text) then
```

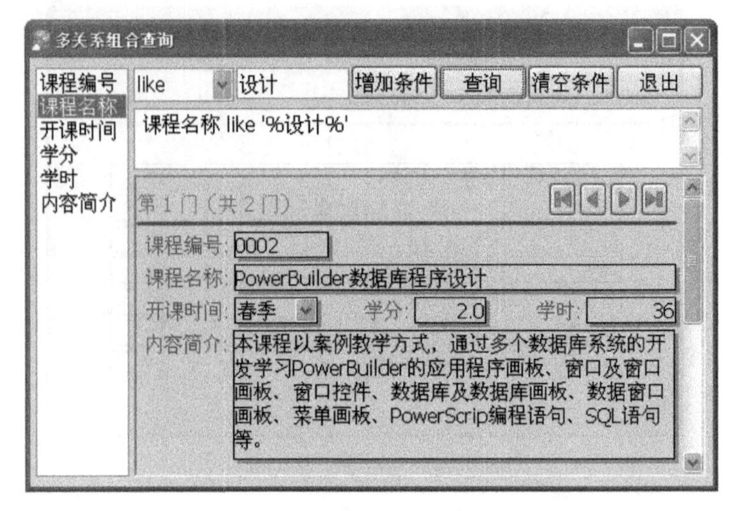

图 27-11　课程信息多关系组合查询

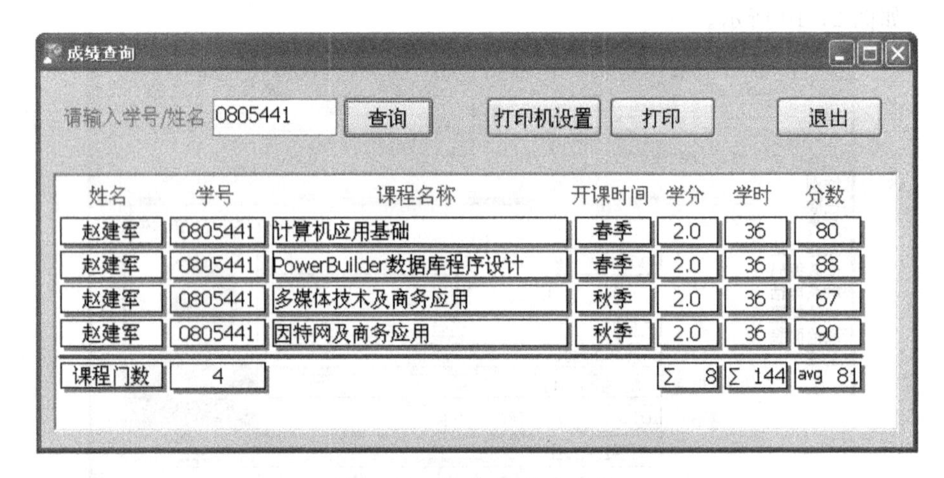

图 27-12　按学号/姓名查询

```
    dw_1.retrieve("%","%"+sle_1.text+"%")
else
    dw_1.retrieve("%"+sle_1.text+"%","%")
end if
```

8. 按季节分组报表设计要点(d_group_report,w_group_report)

利用 Group 风格设计 DataWindow，开课时间字段使用 DropDownListBox 风格，如图 27-13 所示。

9. 嵌套报表设计要点

(1) 子报表 d_sub_report

Tabular 风格选取 course 表中的“课程名称”、“开课时间”、“学分”、“学时”字段，score 表中的“分数”、“学号”字段，为该数据窗口设置哑元变量 arg_id，设置 Where 条件

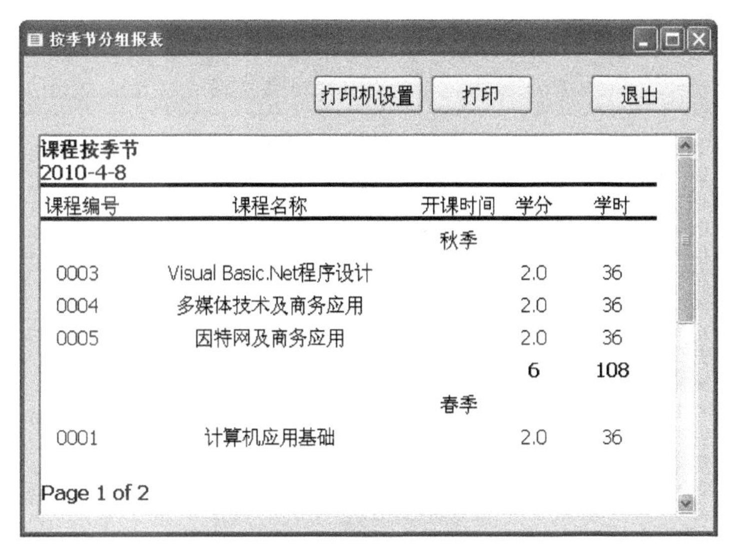

图 27-13　按季节分组报表设计

("score"."学号"=:arg_id),如图 27-14 所示。

(2) 主报表制作 d_main_report

Freeform 风格选取 student 表中部分字段,如图 27-15 所示。

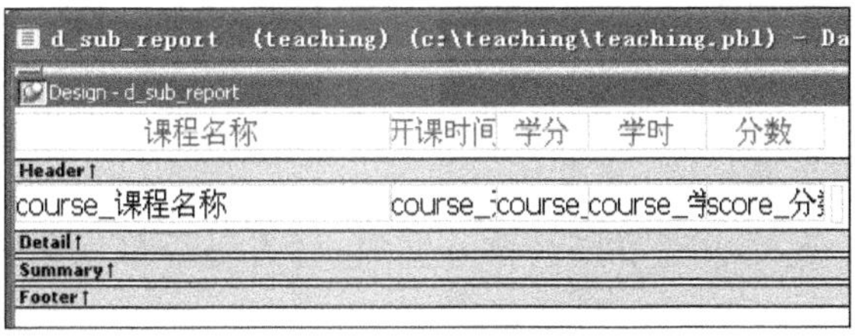

图 27-14　子报表数据窗口设计

图 27-15　主报表数据窗口设计

(3) 两者嵌套

在 d_main_report 打开状态下,在工具箱中选中报表对象控件,在数据窗口上单击,打开 Select Object 对话框。选中 d_sub_report,依次单击 OK 按钮、Cancel All 按钮、属性面板 General 选项卡中的 Arguments 下方 Expression 文本框右侧的浏览按钮[...]。在打开的 Modify Expression 对话框中,单击 Columns 下面的"学号"字段,单击 OK 按钮,调整子报表的位置和大小。

(4) 窗口设计要点

按照图 27-16 设计嵌套报表的窗口及相应控件,编写相应的代码。

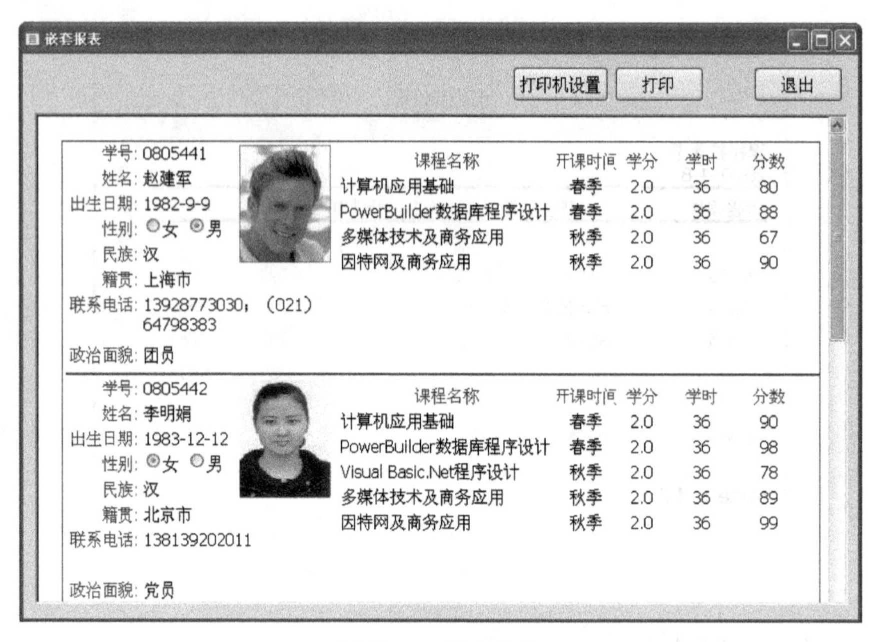

图 27-16 嵌套报表

思考题与习题

1. 多表之间建立关系的意义是什么？

2. 当一个表的外键字段和另外一个表的主键字段类型不同时，两者是否可以建立起关系？

3. 当一个表的外键字段和另外一个表的主键字段长度不同时，两者是否可以建立起关系？

4. 当一个表的外键字段和另外一个表的主键字段名称不同时，两者是否可以建立起关系？

5. 当一个表通过外键字段和另外一个表的主键字段类型、长度、名称都相同时，两者是否一定可以建立起关系？

第28章　实验9　企业员工工资管理系统设计

【实验目的和要求】

(1) 学会分析企业员工工资项目构成及系统功能规划。

(2) 学会数据表字段初始值的设定。

(3) 学会带条件计算字段的创建。

(4) 掌握带索引数据窗口的信息录入窗口的设计与创建。

(5) 学会按部门工资汇总报表及工资条设计。

【重点】

(1) 掌握企业员工工资项目构成及系统功能规划。

(2) 掌握各种计算字段的创建。

(3) 掌握工资报表设计。

【实验步骤】

所有企业都要为员工计算工资,有的企业工资项目少,计算简单;有的工资项目多,计算复杂。开发一个工资管理系统,必须根据各自企业的实际情况,分析企业工资项目构成、计算方法以及系统应有的功能。虽然不同的企业工资项目的构成不同,但都离不开基本工资、岗位津贴、福利工资、奖金、各种扣款、四金、扣工资税等项目,这些项目都可以用字段来表示。其中有些项目是通过其他项目经过运算得到的,例如四金、扣工资税、应发工资、实发工资等,它们被称为计算字段。一般情况下,数据表中不包含这些计算字段,需要时可以在DataWindow中创建出来。

系统功能模块图见图28-1。

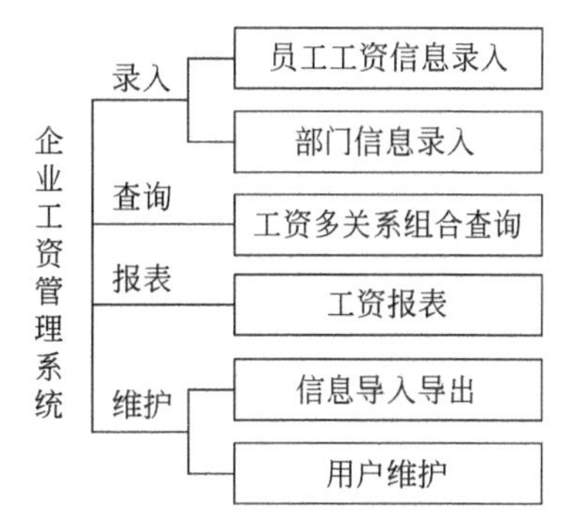

图28-1　企业工资管理系统功能模块图

1. 创建数据库和工作表

(1) 按照实验1的方法创建新的工作区(wage)、目标对象(wage)、PBL库(wage)和应用对象(wage)。

(2) 按照实验1的方法创建数据库(wage)。

(3) 在wage数据库中创建两个数据表,即“部门”表(dept)和“工资”表(wage)。

2. 数据表之间的关系

(1) “部门”数据表结构(dept)见表28-1。

表 28-1　dept 数据表结构

字段名称	数据类型	宽度	小数	空值	默认值
部门编号	char	2		No	(None)
部门名称	varchar	20		Yes	(None)

(2) “工资”数据表结构(wage)见表 28-2。

表 28-2　wage 数据表结构

字段名称	数据类型	宽度	小数	空值	默认值
员工编号	char	4		No	(None)
员工姓名	varchar	20		Yes	(None)
部门编号	char	2		Yes	(None)
基本工资	numeric	8	2	Yes	(None)
岗位津贴	numeric	8	2	Yes	(None)
浮动工资	numeric	8	2	Yes	(None)
住房补贴	numeric	8	2	Yes	(None)
交通补贴	numeric	8	2	Yes	(None)
全勤奖金	numeric	8	2	Yes	(None)
其他奖金	numeric	8	2	Yes	(None)
应扣缺勤费	numeric	8	2	Yes	(None)

(3) 数值字段初始值设为 0.00 的方法。

双击数值字段(如基本工资)，或在数值字段上右击，选择 Properties 命令，选择属性面板 Validation 选项卡，在 Initial Values 下面的列表框中输入 0.00。

(4) 数据表之间的关系。

部门表与工资表之间的关系如图 28-2 所示。

(5) 计算字段表达式。

计算字段表达式如下：

应扣四金＝(基本工资＋岗位津贴＋浮动工资＋住房补贴＋交通补贴＋全勤奖金
　　　　＋其他奖金－应扣缺勤费)×0.15

应发工资＝基本工资＋岗位津贴＋浮动工资＋住房补贴＋交通补贴＋全勤奖金
　　　　－应扣缺勤费－应扣四金

应扣工资税＝if(应发工资>1600,(应发工资－1600)×0.2,0)

实发工资＝应发工资－应扣工资税

其中 1600 为免税抵扣额。

3. 录入窗口设计

(1) 部门信息录入窗口(w_input_dept,d_input_dept)如图 28-3 所示。

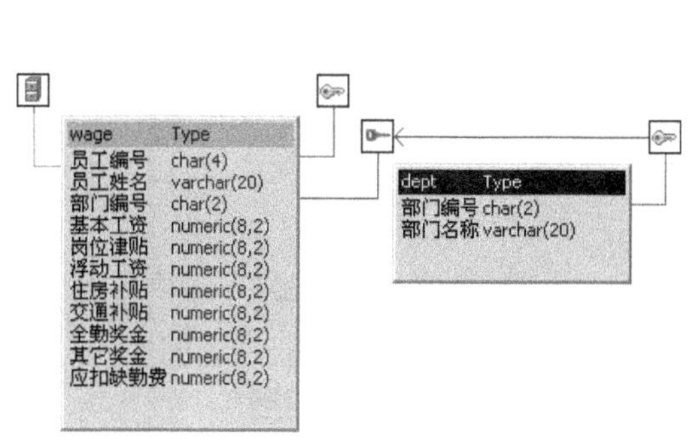

图 28-2　企业工资管理系统功能模块图

图 28-3　部门信息录入窗口

（2）员工工资录入窗口（w_input_wage，d_input_wage，d_input_dept_index，d_input_dept_index_dddw）如图 28-4 所示。

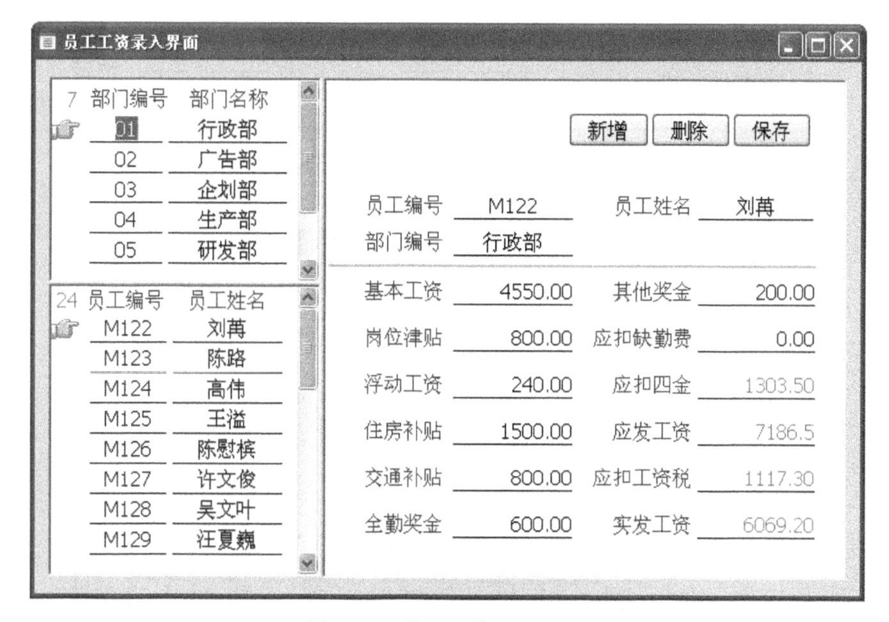

图 28-4　员工工资录入界面

4. 查询功能设计（w_query_multi_relation，d_query_multi_relation）

多关系组合查询如图 28-5 和图 28-6 所示。

5. 报表功能设计

各部门基本工资之和柱状图如图 28-7 所示，各部门岗位津贴所占比例饼图如图 28-8 所示，各部门工资汇总列表如图 28-9 所示，工资条如图 28-10 所示。

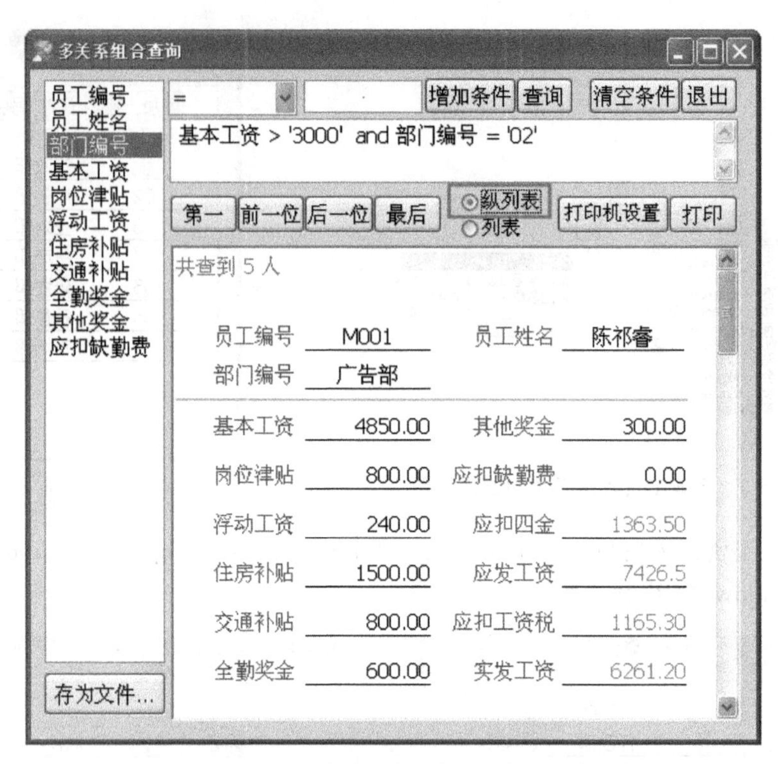

图 28-5　多关系组合查询，纵列表显示

图 28-6　多关系组合查询，列表显示

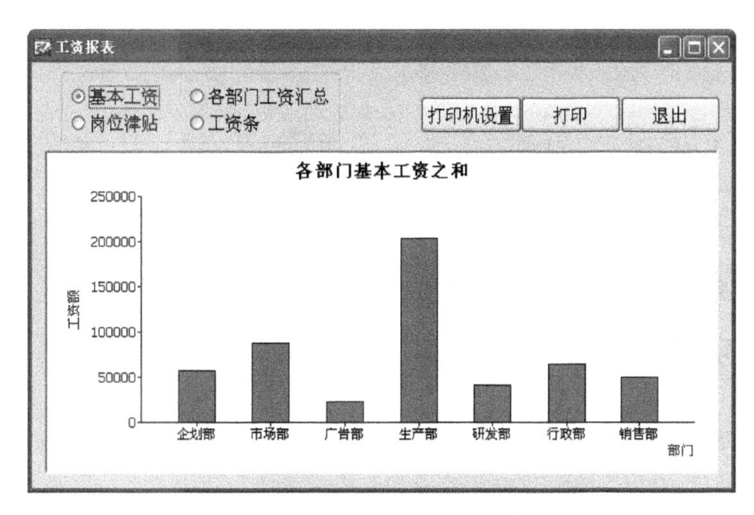

图 28-7 各部门基本工资之和柱状图

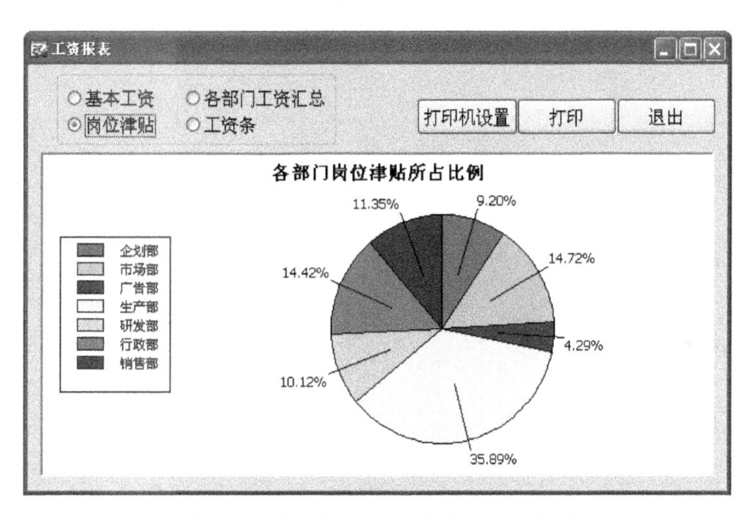

图 28-8 各部门岗位津贴所占比例饼图

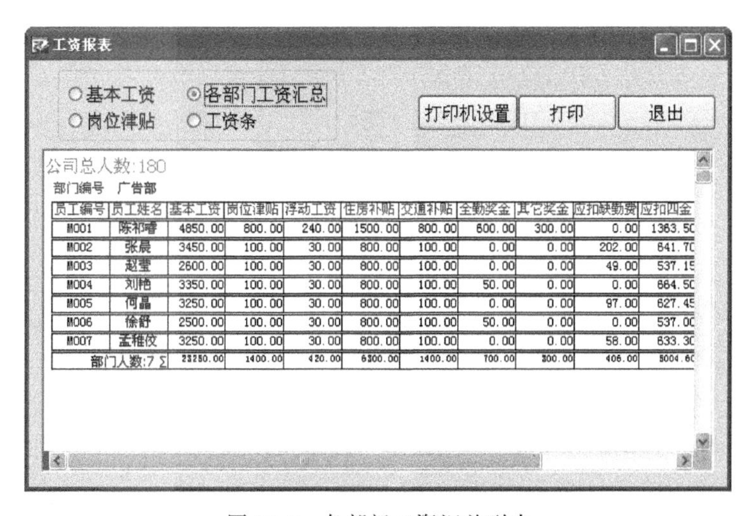

公司总人数:180

部门编号 广告部

员工编号	员工姓名	基本工资	岗位津贴	浮动工资	住房补贴	交通补贴	全勤奖金	其它奖金	应扣缺勤费	应扣四金
M001	陈祁嗜	4850.00	800.00	240.00	1500.00	800.00	600.00	300.00	0.00	1363.5
M002	张晨	3450.00	100.00	30.00	800.00	100.00	0.00	0.00	202.00	641.7
M003	赵雪	2600.00	100.00	30.00	800.00	100.00	0.00	0.00	49.00	537.1
M004	刘艳	3350.00	100.00	30.00	800.00	100.00	50.00	0.00	0.00	664.5
M005	何晶	3250.00	100.00	30.00	800.00	100.00	0.00	0.00	97.00	627.4
M006	徐舒	2500.00	100.00	30.00	800.00	100.00	50.00	0.00	0.00	537.0
M007	孟稚佼	3250.00	100.00	30.00	800.00	100.00	0.00	0.00	58.00	633.3
部门人数:7 ∑		23250.00	1400.00	420.00	6300.00	1400.00	700.00	300.00	406.00	5004.6

图 28-9 各部门工资汇总列表

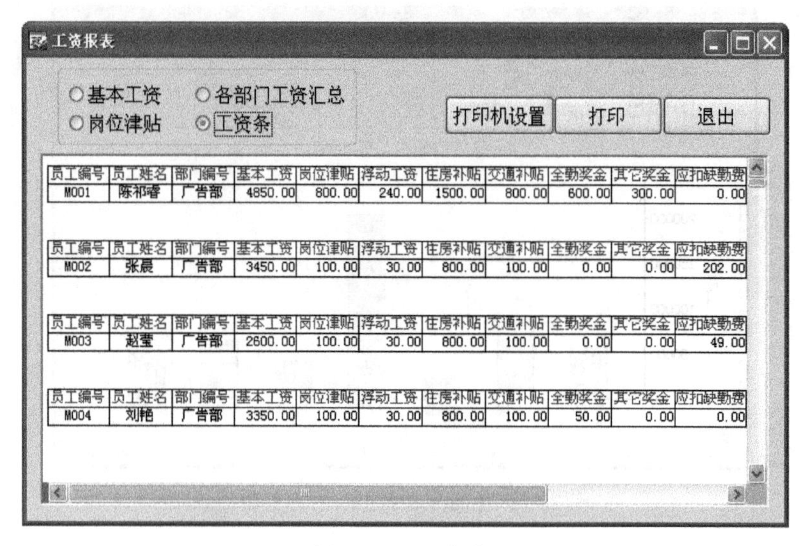
工资报表
基本工资
各部门工资汇总
岗位津贴
工资条
打印机设置
打印
退出
员工编号 员工姓名 部门编号 基本工资 岗位津贴 浮动工资 住房补贴 交通补贴 全勤奖金 其它奖金 应扣缺勤费
M001 陈祁睿 广告部 4850.00 800.00 240.00 1500.00 800.00 600.00 300.00 0.00
员工编号 员工姓名 部门编号 基本工资 岗位津贴 浮动工资 住房补贴 交通补贴 全勤奖金 其它奖金 应扣缺勤费
M002 张晨 广告部 3450.00 100.00 30.00 800.00 100.00 0.00 0.00 202.00
员工编号 员工姓名 部门编号 基本工资 岗位津贴 浮动工资 住房补贴 交通补贴 全勤奖金 其它奖金 应扣缺勤费
M003 赵莹 广告部 2600.00 100.00 30.00 800.00 100.00 0.00 0.00 49.00
员工编号 员工姓名 部门编号 基本工资 岗位津贴 浮动工资 住房补贴 交通补贴 全勤奖金 其它奖金 应扣缺勤费
M004 刘艳 广告部 3350.00 100.00 30.00 800.00 100.00 50.00 0.00 0.00

图 28-10　工资条

第29章　实验10　计算器设计(学习PowerScript语言)

【实验目的和要求】

(1) 掌握 PowerScript 基础。
(2) 掌握数据类型。
(3) 掌握变量声明及作用域。
(4) 掌握运算符和表达式。
(5) 掌握字符串。
(6) 掌握数组。
(7) 掌握 PowerScript 语句。
(8) 掌握代词 this 的含义及使用技巧。
(9) 学会计算器设计方法。

【重点】

(1) 掌握 PowerScript 基础。
(2) 熟练掌握数据类型。
(3) 灵活应用 PowerScript 语句。

【实验步骤】

本例的计算器是 PowerBuilder 开发应用程序的一个案例,它与数据库没有任何关系,因此无须建立数据库、数据表,只要建立一个窗口(w_calculator),在窗口上放置一些控件,再编写代码,完成整数、小数的加、减、乘、除四则运算。

计算器的结果图如图29-1所示。

图29-1　计算器

(1) 按照实验1的方法创建新的工作区(calculator)、目标对象(calculator)、PBL库(calculator)和应用对象(calculator)。

(2) 创建一个窗口(w_calculator),并在其上放置1个单行编辑器 sle_1、17个命令按钮,按照图29-1布局,修改窗口标题及图标。

(3) 按照实验7中的方法创建全局变量(Global Variables):

```
double result
string temp=""
int flag=0
double value
```

(4) 为数字1、2、…、9以及小数点“.”输入下面的代码:

```
if flag=0 then result=0
temp=temp+this.text
sle_1.text=temp
```

(5) 为“+”、“-”、“*”、“/”、“=”等运算符输入下面的代码：

```
value=double(temp)
choose case flag
case 0
    if result=0 then result=value
case 1
    if temp<>""then result=result *value
case 2
    if value<>0 then
        result=result/value
    else
        sle_1.text="被零除!"
        return
    end if
case 3
    result=result+value
case 4
    result=result-value
end choose
if result<100000000 then
  sle_1.text=string(result)
else
  sle_1.text="出错,超出最大值!"
end if
temp=""
if this.text="+"then
    flag=3
elseif this.text="-"then
    flag=4
elseif this.text="*"then
    flag=1
elseif this.text="/"then
    flag=2
elseif this.text="="then
    flag=0
end if
```

(6) 为“清除”按钮输入下面的代码：

```
sle_1.text="0"
temp=""
flag=0
result=0
```

第30章　实验11　客观题自动阅卷系统设计（学习数组、函数、SQL语句）

【实验目的和要求】

（1）掌握数组的用法。

（2）掌握系统函数（Right()、Mid()、ImportFile()、Trim()、GetItemString()、GetItemNumber()、FileOpen()、Upper()、FileReadEX()、FileClose()、FileExists()、DirectoryExists()、GetFileOpenName()、Delete()、Insert()、ImportFile()、SaveAs()、GetFolder()等）。

（3）掌握SQL语句(Update、Insert Into、Delete From等)。

（4）客观题自动阅卷系统开发。

【重点】

灵活使用SQL语句、系统函数、自定义函数及外部函数。

【实验步骤】

本案例不是一个数据库管理系统，但是，它是一个与数据库紧密相关的应用系统。

问题描述：客观题主要包括单选题、多选题、判断题、填空题等，这种类型题目的特点是标准答案的唯一性。判断学生题目做得正确与否的方法就是把学生的答案与标准答案进行对比，对比结果一致即正确，否则错误。

考试无纸化、阅卷自动化一直是教师所追求的，它能极大提高考试和阅卷的效率。但由于如下两种原因，使得这种考试方法无法大面积实施：①机房要有网络服务器和专门的考试软件；②要求考试的课程必须按照规定的格式建立客观题试题库，考试前要由专门人员将考试课程的试题库导入到服务器中。显然准备过程较为专业和烦琐。本案例开发的系统，其目的就是要解决上述考试中所存在的各种问题，让更多课程加入到无纸化考试和自动阅卷的行列中来。

1. 设计思路

（1）电子试卷及对应答题卡制作

使用Word格式的试卷或制作成.pdf或.jpg格式，答题卡做成文本文件，如图30-1所示。

（2）考试流程设计

考试分为4个步骤：

① 把试卷(A、B卷)制作成电子试卷(.doc、.pdf或.jpg格式)。

② 通过多媒体教学软件将电子试卷及“答题卡.txt”发送到学生机。

<table>
<tr><td>

第一部分：客观题（共计25分）——A卷

请将下列各题的正确答案填写在“C:\test\答题卡.txt”文件中相应的题号后

一、单选题（共5小题，每题1分，共计5分）

1．信息资源的开发和利用已经成为独立的产业，即______。

A．第二产业　B．第三产业　C．信息产业　D．房地产业

2．目前应用越来越广的优盘技术属于______技术。

A．刻录　B．移动存储　C．网络存储　D．直接连接存储

…

二、多选题（共5小题，每题2分，共计10分）

1．现代信息技术的内容包括______、信息控制技术和信息存储技术。

A．信息获取技术 B．信息传输技术　C．信息处理技术　D．信息推销技术

2．信息家电一般与______相关。

A．网络技术　B．应用层技术　C．嵌入式微处理器　D．嵌入式操作系统

…

三、填空题（共5小题，每题2分，共计10分）

1．物质、能源和______是人类社会赖以生存、发展的三大重要资源。

2．在微型机中，信息的基本存储单位是字节，每个字节内含______个二进制位。

…

</td><td>

一、单选题
1.
2.
3.
4.
5.
二、多选题
1.
2.
3.
4.
5.
三、填空题
1.
2.
3.
4.
5.

</td></tr>
</table>

图 30-1　客观题电子试卷及答题卡格式(左图：电子试卷；右图：答题卡.txt)

③ 学生根据电子试卷将答案填写在“答题卡.txt”文件中。

④ 考试结束后，通过多媒体广播教学软件把学生的“答题卡.txt”回收至教师机中。

整个考试过程没有使用网络服务器和专门的考试软件，不用建立专用的试题库，不用专门人员参与，考试过程极其简单。学生的考试结果(答题卡.txt)保存在以学生机的机号为文件夹的空间中。

(3) 标准答案文件

标准答案可以在考试前录入系统并保存为文件(即阅卷条件)，阅卷时再导入系统。图 30-2 是导出的标准答案文件格式。

odd.txt

01	一、单选题	0
02	1.c	1
03	2.b	1
…	…	…
07	二、多选题	0
08	1.abc	2
09	2.abcd	2
…	…	…
13	三、填空题	0
14	1.信息	2
15	2.8	2
…	…	…

even.txt

01	一、单选题	0
02	1.a	1
03	2.c	1
…	…	…
07	二、多选题	0
08	1.bc	2
09	2.bcd	2
…	…	…
13	三、填空题	0
14	1.计算机	2
15	2.11	2
…	…	…

图 30-2　标准答案文件(单号机：odd.txt；双号机：even.txt)

(4) 自动阅卷流程图设计

自动阅卷流程图参见图 30-3。

2．自动阅卷系统实现

本系统由 PowerBuilder 11.5 开发完成，只创建了 3 个数据表、3 个 DataWindow 和

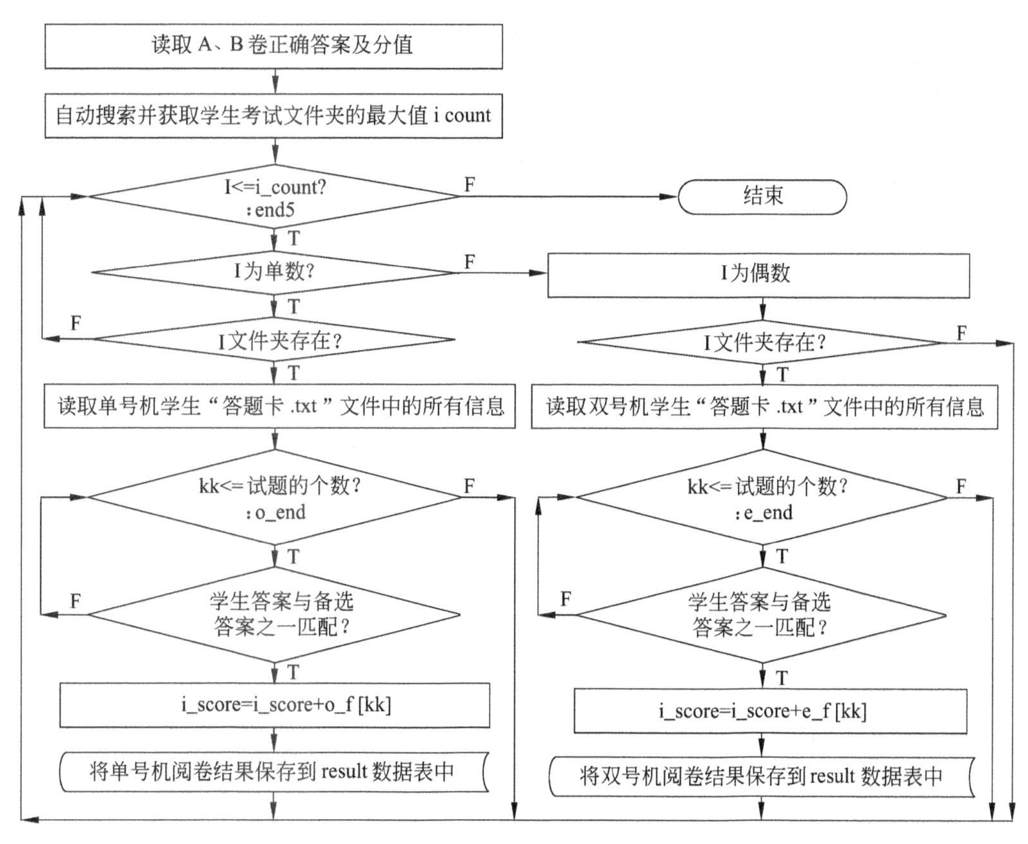

图 30-3 客观题自动阅卷流程图

1个Window。

(1) 按照实验1的方法创建新的工作区(automarking)、目标对象(automarking)、PBL库(automarking)和应用对象(automarking)。

(2) 按照实验1的方法创建数据库(automarking)。

(3) 数据表设计。

① 单号机、双号机阅卷条件表结构相同(表名分别为 single、double1),见表30-1。

表 30-1 single、double1 表数据结构

字段名称	数据类型	宽度	小数	空值	默认值
xh	char	4		No	(None)
result	varchar	80		Yes	(None)
score	numeric	5	1	Yes	(None)

② 阅卷结果表结构(表名为 result)见表30-2。

(4) 阅卷窗口设计。

功能强、操作便捷是本系统设计的目标。从图30-4可以看出,本系统可以很直观、很简单地生成客观题的阅卷条件(正确答案),并把它们保存为文本文件,需要时再将它们导入到系统中。选择阅卷文件夹后,单击“开始阅卷”按钮,系统快速阅卷,并将结果显示在界面右侧的列表中,通过“结果存盘”按钮将结果保存为.xls或.txt等多种文件格式。

表 30-2　result 表数据结构

字段名称	数据类型	宽度	小数	空值	默认值
xh	char	4		No	(None)
score	numeric	5	1	Yes	(None)

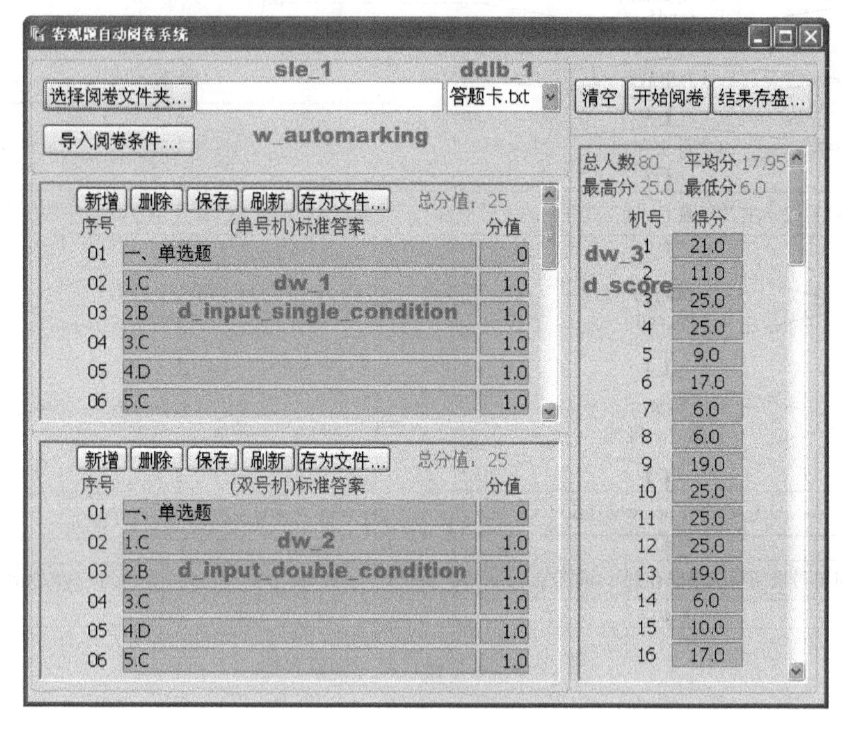

图 30-4　客观题自动阅卷窗口

(5) 程序设计。

① “选择阅卷文件夹”按钮中的代码：

```
integer li_result
string ls_path
li_result=GetFolder( "请选择阅卷文件夹", ls_path )
sle_1.text=ls_path
```

② “导入阅卷条件”按钮中的代码：

```
int value
string docname,named,u_ext
if messageBox("信息提示","          自动阅卷条件恢复功能的作用~r~n~r~n"+&
                                    "作用：1.将当前两个表中的所有条件全部清空~r~n~r~n"
+&
                                    "2.将原来保存的试题条件恢复至本系统中~r~n~r~n"+&
                                    "你真的想进行阅卷条件的导入操作吗?",Exclamation!,
                                    YesNo!,2)=2
then
    return
```

```
end if
//-------删除单、双阅卷条件
delete from double1;
delete from single;
dw_1.retrieve()
dw_2.retrieve()
if sqlca.sqlcode=0 then
  messageBox("信息提示","阅卷条件清空操作成功!")
else
  messageBox("信息提示","阅卷条件清空操作失败!")
  return
end if
//1.将单、双阅卷条件读入系统
string s1,s2,s_right5,s_right6,s_number,s_path1
value=GetFileOpenName("请选中文件名: (odd.txt) ", docname, named, "Doc", &
+"Text Files (* .TXT),* .TXT, "&
+"Dbase II & III Files (* .dbf),* .dbf")
s_right6=right(docname,6)
s_right5=right(docname,5)
if isNumber(mid(s_right6,1,1)) then
  s_number=mid(s_right6,1,1)+mid(s_right5,1,1)
  s_path1=mid(docname,1,len(docname)-9)
else
  s_number=mid(s_right5,1,1)
  s_path1=mid(docname,1,len(docname)-8)
end if
s1=s_path1+"odd"+s_number+".txt"
s2=s_path1+"even"+s_number+".txt"
//-----------------------------------
long r_num1,r_num2
if value=1 then                                    //导入单号阅卷条件
  r_num1=dw_1.ImportFile(s1)
else
  return
end if
if dw_1.update()=1 then                            //保存单号阅卷条件
  commit;
else
  rollback;
end if
if value=1 then                                    //导入双号阅卷条件
  r_num2=dw_2.ImportFile(s2)
else
  return
end if
```

```
if dw_2.update()=1 then                          //保存双号阅卷条件
  commit;
else
  rollback;
end if
dw_1.retrieve()
dw_2.retrieve()
```

③ "开始阅卷"按钮中的代码：

```
String s_path
delete from result;                              //清空阅卷结果表
dw_3.retrieve()
s_path=trim(sle_1.text)
if trim(s_path)=""then
    messageBox("信息提示窗","阅卷文件夹有误,请仔细检查!")
    return
end if
//读取正确标准答案及分值
int ii,jj
real o_f[150],e_f[150]                           //保存分值数组
string o[150],e[150]                             //保存标准答案数组
for ii=1 to dw_1.retrieve()                      //读单号题分值及答案
    o[ii]=upper(dw_1.getItemString(ii, "result"))//单: 正确答案
    o_f[ii]=dw_1.getItemNumber(ii, "score"       //单: 分值
next
for jj=1 to dw_2.retrieve()                      //读双号题分值及答案
    e[jj]=upper(dw_2.getItemString(jj, "result"))//双: 正确答案
    e_f[jj]=dw_2.getItemNumber(jj, "score")      //双: 分值
next
int i,i_count
for i=1 to 120                                   //自动计算学生考试结果最大文件夹的值
    if DirectoryExists( s_path+"\"+string(i)) then
    i_count=i
    end if
next
//开始阅卷
int kk
long l_fhand
real i_score
string s_dir
string m[150],n[150]
for i=1 to i_count
    s_dir=string(i)
    if mod(i,2)<>0 then                          //针对单号机进行阅卷
        if not DirectoryExists( s_path+"\"+s_dir) then
```

```
goto end5
end if
if FileExists(s_path+"\"+s_dir+"\"+ddlb_1.text) then //学生答题卡存在否
   l_fhand=fileOpen(s_path+"\"+s_dir+"\"+ddlb_1.text,lineMode!)
   for kk=1 to dw_1.retrieve()           //读取单号机学生答题卡中的信息
     fileReadEX(l_fhand,m[kk])
   next
   fileclose(l_fhand)
 else
   goto end5
 end if
 //将单号机学生答案与标准答案进行比较
 i_score=0.0
 for kk=1 to dw_1.retrieve()
   if upper(trim(o[kk]))=upper(trim(m[kk])) then
     i_score=i_score+o_f[kk]
   end if
 next
 insert into result(xh,score)
   values (:s_dir,:i_score);
else                                      //针对双号机进行阅卷
 if not DirectoryExists( s_path+"\"+string(i)) then
   goto end5
 end if
 if FileExists(s_path+"\"+s_dir+"\"+ddlb_1.text) then
   l_fhand=fileOpen(s_path+"\"+s_dir+"\"+ddlb_1.text,lineMode!)
   for kk=1 to dw_2.retrieve()           //读取双号机学生答题卡中的信息
     fileReadEX(l_fhand,n[kk])
   next
   fileclose(l_fhand)
 else
   goto end5
 end if
 //将双号机学生答案与标准答案进行比较
 i_score=0.0
 for kk=1 to dw_2.retrieve()
   if upper(trim(e[kk]))=upper(trim(n[kk])) then
     i_score=i_score+e_f[kk]
   end if
 next
 fileclose(l_fhand)
 insert into result(xh,score)
    values (:s_dir,:i_score);           //将双号机阅卷结果保存到 result
表中
end if
end5:
next
```

```
        dw_3.retrieve()
```

④ dw_3 控件的 doubleClicked 事件中的代码：

```
string s_run
s_run="notepad.exe "+sle_1.text+"\"+dw_3.getItemString(dw_3.getRow(),"xh")+"
\"+&
        ddlb_1.text
run(s_run)
```

3. 阅卷过程操作

(1) 将阅卷条件导入系统

单击“导入条件”按钮，在打开的对话框中(图 30-5)，选中 oddx.txt 文件，单击“打开”按钮(规定：单号机阅卷条件文件名为 oddx.txt，双号的为 evenx.txt，一一对应)。

(2) 设定学生考试结果文件夹

单击“选择阅卷文件夹”按钮，在打开的对话框中(图 30-6)，选中考试结果文件夹，单击“确定”按钮。

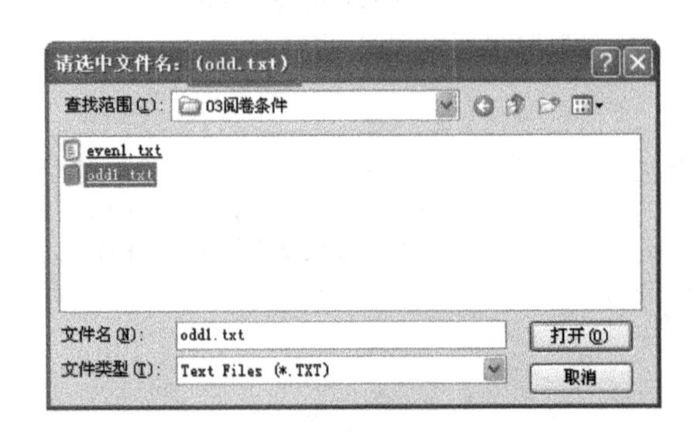

图 30-5　导入阅卷条件

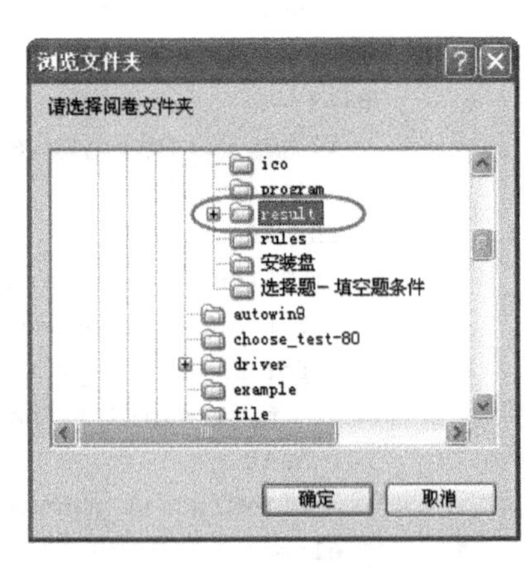

图 30-6　选中学生考试结果文件夹

(3) 设定客观题文件名

默认的客观题文件名为“答题卡.txt”，如果考试时使用别的文件名，如“客观题.txt”、“选择题.txt”等可以在列表中选择，也可以直接在列表框中输入文件名(注意：学生考试时不能改变此文件名)。

(4) 阅卷效率对比

利用 15 个客观题(单选题 5 个，多选题 5 个，填空题 5 个)进行测试，手工阅卷与计算机阅卷效率比较结果如表 30-3 所示。对于 30 个班，手工阅卷共花费 13.3 小时，而用计算机自动阅卷则只需 5 分钟即可。

表 30-3　手工阅卷与计算机自动阅卷效率比较

人数	手工阅卷时间	计算机阅卷时间
1 个班(80 名学生)	20 秒×80=26.7 分钟	10 秒

30个班(2400名学生)	30×26.7分钟=13.3小时	30×10秒=5分钟

本系统是针对A、B卷考试设计的，如果只有A卷，则只要将B卷的阅卷条件与A卷设置成一致即可。每个题目的分值设置也非常灵活，所有题目分值可以相等，也可以不等；可以是整数，也可以是小数。计算机自动阅卷的结果可以直接保存为.xls文件。

思考题与习题

1. 当学生考试结果文件夹名称是由字母和数据组成，即A1、A2、A3、…、A80，如何修改软件？

2. 如何修改程序，使得当单击“开始阅卷”按钮后，可以通过数字或进度条的方式看到阅卷的进程？

3. 如何实现多个标准答案与学生答案对比？

第31章　实验12　把C/S结构的数据库应用系统转换成为B/S结构的系统

【实验目的和要求】

(1) 学会安装IIS,并能熟练查看、设置"默认网站"的属性。

(2) 下载并安装Microsoft.NET Framework 2.0,了解它的用途。

(3) 下载并安装Microsoft.NET Framework 软件开发工具包(SDK) 2.0,了解它的用途。

(4) 下载并安装Microsoft ASP.NET 2.0 AJAX Extention 1.0,了解它的用途。

(5) 下载并安装IE Web Control,了解它的用途。

(6) 熟练创建.NET Web Forms应用。

(7) 把.NET Web Forms应用发布到IIS中,基于B/S结构系统。

【重点】

掌握转换前各种必备软件的安装以及解决发布时出现的各种问题,解决B/S结构系统中打印时遇到的各种问题。

【实验步骤】

基于PowerBuilder开发的C/S结构的数据库应用系统可以通过两种方法迁移至B/S结构的系统,通过IE浏览器进行浏览访问。第一种方法是通过Appeon for PowerBuilder工具,该工具功能强大而灵活,能以最快的速度把功能丰富的PowerBuilder应用(C/S结构)迁移至Web(B/S结构),详细情况可以参阅艾普阳网站(http://www.appeon.com.cn)。第二种方法是利用PowerBuilder 11.5创建.NET Web Froms应用,并将其发布。本实验采用第二种方法。

1. 准备工作

(1) 安装Windows的IIS(Internet Information Services,互联网信息服务),它是一种Web(网页)服务组件,其中包括Web服务器、FTP服务器、NNTP服务器和SMTP服务器,分别用于网页浏览、文件传输、新闻服务和邮件发送等方面(安装方法:单击"控制面板"→"添加/删除程序"→"添加/删除Windows组件",选中"Internet信息服务(IIS)"选项。安装时要把Windows安装盘放在光驱中)。

(2) 安装Microsoft.NET Framework 2.0,它可以创建Windows应用程序、Web应用程序、Web服务和其他各种类型的应用程序(安装程序为dotnetfx.exe)。安装完成后,在IIS"默认网站"属性中多了一个ASP.NET选项卡,指明了ASP.NET版本、虚拟路径以及文件位置等参数,也可以对ASP.NET进行配置。

(3) 安装 Microsoft. NET Framework 软件开发工具包(SDK) 2.0 (x86),它包括了开发人员编写、生成、测试和部署. NET Framework 应用程序所需的工具、文档和示例,为能够运行. NET Web 服务引擎(. NET Web Services Engine)、智能客户端的分发(Smart Client Deployment)和 Windows Forms 中支持 OLE(安装程序压缩文件为 SDK-x86. rar)。

(4) 安装 Microsoft ASP. NET 2.0 AJAX Extention 1.0,它是为了分发. NET Web Forms 应用(安装程序为 ASPAJAXExtSetup. msi)。

(5) 安装 IE Web Control,它是由微软公司在标准的 ASP. NET 控件之外创建的一个自定义控件集合(安装程序为 IEWebControls. exe)。

安装方法:运行 IEWebControls. exe,所有文件安装在 C:\Program Files\IE Web Controls 文件夹中,再运行其中的 build. bat,创建 C:\Program Files\IE Web Controls\build 文件夹,把 C:\Program Files\IE Web Controls\build\Runtime\ *. * 的所有文件复制到 IIS 的工作目录(默认的就是 C:\Inetpub\wwwroot\webctrl_client\1_0 中(注:webctrl_client\1_0 目录可以手工创建)。

2. 创建 C/S 结构的. NET WebForms 应用

(1) 如果是在 PB 11.5 下开发的系统,则将程序调试好即进行第(2)步。如果是在 PB 11.5 以前开发的系统,先把程序移植到 PB 11.5(用 PB 11.5 打开 workspace 和 target 即可,PB 11.5 自动移植),在 PB 11.5 下调试能在 C/S 下运行正常。

(2) 选择 File→new 命令,选择 target 选项卡,单击. NET Web Forms Application 图标,单击 OK 按钮,打开 About the . NET Web Forms Application 向导简介对话框。

(3) 单击 Next 按钮,打开 Create the application 对话框,选中 Use an existing library and application object 选项(表明使用当前的库和应用创建新的 WebForm 应用)。

(4) 单击 Next 按钮,打开 Choose Library and Application 对话框,选中 addressbook. pbl 下面的应用 addressbook,如图 31-1 所示。

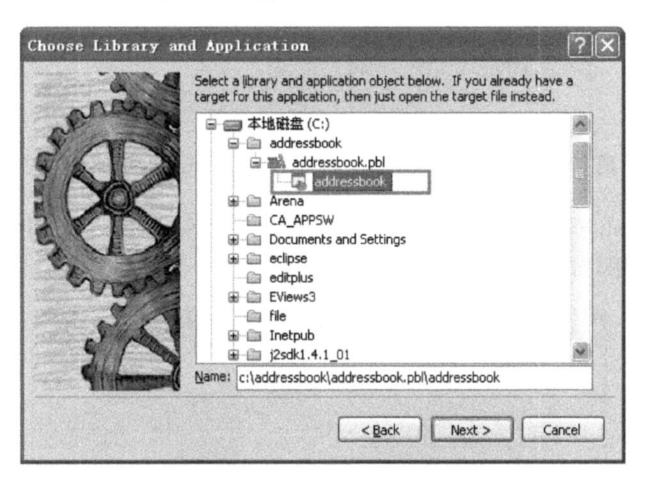

图 31-1 选中 addressbook. pbl 的应用 addressbook

(5) 单击 Next 按钮,打开 Set Library Search Path 对话框,它是设置库寻找应用的路径,文本框中已经有了 c:\addressbook\addressbook. pbl,可以通过右侧的浏览按钮[...]添加 pbl。

(6) 单击 Next 按钮，打开 Specify Target File 对话框，指定一个新的目标文件，默认的是 c:\addressbook\addressbook_webform. pbt。

(7) 单击 Next 按钮，打开 Specify Project Information 对话框，命名一个工程对象，默认的名字是 p_addressbook_webform 。

(8) 单击 Next 按钮，打开 Specify Setting for. NET Web Forms Application 对话框，它是要求设置 Web 应用的名字(默认的名字是 addressbook)以及应用 URL 预览的地址(默认的是 http://<ServerName>/addressbook)。

(9) 单击 Next 按钮，打开 Specify Resource Files/Derectories，单击 Search PBR Files 按钮。选中 addressbook. pbr，单击“打开”按钮，资源文件中所列的所有图片出现在列表中。

(10) 单击 Next 按钮，打开 Specify Win32 Dynamic Library Files 对话框，选择系统中需要的第三方动态链接库文件. dll，如果没有就不要添加。

(11) 单击 Next 按钮，打开 Specify JavaScript Files 对话框，如果使用了 JavaScript，就可以在此处添加，如果没有就不要添加。

(12) 单击 Next 按钮，打开 Specify Deployment Options 对话框，默认选中 Directly deploy to IIS。

(13) 单击 Next 按钮，打开 Ready to Create. NET Web Forms Application 对话框，列表中是汇总设置的信息，如图 31-2 所示。

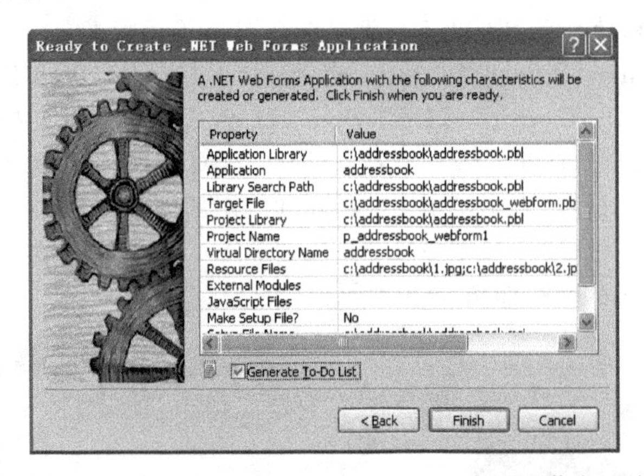

图 31-2 创建 addressbook. NET Web Forms 应用信息汇总

(14) 单击 Finish 按钮，向导结束，addressbook 的 Web Form 应用创建成功，在系统树窗口可以看到该应用，如图 31-3 所示。

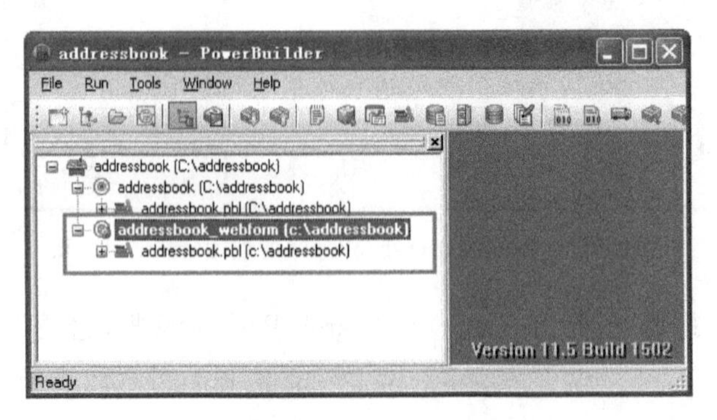

图 31-3 新创建的 addressbook_webform

3. 将 addressbook 的 WebForm 发布到 IIS

(1) 在发布之前，设置 IIS 默认网站的属性

在 IIS 默认网站上右击，选择“属性”命令，选择“主目录”选项卡，将“本地路径”文本框中的内容改为 C:\Inetpub\wwwroot\，单击“确定”按钮，如图 31-4 所示。

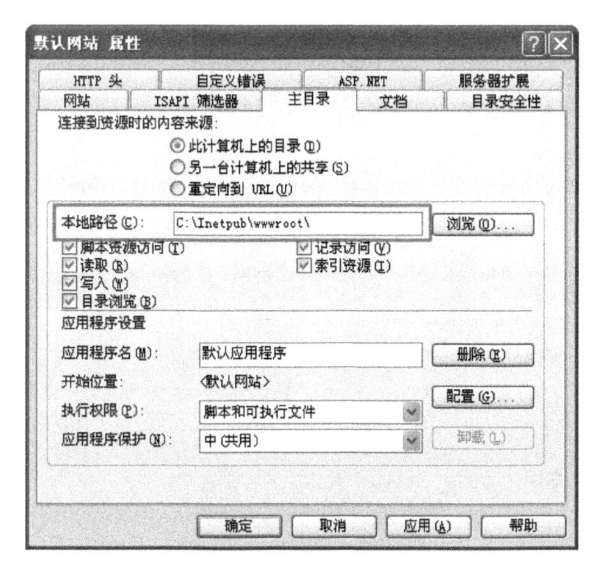

图 31-4　设置本地路径

(2) 发布

在 addressbook_webform 上右击，选择 deploy 命令，则系统开始发布，并打开图 31-5 所示的对话框，下面 Default 信息栏中实时显示信息发布的过程，如果有错误也将在此显示出来，如图 31-6 所示。

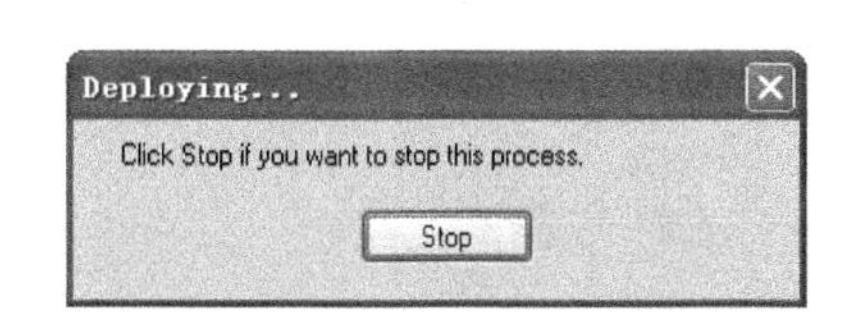

图 31-5　正在发布

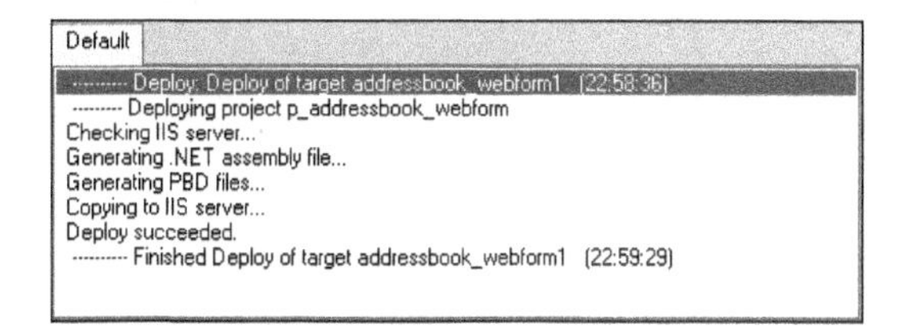

图 31-6　发布成功的信息

4. 创建系统数据源

对于利用 IE 访问数据库，不能使用“用户数据源”，要把它改为“系统数据源”，方法如下。

(1) 双击数据库画板中的 ODB ODBC→Untilities→ODBC Administrator，打开 ODBC 资源管理器，删除其中的用户数据源 addressbook。

(2) 选择“系统 DSN”选项卡，单击“添加”按钮，打开“创建新数据源”对话框。选中 SQL Anywhere 11 驱动程序，单击“完成”按钮。

(3) 在 ODBC 选项卡中，在“数据源名”文本框中输入 addressbook；选择“登录”选项卡，

在“用户 ID”文本框中输入 dba,“口令”文本框中输入 sql;选择“数据库”选项卡,单击“浏览”按钮,找到 c:\addressbook\addressbook.db,单击“打开”按钮,在“数据库名”文本框中输入 addressbook.db,单击“确定”按钮,再单击“确定”按钮。

5. 在 IE 中浏览

(1) 浏览之前设置 IIS

把图 31-4 中“本地路径”改为 C:\Inetpub\wwwroot\addressbook,因为发布到 IIS 后,与 addressbook 应用相关的 web.config 文件在此目录下。

(2) 在 IE 中浏览

在 IE 地址栏中输入 http://localhost/default.asp,按 Enter 键,则显示图 31-7 所示登录界面。

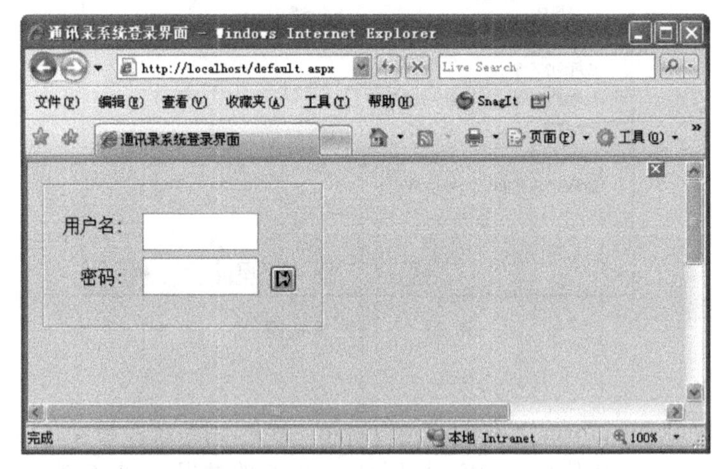

图 31-7 系统登录界面

输入正确的用户名和密码后,单击“进入”按钮,则显示图 31-8。

图 31-8 系统主界面

信息录入窗口如图31-9所示。

图31-9 信息录入窗口

多关系组合查询窗口如图31-10所示。

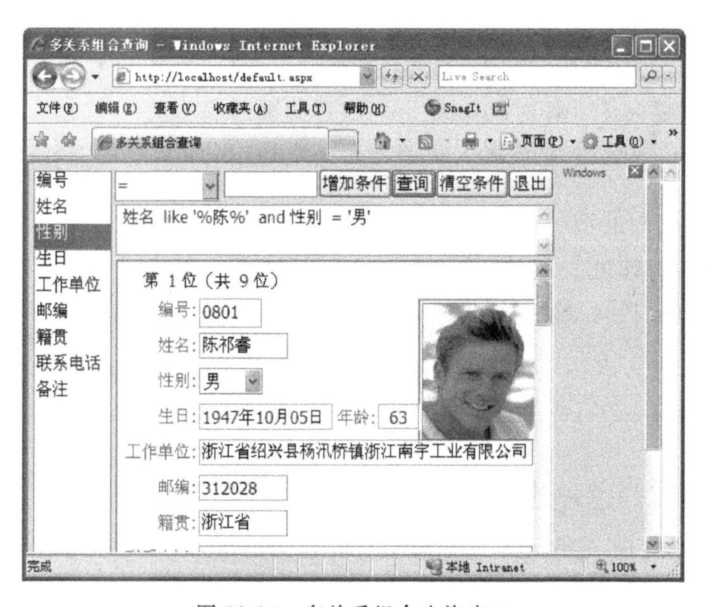

图31-10 多关系组合查询窗口

报表窗口如图31-11所示。

6. 关于PB 11.5下的WebForm客户端打印输出的处理

在把C/S结构的系统转化为B/S结构后，绝大部分功能能正常操作，但是“打印”按钮功能失效。可以通过安装Sybase支持的虚拟打印驱动，把报表窗口输出为PDF格式的文档，然后再打印。

图 31-11　报表窗口

(1) 下载并安装虚拟打印机驱动程序 Ghostscript

Ghostscript 是一个多功能的 Postscript 数据处理程序，能把 Postscript 转换成不同的格式，是一套基于 Adobe、Postscript 及可移植文件格式 PDF 的页面描述语言等而编译成的免费软件。Ghostscript 的版本很多，有些版本安装后，打印功能并不成功，本案例下载的是 Ghostscript 8.63 版(gs863w32_d9soft.zip)，通过调试即成功。

在安装 Ghostscript 时，把它的安装路径设置为 PB 11.5 软件的安装目录下，即：

```
C:\Program Files\Sybase\Shared\PowerBuilder\gs
```

(2) 添加虚拟打印机

在 C:\Program Files\Sybase\Shared\PowerBuilder\drivers 下建立一个批处理文件 a.bat，内容为：

```
rundll32.exe printui.dll, PrintUIEntry /if /f .\\ADIST5.INF /r"LPT1: "/
b"Acrobat
Distiller"/m"Acrobat Distiller"
```

然后执行这个文件，它创建了一个虚拟打印机 Acrobat Distiller，可以在"我的电脑"→"控制面板"→"打印机和传真"中看到它，把它的名字修改为 Sybase Print。

(3) 修改打印机的用户操作权限

在该打印机上右击，选择"属性"命令，在"安全"选项卡中把 ASP.NET Machine Account 的打印权限设置为"允许"，如图 31-12 所示。

如果打印机属性中没有"安全"这个选项卡，可以选择"我的电脑"→"工具"→"文件夹选项"命令；打开"查看"选项卡，取消选中"使用简单文件共享(推荐)"复选框。

如果虚拟打印机中没有 ASP.NET Machine Account 这个用户，则可以通过选择"添加"→"高级"命令，在"立即查找"对话框中添加这个用户。

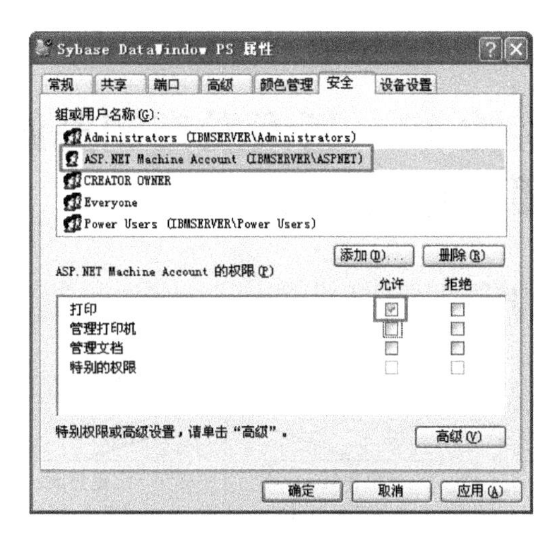

图 31-12　虚拟打印机用户权限设置

将该虚拟打印机设置为默认的打印机。

(4) 修改“打印”按钮中的代码

把所有“打印”按钮中的代码都换成：

```
//保存为 PDF 格式文件,选择 distill 方法
dw_report.Object.DataWindow.Export.PDF.Method=Distill!
dw_report.Object.DataWindow.Printer="Sybase Print"
dw_report.Object.DataWindow.Export.PDF.Distill.CustomPostScript="Yes"
dw_report.SaveAs ("print.pdf",PDF!,false)
#if defined PBWEBFORM then
    DownloadFile("print.pdf", true)        //true=打开为 pdf 页面,false=打开下载
界面
#end if
```

一切准备工作做好后，在网页上单击“打印”按钮，可以看到图 31-13 所示的界面，此时再单击打印机图标，则打印正常。

图 31-13　单击“打印”按钮后打开的 PDF 格式文件

第 32 章　实验 13　新闻发布浏览站点、数据库和管理页面设计

新闻发布浏览站点结构图见图 32-1。

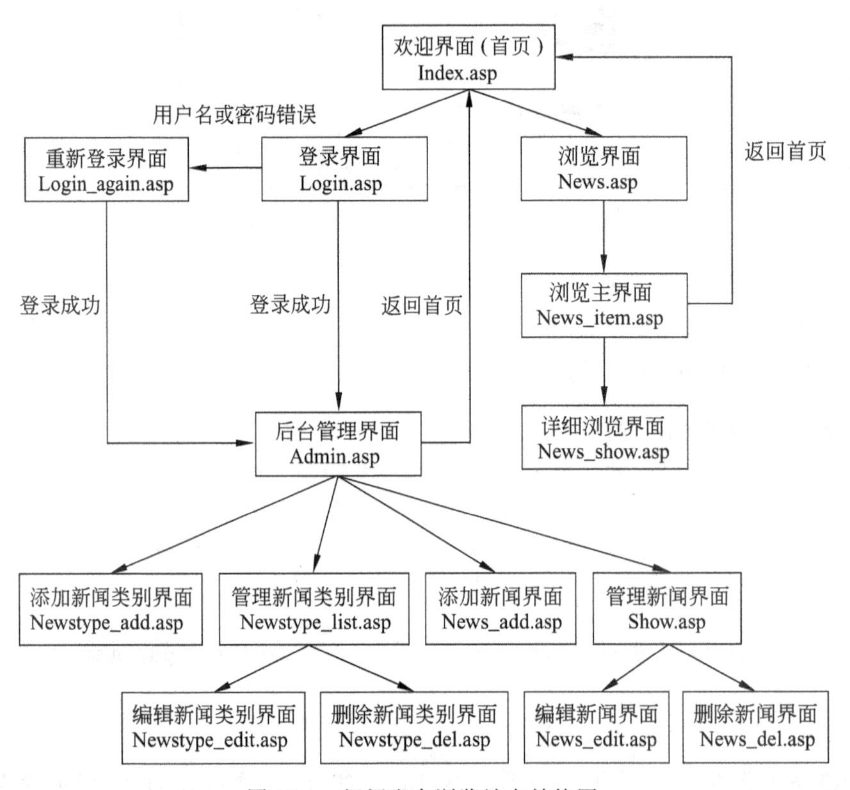

图 32-1　新闻发布浏览站点结构图

【实验目的和要求】

(1) 新闻发布浏览站点的整体设计。

(2) Access 数据库的规划和创建。

(3) 数据库的连接。

(4) 新闻发布站点中后台管理登录页面制作。

(5) 新闻发布站点中后台管理主页面制作。

【重点】

(1) 掌握创建站点的方法以及有关参数设置。

(2) 灵活掌握 ODBC 的设置及数据库的连接。

(3) 掌握登录界面的设计与实现。

【实验步骤】

1. 新闻发布浏览站点的创建

1) 本地站点的建立

在本地计算机中建立站点文件夹 C:\news(存放站点所有文件),同时在该文件夹内部创建子文件夹 news_web(存放站点的后台管理文件)、database(存放站点的数据库文件)和images(存放各种素材文件,将所需的素材文件复制到该文件夹中)。

2) 建立虚拟目录

确认 IIS 中的默认网站已启动。

选择 news 文件夹,右击,选择"共享与安全"命令,打开"属性"对话框。选择"Web 共享"选项卡,单击"共享文件夹",打开"编辑别名"对话框。输入与文件夹相同的别名,设置访问权限,单击"确定"按钮。

2. Access 数据库设计与连接

新闻发布浏览站点需要建立一个数据库来管理新闻和人员,这里建立一个 Access 数据库news. mdb,库中包含"管理员表"、"新闻内容表"和"新闻类别表",分别命名为 admin、news 和newstype,表之间建立一定关系。数据库编辑完成后,还需要建立数据源的连接对象。

1) 数据库设计

运行 Access 2003,选择"文件"→"新建"命令,打开"新建文件"对话框。选择"空数据库",打开"文件新建数据库"对话框。选择"保存位置"为 C:\news\database,"文件名"为news. mdb,单击"创建"按钮。

2) 建立表

建立"管理员表(Admin)"、"新闻内容表(News)"和"新闻类别表(Newstype)",3 个表的结构如表 32-1 至表 32-3 所示。

表 32-1 Admin 表结构

字段名称	数据类型	字段长度	说明
Id	自动编号	长整型	主键
Name	文本	20	管理员用户名
Password	文本	20	管理员密码

表 32-2 News 表结构

字段名称	数据类型	字段长度	说明
News_id	自动编号	长整型	新闻编号
News_title	文本	20	新闻标题
News_type_id	数字	长整型	新闻类别编号
New_content	备注		新闻内容
News_time	日期/时间		新闻添加日期

表 32-3　Newstype 表结构

字段名称	数据类型	字段长度	说　明
Type_id	自动编号	长整型	新闻类别编号
Type_name	文本	50	新闻类别名称

打开数据库文件 news.mdb，在对象中选择“表”→“使用设计器创建表”，参照图建立各个表结构，包括设置“字段名称”、“数据类型”以及有关“说明”。

为了便于登录网站，先在 admin 表中输入用户名与密码。

3）建立“新闻类别表”和“新闻内容表”之间的关系

（1）单击工具栏中的“关系”按钮，打开“显示表”对话框。选中 News 表和 Newstype 表，单击“添加”按钮。

（2）打开“关系”窗口，将 Newstype 表中的 Type_id 字段拖动到 News 表中的 news_type_id 字段。

（3）打开“编辑关系”对话框，设置“实施参照完整性”、“级联更新相关记录”和“级联删除相关记录”，建立两表之间一对多的关系。

4）建立查询

（1）打开数据库文件 news.mdb，在对象中选择“查询”→“在设计视图中创建查询”命令。在打开的“显示表”对话框中，选择表 News 和 Newstype，单击“添加”按钮。

（2）选择表 News 和 Newstype 中所有字段，将查询以 news_all 为文件名保存。

5）数据库的连接

（1）打开“控制面板”→“管理工具”→“数据源（ODBC）”命令，打开“ODBC 数据源管理器”对话框。选择“系统 DSN”，单击“添加”按钮。

（2）打开“创建新数据源”对话框，选择 Microsoft Access Driver（*.mdb），单击“完成”按钮。

（3）打开“ODBC Microsoft Access 安装”对话框，在“数据源名”中输入 connnews，单击“选择”按钮，打开“选择数据库”对话框。选择 C:\news\database\news.mdb 数据库文件，单击“确定”按钮。

（4）返回“ODBC Microsoft Access 安装”对话框，单击“确定”按钮，返回“ODBC 数据源管理器”对话框，可以看到在“系统数据源”中已经添加了一个名称为 connnews 的系统数据源。单击“确定”按钮，完成设置。

3. 建立 Dreamweaver 动态站点

1）站点设置

（1）打开 Dreamweaver，选择“站点”→“新建站点”命令。在打开的“站点定义为”对话框中选择“高级”选项卡，设置“本地信息”中的“站点名称”为 news；设置“本地根文件夹”为 C:\news；设置“HTTP 地址”为 http://localhost/news。

（2）选择“分类”中的“测试服务器”，分别设置“服务器类型”为 ASP VBScript、“访问”为“本地/网络”、“测试服务器文件夹”为 C:\news\、“URL 前缀”为 http://localhost/news，单击“确定”按钮。

2）数据源名称连接

单击“应用程序”面板中的“数据库”选项卡中的“添加”按钮，选择“数据源名称

(DSN)”,打开“数据源名称(DSN)”对话框。输入“连接名称”为 connnews,单击“确定”按钮。

4. 后台管理登录页面制作

后台管理登录页面,主要是利用“用户名”和“密码”来判别管理员身份,只有登录成功后,才能对站点进行管理。

1) 设计管理员登录页面

(1) 运行 Dreamweaver,打开 C:\news 站点,选择“文件”面板,在 news_web 文件夹中新建文件 login.asp。

(2) 打开 login.asp,添加表单,在表单中插入一个 6 行 2 列的表格,“表格宽度”为 400 像素,表格居中对齐,按如图 32-2 所示编辑表格、输入文字、插入水平线和图片(图片素材在 images 文件夹中)。

图 32-2 “管理者登录界面”示意图

(3) 在表格中添加名为 name 的文本域,用来输入用户名;添加名为 password 密码域,用来输入密码;添加两个按钮——“提交”和“重置”。

2) 管理员登录页面制作

单击“应用程序”面板中的“服务器行为”选项卡中的“添加”按钮 +,单击“用户身份验证”,选择“登录用户”,打开“登录用户”对话框。在“使用连接验证”列表框中选择 connnews;在“用户名列”列表框中选择 name,在“密码列”列表框中选择 password;在“如果登录成功,转到”文本框中输入 admin.asp,在“如果登录失败,转到”文本框中输入 login_again.asp 重新登录,如图 32-3 所示,单击“确定”按钮。

3) 重新登录页面制作

如果登录的用户名或密码错误,就会打开“重新登录页面”。

“重新登录页面”与“管理员登录界面”基本相同,只需复制文件 login.asp,并改名为 login_again.asp;打开文件 login_again.asp,如图 32-4 所示,编辑表格,添加文字,更换图片(图片素材在 images 文件夹中)。

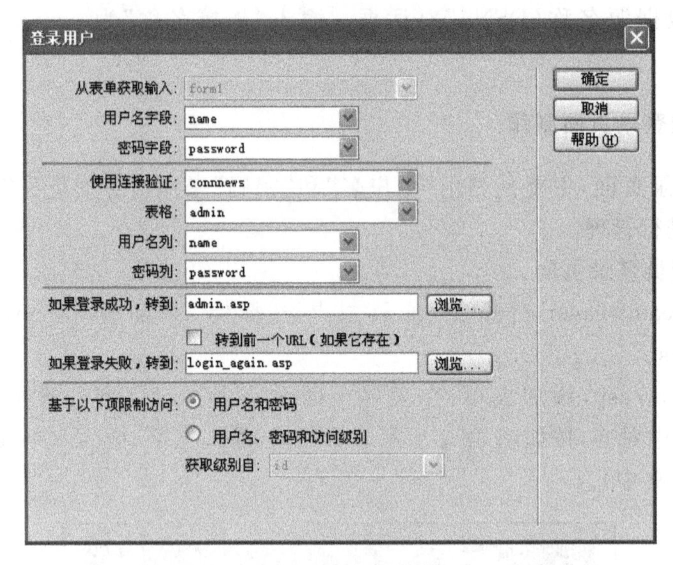

图 32-3 “登录用户”对话框

图 32-4 “管理者登录界面”示意图

5. 后台管理主页面制作

1) 创建框架集网页

(1) 选择“文件”→“新建”命令，打开“新建文档”对话框。选择“示例中的页”，选择“示例文件夹”中的“框架集”，选择“示例页”中的“上方固定”，单击“创建”按钮，如图 32-5 所示。

(2) 保存文件(保存位置为 news_web 文件夹中)，整个“框架集”保存为 admin.asp；“上框架”保存为 top.asp；“下框架”保存为 main.asp。

2) 框架集网页设计

框架集网页设计，主要是设置框架集中的超链接。

(1) 打开 admin.asp 网页，在 top.asp 网页中插入一个 2 行 5 列的表格，表格宽度为 800 像素。

(2) 在表格中插入图片 01_touch.jpg，选择图片，在属性面板的“链接”中输入 newstype_

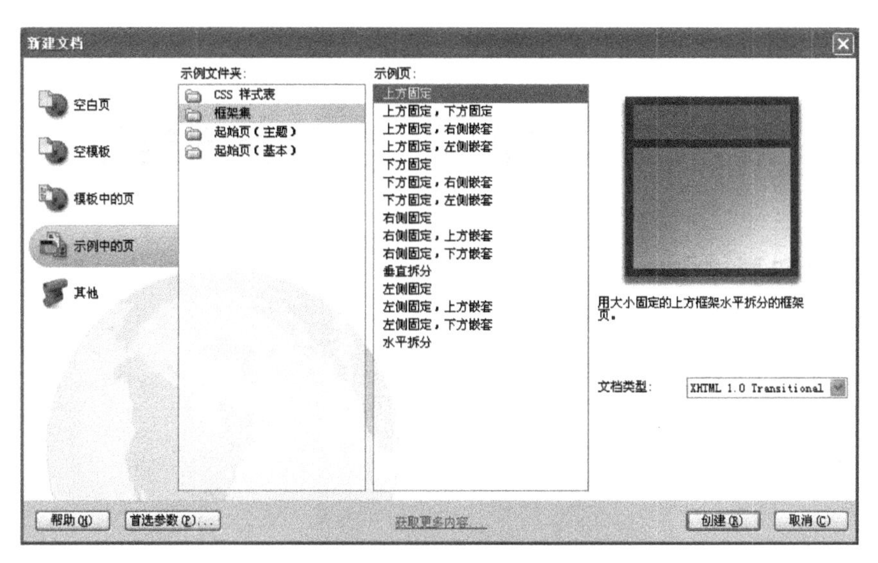

图 32-5　“新建文档”对话框

add. asp,在“目标”中选择 mainFrame;插入图片 02_touch. jpg,选择图片,在属性面板的“链接”中输入 newstype_list. asp,在“目标”中选择 mainFrame;插入图片 03_touch. jpg,选择图片,在属性面板的“链接”中输入 news_add. asp,在“目标”中选择 mainFrame;插入图片 04_touch. jpg,选择图片,在属性面板的“链接”中输入 news_list. asp,在“目标”中选择 mainFrame;插入图片 07_touch. jpg,选择图片,在属性面板的“链接”中输入 index. asp,在“目标”中选择_parent。页面设计结果如图 32-6 所示。

图 32-6　“框架集网页设计”界面示意图

3）设置限制对页的访问

单击“应用程序”面板中的“服务器行为”选项卡中的“添加”按钮。单击“用户身份验证”,选择“限制对页的访问”,打开“限制对页的访问”对话框。“基于以下内容进行限制”选择“用户名和密码”,“如果访问被拒绝,则转到”输入 login. asp,单击“确定”按钮,如图 32-7 所示。

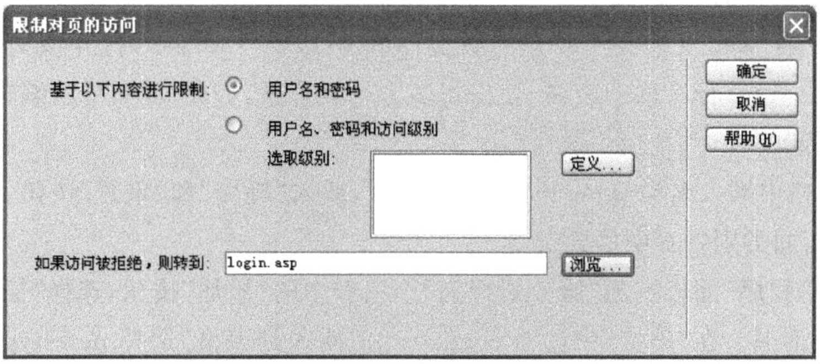

图 32-7　“限制对页的访问”对话框

第33章　实验14　管理新闻类别

【实验目的和要求】

(1) 学会新增新闻类别网页的制作方法。
(2) 学会新闻类别管理网页的制作方法。
(3) 学会新闻类别编辑网页的制作方法。
(4) 学会新闻类别删除网页的制作方法。

【重点】

(1) 将网页中输入的内容提交到数据库及插入记录的方法和技巧。
(2) 在网页中显示数据库中的记录及绑定记录的方法和技巧。
(3) 掌握网页中“重复区域”设置的方法和技巧。
(4) 掌握“转到详细页面”设置的方法和技巧。

【实验步骤】

1. 新增新闻类别网页制作

参考图33-1,完成“新增新闻类别界面”的制作。

图33-1　“新增新闻类别界面”示意图

1) 新增新闻类别网页设计

(1) 在news_web文件夹中新建网页文件newstype_add.asp,打开该文件,插入表单,在表单中插入一个4行2列的表格,表格宽度为400像素,如图33-1所示编辑表格,输入文字,插入水平线。

(2) 在表格中插入名为type_name的文本域,插入“提交”和“重置”按钮。

2) 新增新闻类别网页中插入记录

单击“应用程序”面板中的“服务器行为”选项卡中的“添加”按钮,选择“插入记录”,打开“插入记录”对话框。在“连接”中选择connnews;“插入到表格”选择newstype;“插入后,转到”输入newstype_list.asp;“列”中选择type_name,单击“确定”按钮,如图33-2所示。

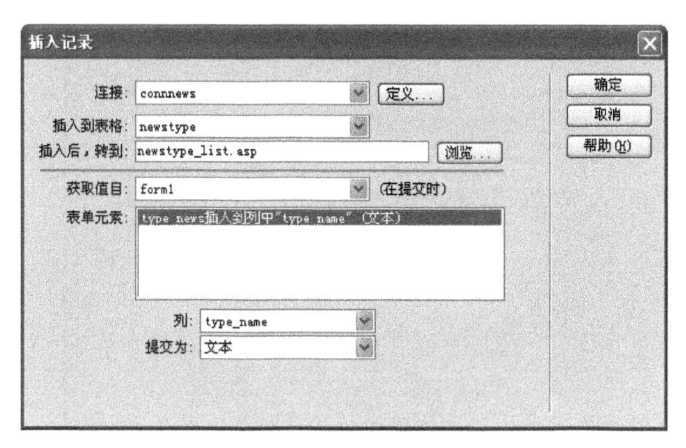

图 33-2 “插入记录”对话框

3）设置限制对页的访问

单击“应用程序”面板中的“服务器行为”选项卡中的“添加”按钮，单击“用户身份验证”，选择“限制对页的访问”，打开“限制对页的访问”对话框。“基于以下内容进行限制”选择“用户名和密码”，“如果访问被拒绝，则转到”输入 login.asp，单击“确定”按钮。

2. 新闻类别管理网页制作

参考图 33-3，完成“新闻类别管理界面”的制作。

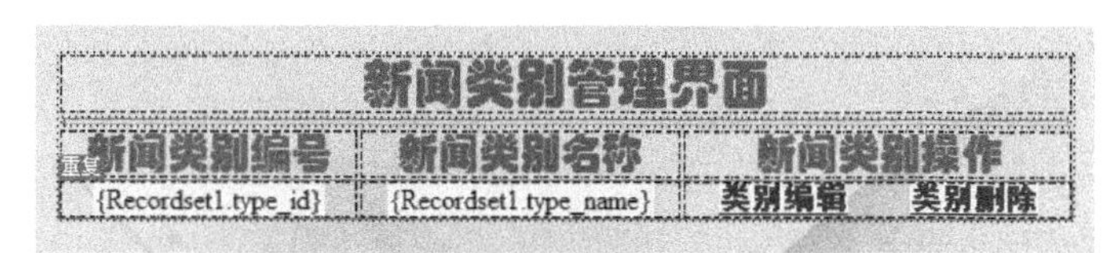

图 33-3 “新闻类别管理界面”示意图

1）绑定记录集

(1) 打开“文件”面板，在 news_web 文件夹中新建文件 newstype_list.asp，并打开该文件。

(2) 单击“应用程序”面板中的“绑定”选项卡中的“添加”按钮，选择“记录集(查询)”→打开“记录集”对话框。在“连接”中选择 connnews；在“表格”中选择 newstype，单击“确定”按钮，如图 33-4 所示。

2）新闻类别管理网页设计

(1) 在打开的页面中插入 4 行 3 列的表格，表格宽度为 600 像素，如图 33-3 所示编辑表格，并输入相关文字和标题。

(2) 单击“应用程序”面板中的“绑定”标签，打开“记录集”，将 type_id 和 type_name 字段插入到表格中的相应位置。

(3) 在表格“新闻类别操作”下一行输入文字“类别编辑”和“类别删除”。

3）重复区域设置

选择表格中动态数据所在行，单击“应用程序”面板中的“服务器行为”选项卡中的“添

图 33-4 “记录集”对话框

加”按钮，选择“重复区域”，打开“重复区域”对话框。在“显示”中选择“所有记录”，单击“确定”按钮，如图 33-5 所示。

图 33-5 “重复区域”对话框

4）设置编辑和删除网页的链接

选择表格中“类别编辑”文字，单击“应用程序”面板中的“服务器行为”选项卡中的“添加”按钮，选择“转到详细页面”，打开“转到详细页面”对话框。在“详细信息页”中输入 newstype_edit.asp，单击“确定”按钮，如图 33-6 所示。

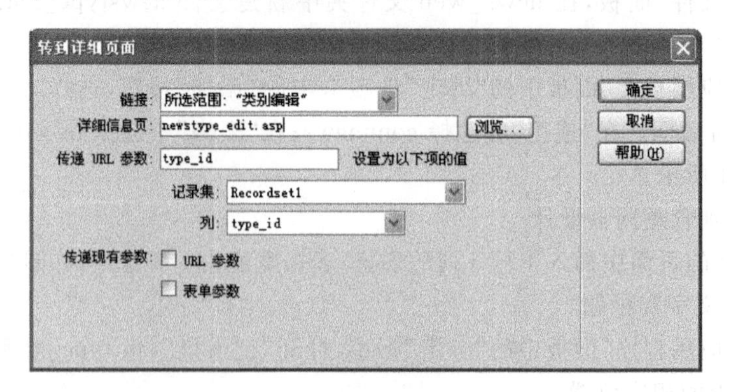

图 33-6 “转到详细页面”对话框

选择表格中“类别删除”文字，单击“应用程序”面板中的“服务器行为”选项卡中的“添加”按钮，选择“转到详细页面”，打开“转到详细页面”对话框。在“详细信息页”中输入

newstype_del. asp,单击“确定”按钮。

3. 新闻类别编辑网页制作

参考图 33-7,完成“新闻类别编辑界面”的制作。

图 33-7 “新闻类别编辑界面”示意图

1) 新闻类别编辑页面设计

打开“文件”面板,在 news_web 文件夹中新建文件 newstype_edit. asp,打开该文件,插入表单,在表单中插入一个 4 行 2 列的表格,表格宽度为 400 像素,如图 33-7 所示编辑表格,并输入相应的文本,插入按钮。

2) 绑定记录集

单击“应用程序”面板中的“绑定”选项卡中的“添加”按钮,选择“记录集(查询)”→打开“记录集”对话框。在“连接”中选择 connnews;在表格中选择 newstype;在“筛选”中选择 type_id,操作符为“=”,“URL 参数”为 type_id,单击“确定”按钮。

3) 绑定动态数据

选择表单中的文本框,单击“应用程序”面板中的“绑定”标签,打开“记录集”,将 type_name 字段绑定到文本框。

4) 更新记录

单击“应用程序”面板中的“服务器行为”选项卡中的“添加”按钮,选择“更新记录”→打开“更新记录”对话框。在“连接”中选择 connnews;“要更新的表格”选择 newstype;“在更新后,转到”输入 newstype_list. asp,单击“确定”按钮,如图 33-8 所示。

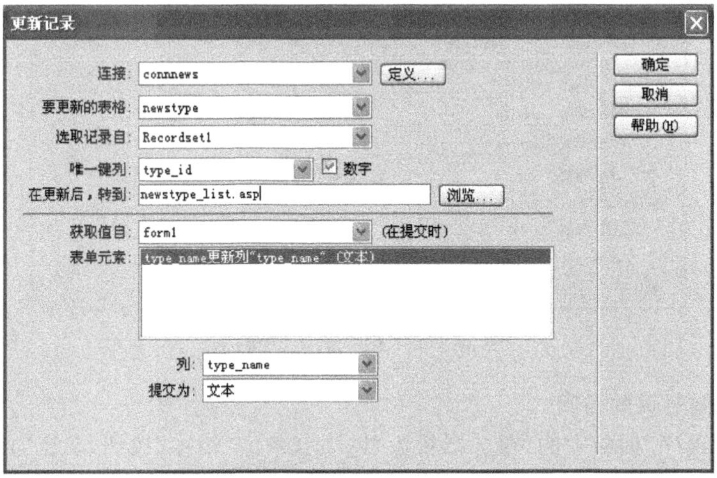

图 33-8 “更新记录”对话框

5）设置限制对页的访问

单击“应用程序”面板中的“服务器行为”选项卡中的“添加”按钮，单击“用户身份验证”，选择“限制对页的访问”，打开“限制对页的访问”对话框。“基于以下内容进行限制”选择“用户名和密码”，“如果访问被拒绝，则转到”输入 login. asp，单击“确定”按钮。

4. 新闻类别删除网页制作

参考图 33-9，完成“新闻类别删除界面”的制作。

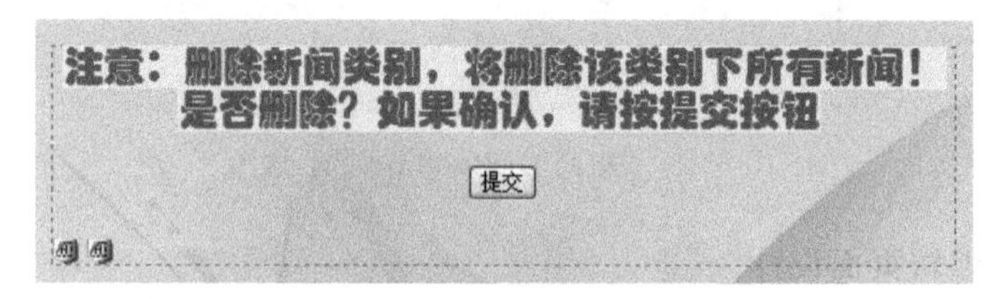

图 33-9 “新闻类别删除界面”示意图

1）绑定记录集

（1）打开“文件”面板，在 news_web 文件夹中新建文件 newstype_del. asp，并打开该文件。

（2）单击“应用程序”面板中的“绑定”选项卡中的“添加”按钮，选择“记录集(查询)”，打开“记录集”对话框。在“连接”中选择 connnews；在表格中选择 newstype，在“筛选”中选择 type_id，操作符为“=”，“URL 参数”为 type_id，单击“确定”按钮。

2）新闻类别删除页面设计

打开文件 newstype_del. asp，插入表单，在表单中输入相应的提示文本，单击“提交”按钮。

3）删除记录

单击“应用程序”面板中的“服务器行为”选项卡中的“添加”按钮，选择“删除记录”，打开“删除记录”对话框。在“连接”中选择 connnews；“从表格中删除”选择 newstype；“删除后，转到”输入 newstype_list. asp，单击“确定”按钮，如图 33-10 所示。

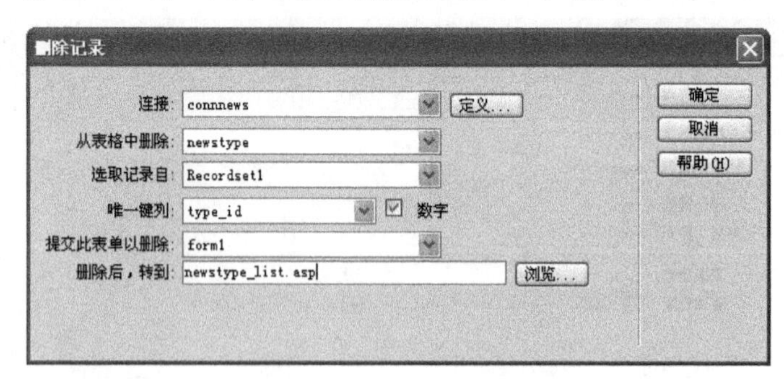

图 33-10 “删除记录”对话框

4）设置限制对页的访问

单击“应用程序”面板中的“服务器行为”选项卡中的“添加”按钮，单击“用户身份验证”，选择“限制对页的访问”，打开“限制对页的访问”对话框。“基于以下内容进行限制”选择“用户名和密码”，“如果访问被拒绝，则转到”输入 login. asp，单击“确定”按钮。

第 34 章　实验 15　新闻网页的管理

【实验目的和要求】

(1) 学会新闻添加网页的制作方法。
(2) 学会新闻管理网页的制作方法。
(3) 学会新闻编辑网页的制作方法。
(4) 学会新闻删除网页的制作方法。

【重点】

(1) 学会利用绑定动态值设置实现参数的传递。
(2) 掌握导航条的制作方法和技巧。
(3) 掌握“主详细页集”设置的方法和技巧。

【实验步骤】

1. 新闻添加网页制作

参考图 34-1,完成“添加新闻界面”的制作。

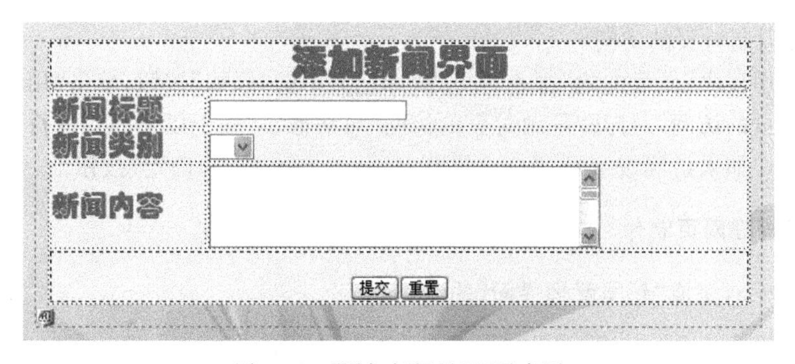

图 34-1　“添加新闻界面”示意图

1) 设计新闻添加网页

(1) 打开“文件”面板,在 news_web 文件夹中新建文件 news_add.asp 并打开该文件,插入表单,在表单中插入一个 6 行 2 列的表格,表格宽度为 600 像素。

(2) 编辑表格,输入相应的文本,插入名为 news_title 的“文本域”;插入名为 news_type_id 的“列表/菜单”;插入名为 news_content 的“文本区域”;插入“提交”和“重置”按钮。

2) 绑定记录集

单击“应用程序”面板中的“绑定”选项卡中的“添加”按钮,选择“记录集(查询)”→打开“记录集”对话框。在“连接”中选择 connnews;在表格中选择 newstype,单击“确定”按钮。

3）绑定动态值

选择表单中“列表/菜单”，单击“属性”面板中的“动态”按钮，打开“动态列表/菜单”。在“来自记录集的选项”中选择 Recordset1；在“值”中选择 type_id；在“标签”中选择 type_name，如图 34-2 所示。

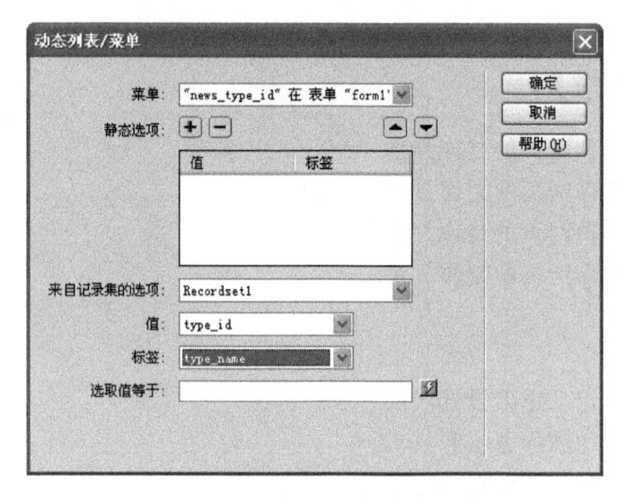

图 34-2 “动态列表/菜单”对话框

4）插入记录

单击“应用程序”面板中的“服务器行为”选项卡中的“添加”按钮，选择“插入记录”，打开“插入记录”对话框。在“连接”中选择 connnews；“插入到表格”选择 news；“插入后，转到”输入 news_list.asp，单击“确定”按钮。

5）设置限制对页的访问

单击“应用程序”面板中的“服务器行为”选项卡中的“添加”按钮，单击“用户身份验证”，选择“限制对页的访问”，打开“限制对页的访问”对话框。“基于以下内容进行限制”选择“用户名和密码”，“如果访问被拒绝，则转到”输入 login.asp，单击“确定”按钮。

2. 新闻管理网页制作

参考图 34-3，完成“新闻管理界面”的制作。

图 34-3 “新闻管理界面”示意图

1）新闻类别网页设计

(1) 打开“文件”面板，在 news_web 文件夹中新建文件 news_list.asp 并打开该文件。

(2) 在打开的页面中插入 4 行 4 列的表格，表格宽度为 800 像素，输入相关文字和标题；在表格“新闻操作”下一行输入文字“新闻编辑”和“新闻删除”。

2）绑定记录集

（1）单击“应用程序”面板中的“绑定”标签，选择“记录集（查询）”，打开“记录集”对话框。在“连接”中选择 connnews；在“表格”中选择 news，单击“确定”按钮。

（2）单击“应用程序”面板中的“绑定”标签，打开“记录集”，将 news_type_id、news_title 和 news_time 字段插入到表格中的相应位置。

3）重复区域设置

选择表格中动态数据所在行，单击“应用程序”面板中的“服务器行为”选项卡中的“添加”按钮，选择“重复区域”→打开“重复区域”对话框。在“显示”中选择 10，单击“确定”按钮。

4）设置编辑和删除网页的链接

（1）选择表格中“新闻编辑”文字，单击“应用程序”面板中的“服务器行为”选项卡中的“添加”按钮，选择“转到详细页面”，打开“转到详细页面”对话框。在“详细信息页”中输入 news_edit. asp，单击“确定”按钮。

（2）选择表格中“新闻删除”文字，单击“应用程序”面板中的“服务器行为”选项卡中的“添加”按钮，选择“转到详细页面”，打开“转到详细页面”对话框。在“详细信息页”中输入 news_del. asp，单击“确定”按钮。

5）添加导航条

（1）打开“插入”工具栏（图 34-4），单击“数据”类别中“记录集分页”下的“记录集导航条”按钮，打开“记录集导航条”对话框。“显示方式”选择“文本”，单击“确定”按钮，如图 34-5 所示。

图 34-4 “插入”工具栏示意图

图 34-5 “记录集导航条”对话框

（2）修改“记录集导航条”中的文本，如图 34-3 所示。

6）设置限制对页的访问

单击“应用程序”面板中的“服务器行为”选项卡中的“添加”按钮，单击“用户身份验证”，选择“限制对页的访问”，打开“限制对页的访问”对话框。“基于以下内容进行限制”选择“用户名和密码”，“如果访问被拒绝，则转到”输入 login. asp，单击“确定”按钮。

3. 新闻编辑网页制作

参考图 34-6，完成“编辑新闻界面”的制作。

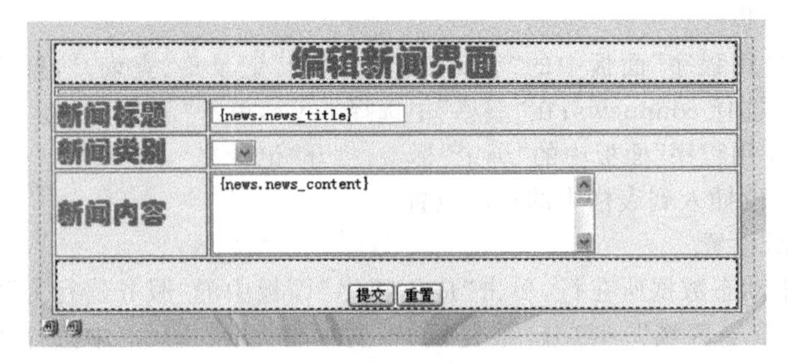

图 34-6 “编辑新闻界面”示意图

1）新闻编辑网页设计

(1) 打开“文件”面板，在 news_web 文件夹中新建文件 news_edit.asp 并打开该文件，插入表单，在表单中插入一个6行2列的表格，表格宽度为600像素。

(2) 输入相应的文本，插入名为 news_title 的“文本域”；插入名为 news_type_id 的“列表/菜单”；插入名为 news_content 的“文本区域”；插入“提交”和“重置”按钮。

2）绑定记录集

(1) 绑定新闻表。单击“应用程序”面板中的“绑定”标签，选择“记录集(查询)”，打开“记录集”对话框。在“名称”中输入 news；在“连接”中选择 connnews；在“表格”中选择 news；在“筛选”中选择 news_id，操作符为“＝”，“URL 参数”为 news_id，单击“确定”按钮。

(2) 绑定新闻类别表。单击“应用程序”面板中的“绑定”标签，选择“记录集(查询)”，打开“记录集”对话框。在“名称”中输入 newstype；在“连接”中选择 connnews；在“表格”中选择 newstype，单击“确定”按钮。

3）绑定动态数据

(1) 选择表单中“新闻标题”文本域，单击“应用程序”面板中的“绑定”标签，打开 news 记录集，选择 news_title 与之绑定；选择表单中“新闻内容”文本区域，单击“应用程序”面板中的“绑定”标签，打开 news 记录集，选择 news_content 与之绑定。

(2) 选择表单中“新闻类别”列表/菜单，单击“属性”面板中的“动态”按钮，打开“动态列表/菜单”。在“来自记录集的选项”中选择 newstype；在“值”中选择 type_id；在“标签”中选择 type_name(图 34-7)；在“选取值等于”右侧单击按钮，打开“动态数据”对话框。选择“记录集(news)”中 news_type_id，单击“确定”按钮，如图 34-8 所示。

4）更新记录

单击“应用程序”面板中的“服务器行为”选项卡中的“添加”按钮，选择“更新记录”，打开“更新记录”对话框。在“连接”中选择 connnews；“要更新的表格”选择 news；“选取记录自”选择 news；“唯一键列”选择 news_id；“在更新后，转到”输入 news_list.asp，单击“确定”按钮。

5）设置限制对页的访问

单击“应用程序”面板中的“服务器行为”选项卡中的“添加”按钮，单击“用户身份验证”，选择“限制对页的访问”，打开“限制对页的访问”对话框。“基于以下内容进行限制”选择“用户名和密码”，“如果访问被拒绝，则转到”输入 login.asp，单击“确定”按钮。

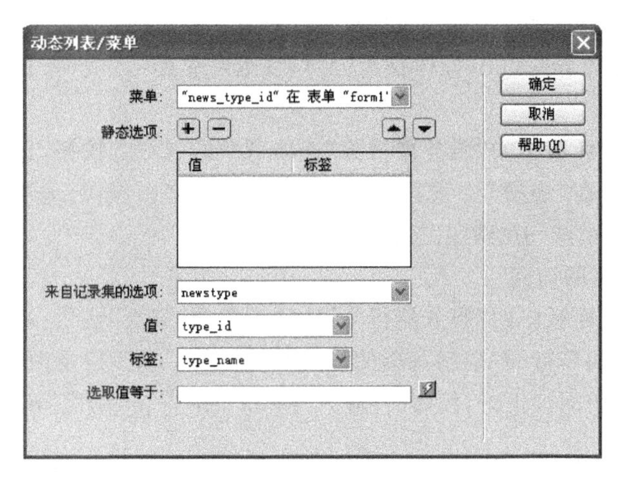

图 34-7 “动态列表/菜单”对话框

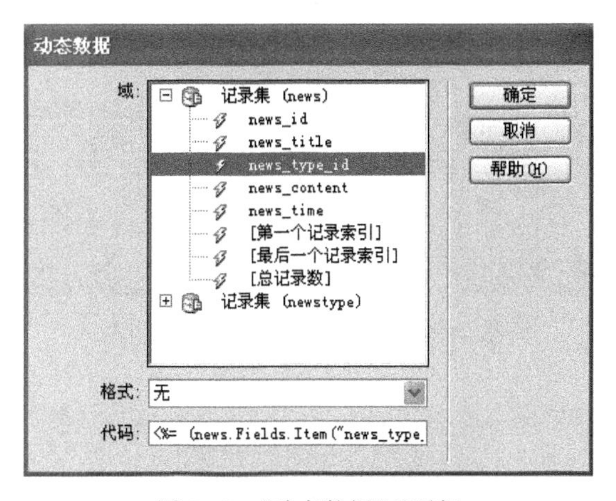

图 34-8 “动态数据”对话框

4. 新闻删除网页制作

参考图 34-9,完成“删除新闻界面”的制作。

图 34-9 “删除新闻界面”示意图

1) 新闻删除网页设计

打开“文件”面板,在 news_web 文件夹中新建文件 news_del.asp 并打开该文件,插入表单,在表单中输入相应的提示文本和“提交”按钮。

2) 绑定记录集

单击“应用程序”面板中的“绑定”选项卡中的“添加”按钮,选择“记录集(查询)”,打开

“记录集”对话框。在“名称”中输入 news；在“连接”中选择 connnews；在“表格”中选择 news，在“筛选”中选择 news_id，操作符为“=”，“URL 参数”为 news_id，单击“确定”按钮。

3）删除记录

单击“应用程序”面板中的“服务器行为”选项卡中的“添加”按钮，选择“删除记录”，打开“删除记录”对话框。在“连接”中选择 connnews；“从表格中删除”选择 news；“删除后，转到”输入 news_list.asp，单击“确定”按钮。

4）设置限制对页的访问

单击“应用程序”面板中的“服务器行为”选项卡中的“添加”按钮，单击“用户身份验证”，选择“限制对页的访问”，打开“限制对页的访问”对话框。“基于以下内容进行限制”选择“用户名和密码”，“如果访问被拒绝，则转到”输入 login.asp，单击“确定”按钮。

5. 新闻浏览网页制作

参考图 34-10 和图 34-11，完成“新闻主浏览界面”的制作。

图 34-10 “新闻主浏览界面”示意图

新闻详细浏览界面

新闻标题	{Recordset1.news_title}
新闻内容	{Recordset1.news_content}
新闻添加时间	{Recordset1.news_time}
新闻类别	{Recordset1.type_name}

图 34-11 “新闻详细浏览界面”示意图

1）绑定记录集

（1）打开“文件”面板，在 news_web 文件夹中新建文件 news_item.asp 并打开该文件。

（2）单击“应用程序”面板中的“绑定”选项卡中的“添加”按钮，选择“记录集(查询)”，打开“记录集”对话框。在“连接”中选择 connnews；在“表格”中选择 news_all，单击“确定”按钮。

2）主详细页集设置

（1）打开“插入”工具栏，选择“数据”类别中“主详细页集”按钮，打开“插入主详细页集”对话框，如图 34-12 所示。

（2）在“插入主详细页集”对话框中，在“主页字段”中选择在主页中显示的动态数据，可以通过“一”按钮来移除不需要显示的字段，还可以通过上下箭头排列字段顺序；“以此链接到详细信息”选择 news_title 字段；“传递唯一键”选择 news_id 字段；“显示”设置为 10 条记

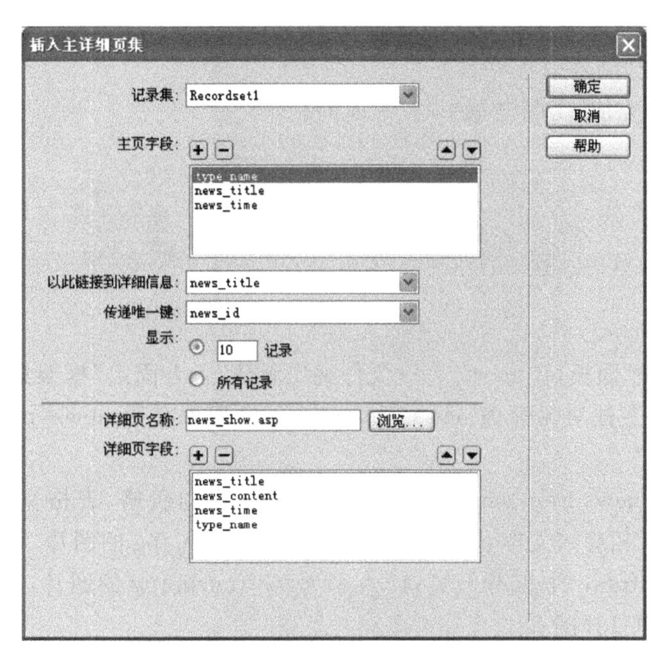

图 34-12 “插入主详细页集”对话框

录;“详细页名称”输入 news_show. asp,该文件由 Dreamweaver 自动创建;“详细页字段”选择需要显示的字段,单击“确定”按钮。

(3) 按图 34-10 和图 34-11 所示修改网页 news_item. asp 和 news_show. asp。

6. 网站的完善

为了整个站点更加完整,浏览起来更加方便,再设计几个网页“欢迎界面(首页)”(index. asp)、“浏览中心界面”(news. asp)。

1) 设计和创建“欢迎界面(首页)”

参考图 34-13,完成“欢迎界面(首页)”的制作。

图 34-13 欢迎界面(首页)示意图

打开“文件”面板,在站点根目录中新建文件 index. asp,打开文件,插入一个 4 行 2 列的表格,表格宽度为 400 像素,如图 34-13 所示。输入相应的文本和图片;插入名为 05_touch. jpg 的图片,并链接到 news_web 文件夹下的网页 login. asp;插入名为 06_touch. jpg 的图片，链接到 news_web 文件夹下的网页 news. asp。

2）设计和创建“浏览中心界面”

参考图 34-14，完成“新闻浏览中心”界面的制作。

图 34-14 “新闻浏览中心”界面示意图

（1）打开“文件”面板，在 news_web 文件夹中新建“上方固定”框架集文件，整个框架集保存为 news. asp，上框架保存为 news_top. asp，下框架保存为 news_main. asp，并打开该文件。

（2）在上框架 news_top. asp 中插入一个 2 行 2 列的表格，表格宽度为 400 像素，如图 34-14 所示，输入相应的文本和图片；插入名为 10_touch. jpg 的图片，并链接到网页 news_item. asp，在 mainframe 中打开网页；插入名为 07_touch. jpg 的图片，链接到网页 index. asp，并在_parent 中打开网页。

第35章　实验16　在线统计站点和数据库设计规划

"在线统计站点"结构示意图如图35-1所示。

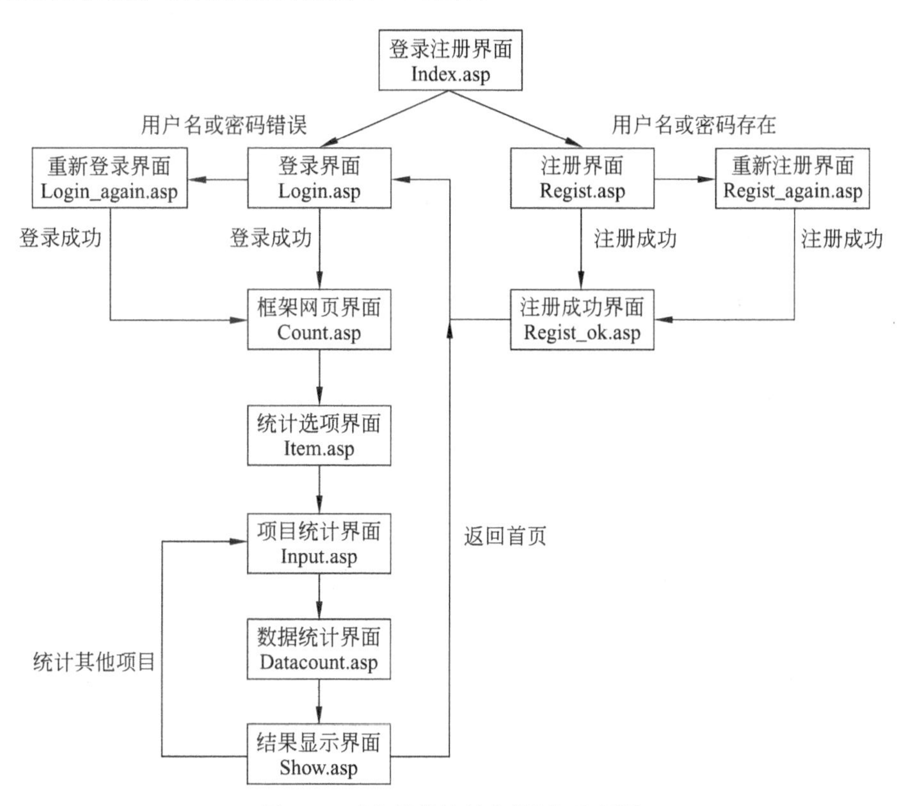

图35-1　"在线统计站点"结构示意图

【实验目的和要求】

(1) 学会在线统计站点的整体设计。
(2) 熟练掌握 Access 数据库设计与连接。
(3) 熟练掌握建立动态站点的方法。
(4) 学会用户注册网页的制作方法。
(5) 学会用户登录网页的制作方法。

【重点】

(1) 掌握用户注册页面的制作方法和技巧。
(2) 掌握用户登录网页的制作方法和技巧。

【实验步骤】

1. 在线统计站点的整体设计

1）本地站点的建立

在本地计算机中建立站点文件夹 C:\count（存放站点所有文件），同时在该文件夹内部创建子文件夹 count_web（存放站点的网页文件）、database（存放站点的数据库文件）和 images（存放各种素材文件，将所需的素材文件复制到该文件夹中）。

2）建立虚拟目录

选择 count 文件夹，右击，选择“共享与安全”命令，打开“属性”对话框。选择“Web 共享”，单击“共享文件夹”，打开“编辑别名”对话框。输入与文件夹相同的别名，设置访问权限，单击“确定”按钮。

2. Access 数据库设计与连接

在线统计站点需要建立一个数据库来管理数据和人员，这里建立一个 Access 数据库 count.mdb，库中包含“用户注册表”、“统计内容表”和“统计项目表”，分别命名为 count_admin、count_content 和 count_item，表之间建立一定关系。数据库编辑完成后，还需要建立数据源的连接对象。

1）数据库设计

运行 Access 2003，选择“文件”→“新建”命令，打开“新建文件”对话框。选择“空数据库”，打开“文件新建数据库”对话框。选择“保存位置”为 C:\count\database，“文件名”为 count.mdb，单击“创建”按钮。

2）建立表

创建“用户注册表(Count-admin)”、“统计内容表(Count-content)”和“统计项目表(Count-item)”，各表结构如表 35-1 至表 35-3 所示。

表 35-1　Count_admin 表结构

字段名称	数据类型	字段长度	说　明
Id	自动编号	长整型	主键
User_name	文本	20	用户名
User_password	文本	20	用户登录密码

表 35-2　Count_content 表结构

字段名称	数据类型	字段长度	说　明
Count_id	自动编号	长整型	主键
Count_item_content	文本	20	统计内容
Count_item_id	数字	长整型	统计类别编号
Count_number	数字	长整型	统计结果数据

表 35-3 Count_item 表结构

字段名称	数据类型	字段长度	说　明
Count_item_id	自动编号	长整型	主键
Count_item_name	文本	50	统计类别名称

打开数据库文件 count.mdb，在对象中选择“表”→“使用设计器创建表”命令，参照表 35-1 至表 35-3 建立各个表结构，包括设置“字段名称”、“数据类型”以及有关“说明”。

3）建立表之间的关系

（1）单击工具栏中的“关系”按钮，打开“显示表”对话框。选中 count_content 表和 count_item 表，单击“添加”按钮。

（2）打开“关系”窗口，将 count_content 表中的 count_item_id 字段拖动到 count_item 表中的 count_item_id 字段，如图 35-2 所示。

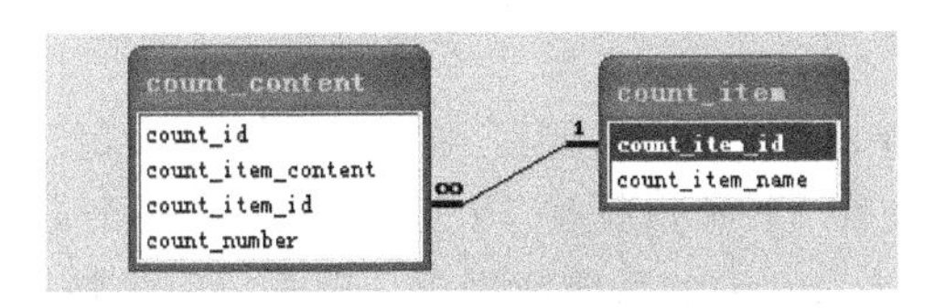

图 35-2 表关系示意图

（3）打开“编辑关系”对话框，设置“实施参照完整性”、“级联更新相关记录”和“级联删除相关记录”，建立两表之间一对多的关系。

4）建立查询

打开数据库文件 count.mdb，在对象中选择“查询”，单击“在设计视图中创建查询”。在打开的“显示表”对话框中，选择 count_content 表和 count_item 表，单击“添加”按钮。

（1）选择 count_content 表中所有字段和 count_item 表中 count_item_name 字段，将查询以 all_count 为文件名保存。

（2）选择 count_content 表中 count_number 字段和 count_item 表中 count_item_id、count_item_name 字段，创建汇总查询，求出 count_number 字段的总计，将查询以 count_sum 为文件名保存。

打开数据库文件 count.mdb，在对象中选择“查询”，单击“在设计视图中创建查询”。在打开的“显示表”对话框中，选择查询 all_count 和查询 count_sum，单击“添加”按钮。通过 count_item_id 字段连接两个查询，如图 35-3 所示。

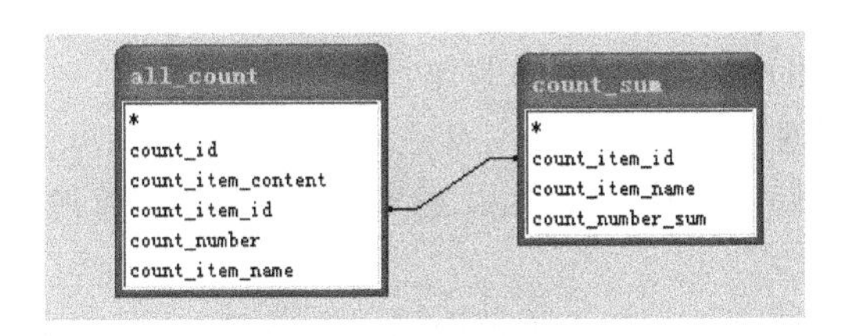

图 35-3 查询关系示意图

选择查询 all_count 的 count_item_content、count_number 和 count_id 字段；选择查询 count_sum 中 count_number_sum、count_item_id 和 count_item_name 字段；添加一个计算

字段 count_number_per，其值等于 count_number/count_number_sum，将查询以 count_end 为文件名保存，如图 35-4 所示。

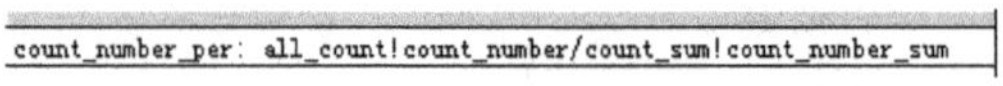

count_number_per: all_count!count_number/count_sum!count_number_sum

图 35-4 "添加计算字段"示意图

5）数据库的连接

（1）选择"控制面板"→"管理工具"命令，打开"数据源(ODBC)"对话框，打开"ODBC 数据源管理器"对话框→"系统 DSN"→"添加(D)"。

（2）打开"创建新数据源"对话框，选择 Microsoft Access Driver(*. mdb)，单击"完成"按钮。

（3）打开"ODBC Microsoft Access 安装"对话框，在"数据源名"中输入 conncount，单击"选择"按钮，打开"选择数据库"对话框。选择 C:\count\database\count. mdb，单击"确定"按钮。

（4）返回"ODBC Microsoft Access 安装"对话框，单击"确定"按钮，返回"ODBC 数据源管理器"对话框，可以看到在"系统数据源"中已经添加了一个名称为 conncount、驱动为 Microsoft Access Driver(*. mdb)的系统数据源。单击"确定"按钮，完成设置。

3. 建立 Dreamweaver 动态站点

1）站点设置

（1）打开 Dreamweaver，选择"站点"→"新建站点"命令。在打开的"站点定义为"对话框中选择"高级"选项卡，设置"本地信息"中的"站点名称"为 count；设置"本地根文件夹"为 C:\count；设置"HTTP 地址"为 http://localhost/count。

（2）选择"分类"中的"测试服务器"，分别设置"服务器模型"为 ASP VBScript，"访问"为"本地/网络"，"测试服务器文件夹"为 C:\count\，"URL 前缀"为 http://localhost/count，单击"确定"按钮。

2）数据源名称连接

单击"应用程序"面板中的"数据库"选项卡中的"添加"按钮，选择"数据源名称(DSN)"，打开"数据源名称(DSN)"对话框。输入"连接名称"为 conncount，单击"确定"按钮。

4. 用户注册网页制作

参考图 35-5，完成"用户注册网页"的制作。

1）设计用户注册页面

（1）运行 Dreamweaver，打开 C:\count 站点，选择"文件"面板，在 count_web 文件夹内新建文件 regist. asp。

（2）打开 regist. asp，添加表单，在表单中插入一个 7 行 2 列的表格，"表格宽度"为 400 像素，表格居中对齐，在表格中添加名为 user_name 的文本域，用来输入用户名；添加名为 user_password 的密码域，用来输入密码；添加"提交"和"重置"按钮。

（3）在相应的位置输入文字、插入图片、插入水平线(图片素材在 images 文件夹中)。

图 35-5 "用户注册界面"示意图

2) 插入记录

单击"应用程序"面板中的"服务器行为"选项卡中的"添加"按钮,选择"插入记录",打开"插入记录"对话框。在"连接"中显示 conncount;"插入到表格"选择 count_admin;"插入后,转到"输入 regist_ok.asp;"列"显示 user_name,单击"确定"按钮,如图 35-6 所示。

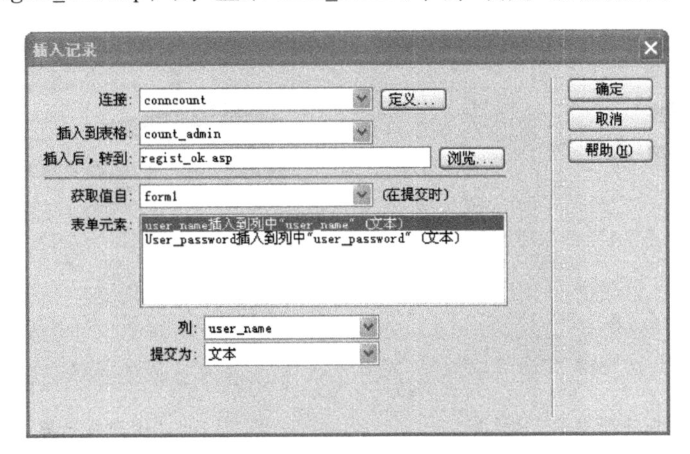

图 35-6 "插入记录"对话框

3) 设置用户身份验证

单击"应用程序"面板中的"服务器行为"选项卡中的"添加"按钮,选择"用户身份验证",选择"检查新用户名",打开"检查新用户名"对话框。"用户名字段"选择 user_name;"如果已存在,则转到"输入 regist_again.asp,单击"确定"按钮,如图 35-7 所示。

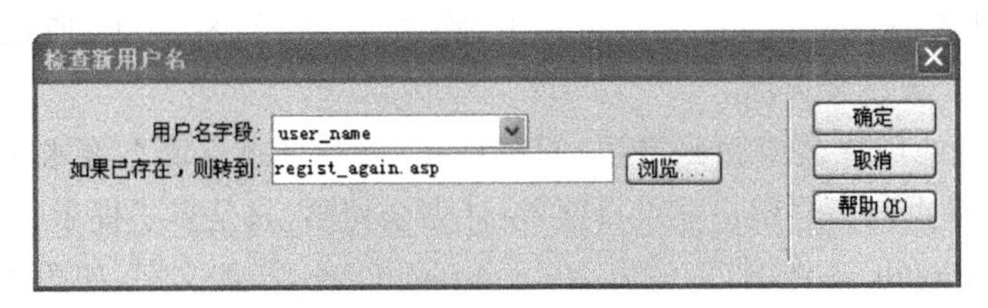

图 35-7 "检查新用户名"对话框

5. 设计用户注册成功页面

选择"文件"面板，在 count_web 文件夹内新建文件 regist_ok. asp，打开文件，输入注册成功文字和图片，选中文字，连接到 login. asp，如图 35-8 所示。

图 35-8 "注册成功页面"示意图

6. 设计重新注册页面

如果用户注册的用户名已经存在，就会打开"重新注册页面"，要求重新注册。

"用户重新注册页面"和"用户注册页面"设计完全相同，只是多了提示文字，所以在 count_web 文件夹内复制 regist. asp 文件"，改名为 regist_again. asp，添加文字，如图 35-9 所示。

7. 用户登录网页制作

1）设计用户登录页面

(1)"用户登录页面"和"用户注册页面"设计基本相同，所以在 count_web 文件夹内复制 regist. asp 文件"，改名为 login. asp，修改文字，如图 35-10 所示。

图 35-9 "重新注册界面"示意图

图 35-10 "用户登录界面"示意图

(2) 单击"应用程序"面板中的"服务器行为"标签，删除"服务器行为"中的行为。

2）设置用户身份验证

单击"应用程序"面板中的"服务器行为"选项卡中的"添加"按钮，选择"用户身份验证"，选择"登录用户"，打开"登录用户"对话框。选择"使用连接验证"为 conncount；"用户名列"选择 user_name；"密码列"选择 user_password；"如果登录成功，转到"输入 count. asp；"如果登录失败，转到"输入 login_again. asp，单击"确定"按钮，如图 35-11 所示。

3）设计用户重新登录页面

如果用户登录的用户名或密码错误，就会打开"重新登录页面"，要求重新登录。

"用户重新登录页面"和"用户登录页面"设计完全相同，只是多了提示文字，所以在 count_web 文件夹内复制 login. asp 文件"，改名为 login_again. asp，添加文字，如图 35-12 所示。

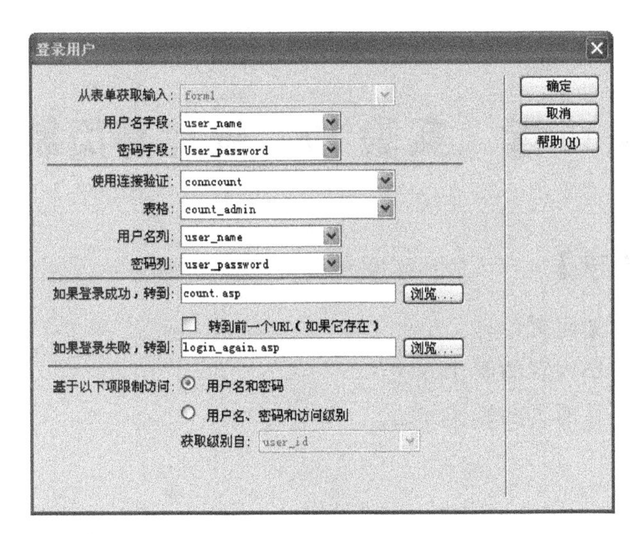

图 35-11 “登录用户”对话框

图 35-12 “用户重新登录界面”示意图

第 36 章　实验 17　统计网页制作

【实验目的和要求】

（1）学会统计框架网页设计。

（2）学会统计类别网页的制作方法。

（3）学会统计项目网页的制作方法。

【重点】

（1）掌握在网页中数据计算的方法和技巧。

（2）掌握在网页中利用隐藏域传递参数的方法和技巧。

【实验步骤】

1. 统计框架网页设计

1）创建框架集

选择“文件”→“新建”命令，打开“新建文档”对话框。选择“示例中的页”，选择“示例文件夹”中的“框架集”，选择“示例页”中的“上方固定，左侧嵌套”，单击“创建”按钮。

2）保存框架

保存位置为 count_web 文件夹，整个“框架集”保存为 count. asp，“左框架”保存为 left. asp，“右框架”保存为 main. asp，“上框架”保存为 top. asp。

3）制作上框架网页

打开文件 count. asp，如图 36-1 所示，在上框架中插入一个 2 行 2 列的表格，表格宽度为 100%，在表格中分别插入图片和文字；合并表格第二行单元，插入水平线。

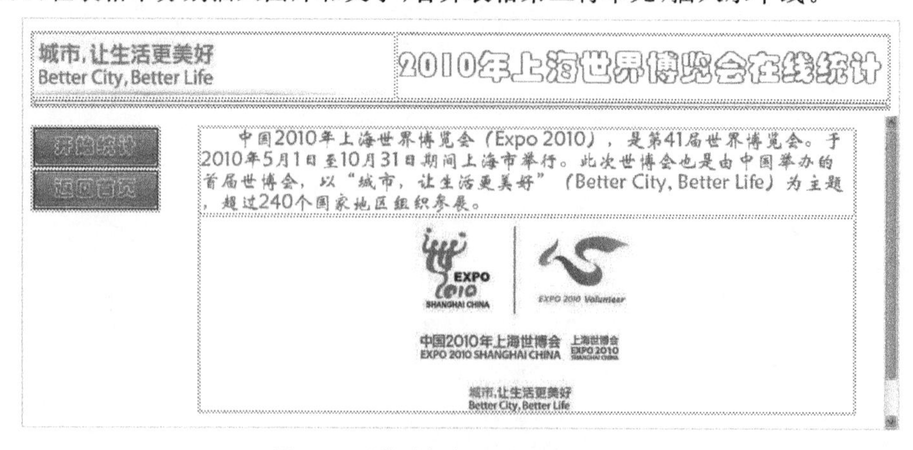

图 36-1　“统计框架网页设计”示意图

4）制作左框架网页

打开文件 count. asp，在左框架中插入一个 2 行 1 列的表格，表格宽度为 160 像素。表格中插入图片按钮 01_button. jpg 链接到 item. asp，“目标”为 mainframe；插入图片按钮 04_button. jpg 链接到 index. asp，“目标”为_parent。

5）制作右框架网页

打开文件 count. asp，在右框架中插入一个 2 行 1 列的表格，表格宽度为 800 像素，输入相应的文字和图片（所有素材在 images 文件夹中）。

2. 统计类别网页制作

参考图 36-2，完成“统计类别界面”的制作。

图 36-2 “统计类别界面”示意图

1）统计类别网页设计

（1）选择“文件”面板，在 count_web 文件夹内新建文件 item. asp，打开文件，插入一个 6 行 2 列的表格，“表格宽度”为 600 像素，表格内容居中对齐。

（2）如图 36-2 所示编辑表格，并在表格中输入文字，插入水平线。

2）绑定记录集

打开 item. asp 网页，单击“应用程序”面板中的“绑定”选项卡中的“添加”按钮，选择“记录集（查询）”，打开“记录集”对话框。在“连接”中选择 conncount；在“表格”中选择 count_sum，单击“确定”按钮。

3）插入动态数据

单击“应用程序”面板中的“绑定”标签，打开“记录集”，将 count_item_name 和 count_number_sum 字段插入到表格中。

4）重复区域设置

选择表格中动态数据所在行，单击“应用程序”面板中的“服务器行为”选项卡中的“添加”按钮，选择“重复区域”，打开“重复区域”对话框。在“显示”中选择“所有记录”，单击“确定”按钮。

5）动态链接设置

选择表格中 count_item_name 字段，单击“应用程序”面板中的“服务器行为”选项卡中的+按钮，选择“转到详细页面”，打开“转到详细页面”对话框。在“详细信息页”中输入 input. asp，单击“确定”按钮。

3. 统计项目网页制作

参考图 36-3，完成“统计项目界面”的制作。

图 36-3 “统计项目界面”示意图

1) 统计项目网页设计

(1) 选择“文件”面板，在 count_web 文件夹内新建文件 input. asp，打开文件→插入表单。

(2) 选择表单，如图 36-4 所示，在“属性”面板中的“动作”中输入 datacount. asp，“方法”为 POST。

图 36-4 “表单属性”面板

(3) 在表单中插入一个 7 行 2 列的表格，“表格宽度”为 600 像素，表格居中对齐。

(4) 在表格中添加名为 count_id 的单选按钮，添加“提交”按钮，编辑表格输入相应文字和插入水平线，如图 36-3 所示。

2) 绑定记录集

打开 count_input. asp 网页，单击“应用程序”面板中的“绑定”选项卡中的“添加”按钮，选择“记录集(查询)”，打开“记录集”对话框。在“连接”中选择 conncount；在“表格”中选择 all_count；在“筛选”中选择 count_item_id；在“URL 参数”中显示 count_item_id，单击“确定”按钮。

3) 插入动态数据

(1) 单击“应用程序”面板中的“绑定”标签，打开“记录集”，将 count_item_name 插入到表格中。

(2) 选择单选按钮，选择“记录集”中的 count_id 字段，单击“应用程序”面板右下角的“绑定”按钮。将“记录集”中的 count_item_content 字段插入到单选按钮后面。

4) 重复区域设置

选择表格中动态数据所在行，单击“应用程序”面板中的“服务器行为”选项卡中的“添加”按钮，选择“重复区域”，打开“重复区域”对话框。在“显示”中选择“所有记录”，单击“确定”按钮。

5) 传递变量设置

在网页中插入一个名称为 count_item_id 的“隐藏域”，其值为“<%＝Request. QueryString("count_item_id")%>”。

第37章　实验18　数据统计和统计结果显示网页制作

【实验目的和要求】

(1) 学会数据统计网页的制作方法。
(2) 学会统计结果显示网页的制作方法。
(3) 学会主页的制作方法。
(4) 学会完善“统计项目”网页的方法。

【重点】

(1) 掌握“添加命令”的方法和技巧。
(2) 掌握数据百分比形象化显示的设置方法和技巧。
(3) 能够完善“项目统计”网页。

【实验步骤】

1. 数据统计网页制作

参考图37-1，完成“数据统计网页”的制作。

图37-1　“数据统计网页”示意图

数据统计网页主要解决对哪一个统计选项进行计算的问题，以及计算方式是在原有数据上“加1”的操作。

1) 添加命令(预存过程)

(1) 选择“文件”面板，在count_web文件夹内新建文件datacount.asp。

(2) 打开datacount.asp网页，单击“应用程序”面板中的“绑定”选项卡中的“添加”按钮，选择“命令(预存过程)”，打开“命令”对话框。在“类型”中选择“更新”；选择“数据库项”中表格count_content，选择count_number字段，单击SET按钮，将SQL中SET后代码改为count_number=count_number+1；选择“数据库项”中表格count_content，选择count_id字段，单击WHERE按钮，将SQL中WHERE后代码改为count_id=MMcount_id；单击

“变量”中“＋”号，添加变量“名称”为 MMcount_id；“类型”为 double；“大小”为－1；“运行值”为“Request. Form("count_id")”，单击“确定”按钮，如图 37-2 所示。

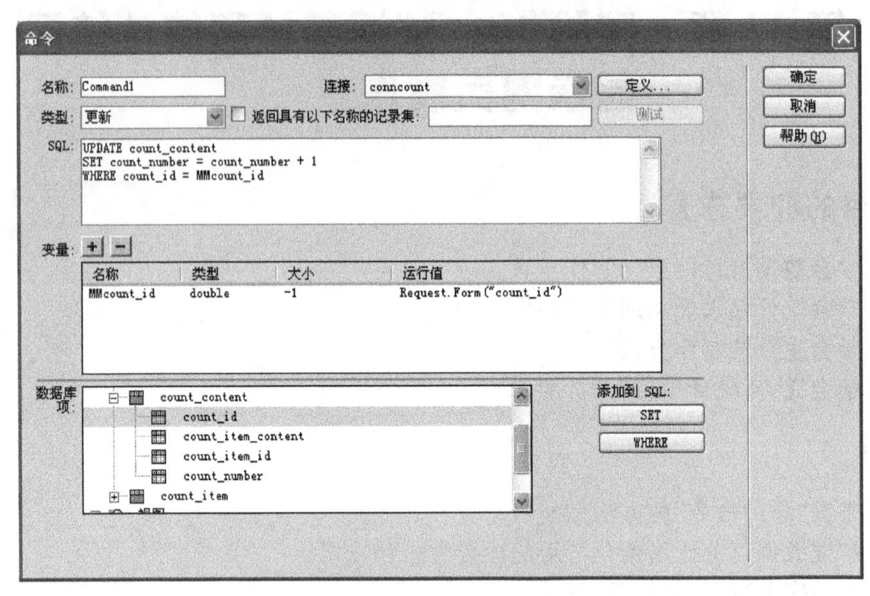

图 37-2 “命令”对话框

(3) 打开“代码”窗口，找到如下所示的一段代码，并删除：

```
<%
Dim Command1_@@varName@@
Command1_@@varName@@="@@defaultValue@@"
If (@@runtimeValue@@<>"") Then
    Command1_@@varName@@=@@runtimeValue@@
End If
%>
```

2) 数据统计网页设计

(1) 打开 datacount. asp 网页，输入文字，插入图片，如图 37-1 所示。

(2) 选择输入的文本，单击“属性”面板中“链接”后的“文件夹”按钮，打开“选择文件”对话框。在 URL 中输入 show. asp，单击“参数”按钮，打开如图 37-3 所示“参数”对话框。在“名称”中输入 count_item_id；在“值”中输入“＜%＝Request. Form("count_item_id")%＞”，单击“确定”按钮，如图 37-3 所示。

2. 统计结果显示网页制作

参考图 37-4，完成“统计结果显示界面”的制作。

1) 统计结果显示网页设计

(1) 选择“文件”面板，在 count_web 文件夹内新建文件 show. asp，打开文件，插入一个 5 行 3 列的表格，“表格宽度”为 600 像素，表格内容居中对齐。

(2) 如图 37-4 所示编辑表格，并在表格中输入文字，插入水平线，设置水平线颜色。

图 37-3 “选择文件”和“参数”对话框

图 37-4 “统计结果显示界面”示意图

2）绑定记录集

打开 show.asp 网页，单击“应用程序”面板中的“绑定”选项卡中的“添加”按钮，选择“记录集(查询)”，打开“记录集”对话框。在“连接”中选择 conncount；在“表格”中选择 count_end；在“筛选”中选择 count_item_id；在“URL 参数”中显示 count_item_id，单击“确定”按钮。

3）插入动态数据

(1) 单击“应用程序”面板中的“绑定”标签，打开“记录集”，将 count_item_name、count_item_content、count_number、count_number_per 字段插入到表格中相应位置。

(2) 选择 count_number_per 字段，双击“服务器行为”面板中“动态文本(Recordset1.count_number_per)”，打开“动态文本”对话框。设置 count_number_per 字段格式为“百分比-2 个小数位”，单击“确定”按钮，如图 37-5 所示。

4）重复区域设置

选择表格中动态数据所在行，单击“应用程序”面板中的“服务器行为”选项卡中的“添加”按钮，选择“重复区域”，打开“重复区域”对话框。在“显示”中选择“所有记录”，单击“确定”按钮。

5）百分比形象化显示

(1) 打开 show.asp 网页，在{Recordset1.count_number_per}字段前插入颜色渐变的图像(jb.jpg 存放在 images 文件夹中)。

(2) 在网页中选择图像，打开“代码”窗口，找到如下代码：

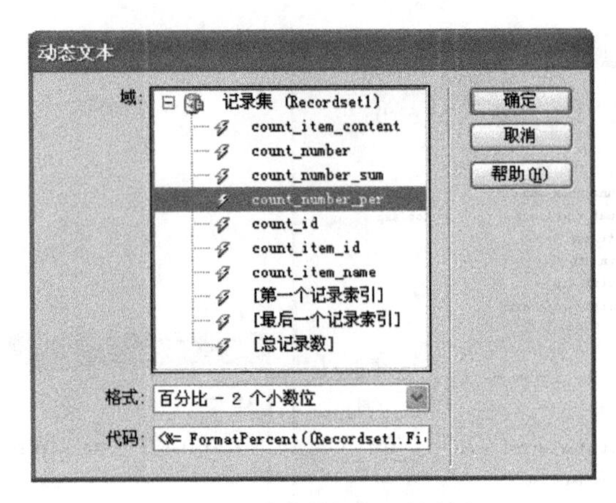

图 37-5 “动态文本”对话框

```
<img src="../images/jb.JPG"width="1202"height="16"/>
```

将图像的宽度(即 width 后面的值)替换为“＜％＝300 ＊ (Recordset1. Fields. Item ("count_number_per"). Value)％＞”。

代码“Recordset1. Fields. Item("count_number_per"). Value”表示当前选项数据值和总数据值,用 300 相乘表示图像宽度最长为 300,实际选项的数据值所对应的图像宽度,则随着该选项数据值的变化而变化。

3. 欢迎界面(首页)网页的制作

选择“文件”面板,在根目录新建文件 index. asp,打开文件,插入一个 5 行 2 列的表格,表格宽度为 400 像素,在表格中如图 37-6 所示插入相应图片、文字和水平线,其中“登录”链接到 login. asp 网页,“注册”链接到 regist. asp 网页。

图 37-6 “欢迎界面(首页)”示意图

4. 统计类别界面网页完善

在统计类别界面网页中,如果没有给统计项目选择项作出选择(即选择为空时),而直接单击“提交”按钮,系统就会出错,所以需要对网页作出修改。

(1) 打开 datacount.asp 网页，切换到“代码”窗口，找到如下代码：

```
<%
Set Command1=Server.CreateObject ("ADODB.Command")
Command1.ActiveConnection=MM_conncount_STRING
Command1.CommandText="UPDATE count_content SET count_number=count_number+1
WHERE count_id=?"
Command1.Parameters.Append Command1.CreateParameter("MMcount_id", 5, 1, -1, MM
_IIF(request.Form("count_id"), request.Form("count_id"), Command1__MMcount_id
& ""))
Command1.CommandType=1
Command1.CommandTimeout=0
Command1.Prepared=true
Command1.Execute()
%>
```

(2) 在该段代码的前后分别修改代码，修改后代码如下所示：

```
<%

ID=cstr(request.form("count_id"))
If ID<>""Then

Set Command1=Server.CreateObject ("ADODB.Command")
Command1.ActiveConnection=MM_conncount_STRING
Command1.CommandText="UPDATE count_content SET count_number=count_number+1
WHERE count_id=?"
Command1.Parameters.Append Command1.CreateParameter("MMcount_id", 5, 1, -1, MM
_IIF(request.Form("count_id"), request.Form("count_id"), Command1__MMcount_id
& ""))
Command1.CommandType=1
Command1.CommandTimeout=0
Command1.Prepared=true
Command1.Execute()
Else
response.Redirect ("input.asp? count_item_id=" & Request.form ("count_item_
id"))
End If

%>
```

参考文献

[1] 尹为民,李石君,曾慧等.现代数据库系统及应用教程.武汉：武汉大学出版社,2005.

[2] 刘星总主编,张洪武,李洋等.数据库技术与应用实验教程.重庆：重庆大学出版社,2007.

[3] 王珊,萨师煊.数据库系统概论.第4版.北京：高等教育出版社,2006.

[4] 王珊.数据库系统概论(第四版)学习指导与习题解析.北京：高等教育出版社,2008.

[5] 张小全,柏海芸,刘梅.数据库原理及应用.上海：上海交通大学出版社,2007.

[6] 张晋连等编著.数据库原理及应用.北京：电子工业出版社,2004.

[7] 吴洪潭,王德林,陆惠娟等.数据库原理.北京：国防工业出版社,2003.

[8] 赵英良,仇国巍,薛涛等编著.软件开发技术基础.北京：机械工业出版社,2006.

[9] 樊金生,张翠肖等主编.PowerBuilder 10.5实用教程.北京：科学出版社,2009.

[10] 马景涛,张军,刘小松编著.PowerBuilder 10实用教程.北京：清华大学出版社,2006.

[11] 余金山,冯星红,李肖编著.PowerBuilder 10数据库开发高级实例.北京：科学出版社,2005.

[12] 郑阿奇,殷红先,张为民.PowerBuilder实用教程.北京：电子工业出版社,2009.

[13] 王晟编著.PowerBuilder数据库开发经典案例解析.北京：清华大学出版社,2005.

[14] 夏邦贵,郭胜等编著.PowerBuilder数据库开发入门与范例解析.北京：机械工业出版社,2004.

[15] [美]Bruce Armstrong,Millard F Brown Ⅲ著.Power Builder高级客户/服务器开发.李洪发,傅蓉,杨毅等译.北京：机械工业出版社,2004.

[16] 张涛编著.PowerBuilder 9.0 Web开发篇.北京：清华大学出版社,2003.

[17] 周复明,王志科,王东编著.PowerBuilder+Oracle项目开发实例详解.北京：中国铁道出版社,2004.

[18] 周岐编著.PowerBuilder程序开发项目案例.北京：清华大学出版社,2004.

[19] 方成辛,周复明,李小闪编著.PowerBuilder数据库高级应用开发技术.北京：中国铁道出版社,2004.

[20] 姚策,王东.PowerBuilder程序设计技能百练.北京：中国铁道出版社,2004.

[21] 黄浩,赵宏杰等编著.PowerBuilder 9.0精彩编程百例.北京：中国水利水电出版社,2004.

[22] 戴一波.Dreamweaver 8+ASP动态网页开发.北京：电子工业出版社,2006.

[23] 陈益材,李睦芳编著.Dreamweaver CS3+ASP动态网页开发从基础到实践.北京：机械工业出版社,2008.

[24] 王蓓.中文版Dreamweaver CS3网页制作实用教程.北京：清华大学出版社,2009.

[25] 腾飞科技,何秀芬,编著.Dreamweaver CS3典型网站建设从入门到精通.北京：人民邮电出版社,2007.

[26] 丁桂芝.ASP动态网页设计教程.北京：中国铁道出版社,2007.

[27] 神龙工作室.新手学Dreamweaver制作网页.北京：人民邮电出版社,2007.

[28] 邓文渊,陈惠贞等.ASP与网络数据库技术.北京：中国铁道出版社,2005.

[29] 赛奎春主编,王国辉,牛强等编著.ASP信息系统开发实例精选.北京：机械工业出版社,2006.